U0345819

同济博士论丛
TONGJI Dissertation Series

总主编 伍 江 副总主编 雷星晖

徐 甘 郑时龄 著

建筑设计基础教学体系
在同济大学的发展研究（1952-2007）

Research on Evolution of Architecture Design Foundation
Teaching System in Tongji University (1952-2007)

同济大学出版社
TONGJI UNIVERSITY PRESS

内 容 提 要

　　本书在我国建筑教育沿革的大背景下,论述了建筑设计基础教学体系在同济大学建立和曲折发展的历史,梳理了其中现代建筑教学理念及其相应教学模式形成和演进的脉络,并剖析了这一历程背后诸多社会变革、学科发展、以及组织机制变化等方面的深层原因。本书可供相关专业人员参考阅读。

图书在版编目(CIP)数据

　　建筑设计基础教学体系在同济大学的发展研究:
1952—2007 / 徐甘,郑时龄著. —上海:同济大学出版
社,2020.6
　　(同济博士论丛 / 伍江总主编)
　　ISBN 978 - 7 - 5608 - 9289 - 4

　　I. ①建… II. ①徐… ②郑… III. ①建筑设计—教
学研究—高等学校　IV. ①TU2

　　中国版本图书馆 CIP 数据核字(2020)第 108854 号

建筑设计基础教学体系在同济大学的发展研究(1952—2007)

徐　甘　郑时龄　著

出 品 人　华春荣　　责任编辑　卢元姗　　特约编辑　于鲁宁
责任校对　徐春莲　　封面设计　陈益平

出版发行　同济大学出版社　　www.tongjipress.com.cn
　　　　　(地址:上海市四平路1239号　邮编:200092　电话:021-65985622)
经　　销　全国各地新华书店
排版制作　南京展望文化发展有限公司
印　　刷　浙江广育爱多印务有限公司
开　　本　787 mm×1092 mm　　1/16
印　　张　23.5
字　　数　470 000
版　　次　2020 年 6 月第 1 版　　2020 年 6 月第 1 次印刷
书　　号　ISBN 978 - 7 - 5608 - 9289 - 4

定　　价　115.00 元

"同济博士论丛"编写领导小组

袁万城　莫天伟　夏四清　顾　明　顾祥林　钱梦騄
徐　政　徐　鉴　徐立鸿　徐亚伟　凌建明　高乃云
郭忠印　唐子来　闾耀保　黄一如　黄宏伟　黄茂松
戚正武　彭正龙　葛耀君　董德存　蒋昌俊　韩传峰
童小华　曾国荪　楼梦麟　路秉杰　蔡永洁　蔡克峰
薛　雷　霍佳震

秘书组成员： 谢永生　赵泽毓　熊磊丽　胡晗欣　卢元姗　蒋卓文

总　序

在同济大学 110 周年华诞之际，喜闻"同济博士论丛"将正式出版发行，倍感欣慰。记得在 100 周年校庆时，我曾以《百年同济，大学对社会的承诺》为题作了演讲，如今看到付梓的"同济博士论丛"，我想这就是大学对社会承诺的一种体现。这 110 部学术著作不仅包含了同济大学近 10 年 100 多位优秀博士研究生的学术科研成果，也展现了同济大学围绕国家战略开展学科建设、发展自我特色，向建设世界一流大学的目标迈出的坚实步伐。

坐落于东海之滨的同济大学，历经 110 年历史风云，承古续今、汇聚东西，秉持"与祖国同行、以科教济世"的理念，发扬自强不息、追求卓越的精神，在复兴中华的征程中同舟共济、砥砺前行，谱写了一幅幅辉煌壮美的篇章。创校至今，同济大学培养了数十万工作在祖国各条战线上的人才，包括人们常提到的贝时璋、李国豪、裘法祖、吴孟超等一批著名教授。正是这些专家学者培养了一代又一代的博士研究生，薪火相传，将同济大学的科学研究和学科建设一步步推向高峰。

大学有其社会责任，她的社会责任就是融入国家的创新体系之中，成为国家创新战略的实践者。党的十八大以来，以习近平同志为核心的党中央高度重视科技创新，对实施创新驱动发展战略作出一系列重大决策部署。党的十八届五中全会把创新发展作为五大发展理念之首，强调创新是引领发展的第一动力，要求充分发挥科技创新在全面创新中的引领作用。要把创新驱动发展作为国家的优先战略，以科技创新为核心带动全面创新，以体制机制改革激发创新活力，以高效率的创新体系支撑高水平的创新型国家建设。作为人才培养和科技创新的重要平台，大学是国家创新体系的重要组成部分。同济大学理当围绕国家战略目标的实现，作出更大的贡献。

大学的根本任务是培养人才，同济大学走出了一条特色鲜明的道路。无论是本科教育、研究生教育，还是这些年摸索总结出的导师制、人才培养特区，"卓越人才培养"的做法取得了很好的成绩。聚焦创新驱动转型发展战略，同济大学推进科研管理体系改革和重大科研基地平台建设。以贯穿人才培养全过程的一流创新创业教育助力创新驱动发展战略，实现创新创业教育的全覆盖，培养具有一流创新力、组织力和行动力的卓越人才。"同济博士论丛"的出版不仅是对同济大学人才培养成果的集中展示，更将进一步推动同济大学围绕国家战略开展学科建设、发展自我特色、明确大学定位、培养创新人才。

面对新形势、新任务、新挑战，我们必须增强忧患意识，扎根中国大地，朝着建设世界一流大学的目标，深化改革，勠力前行！

万　钢

2017 年 5 月

论丛前言

　　承古续今，汇聚东西，百年同济秉持"与祖国同行、以科教济世"的理念，注重人才培养、科学研究、社会服务、文化传承创新和国际合作交流，自强不息，追求卓越。特别是近20年来，同济大学坚持把论文写在祖国的大地上，各学科都培养了一大批博士优秀人才，发表了数以千计的学术研究论文。这些论文不但反映了同济大学培养人才能力和学术研究的水平，而且也促进了学科的发展和国家的建设。多年来，我一直希望能有机会将我们同济大学的优秀博士论文集中整理，分类出版，让更多的读者获得分享。值此同济大学110周年校庆之际，在学校的支持下，"同济博士论丛"得以顺利出版。

　　"同济博士论丛"的出版组织工作启动于2016年9月，计划在同济大学110周年校庆之际出版110部同济大学的优秀博士论文。我们在数千篇博士论文中，聚焦于2005—2016年十多年间的优秀博士学位论文430余篇，经各院系征询，导师和博士积极响应并同意，遴选出近170篇，涵盖了同济的大部分学科：土木工程、城乡规划学(含建筑、风景园林)、海洋科学、交通运输工程、车辆工程、环境科学与工程、数学、材料工程、测绘科学与工程、机械工程、计算机科学与技术、医学、工程管理、哲学等。作为"同济博士论丛"出版工程的开端，在校庆之际首批集中出版110余部，其余也将陆续出版。

　　博士学位论文是反映博士研究生培养质量的重要方面。同济大学一直将立德树人作为根本任务，把培养高素质人才摆在首位，认真探索全面提高博士研究生质量的有效途径和机制。因此，"同济博士论丛"的出版集中展示同济大学博士研究生培养与科研成果,体现对同济大学学术文化的传承。

"同济博士论丛"作为重要的科研文献资源,系统、全面、具体地反映了同济大学各学科专业前沿领域的科研成果和发展状况。它的出版是扩大传播同济科研成果和学术影响力的重要途径。博士论文的研究对象中不少是"国家自然科学基金"等科研基金资助的项目,具有明确的创新性和学术性,具有极高的学术价值,对我国的经济、文化、社会发展具有一定的理论和实践指导意义。

"同济博士论丛"的出版,将会调动同济广大科研人员的积极性,促进多学科学术交流、加速人才的发掘和人才的成长,有助于提高同济在国内外的竞争力,为实现同济大学扎根中国大地,建设世界一流大学的目标愿景做好基础性工作。

虽然同济已经发展成为一所特色鲜明、具有国际影响力的综合性、研究型大学,但与世界一流大学之间仍然存在着一定差距。"同济博士论丛"所反映的学术水平需要不断提高,同时在很短的时间内编辑出版110余部著作,必然存在一些不足之处,恳请广大学者,特别是有关专家提出批评,为提高同济人才培养质量和同济的学科建设提供宝贵意见。

最后感谢研究生院、出版社以及各院系的协作与支持。希望"同济博士论丛"能持续出版,并借助新媒体以电子书、知识库等多种方式呈现,以期成为展现同济学术成果、服务社会的一个可持续的出版品牌。为继续扎根中国大地,培育卓越英才,建设世界一流大学服务。

伍 江

2017 年 5 月

前　言

　　作为建筑学专业的入门教学,"建筑设计基础"是一门独立的专业课程。目前,其主要内容包括"建筑概论"和"建筑设计基础"(2000 年之前称"建筑设计初步")两门子课程。前者帮助学生建立关于建筑方面的基本认知和理论;后者引导学生掌握建筑表达和表现的基本技能,形成全面的建筑设计思维(设计观)和初步的设计能力。

　　在我国现代院校建筑教育的起源和沿革过程中,建筑设计初步和建筑设计基础教学体系主要经历了两个大的发展阶段:自 20 世纪 20 年代初直至 70 年代末之间总体学院式的"建筑制图＋建筑表现"(亦称"渲染体系")为主导的基础教学模式以及自 20 世纪 80 年代以后现代建筑思想下的变革为趋向。在这一整体背景之下,同济大学建筑系因其独特的历史渊源和人文地缘背景,与国内其他主要建筑院校交错影响,成为我国建筑设计基础教学发展轨迹中一道亮丽的风景。

　　本书在我国建筑教育沿革的大背景下,介绍了建筑设计基础教学体系在同济大学建立和曲折发展的历史,梳理了其中现代建筑教学理念及其相应教学模式形成和演进的脉络,并剖析了这一历程背后诸多社会变革、学科发展以及组织机制变化等方面的深层次原因。本书涉及时段为 1952 年至 2007 年,第 4 章至第 7 章对这一时段同济大学的建筑设计基础教学体系发展状况进行了详细阐述;第 2、第 3 章分别整理和介绍了 1952 年之前西方相关建筑教育的渊源以及中国建筑设计基础教学源起和沿革的背景状况,特别包括了

1

对组成同济大学建筑系的三个主要建筑院系设计基础教学特征的追溯,从而使本书主体论述部分处于一个宏观的历史背景之中,与整体的历史发展更加有机连贯;第8章则对全书作了总结,并在对设计基础教学的几个关键问题进行探讨的基础上,对同济大学建筑设计基础教学体系的未来发展进行了展望。

目　录

总序

论丛前言

前言

第1章
绪　论

1.1　研究的背景及起因

改革开放以来,随着城市建设和建筑学科的快速发展以及相关新兴建筑理论的广泛引入,我国建筑教育事业实现了量和质的突破。截至 2007 年,我国内地设有建筑学专业的大学已经从 1952 年的 7 所增加到 170 余所,共有 33 所学校通过建筑学专业教育评估,实行了建筑学专业学位制度[①]。伴随着建筑学专业设置的飞速扩张,建筑教育和建筑设计基础教学面临着新的挑战。世界经济和文化的全球化趋势,可持续发展战略的潮流,必将多方位、多层次地影响建筑教育,同时也影响到建筑设计基础教学的发展;而经济时代和信息社会的到来,对建筑教育在人才培养目标,教学方法和手段等方面所产生的深远影响,也必将对建筑设计基础教育的改革与发展提出新的课题。事实上,自 1980 年代初,特别是自 20 世纪末开始,国内各主要建筑院校就纷纷开始了基于当前世界建筑教育发展现状并适合我国实情的建筑设计基础教学改革的研究与探索。

建筑设计基础教学作为建筑教育体系的基石和主要组成部分,对于建筑师的培养和建筑事业的发展起着至关重要的作用;同时,历史上很多次的建筑教学体系改革也都是首先从建筑设计基础教学开始的。在长期的发展进程下,国外许多先进大学对建筑学专业的设计基础教学已经各自建立了成熟有效的教学体系,并对该体系的发展优化进行了大量的研究和实践。我国在相关领域虽然也已经做出了很多努力并取得了相当成果,但是由于历史的局限和现实的制约,还可以说是任重道远。清晰地了解和剖析中国建筑设计基础教学的历史,对于充

---

① 周畅.建筑学专业教育评估与国际互认[J].建筑学报,2007(7).

分认识中国建筑教育体系发展和转变的历程，更科学有效地进行当下蓬勃发展的建筑教育改革，有着重要的价值。

在我国现代院校建筑教育的起源和曲折沿革过程中，不管是20世纪20年代初至1952年之间呈现出的多元化的建筑教育实践，还是1952年至20世纪70年代末之间受社会政治影响所呈现出的整体单一趋同模式，直至改革开放至今的现代建筑教育思想下进一步发展的局面，对于建筑（设计）初步和建筑设计基础教学来说，却呈现出一种相对清晰的脉络：即以自20世纪20年代初直至70年代末之间的总体传统"学院式"渲染体系为主导的基础教学模式和自20世纪80年代以后的现代变革为趋向①。因此，历时近60年的"学院式（鲍扎）"体系也就理所当然地成为中国传统建筑设计基础教学研究的主线。但是在这一整体背景之下，同济大学建筑系却因为它独特的历史渊源和人文地缘背景，与国内其他主要建筑院校交错影响，成为我国建筑设计基础教学发展轨迹中一道亮丽的风景。

自20世纪80年代初以来，对于我国建筑设计基础教学的研究是建筑学和建筑教育领域一个新的学术焦点，特别是近10年间越来越受到关注。现有的研究虽然已经取得了相当丰硕的成果，但是在广度和深度方面尚存在很多不足。一方面，中国的现代建筑研究长期以来多集中在建筑史观和建筑理论等方面，有关建筑教学的研究本就相对薄弱；另一方面，在已有的建筑教育及建筑设计基础教学研究中，也存在着两个基本的缺憾：首先是多集中于整体教育制度、局部教学方法和课程教案或者单个人物对某一学校或某一阶段的课程建设影响等方面，多表现为片段和细节的呈现，而缺少对建筑设计基础教学历史发展沿革的整体归纳和把握，在作为一个完整学科的建筑设计基础教学研究的整体视野上还有所欠缺；其次是普遍以纯粹的史学研究为主，缺少从教育者和受教育者观点出发的批判性思考。

同时，在我国众多的建筑院校中，同济大学建筑系是比较特殊的一所。它独特的历史渊源以及在此后教学沿革过程中所表现出来的与众不同，一度被业内视为"异类"；但是，它却又无可争议地始终占据着我国建筑教育的前沿位置。这样一个现象以及其背后潜藏的意义，无疑是值得研究的。

因此，在我国建筑教育沿革的大背景下，以同济大学建筑系为载体，全面系

①　顾大庆先生在"中国的'鲍扎'建筑教育之历史沿革——移植、本土化和抵抗"一文中也曾指出我国"对现代主义建筑教育的觉醒在20世纪80年代末"开始显现，而且持有这一看法的学者占有相当的比例。就中国整体的建筑教育发展轨迹来说，该结论并无不妥；但是事实上，同济大学的建筑教学实践表明，作为一种特例，这一进程其实可以一直追溯到20世纪40年代初的圣约翰大学建筑系。本书基于我国建筑设计基础教学发展的整体状况，仍将这一变化阶段定位于20世纪80年代。

统地梳理其建筑设计基础教学的发展历程,对于当前我国的建筑教育和建筑学科的创新发展,具有重要的理论意义和现实意义。

1.2 研究的目的与意义

1.2.1 研究的目的

在历史和社会的大背景下,通过对同济大学建筑设计基础教学历史沿革的特点及成因剖析,结合国内外具有代表性的主要建筑院校在此方面的发展比较,从明暗两条线索入手,对我国建筑设计基础教学体系的系统构成,包括教学目标、教学内容、教学手段、评价方式等方面进行系统梳理,试图在繁杂和零散的史料中归纳整理出一个较为清晰的线索,从而把握建筑设计基础教学在中国的主要发展阶段及其基本特征,以期对现有建筑设计基础教学体系的改革和研究以及进一步探讨建立适合我国实际的当代建筑设计基础教学体系及模式,提供一种新的视野和有效的方法参照。

1.2.2 研究的理论意义与实践意义

纵观中国建筑设计基础教学的发展历史,自20世纪20年代初直至70年代末长达近60年的时间内,传统"学院式"模式(Ecole Des Beaux-Arts 或 Academic)影响下的以渲染体系为主导的教学思想和方法,在我国主要建筑院校中一直占据着主流地位,因而已有的研究主体和文献资料等也多集中于此。而同济大学建筑系在它发展演进过程中所一向被业内认为的"非主流"和"另类"的风格,与其在中国建筑教育领域所发挥的影响和所具有的地位之间的戏剧性差异,却一直没有被充分挖掘和系统地整理研究。20世纪50—70年代末的这段时期,在国内主流建筑院校普遍采用苏联"学院式"建筑教学模式的现实下,同济大学就曾经对其进行过不断的抵抗,以致在某些特殊的年代被称为"洋、怪、飞";在70年代末的教学秩序恢复之后,同济大学建筑系又成为首批接受和采用现代建筑教学理念的建筑院校,并在反复实践和完善中建立了新的形态设计基础教学体系,其建筑教育和设计思想甚至被冠以了"包豪斯学派"的称号[①];而在

---

① 对于这一所谓"包豪斯学派"的称谓,事实上在同济大学建筑与城市规划学院内部也有不同的理解和看法。

90 年代至今的教学实践中，同济大学建筑系更是与时俱进，在学科建设和教学研究方面不断拓展和深入，始终保持着业内领先的姿态和地位。因此本书从建筑教育的一个重要组成——建筑设计基础教学出发，选择以同济大学建筑系的相关教育发展历程作为标本进行全面系统的梳理，对于管窥现代建筑教育思想在中国的传播历史和发展脉络以及充实和完善中国近现代建筑及教育历史研究，有着重要的理论价值。

同时，本书对于深入认识和理解中国建筑设计基础教学现状也具有突出的现实意义。建筑设计基础教学是整个建筑职业教育的基石，对于培养学生的业务能力、专业素质、创造力和自我教育能力起着至关重要的作用；特别是在 20 世纪 80 年代以后我国建筑教育从传统"学院式"体系向现代建筑教育体系转进，其整体教学体系变革也多由建筑设计基础教学改革所引发。深入了解现代建筑设计基础教学在同济大学建筑系发展的曲折路径和历史根源，对于进一步推动当今建筑设计基础教学体系、甚至建筑教育体系的理论研究和改革探索具有重要的现实意义。

另一方面，作者身为具有建筑设计基础教学经历近 20 年的一线教师，有着深刻的切身认识，并且在研究过程中与教学活动直接结合，因而研究成果有着相当的实际应用价值。

1.3 研究的方法

拟从两个方面同时展开研究：一是着眼于具体史料的整理和充实，二是以同济大学建筑设计基础教学发展的纵向历史时段划分和相应时段下横向国内外主要建筑院校的相关动态为对照，组织整个史料的编写。

相关史料的收集主要通过人物访谈和文献查阅相结合的方式进行，以求能够准确地还原真实的历史状况。在充分获得真实史料的基础上，再以纵横与明暗两条线索双线并进，尝试勾勒出同济大学建筑设计基础教学体系发展的大致路径与整体轮廓，并在一个广阔的历史和社会背景下探寻和阐释其潜在成因；同时，也对互为影响的中外建筑教育和建筑设计基础教学的发展沿革进行一个全景式的扫描。

此外，本书的撰写还遵循系统的方法、比较的方法和理论结合实践的方法。

1.4　研究的内容与框架

在研究对象的范围方面,将重点集中于同济大学建筑设计基础教学体系。以发展的历史时段为顺序,对同济大学建筑设计基础教学体系沿革历程的各个阶段所呈现的主要特征及成因,进行全面深入的研究。

同时,同济大学建筑设计基础教学的发展过程,也是和国内其他各主要建筑院校的思想理念和教学方法错综交织且相互影响,因此孤立地以同济大学为标本显然无法全面准确地描述其发展变化的真实面貌;更为重要的是,我国的现代院校建筑教育历史,可以说自它诞生之日起,就和特定时段某些西方国家的相关建筑理论和建筑教学有着密不可分的渊源,中国最初的院校建筑教育体系更是对当时相应国外体系的几乎"全盘照搬"。因此,作为研究重点的同济大学建筑设计基础教学体系发展状况放在国内外整体的建筑教育发展背景下加以阐述。书中隐含的另一条线索,就是在一个更为广大的历史和社会背景中对这一关联因素进行考察,这对于认识和理解相关历史时期的同济大学建筑设计基础教学实践的本质,无疑具有重要的意义。

由此,本书从明暗两条线索,通过对每一个具体历史时段内外两种诱因深入剖析,将同济大学的建筑设计基础教学体系放在一个广泛的视野下加以全面系统的呈现。

在研究时段方面,本书将研究时间主要锁定在 1952 年至 2007 年。起点的确定是因为该年的全国高等院校合并,促成了同济大学建筑系的建立;终点的设置是因为自 2008 年起,同济大学建筑设计基础教学大纲正式启用新的课程名称,以"设计基础—建筑设计基础—建筑生成—建筑设计"代替了原先的"建筑设计基础(1)、(2)、(3)、(4)"专业基础课程名称,从而标志着一个新的建筑设计基础教学体系的开始。然后再根据同济大学建筑设计基础教学体系的演变历程,又将之细分为四个连续的具有明显特征的历史时段。分别为:① 1952 年至 20 世纪 70 年代末。这一阶段在社会和政治运动影响下,同济大学经历了建筑设计初步教学体系的建立和现代思想下的初步探索及错综发展;② 20 世纪 70 年代末至 1986 年。这是同济大学建筑设计基础教学体系得以在经历了十年浩劫的挫折后恢复,并开始全面展开现代建筑教育思想下的建筑设计基础教学新体系探索的时期;③ 1986 年至 1999 年。这一阶段是全面扬弃传统的建筑初步教学模式,转而建立全新的现代建筑形态设计基础教学体系的时期;④ 2000 年至 2007 年。这一阶段是一个注重建设、自我完善、不断拓展和创新的时期,并在继续延伸。

除此之外,本研究还兼顾 20 世纪 20 年代初至 1952 年之间的中国建筑设计基础教学背景状况和西方相关建筑教育渊源的整理和阐述,特别包括对组成同济大学建筑系的三个主要大学建筑系,以及对我国和同济大学建筑设计基础教学产生重大影响的法、美"学院式"教学体系和包豪斯现代建筑教育实践的追溯,从而使主体研究部分处于一个宏观的历史背景之中,与整体的历史发展更加有机连贯。

最后,在全面梳理了同济大学建筑设计基础教学体系发展演变历程的基础上,结合当前教学理论发展和教学实践开展,对建筑设计基础教学的关键问题进行探讨,以期为当今我国的建筑设计基础教学实践提供参照。

1.5 国内外相关的研究与理论

目前,业内对于建筑设计基础教学体系的研究更多体现在各专业院校具体的教学大纲及子纲制定,教材选用,课程设置和教授方式上,国内外学者关于该领域的研究,也大都是从教育历史、课程改革和教学方法研究等独立断面进行学术研究和教材编撰,或对已有的教学体系展开局部的教学改革实践及成果总结,其中相当数量的研究成果,又多集中在建筑教育整体概念的层面,对作为建筑设计入门的基础教学体系的设计思想和教学模式的系统研究仍是一个相对薄弱的环节。

但是,国内外著名建筑院校历史悠久且成功的教学模式及经验,以及国内当前积极开展的各项教学改革和研究成果,仍然对系统研究适合我国现实的建筑设计基础教学模式,提供了很好的借鉴和帮助。

目前该领域的研究方向主要涉及以下几个方面:

1. 关于教育体制的研究

20 世纪后半期以来,人类社会正在从工业社会走向信息时代。社会的深刻变化,必然引起大学的教育理念变化。随着全球范围内经济的发展和科技进步,随着高校体制的改革推进,随着高校自身不断地发展与更新,新时期的高等教育也呈现出了新的变化:如高等教育的大众化与区域化、高等教育的分工具体化等。

对高等教育体制的研究：主要包括高等教育的由来、高等教育体制的演变、现代教育理念的发展等。相关论著有：中央教育科学研究所的《当代外国教育发展趋势》、刘新科的《国外教育发展史纲》、姚启和的《90年代中国教育改革大潮丛书·高等教育卷》与《高等教育管理学》、王善迈的《2000年中国教育发展报告：教育体制的改革与创新》等。

2. 关于我国现代建筑教育及建筑设计基础教学历史的研究

在同济大学钱锋2005年的博士学位论文《现代建筑教育在中国》完成以前，关于我国现代建筑教育历史的研究一直是相对薄弱的一个环节。该论文对自20世纪20年代至80年代初我国院校建筑教育体制的源起和沿革做了详细阐述，并剖析了诸多历史现象背后的深层原因；但是，该论文宏观的视野难免无法就建筑设计基础教学，特别是同济大学的建筑设计基础教学这一特定课题做更深入的探讨。其他的研究还有：同济大学章明1995年的硕士论文《高等建筑教育论析》中部分内容对中国建筑教育历史作了整体回顾；清华大学赖德霖先生的博士论文《中国近代建筑史研究》中"中国近代建筑师的培养途径——中国近代建筑教育的发展"分篇，对中国近代建筑教育历史状况进行了较为全面的介绍；东南大学单踊先生的博士论文《中国近代建筑教育史论》对中国建筑教育做了详尽的追根溯源及细致的分析整理；北京建筑工程学院周怡宁2004年的硕士学位论文《对中国建筑教育发展状况的研究与探讨》，对我国建筑教育的历史和现状进行了调研与分析，并对中国建筑教育的改革与创新发展提出建议；东南大学刘怡2004年的博士学位论文《杨廷宝研究——建筑设计思想与建筑教育思想》的下篇《教育之法》，对"鲍扎"体系、中央大学建筑系的教育思想源起以及杨廷宝建筑教育思想进行了阐述；同济大学刘宓2008年的硕士学位论文《之江大学建筑教育历史研究》对同济大学建筑系前身之一的之江大学的建筑教育历史进行了深入的研究。

此外，已有的成果还包括各建筑院校的纪念和缅怀文章、个人自传、院系史的整理、硕士和博士论文以及历史文献汇编等，比如同济大学建筑与城规学院为迎接60周年院庆，于2007年出版的《历史与精神》《传承与探索》《开拓与建构》系列丛书，展现了该院源远流长的历史和贯穿期间的实践与思索。

但是尽管如此，就我国建筑设计基础教学历史而言，独立而系统的研究则仍然相当匮乏。

3. 国内关于建筑专业教学及建筑设计基础教学的研究

建筑专业教学及建筑设计基础教学一直是建筑学专业领域中的一个重要课

题,这两者对建筑学专业的发展起着至关重要的作用。有关教学体系和方法的各类研究包括各大学的硕士及博士学位论文、各建筑院校出版的优秀学生作业选集及教学研究专集,以及散见于各大专业杂志及会议论文集的专题研究论文。但是,相比诸如建筑教育发展史等一些专题研究,这方面系统化的研究成果还比较匮乏。

天津大学魏秋芳 2005 年的硕士学位《论文徐中先生的建筑教育思想与天津大学建筑学系》一文,涉及了中央大学和天津大学部分历史时段的教学思想特点和方法;天津大学栗达 2004 年的硕士学位论文《朝花朝拾——天津大学建筑学院建筑教学体系改革的研究》,详细阐述和剖析了天津大学始于 1999 年的那次建筑教学体系改革;此外还有西安建筑科技大学刘京华 2002 年的硕士学位论文《建筑学初步教育观念与方法研究》;南京艺术学院朱丹 2006 年的硕士学位论文《建筑专业艺术设计基础课程的研究》;同济大学徐赟 2006 年的硕士学位论文《包豪斯设计基础教育的启示——包豪斯与中国现代设计基础教育的比较分析》,也都从不同侧面对建筑专业教学及建筑设计基础教学进行了研究。

近年来国内在设计基础教学研究方面较为系统和深入的是东南大学建筑学院,他们 2007 年出版的《东南大学建筑学院建筑系一年级设计教学研究——设计的启蒙》和《东南大学建筑学院建筑系二年级设计教学研究:空间的操作》,分别从历史沿革、教改动机、目标和具体手段方面做出了详尽阐述和深入研究。而同济大学 1991 年的《建筑形态设计基础》和 2004 年的《建筑设计基础》,则分别代表了该系教师在相应历史时期对于建筑设计基础教学的深刻思考。

由同济大学建筑城规学院《时代建筑》杂志社与"全国高等学校建筑学科指导委员会"联合主办的《时代建筑》2001 增刊——《中国当代建筑教育》,其中收录了大量教学论文,对各大院校建筑系在教学体系、教学指导思想、学科设置、教学方法、具体教学实践中的课题设置及教学成果等方面都有较为详细和深入的探讨和交流。时任同济建筑系主任的莫天伟教授在文章中阐述了同济建筑系以"Tectonic(构筑或建构)"为特色的建筑学教学思想和教学体系,将构筑(建构)文化提到作为回归建筑学本体的高度。相关论著还有:1999 年昆明会议的《全国高等学校建筑学科指导委员暨第二届建筑系系主任会议论文集》;沈祖炎主编的《挑战与突破——人才培养方案及教学内容体系改革的研究》;马红杰的《格罗庇乌斯的建筑创作与教育初探》;周榕的《建筑教育方法论研究初探》;隋杰礼的《我国建筑学专业教学指导思想研究》等。

4. 国外关于建筑设计基础教学及建筑专业教学的研究

欧美国家的专家学者以及在建筑教育、建筑实践和教育研究领域的工作者在该领域也颇多贡献。

相关论著有：David Nicol，Simon Pilling 的 *Changing Architectural Education: Towards a New Professionalism*；John Hejduk 的 *Education of An Architect: A Point of View: The Cooper Union School of Art and Architecture 1964 - 1971*；Marian Scott Moffett 的 *The teaching of design: A comparative study of beginning classes in architecture and mechanical engineering*；Charles Doidge，Rachel Sara，Rosie Parnell 的 *Crit—An Architectural Student's Handbook*；Lorraine Farrelly 的 *The Fundamentals of Architecture*；[荷] 赫曼·赫茨伯格的《建筑学教程：设计原理》；V. Hubel，D. Lussow 的《基本设计概论》；[英] 莫里斯的《基本设计：视觉形态动力学》等。

1.6 研究中几个关键词的概念

1. 建筑(设计)初步与建筑设计基础

"建筑设计初步"这一正式的课程名称最早是由中央大学建筑系在 1949 年首次提出①，实际上它是由其早前的"建筑初则及建筑画"和"初级图案"两门基础类课程合并而成的。该名称后来被国内各大建筑院校普遍采用，并一直沿用至 2000 年。

而对于"建筑设计基础"的概念，最早出现于同济大学建筑系 1978 年的课程计划，后来在 1979 年第 4 期《同济大学学报》一篇题为《建筑·建筑设计——"建筑设计基础课"的探讨》的文章中，由赵秀恒老师再次提出；1986 年，同济大学建筑系正式启用该称谓，并在 2000 年被全国建筑学专业评估委员会指定为全国统一课程名称。

关于建筑设计基础的定义，仅从词义来看，其内涵是明确的，但是在外延上却往往变得模糊和不确定，很容易和建筑设计基础教学阶段所涵盖的其他专业课程(包括：美术课程、结构课程、建筑设备及技术构造课程、建筑历史课程等)

---

① 东南大学建筑学院编. 东南大学建筑学院建筑系一年级设计教学研究：设计的启蒙[M].北京：中国建筑工业出版社,2007(10)：4. 对于建筑设计基础课程的名称,在我国更早甚至可追溯到 1927 年"国立中央大学"建筑系的"初级图案"。

混淆起来。

其实就广义来说,建筑设计基础作为建筑专业的入门教学,确实所涉广泛,除了独立的"建筑(设计)初步"或"建筑设计基础"这门专业课程之外,尚有三个支撑板块:分别为美术课程、技术课程和史论课程。其中美术课程主要训练学生对物体的色彩、质感、形体等各种视觉要素的感觉和表达能力,并增强艺术修养;技术课程主要培养学生对建筑建造所涉及的物质技术基础的把握能力;史论课程则作为启发设计思想的源泉,培养学生掌握设计创作的理论要素。这三类基本课程彼此之间又相互影响,与"建筑(设计)初步"一起形成一个互相渗透的完整系统。

而就狭义来说,"建筑设计基础"又是一门独立的专业课程;目前,其主要内容包括"建筑概论"和"建筑设计基础(建筑设计初步)"两门子课程。前者帮助学生建立关于建筑方面的基本认知和理论,比如什么是建筑、什么是建筑设计等;后者引导学生掌握建筑表达和表现的基本技能,形成全面的建筑设计思维(设计观)和初步的设计能力,为高年级的建筑设计课程学习打下基础。以同济大学为例,在1986年之前,"建筑(设计)初步"课程的教学时段随着学制的不同一直为2—3个学期,主要的教学内容包括建筑概论、建筑表现和表达以及间断穿插的制作类训练①。而1986年之后的"建筑设计基础"课程则将教学时段扩充到两年共四个学期,主要的教学内容也随之扩大为建筑概论、建筑表现和表达基础、建筑形态设计基础三大部分。

本书所讨论的正是狭义的"建筑设计基础"课程体系。

2. 教学体系

一个完整的教学体系,主要由教学目标及宗旨、教学要求、教学组织(管理)、教学模式(手段)、教学计划(内容)及教学评价几个相互关联的部分有机组成。

3. 中国现代建筑设计基础教学与现代思想下的中国建筑设计基础教学

我国史学界对于中国近代史和现代史的分野,较普遍的看法是把1919年"五四运动"以后的历史称作中国现代史,而把由此上溯到1840年鸦片战争的历史称作中国近代史;有关中国近代史和现代史的出版物也大多以1919年作为界限(台湾地区有关中国现代史的出版物则以辛亥革命为上限),"目前还没有一本

---

① 同济大学在20世纪50年代中和70年代末出现过一些鼓励创造性思维和手工操作训练的作业,但并未形成完整持续的教学系列;自80年代初开始,该系在建筑初步课程中已经引入建筑形态设计的训练内容。

严肃的学术著作是按照 1840 - 1949 年的时限来撰写中国近代史的"①。而中国正式的院校建筑教育及建筑设计基础教学起源于 20 世纪 20 年代初,因此,我们将之称为中国现代建筑设计基础教学。

现代思想下的中国建筑设计基础教学,则是指围绕着西方始于 20 世纪初的现代建筑和教育思想这一核心所建立起一整套有机的教学方法和内容。按照同济大学钱锋博士的阐述,它包含了两个要素:"即在设计思想方面以现代建筑思想为主导,在教学模式方面以培养学生的现代建筑思想为目标。"②

事实上,一直到 1970 年代末,在我国的建筑设计基础教学发展历程中,除了 1940 年代圣约翰大学建筑系的现代建筑教育实践以及零星片段地发生于清华大学和同济大学的具有现代主义建筑教育特征的探索之外,整体上实行的是传统的"学院式"建筑设计基础教学体系。现代思想下的建筑设计基础教学模式在我国得到普遍接受和实施则是在 1980 年之后。

书中的"现代"一词,即主要针对"中国'现代'建筑设计基础教学"和"'现代'思想下的建筑设计基础教学"两种情形。前者为历史研究的断代所需,后者则是相对于传统的"学院式"建筑教学体系而言。值得指出的是,关于"现代"的定义,在中西方历来有不同的理解和分类;同时,从某种角度来说,"学院式"建筑教学体系和包豪斯之后的"现代"建筑教学体系也并非全无交集的对立面。因此,相对"现代"转型而言,也许对大学的研究更有意义。本书为了强调"学院式"体系和"现代思想下"的建筑教学体系对建筑设计教学在基本思想和方法上的区别,将包豪斯之后强调创造意识、方法掌握和问题解决的建筑教学体系冠以"现代"一词。

4. "学院式"建筑设计基础教学

对中国建筑教育和建筑设计基础教学产生了重大影响的 Academic (Ecole Des Beaux-Arts)模式,是基于法国巴黎美术学院建筑教育基础上发展而来的一种设计基础教学模式,并在 1910 年代美国的宾夕法尼亚大学达到巅峰。在国内常被称为"学院派"或直接音译为"鲍扎""布扎"。同济大学的钱锋在她的博士论文《现代建筑教育在中国[D].同济大学博士论文,用"学院式"一词来指代,以此将 Academic 有关教学模式方面的概念客观地还原到教学体系和方法本身。本书倾向于采用该种提法。

---

① 对此,我国史学界至今仍有分歧。有部分学者主张把从 1840 年鸦片战争到 1949 年中华人民共和国成立以前的这段历史统称中国近代史。事实上,许多人依照习惯仍旧把这一段历史分为中国近代史和中国现代史,而所谓中国现代史的下限往往是模糊不清的。参见:张海鹏,中国近代史的分期问题。光明日报,1998 年 2 月 3 日。
② 钱锋.现代建筑教育在中国[D].同济大学博士论文,2005:5.

第2章

东西方近现代主要建筑教育体系及设计基础教学思想的背景研究（19世纪中叶—20世纪40年代）

在正式的建筑院校出现以前，西方建筑师的培养大多通过中世纪流传下来的具有明显行会特征的"师徒相授"的方式完成。直至19世纪中叶，"巴黎美术学院"成立之后，真正意义上的院校建筑专业教育才开始在欧洲实行。

西方传统的建筑教育各有特点，而且在不同的发展时期也相互影响。从法国巴黎美术学院到美国宾夕法尼亚大学建筑系的传统"学院式"教学体系；从20世纪初现代建筑运动影响下的德国包豪斯，到此后20世纪40年代美国建筑教育向现代方向的探索和转进，所有这些都直接影响了当时的中国留学生，并在他们回国以后的建筑和教学实践中留下了深刻的烙印。

而作为一个完整的建筑教学体系的重要组成，专业入门阶段的建筑设计基础教学，无疑也在各个历史阶段和各种教学体系中呈现出各具特色的模式和特征：如巴黎美术学院体系中的"艺术绘图训练及渲染"体系、包豪斯的设计"基础课程"体系等。厘清这些教学体系的发展背景，对于清晰认识中国建筑设计基础教学的发展历程具有重要意义。

2.1 具有代表性的东西方传统建筑教育体系及设计基础教学思想

2.1.1 法国传统的"学院式"建筑教育

法国巴黎美术学院是业内公认的世界上第一个大规模培养建筑设计人才的

规范化建筑院校,其源头可上溯至 1671 年成立的"皇家建筑研究会"(Academie Royale d'Architecture),更远则可追溯到 1648 年勒·布朗建立的"法国皇家艺术雕塑学院"。

17 世纪下半叶,随着文艺复兴思想和理性主义哲学的广泛影响,共同演化成了法国古典主义建筑的流行风潮。在此背景下,"皇家建筑研究会"的成员们致力于从文艺复兴和古代罗马的建筑杰作中总结出一套普遍的抽象构图原则,并以此作为形式规范指导设计实践。同时,"皇家研究会"还指导有一所艺术学校,这些法则于是理所当然地成为他们设计思想的主要来源。1795 年,"皇家研究会"属下的建筑学校被独立出来,成立了"建筑专门学校(L'Ecole Speciale de l'Architecture)",专攻绘画、雕塑和建筑,并成为当时法国唯一的主要建筑学校。1819 年 8 月 4 日,该校又被并入"皇家美术学院(Ecole Royal des Beaux-Arts)"。19 世纪中叶以后,法国政府又将国内各美术学院合并成一所大学,并将各地的学院称为分院,其中位于巴黎的便是著名的"巴黎美术学院"。

在长期的教学实践中,巴黎美术学院形成并完善了一套以"画室制度"为基础的建筑教育方法和体系,该体系也是业内公认最早的成熟完整的院校建筑教育体系,在世界各国具有广泛的影响。其主要特点表现为:注重严格的古典美学和造型训练,尤其以艺术绘画训练为主;以各种历史传统的优秀遗产为设计模板,强调对称、均衡、序列等古典美学的抽象构图原理;同时,设计主题必须贯彻始终,在设计过程中不得随意变更最初的草图;设计成果注重图面表现,尤其是耗时巨大的渲染作图。这些特征对此后不少国家的建筑教育产生了深远的影响,并被冠以了"Academic"("学院式"或"鲍扎")的称谓。

"巴黎美术学院"同时也形成了一套成熟而有效的建筑设计基础训练体系,其核心即是以古典柱式和优秀历史建筑为范例的渲染和构图练习。关于渲染构图练习的法文原词"Analytique",美国宾夕法尼亚大学的约翰·哈卜生(John Harbeson)将之解释为"关于建筑要素的研习"。而巴黎美术学院毕业的第一个美国人沃伦(Lloyd Warren)曾经指出,这

图 2-1-1　巴黎美术学院时期的
建筑表达作品

一训练的目的在于"培养比例感、构图技巧、绘图技法，装饰部件的赏析以及画法几何关于投影和光影的知识"；并声称这是"一位初学者所必须掌握的必要知识和技能"①。对此，沙里宁也曾有过如下的论述："每一名学建筑的人，从上课第一天起，就听教师说希腊罗马的柱式是'真正典型的建筑'。讲授的中心内容是'学习它们，牢记它们的尺寸'。上述诱导产生长达数世纪的反响是把它们搬过来加以利用。"②

巴黎美术学院的"学院式"建筑教育转变了人们的艺术观念，使人们对艺术的认识拓展到了理性、科学和人文主义精神的层面；同时，它也将建筑学带出了行会的控制。而源于法国巴黎美术学院的这一传统"学院式"建筑设计基础教学模式，后来在20世纪初的美国（尤其以宾夕法尼亚大学建筑系为代表）得到进一步发展，并对中国早期，甚至直到1980年代初以前的建筑设计基础教学产生了关键的影响。

2.1.2 英国的传统建筑教育

19世纪中叶以前，英国的建筑教育一直延续着中世纪"学徒制"的方式③。当时的建筑职业学习通常都是通过跟随有经验的建筑师，在实践中学习和掌握具体的建筑设计技能，并逐渐积累经验，成为可以独立承担设计项目的建筑师。这一传统方式简单易行且直接有效。但是，该时期建筑职业教育所注重的只是技艺的传承和经验的模仿，既没有相关历史背景和设计原理的系统学习，也没有所谓的建筑设计基础教学，"设计"的意义几乎不被考虑，因而所培养的建筑师普遍缺乏独立思考能力和创造意识。

19世纪中叶以后，随着英国皇家建筑学会（Royal Institute of British Architecture）"注册建筑师"制度的建立以及社会和技术的不断发展，越来越需要建筑师掌握更多专业的工程技术和现代建造方法。1847年，一群"经常惹是生非"的学生创立了不列颠"最古老、最有活力"的建筑学校——著名的建筑联盟学院（the Architectural Association School of Archiectural，简称AA），但是该

---

① John Harbeson. The Study of Architectural Design. New York：The Pencil Points press，Inc. 1926，P5‑11，转引自顾大庆. 中国的"鲍扎"建筑教育之历史沿革——移植、本土化和抵抗[J]. 建筑师，第126期.

② 转引自：戴路、陈健. 布萨建筑教育的阳光和阴影[J]. 新建筑，2006(3)：113.

③ 英国著名的"学徒制"是在中世纪随着工业和贸易行会的出现发展而来。自12世纪起，英国就一直采用这种制度对徒工进行职业和技术的训练，在建筑教育方面也是如此。

校完整的教育系统直至 1890 年到 1901 年间才逐渐成形①。因此,1894 年成立的利物浦大学建筑系可以算是英国第一个正式的建筑专业院校。

由于当时法国皇家建筑学院在欧洲已具有相当的影响,因此英国早期建筑院校的教育同时兼有法国的"学院式"以及英国自身传统的"学徒制"特点。特别是在建筑设计初步教学阶段,也是以古典的构图原则为核心训练学生的设计和图面表现技能。同时,"学徒制"的传统教育思想也仍然起着相当重要的作用,但主要体现在专业教学阶段对于工程技术和职业实践的注重。

英国传统的"学徒制"培养建筑师的方法对美国早期建筑师的培养也产生了一定的影响。其实在法国"学院式"教学体系中,"学徒制"方法也是高年级建筑专业学习中一种基本的教学模式。

2.1.3　德国的传统建筑教育

德国传统的建筑院校大多和"高等技术学院"或者"综合性技术学校"有着密切的联系,其突出特点是对工程技术方面的注重;同时,由于同处欧洲,德国的建筑教育也兼受法国和英国的影响。一方面,它与"巴黎美术学院"一样强调建筑的形式和表现,在建筑设计的入门教学阶段安排有相当分量的美术课和建筑历史课,低年级学生常从临摹德国建筑大师的作品开始,渲染绘画也是必不可少的初步训练。另一方面,在进一步的专业学习中,则相对注重关于建造技术方面知识的培养和掌握,并通过政府工程项目进行实际的设计训练。总体而言,德国传统的建筑教育严谨而注重技术性,和当时的欧洲其他国家一样,他们也并不鼓励学生的自主性和创造性。

这种情形一直到 1919 年包豪斯建立才得以彻底改变,德国由此开始成为现代建筑教育的一个主要策源地。

2.1.4　美国的传统建筑教育

1865 年,美国第一个大学建筑系在麻省理工学院(M.I.T.)成立②,系主任 W.

---

①　1847 年,一群被英国皇家建筑学会拒绝的年轻设计师们,为了互相讨论而成立了一个会员制的俱乐部;同时,他们也希望为那些没有经过基础建筑教育,而又立志学习建筑的人们提供一个可以独立设计的教育系统。因而,一开始的 AA 学院也正是像沙龙一样,是一个各种人交往的场所,并没有提供正规的院校建筑教学;该校完整的教育系统直至 1890 年到 1901 年间才逐渐成形。1917 年,AA 学院搬迁到现在的伦敦贝德福德广场地区。参见: AA 学校官方网页: http://www.aaschool.ac.uk/AALIFE/LIBRARY/aahistory.php.

②　事实上,该系直至 1898 年才正式开始招生授课。

R.威尔(William Robert Ware)是毕业于巴黎美术学院的 R. M. 亨特(Richard Morris Hunt)的学生。在此之前,美国的建筑人才培养基本上采用的是受英国影响的具有中世纪传统的"学徒制"体系,同时也体现出美国根据自身建筑实践要求而发展起来的注重工程技术和实践的特点。

1890 年以后,在美国又陆续有宾夕法尼亚大学、康乃尔大学、哥伦比亚大学等八所大学成立了建筑系。这一阶段的美国建筑教育,虽然也部分受到巴黎美术学院的影响,但总体来看是应对职业化要求的产物,比较注重工程技术及实践,同时各个学校也都有着明显的个性化倾向。该时期对于建筑初步课程的训练,普遍不像法国"学院式"那样强调古典艺术规则培养,而更多体现出对于实际建造的工程技术掌握:"除了受巴黎美术学院影响的 M. I. T. 以外,设计指导都根据当地建筑事务所的实际情况,强调构造的细部……纯美术方面的训练也比较少,素描等绘画课很少,没有写生。"[1]

及至 20 世纪初到 20 年代,随着折衷主义的盛行以及大量法国建筑师来到美国各个建筑院系执教并占据了几乎所有的重要位置,法国"学院式"建筑教育方法在这一时期的美国开始兴盛,并在 1912 年左右达到顶峰。曾长期主持宾夕法尼亚大学(University of Pennsylvania,简称宾大)建筑系的法国建筑师保尔·克累特(Paul Cret,毕业于巴黎美术学院)就在 1908 年时评论说:"现在整个美国所采用的方法,都是学院式的方法。"[2]当时的这种现象,使得美国继法国之后成为"学院式"教育的又一个大本营。即便在 20 世纪初法国建筑界已经开始受到现代主义思潮影响的时候,美国仍坚持着传统的"学院式"建筑教学模式,而将自己远隔于欧洲轰轰烈烈的现代建筑运动之外,其中最为典型的就是后来对我国建筑教育影响深远的宾大建筑系。

那个时期美国的建筑设计教育强调对古典抽象构图原理的绝对尊重以及对图面表现和技巧训练的高度重视;同时,在设计中不鼓励创造性。约翰·哈卜生曾在《学习建筑设计》一书中把美国当时的"学院式"建筑教学体系归纳为以下五点:① 设计工作室制度;② 高低年级学生之间的互助教学;③ 实践建筑师担任设计教学;④ 新生即进入设计训练;⑤ 设计竞图和快题训练。[3]

---

① The History of Collegiate Education in Architecture in the United States, A Dissertation, Columbia University,1941。转引自:钱锋. 现代建筑教育在中国[D].同济大学博士论文,2005:16.

② The History of Collegiate Education in Architecture in the United States, A Dissertation, Columbia University,1941。转引自:钱锋. 现代建筑教育在中国[D].同济大学博士论文,2005:16.

③ John Harbeson. The Study of Architectural Design[M]. New York: The Pencil Points Press, Inc. 1926:1-2.

　　当时美国建立在这一"学院式"体系下的建筑设计基础教学,一方面是以公认的古典范例为基础,进行各种建筑样式的抄绘、渲染及构图训练;另一方面,正如哈卜生所总结的第四点那样,学生从一年级开始,就在教师指导下采用具有纪念性美学特征的建筑造型进行设计练习。由于图面效果在学院式教学中是评价设计好坏的主要因素,因此学生们需要花费大量的时间进行渲染和美术绘画方面的练习。

　　源自于法国巴黎美术学院的传统"学院式"教学方法,在经由 19 世纪末 20 世纪初美国一些建筑院校的发展以后,在当时业已形成了更加稳固完整的学院式教学体系。它通过绘画、历史、设计、技术等多方面的一系列课程,训练学生在严格遵循古典美学原则的基础上进行建筑设计。其中,作为入门的建筑设计基础教学正是这些训练的第一步,它着重于对基本古典美学原则的认知以及相关艺术鉴赏力和建筑表现能力的培养,试图以此让学生的设计作品达到基于古典艺术的所谓"完美"。

　　值得指出的是,近代中国的建筑留学热潮开始于 20 世纪初,据统计,当时绝大多数留学生去往美国,且主要集中于宾夕法尼亚大学等八所学校。因此,该时期美国盛行的"学院式"建筑教育体系,对中国早期建筑教育思想的形成以及此后建筑教学体系的建立和发展,都产生了极大的影响,这些影响在某些方面甚至是决定性的。在童寯写于 1944 年的《建筑教育》一文中,该体系被推崇为"现今世界最为先进和成熟的训练建筑师的方法"[①];而在童寯另一篇写于文革初期的文章中,更进一步指出中国的建筑教育,"其根子乃在远离中国的费城甚至巴黎"[②]。

2.1.5　日本的传统建筑教育

　　19 世纪 70 年代前后,伴随着"明治维新"运动的发展,日本开始全面学习西方先进科技和文化,并着手改革教育制度,日本的近代院校建筑教育体制也随之建立起来。

　　日本早先的建筑教育采用的是英国式教学方法。当时日本不但派遣学生去英国留学,还直接聘请英国建筑师前来执教于造家学科[③],将西方的一套建筑教

---

　　① 童寯."建筑教育",童寯文集(第一卷)[M].北京:中国建筑工业出版社,2000.12.

　　② 童寯."美国本雪文亚大学建筑系简述".见:童寯文集(第一卷)[M].北京:中国建筑工业出版社,2000(12):222-226.

　　③ 当时的日本将"Architecture"译为"造家学"。参见:徐苏斌.比较·交往·启示——中日近现代建筑史之研究[D].天津:天津大学博士论文,1991:5.

育方法移入日本。

在教学内容上,日本早期的建筑教育一直以技术为重。1877 年英国建筑师康德尔(Josiah Conder)带来的一整套具有英国特点的建筑教育方法,同样也是以建造材料、技术等为教学重点。而关于当时一年级入门教学的基础训练内容,从 1886 年之前三年制的工部大学造家学科课程(表 2 - 1)来看,也许被涵盖在相当于建筑史的"建筑沿革"和从一年级一直延续到三年级的"制图及意匠(即设计,笔者注)"之中。由此推断,早期的日本建筑教育几乎没有专门的建筑初步教学,应该只是设计练习难易程度的递进关系。这也是和当时日本建筑教育注重技术和实践、轻视艺术是相符的。

表 2 - 1   1886 年之前工部大学造家学科课程

第一年	第二年	第三年
数学 应用力学 测量法 建筑材料及构造 物理实验	穿窿架法特别家屋意匠 装饰法 建筑物理 卫生建筑特别意匠 式样及计算等	建筑条令特别讲义 实地演习
建筑沿革		
制图及意匠等	制图及意匠等	制图及意匠等 毕业论文意匠等

资料来源:转引自徐苏斌. 比较·交往·启示——中日近现代建筑史之研究[D]. 天津:天津大学博士论文,1991.

从 1894 年开始,日本建筑史学家伊东忠太开始努力在建筑学中增加艺术和美学成分,使日本的建筑教育转向技术和艺术并重的模式。在他的倡导下,"造家学"自 1897 年起被改名为"建筑学",帝国大学工学科的造家学科也改为建筑学科,并开始推行法国"学院式"的建筑教育体系。通过后来柳士英等人回国创办的苏州工业专门学校建筑科的教学模式,我们可以相信,在当年东京高等工业学校①等日本建筑学校的建筑设计基础教学中,采用的也是类似法国"学院式"的训练模式。

① 东京高等工业学校的前身为明治十九年一月职工徒弟学校,明治二十三年(1890 年)时改名为职工徒弟讲习所,明治二十四年(1891 年)时被《建筑杂志》称之为东京工业学校,1894 年为东京高等工业学校。后来该校在 1929 年时又改为东京工业大学。参见徐苏斌. 比较·交往·启示——中日近现代建筑史之研究[D]. 天津:天津大学博士论文,1991:10.

20 世纪初,随着欧洲现代主义建筑思想的兴起,特别是 30 年代一批赴德国包豪斯和欧洲其他现代主义建筑事务所学习的年轻建筑师的回归,日本也一度掀起了现代主义探索的风潮。但是,此后 30 年代中期日本军国主义思想的强势发展,又使得体现民族沙文主义的复古潮流盛极一时,东西方古典主义内容重新成为当时的建筑教学重点,并一直延续到日本战败。二战结束后的日本建筑思想和建筑教育,再一次转向现代主义方向。其中,对我国建筑设计基础教学影响最为突出的,是日本在 50 年代以后形成的基于艺术和工业设计的现代"构成"教学模式。

2.2　现代建筑思潮影响下的西方建筑教育体系及设计基础教学思想

20 世纪初,发源于欧洲的现代主义运动在西方风起云涌,现代建筑运动也在欧洲迅速发展并逐渐蔓延,并引起了世界建筑领域的巨大变革[①]。

而这一新建筑运动探索的序幕,其实早在 19 世纪末就已经拉开。1880 年代诞生在欧洲的新艺术运动(更早的有 19 世纪下半叶的工艺美术运动)以"人人都能享有艺术"为诉求,反对"为艺术而艺术";1897 年,奥地利维也纳"分离派"提出了"为时代的艺术——艺术应得的自由"的口号,提倡"净化建筑";20 世纪第一个十年间,"立体主义""表现主义"和"未来主义"相继出现;20 年代后又有荷兰风格派、俄国结构主义、德国包豪斯等多种探索……所有这些潮流在飞速发展的现代工业和技术的结合、推动下,最终成就了一场声势浩大的现代建筑运动。于是,那些以注重实用功能和经济问题为特征,以新材料、新结构的采用和表达为特色,强调和时代发展相适应的现代建筑,逐渐代替了各种传统的古典和折衷主义建筑形式。

这场现代建筑运动的狂飙疾进,也对世界各国的建筑教育产生了深远的影响。很多国家的建筑院校开始重新审视传统的"学院式"教学方法,并逐渐接纳

---

① 　对于现代建筑起源的时间,学术界素有争论:一说是从 18 世纪末 19 世纪初开始;二说是从 19 世纪 60 年代工艺美术运动时期开始;三说是从 1919 年格罗皮乌斯开办包豪斯学校时期开始。参见[意] L·本奈沃洛著,邹德侬、巴竹师、高军译. 西方现代建筑史,天津科学技术出版社,1996 年 9 月,P3。而 [英] 肯尼思弗兰姆普顿(Kenneth Frampton)在《现代建筑:一部批判的历史》里更认为至少可以追溯到 18 世纪中叶;[英] 彼得柯林斯(Peter Collins)在《现代建筑设计思想的演变》一书中则倾向于认为现代建筑通常是指 20 世纪特有的那种建筑类型。尽管如此,学术界还是公认具有比较完整型制的现代建筑出现于 20 世纪初。

现代建筑及其美学思想。其中最为显著的就是诞生了德国包豪斯这样的现代建筑教育机构,并因其革命性的探索,使之成为现代建筑和教育思想的一个重要策源地;同时,美国建筑教育在二战以后的现代转向以及对现代建筑教育模式展开的多方向探索,也迅速促进了现代建筑设计基础教学的多元化发展。

欧洲风起云涌的现代建筑运动,也同样冲击了古典主义和学院思想根深蒂固的法国建筑界。1925 年在巴黎举办的"现代装饰工业艺术国际博览会",展示了一种被称为"装饰艺术(Art-Deco)"的折衷主义新时尚;同时,更深层次的现代建筑思想探索也在这一时期的法国蓬勃展开。1920 年,勒·柯布西埃与新派艺术家合编了《新精神》(L'Esprit Nouveau)杂志,并在 1923 年出版了宣言式的《走向新建筑》一书。

尽管如此,当时法国的建筑教育却并无大的革新。除了对工程技术的重视有所提高以外,巴黎美术学院的建筑教育方法在当时仍占有绝对正统的地位,特别是在设计基础教学阶段,以古典样式为范例的渲染绘图仍是主要的训练手段。这一局面一直持续到 1968 年的那场"文化革命运动"(五月革命),从这一年的校园斗争开始,巴黎美术学院的建筑教育才发生了根本性的变化(详见 4.4.4)。

2.2.1 德国包豪斯的现代建筑教育探索

作为现代建筑和教育思想探索的主要源头之一,包豪斯的产生是当时德国工业发展引起的对实用艺术的重视以及要求教育改革的结果。

1919 年,"国立包豪斯设计学校"在德国魏玛市成立[①],使该年成为世界建筑教育由传统向现代演变的一个重要转折点。此后直至 1933 年在柏林被纳粹关闭,在瓦尔特·格罗皮乌斯(Walter Gropius,1883—1969)的领导和影响下,作为世界上第一所真正为发展现代设计教育而建立的学校,包豪斯所进行的一系列实验性的探索,成就了一种针对包括建筑和现代工业产品设计在内的现代教育方式,为奠定现代建筑运动的基础作出了重要贡献。

2.2.1.1 包豪斯的教育思想

在包豪斯之前,建筑及艺术设计教育主要偏重于对艺术技能的传授,培养的

---

① 1919 年 3 月 16 日,德国魏玛内务大臣弗列希委派格罗皮乌斯担任"市立美术院"和"市立艺术工艺学校"校长职务。3 月 20 日,格罗皮乌斯建议并获准将两所学校合并,然后于 4 月 1 日创立了"国立包豪斯设计学校"。"包豪斯(Bauhaus)"是格罗皮乌斯自造的一个新词:在德语中,"bau"是"建造"的意思,"haus"则是"房子"的意思;"Bauhaus"就是"造房子"。

目标更偏重于艺术家而非设计师;而包豪斯则打破了旧有的学院式教育的束缚,
建立了一套"艺术与技术新统一"的现代设计教育体系。

　　当年新创立的包豪斯的教学范围几乎涵盖了建筑、
手工艺、绘画、雕塑等造型创作的一切实践和知识领域。
格罗皮乌斯意图通过所有这些造型艺术间的交流,将建
筑师们培养成为"全能的造型艺术家"。

　　当年包豪斯那场教育实验所创立的独具特色的教学
模式,特别是它的"作坊训练"和"基础课程",对当时业已
僵化的传统"学院式"教学体制产生了强烈的冲击,对于
后来很多国家的建筑教育朝向现代主义方向的转进,特
别是现代建筑设计基础教育的发展,产生了广泛而深远
的影响。

图 2-2-1
瓦尔特·格罗皮乌斯

2.2.1.2　包豪斯的建筑与设计基础教学

　　对于包豪斯来说,画家约翰·伊顿(Johannes Iten,1888—1967)无疑是一个
极其重要的人物。1919 年秋,他创立了包豪斯课程体系中著名的"基础课程
(Vorkurs)"①。

　　在包豪斯早期的基础课程中,关于色彩研究和以几何学为基础的"形的研
究"是教学中的一个重要环节。但是,伊顿的真正目的却并不仅仅在于形式的
规律性,而是要唤醒"每个学生内心沉睡着的创造潜能"②。因此,伊顿所强调
的是在形式规律性基础上的艺术创造的"精神性",他力求使学生能够将对这种
抽象的空间图形及其相互关系的认识转化为审美意义上的造型手段;并希望学
生经历亲身的感受和体验,通过构图设计,能够更好地理解各种色彩和基本图形
的"表现潜力"和"内在意义",并以此传达自己的内心感受。伊顿曾将他所创立
的基础课程的内容归纳为三点:首先是心态和感知方面的准备,要求学生摒弃
一切固有的观念,从零开始,释放个人的创造性才能;其次是兴趣方面的准备,通
过对各种材料及加工技术的学习,使学生较容易选择各自的专业方向;最后是形
式研究方面的准备,向学生灌输设计的基本原则、形态和色

---

　　①　"基础课程"是包豪斯课程设置中的一个关键环节,它为学生提供基本技巧的训练和专业定向方
面的协助。当年包豪斯的学生在进入各个工作室学习核心课程之前,都必须先期进行六个月的基础课程
学习。

　　②　[英]惠特福德著.林鹤译.包豪斯[M].北京:生活·读书·新知三联书店,2001(12):53-54.

图 2 - 2 - 2　约翰·伊顿

图 2 - 2 - 3　基础课程作业
（1920—1921 年）

图 2 - 2 - 4　基础课程作业
（1923 年）

彩的基本原理等[①]。

　　除此之外，当时的"基础课程"还包括了康定斯基和保罗·克利就色彩以及图形的特性所进行的研究。康定斯基所提倡的是在艺术问题上的客观性概念，他致力于针对色彩与图形建立起一套更加精妙细致的、能应用于整个构图设计的基本视觉语言体系。而克利则更鼓励学生尝试各种技巧，从对自然事物的探索和体验中揭示规律、得出结论；这种开放式的教学态度，极大地激发了学生的个性的创造潜力。然而，这样一种纯粹抽象的基础课程训练方式，在颠覆了传统"学院式"教学模式的同时，却也渐渐滑向另一个极端，并由此导致包豪斯和它最初设定的"艺术和技术统一"的目标渐行渐远[②]。

　　1923 年，拉兹洛·莫霍利-纳吉（Laszlo Moholy-Nagy，1895—1946）接管并彻底改革了伊顿的基础课程。他抛弃了所有那些专注于表现自我的直觉训练和对图形与色彩的感性理解的课程，转而要求学生了解基本的技术与材料，并加以理性地运用，试图以此让学生解放思想，接受新兴的技术与手段。此举使包豪斯的课程设置和教学方法同时朝向强调理性的教学主张发生了重大改变。

　　但是令人尴尬的是，尽管依照包豪斯《宣言》开篇响亮而骄傲的宣告："一切

---

　　① Johannes Itten. Design and Form：The Basic Course at the Bauhaus[M]. New York：Reinhold Pub. Corp. 1964. 转引自：顾大庆. 图房、工作坊和设计实验室——设计工作室制度以及设计教学法的沿革[J]. 建筑师，2001 年第 98 期。

　　② 在 1922 年 9 月的《风格》（De Stijl）杂志上，发表了维尔莫斯·赫萨尔（Vilmos Huszar）的一篇文章，指责包豪斯正不可救药地变得浪漫主义，犯下了"对国家与文明的罪过"：在空间、图形与色彩的统一组合当中，那里看得到一丁点儿把几何原则统一起来的努力？绘画，什么都不顾，只是绘画……伊顿的画面空洞，纯属华而不实的胡涂乱抹，只是为了追求浮光掠影的表面效果。格罗皮乌斯显然也意识到了这一点，在 1922 年 2 月 3 日给包豪斯的形式大师们散发的一份备忘录中，他指出"包豪斯正面临着一种危险，它会使自己隔绝于现实的世界"。同年 10 月，伊顿辞职。参见：[英]惠特福德著. 林鹤译. 包豪斯[M]. 北京：生活·读书·新知三联书店，2001(12)：127.

创造活动的终极目标就是建筑";事实上直到 1927 年,
包豪斯才真正创办了建筑系并投入运转①。

　　1928 年 4 月 1 日,格罗皮乌斯辞职,瑞士建筑师汉
斯·迈耶(Hannes Meyer)成为新的校长。纳吉也在
同年辞职,他的助手约瑟夫·艾尔伯斯(Josef Albers,
1888—1976)开始全面负责基础课程。艾尔伯斯非常
重视对于材料特性以及这些材料成型时的潜在能力的
研究;他希望学生在这样的探索过程中更加专注于理
性的思考和实验,而非单纯形式的艺术创造。他的这
些试验,对于包豪斯的基础课程是一个极为重要的
补充。

图 2 - 2 - 5　基础课程作业
(1928 年)

　　至此,经由不断的补充完善,包豪斯的"基础课程"逐步形成了以平面分析、
立体分析、空间分析、材料分析、素描与结构素描、构成主义等为主体的一系列课
题,并分为"实用指导"和"正式指导"两类。前者包括材料研究与工作方法两门;
后者则包括三门课程,它们分别是:① 观察课——自然与材料的研究;② 表现
课——几何研究、结构研究、制图和模型制作;③ 构成课——体积、色彩与设计
的研究②。这样一个以色彩、材料和造型分析及研究为基础的课程体系,强调艺
术与科学的紧密结合,注重学生创造潜力的解放,并使得传统的各自独立的建筑
和艺术设计教学,第一次奠定在了科学的共同基础平台之上。

　　1930 年 8 月 5 日,密斯·凡·德·罗又接替迈耶,成为包豪斯的第三任校
长。为了更好地实现他希望"把包豪斯建成一所建筑学校"的理想,密斯反对格
罗皮乌斯"全面学习"的观念,转而收缩了视野,将"包豪斯的目标"限定在"学生
的手工、技术和艺术训练"③。为了突出建筑的重要性,建筑系所有的课程都必
须和建筑专业密切相关,并且将学制从原本的 9 个学期缩短至 6 个学期,教学内
容也随之压缩。

---

　　① 1927 年之前,除了设置有关于工程技术和建筑制图的课程以及格罗皮乌斯的私人事务所之
外,包豪斯并没有真正专门的建筑课程。施莱默早在 1921 年就对此提出了批评:"在包豪斯没有建筑
课;学徒们没人想当建筑师,至少因此他当不成。同时,包豪斯却还在捍卫着所谓建筑高于一切的想
法。"1925 年,包豪斯迁至德绍并改名为"设计学院",两年后随着德绍新校舍的落成,包豪斯建筑系才
终于创办和运转起来。参见:[英]惠特福德著.林鹤译.包豪斯[M].北京:生活·读书·新知三联书
店,2001(12):47.
　　② 参见:朱丹.建筑专业艺术设计基础课程的研究[D].南京:南京艺术学院硕士论文,2006(5):3.
　　③ 王伟鹏,谭宇翱,陈芳.密斯在包豪斯的建筑教育实践[J].建筑师,总第 141 期,2009(10):72.

从密斯上任后于1930年9月制定的第一个课程表中可以看出,艺术创作训练被大幅削减;而曾经是包豪斯赖以骄傲的所有教学的基石——"基础课程",在此时的建筑初步教学阶段已不再是全体学生的必修课;康定斯基的色彩理论等课程也被安排到了讲座中进行。与此同时,包括建筑法规、静力学和材料学等的基础技术课程则更加受到了重视。

表2-2 德绍包豪斯设计学院课程计划(1930年)

公共课	工艺理论/艺术造型导论 静物素描/画法几何/字体 数学/物理/机械/化学/材料学/标准化理论 讲座: 社会学/心理学/心理技术/经济和企业理论 色彩理论/艺术史
专业基础 与扩展	建筑设计/室内设计/建筑理论与设计/城市设计 结构设计/采暖与通风/安装理论/灯光技术 概预算/强度理论/静力学/钢与钢筋混凝土结构 扩展讨论 木工实习/金属加工实习和壁画实习
广 告	平面设计/字体、色彩和平面设计 广告设计/广告造型/广告设计表达/广告策划与造型 摄影 印刷和复制/印刷品成本核算/印刷厂和广告公司实习
摄 影	图像媒介/色彩原理/构图原理/视觉、亮光和锐度 材料研究/灯光冲印技术 广告和报道专业要求
编 织	编织理论/图案/材料学/材料改良 商品学和商品检测/核算 分解/印染 织布机、编织机、提花机、地毯编织机、哥白林编织机、编制技术 编织厂实习
绘画艺术	自由绘画班 雕塑工作室

资料来源:Magdalena Droste. Bauhaus,1919—1933[M]. Koln:Taschen. 2006:208—209. 转引自王伟鹏,谭宇翱,陈芳. 密斯在包豪斯的建筑教育实践[J]. 建筑师,总第141期. 2009(10):75. 笔者重新整理.

在密斯时期,包豪斯的建筑教育思想转向了对技术科学和应用知识技能的重视;同时,他强调学生绘图能力的培养,在教学中鼓励学生多做尝试。密斯认为,记录思维探索过程的徒手绘图能力才是建筑设计初步训练中最为关键的部

分。但是,密斯这种过于风格化和功能化的教学方式也招致了普遍的批评。曾
经身为包豪斯教员的休伯特·霍夫曼(Hubert Hoffmann)就评述过:"密斯·
范·德·罗是人们能够想象出来的最糟糕的教育家。因为不像格罗皮乌斯,他
对学生身上可能存在的和能被唤醒的东西不感兴趣,唯一感兴趣的是学生是否
能够以及能在多大的程度上思考'密斯式风格'和在极其狭窄的框架限制之下做
设计。密斯的方式是'学院式'的极端例子,学院式教育就是围绕着一个单独的
大师建立起来的,而这正是包豪斯在创建伊始时所极力反对的。"①

　　然而无论如何,包豪斯正是在密斯时期才真正成为一所建筑学校,这一阶段
的实践也为此后密斯在芝加哥伊利诺理工学院的辉煌 20 年奠定了基础。

　　1933 年,包豪斯在纳粹势力下被迫解散,包豪斯的教师们纷纷流亡美、英和
瑞士等国,并以此为契机,将包豪斯的思想在世界范围内传播开来,产生了强烈
而持久的影响。

2.2.1.3　"包豪斯风格"及其意义

　　如今,在任何一门关于视觉艺术创造活动的历史中,包豪斯所占据的地位都
可以说是不可动摇的,并且越来越趋向于成为一种风格。

　　其实,从德绍时期开始,人们就曾想当然地把几乎每一种利用现代材料和采
用几何形式的或者貌似功能主义的东西贴上"包豪斯风格"的标签,并成为一种
"现代装饰风格"的代名词。然而具有讽刺意味的是,格罗皮乌斯本人却坚决否
认所谓"包豪斯风格"的存在,并且强调,"包豪斯并不想发展出一种千人一面的
形象特征,它所追求的是一种对创造力的态度,它的目的是要造就多样性"②。
事实上,包豪斯正是以这样一种非常宽泛的教育方式成就了其有效性,它将多种
学科门类汇聚在一起,而所有这些对于建筑学本身来说都是极其重要的。它教
会学生如何在开始工作前去分析问题,进而去证明他所做的设计;但是传统学院
式的建筑教学中,学生却只是被教导去临摹一种设计模式。

　　今天我们重新审视包豪斯思想对于建筑设计基础教育的贡献,也许"基础课
程"本身已经并不是最重要的,而是在"基础课程"所经历的曲折发展过程中所体

---

　　①　王伟鹏,谭宇翔,陈芳.密斯在包豪斯的建筑教育实践[J].建筑师,总第 141 期,2009(10):73.
　　②　包豪斯的另一位重要教师施莱默先生也早于 1929 年就指出:"包豪斯风格是一种'现代装饰风
格',它拒斥任何过气的风格,而且决心不惜一切代价让自己保持最时新——这个风格到处都能看得到,
但是我在包豪斯却是没有见过它。"参见:[英]惠特福德著.林鹤译.包豪斯[M].北京:生活·读书·新
知三联书店,2001(12):216.

现出来的那种不故步自封、不断自我修正和扬弃的非凡勇气以及包豪斯的那些实践所导致的让设计教育从历时数百年的历史主义桎梏下获得的彻底解放,才是包豪斯最卓越的成就,也是真正值得我们继承的精神。

2.2.2 美国的现代主义建筑教育发展

在20世纪30年代之前的很长的一段历史时期里,美国建筑教育整体上延续了法国的"学院式"教学模式。但是受欧洲现代主义建筑运动的影响,自20世纪20年代起,美国一些建筑院校也开始了建筑教育的局部改革和尝试:早于1919年,耶鲁大学就着手在建筑师、画家和雕塑家之间建立了某种合作;康奈尔大学于1929年修改了它第一年的建筑课程,开始将学生的注意力转向抽象构图和体块比例的训练;1930年,南加利福尼亚大学引入了建立在二维视觉形态基础上的教学方法;类似的方法在1932年的堪萨斯大学也得到了采用①。在此过程中,他们逐步倾向于将设计看作是一个创造性的过程,而不是法国学院式那种纯粹的继承和模仿;在建筑教育中也越来越重视实际的建筑状态。

但是,美国建筑教育朝向现代主义的真正革命性转变发生在20世纪30年代。1932年的纽约现代艺术博览会,使得欧洲现代主义大师和现代建筑思想逐渐在美国成为被关注的焦点;同时,该时期美国为走出经济危机而实施的"罗斯福新政",也为现代主义在美国的发展奠定了社会基础;20世纪30年代后期,又适逢格罗皮乌斯、密斯等一大批欧洲现代主义建筑大师为躲避纳粹迫害而远赴美国,他们随之带来的现代主义建筑和教育思想,"对美国的建筑发展起到理论和实践的转折性作用"②。

1937年,时任哈佛设计学院院长的约瑟夫·赫德纳特(Joseph Hudnut)延请当时从德国逃亡至英国的格罗皮乌斯到美国哈佛任教,并重拟建筑教学计划。次年格罗皮乌斯成为哈佛建筑系主任,之后他又陆续聘请了一些前包豪斯的同事,由此使得哈佛大学的建筑教学迅速实现了向现代模式的转变。当时,格罗皮乌斯自然地在教学中沿用了"基础课程"的大部分教学内容,他坚信这一课程是培养建筑师创造力的理想方法。他让学生通过线、面、体块和空间的构成来研究形体和空间表达的多种可能性,并通过对各种材料的研究,启发学生释放自身的创造潜能。

同年,密斯·凡·德·罗也受聘来到了阿莫学院(Armour,1940年升级成

---

① K. Frampton, A. Latour. History of American's Architectural Education [M]. Lotus International,1980.
② 王受之. 世界现代建筑史[M].北京:中国建筑工业出版社,1990:210.

为伊利诺理工学院,即 I. I. T.)建筑系,对该校建筑教育进行了全面的改革。在密斯作为系主任的 20 年任期内(1937—1958),该校的设计课程自创立后就没有改动过。根据密斯的这一课程体系,视觉训练和对建筑材料特性的了解被认为是建筑学的基础。该校建筑系第一年的设计基础课程包括手绘作图、摄影、艺术和三维设计;第二、三年是视觉训练,帮助学生们建立对于面积、形状、韵律、质地、颜色和体积的敏锐直觉。但是,这一背景也阻碍了该系对一些建筑学最基础部分的教育:比如在该学校,空间逐渐变为结构的残剩部分而很少关心。George E. Danforth,FAIA(I. I. T. 名誉退休教授),曾评价密斯的建筑教育观点是"发展一种工作的方法、一种干活的途径、一种阐明想法的努力、一种对基本元素的浓缩"①。

此外,当年还有一些原包豪斯教员也在美国其他建筑院校进行了类似的教育尝试,比如艾尔伯斯就同时在黑山学院和耶鲁大学工作。莫霍利-纳吉也在芝加哥艺术和工业协会新成立的"新包豪斯(New Bauhaus)"担任校长,他在该校全面贯彻了德国包豪斯的教学体系,从而完全改变了芝加哥以往的艺术教育方式。和德绍时期的包豪斯相比,新包豪斯的基础课程"对技术和摄影相当重视,并且在教学计划中增加了符号学、控制论和数学等自然科学方面的课程"②。

随着这些欧洲现代大师们的到来,美国的建筑教育逐渐放弃了原来学院式的教学模式,开始向多元化的现代建筑思想方面转变。在建筑设计基础教学方面,也从原先学院式教学的注重渲染训练、拘泥于古典范例抄绘,转向鼓励创造性等方面发展,并突出表现在以下三个方面:

(1) 开设新型的建筑理论和基础课程

在传统"师徒相授"的学院式建筑教学中,除了古典美学和构图法则的基本原理之外,几乎没有针对设计的专门理论课程;学生大多通过反复描摹下的潜移默化和自己的"悟性"来理解建筑并学会设计。而在新的现代建筑教学体系中,学生的入门引导开始得到重视,各个建筑院校纷纷开设了独立的设计理论课程,并以此作为一个完整的建筑设计教学的有机组成部分。同时,在新型的基础课程中,原有的柱式、范例渲染和绘图技巧训练被大幅缩减,甚至完全抛弃;取而代之的是那些明显具有包豪斯教学特征的对抽象形式、肌理、色彩和材料等的创造性研究和训练,从而由传统的经验性学习方式逐渐过渡到了具有现代意义的理

---

① 　Michael J. Crosbie. I. I. T: Tradition and Methodology[J]. Architecture,August/1984.
② 　参见:顾文波.包豪斯在美国的两个继承者——北卡罗来那黑山学院和芝加哥包豪斯设计学校[J].设计教育研究,2005(3).

性化教学方式。

（2）重视学生创造潜力的激发

传统学院式教学模式注重对优秀历史建筑范例的因袭模仿；而此时美国新的建筑教学方法则要求学生从现实的功能要求、基地环境、材料和建造方式等方面出发，发现问题并寻找独创的解决方法，以此实现对学生自主的创造潜力的激发。

（3）鼓励用三维模型推进设计

新的教学方法放弃了对渲染的图面表现效果的倚重，并且突破传统的平面思维模式，鼓励以三维模型作为设计研究和成果表现的手段。特别是作为推进设计过程的工作模型，使得设计可以从体量、形态、空间和构筑等方面被直观而综合地进行考察，从而帮助学生掌握建筑的本质特征，建立完整的建筑概念。

与此相对应，学生最终的作业成果也不再强调过于艺术性的图面表现，转而提倡简洁清晰的线条表达。而透视图作为设计和表达的另一种有效方法，在一些相对保守的学校，则依然得以保留①。

自 20 世纪 30 年代后期开始，美国受现代主义运动影响后的建筑教育转向对整个世界建筑教育领域的现代转型都起到了至关重要的作用。而对于中国的建筑教育来说，除了 40 年代圣约翰大学建筑系的黄作燊、40 年代末清华大学建筑系的梁思成和 50 年代初同济大学建筑系的罗维东他们短暂的现代实验之外，由于特殊的社会和政治历史的原因，真正受到普遍影响则要迟至 20 世纪 80 年代。

2.3 苏联的建筑教育和建筑设计基础教学

1952 年以后，新中国的高等教育曾经全面引进苏联的教学模式。因此，苏联建筑教育的历史沿革，对我国特定时期的建筑及设计基础教学发展曾产生过极其重大的影响，即使在今天仍然具有特别的意义。

2.3.1 早期苏联的现代建筑思潮及其建筑教育探索

20 世纪初，欧洲大陆兴起的现代艺术思潮，在十月革命成功后的俄罗斯也得到了积极的响应，各种先锋派艺术组织应运而生，发展于 20 世纪 10 - 20 年代的"构成主义(Constructivism)"正是其中的一个重要流派。构成主义艺术的兴盛

---

① 参见：钱锋. 现代建筑教育在中国[D]. 同济大学博士论文，2005：22—24.

发展,直接促成了苏联 1920 年代构成主义建筑的产
生,并由此使得苏联的现代建筑思潮与当时国际上
兴盛的现代探索相互影响促进,共同形成了一场轰
轰烈烈的变革运动。

　　与建筑设计领域的变革相呼应,此时苏联的建筑
教育领域也兴起了先锋性的实验探索。1920 年 7 月,
历史悠久的"斯特罗干诺夫斯基工艺美术学校"与"莫
斯科绘画、雕塑和建筑学校"合并,成立了"国立高等
艺术与技术创作工作室(BXYTEMAC)"——呼捷玛
斯。呼捷玛斯在继承的基础上,对前者的学术思想和
教学方法进行了多方向的现代探索,比如:"客观"的
教育方法;独特的预科基础教育①;以及融合各种艺

图 2 - 3 - 1 塔特林,
第三国际纪念塔模型

术门类,将艺术与工业相结合的教学方式等。所有这些非凡的贡献,都对现代造
型艺术以及现代建筑教育的创立和发展奠定了基础。

　　和 1927 年之前的包豪斯一样,新成立的呼捷玛斯"一开始就具有综合艺术
学校的特点,既有绘画、雕塑、建筑、城市方面的学习,也有金属加工、木制品加
工、制陶、印刷、平面设计等产品艺术方面的实验和训练,是综合全面的艺术训练
基地"②,建筑学在当时并非它唯一甚至最重要的系科。因而,从课程设置和训
练方式来看,当年的呼捷玛斯也与包豪斯惊人地类似。当时在基础部除了绘画
和素描课外,还有三门重要的艺术基础课:"色彩"、"形体构成"和"空间"。其中,
建立在客体空间组成的心理分析基础上的"空间构成"更是呼捷玛斯的一个突出
贡献。在这里,现代建筑艺术构成中"空间"的作用,各种形式元素的分析组成与
新的"建构"方式,构成了呼捷玛斯"客观"教学方法的核心,并成为整个呼捷玛斯
入门课的基础③。

---

　　① 1860 年成立于沙皇时期的斯特罗干诺夫斯基工艺美术学校,早在 20 世纪初就建立有基础预科
教育制度,以培养学生全面的艺术造型基础知识,然后才进行高级的专项艺术教育。在呼捷玛斯活跃的
1920—1930 年间,正是苏联政权成立最初的十几年。政府想培养更多的劳动百姓,但是因为水平参差不齐,
学校继承了"斯特罗干诺夫斯基工艺美术学校"的基础预科教育制度,成立了学制两年的预科基础班(后演
进为创作基础知识部),经过基础知识的预备学习后,学生们再进入其他的专业系科研习。参见:韩林飞.
呼捷玛斯:苏联高等艺术与技术创作工作室——被扼杀的现代建筑思想先驱[J].世界建筑,2005(6).
　　② 韩林飞.从写实性描写艺术到客观的抽象与立体——现代造型艺术的新生[J].中国建筑装饰装
修,2003(2).
　　③ 韩林飞.呼捷玛斯:苏联高等艺术与技术创作工作室——被扼杀的现代建筑思想先驱[J].世界
建筑,2005(6).

图 2 - 3 - 2　呼捷玛斯学生作品

　　呼捷玛斯和德国包豪斯几乎同时产生,并同时引领了那场建筑史上的革命,成为现代建筑运动和新风格实验的另一个重要策源地。事实上,呼捷玛斯与包豪斯之间更有着深刻的渊源:1921—1923 年执教于呼捷玛斯的著名抽象派画家康定斯基,在 1923 年前往德国包豪斯并为其著名的"基础课程"做出过重要贡献;而同时在该校执教的"构成主义"代表人物——塔特林,则对包豪斯"基础课程"的另一位关键教师莫霍利-纳吉,产生过重大影响。但是,相较于包豪斯的影响深远和名彪青史,"呼捷玛斯"却由于曾经的政治运动和诸多史料的遗失而显得不为世人所熟知。

2.3.2　复古思潮及建筑教育中传统学院模式的恢复

　　1924 年,苏联进入斯大林时期,由于政治意识形态的影响以及与欧美发达资本主义国家之间交流的中断,苏联在建筑领域掀起了整体的复古主义思潮,"构成主义"等新艺术形式被批判为颓废的"资产阶级形式主义",而新古典主义则被作为理想的社会艺术形式逐渐推广开来。当时大量先锋派艺术家和建筑师陆续离开苏联,去往欧洲等国继续现代建筑和艺术的探索。1930 年,呼捷玛斯的建筑系同莫斯科高等工业学校的建筑系合并,成立了莫斯科建筑建设学院,1933年,又更名为莫斯科建筑学院。至此,呼捷玛斯的现代建筑教育实验也一度被迫中断,建筑教学重新被导入纯艺术领域,恢复了传统的"学院式"教育模式。

　　1945 年随着二战胜利以后,英雄主义又为造型艺术的古典风气进一步推波助澜。特别是 1950 年代的斯大林统治后期,在"社会主义内容、民族形式"的口号下,俄罗斯古典主义和巴洛克风格被看成是民族形式的伟大典范,复古潮流的强势推进使得此前一度兴起的现代建筑思潮遭到了彻底的压制和批判。苏联建筑界的民族复古主义思潮也由此进入全盛时期。

在此背景下,苏联的建筑教学全面恢复了传统的巴黎学院式教学体系。古典柱式和范例的渲染练习重新被作为基础教学的主要手段,对于绘画等美术基本功的训练和古典构图形式的严格规范被提到前所未有的高度。这对于我国建国初期的建筑教育产生了重大而深刻的影响。

2.4　本　章　小　结

纵观对中国建筑设计基础教育影响较大的东西方几个主要国家的建筑及教育思想的演变,我们可以发现:

20 世纪之前,在建筑思想和教育方法上,主要表现为欧洲国家的三种模式:即相对偏重古典艺术的法国模式、相对偏重实践的英国模式,以及相对偏重科学技术的德国模式。而作为新兴发达国家的美国和日本的建筑教育,则或多或少地受到以上三个国家的影响。在建筑设计基础教学领域,以法国巴黎美术学院的传统"学院式"教学体系最为成熟和完善,并成为建筑设计基础教学的主导模式。

20 世纪初,现代主义建筑运动在西方风起云涌。作为现代建筑思想的发源地之一,德国包豪斯在现代建筑思想和建筑教育方面的探索,对于欧洲其他国家和美国、日本等国的建筑教育思想向现代方向的转变,产生了极其重要的影响。

所有这些国家在不同阶段的建筑思想和教学特征的演变,对当时在该国求学的中国留学生建筑思想的成型产生了重要的影响,并直接反映在此后这批留学生回国开办建筑院校时所进行的各自实践之中。而苏联的"学院式"建筑教育思想和体系,则因为 1952 年起的全面学习和引进,对我国建国初期的建筑教育发展起到了关键的作用。所有这些因素,共同影响甚至左右了中国丰富而复杂的建筑设计基础教学体系的发展历史。

尽管政治和意识形态因素对于建筑教育的影响并不是本书重点探讨的内容,但是结合呼捷玛斯的夭折、包豪斯的关闭,我们还是可以深刻地领会到其中的密切关系。

第3章

中国现代院校建筑教育和建筑设计基础教学的起源及沿革(1923—1952)

　　19 世纪中叶以前,我国的房屋建造通常由"匠人"或"梓人"等民间营造手工业者承担,并且主要围绕样式单一、功能简单的木构建筑体系和技术,通过"师徒相授"的经验型方式历代传承;传统的营造工匠也往往集设计者和营建者于一身,并无专门的建筑设计师职业。

　　1840 年鸦片战争以后,西方近代建筑业开始逐渐进入中国,在传统的营造行业中引发了一场深刻革命,并形成了建筑设计师这一新型的职业类别。同时,以西方建筑教育体制为原型的建筑教育制度,也逐渐在新式学堂开始酝酿。

　　20 世纪初,清朝政府废除科举制并设立了学部,而后在 1904 年 1 月批准并颁布了《奏定学堂章程》(时称"癸卯学制"),成为中国教育史上第一个正式颁布并在全国实行的学制,其中就有建筑科课程①。1911 年辛亥革命之后,民国政府又颁布了"壬子癸丑学制"②。这一学制同样在大学工科方面设置了建筑科,并在"癸卯学制"和日本模式的基础上,根据中国当时的实际需要对建筑教学体系进行了必要的调整。但是,直到 1920 年代大量留学海外的建筑学子回国之前,这些明显参照日本建筑教育模式和课程设置而建立的建筑教学制度,都只是一个理想中的学科构想,事实上并没有得到真正实施。

　　1894 年甲午战争后日本的迅速强盛,使得清政府在 20 世纪初提出了"学西洋不如东洋"的口号,掀起了赴日留学的热潮,并在 1919 年迎来了留日建筑学

---

① 徐苏斌. 比较·交往·启示——中日近现代建筑史之研究[D]. 天津:天津大学博士论文,1991:8.

② 1912 年 9 月,教育部颁布了《学校系统令》,次年又陆续公布各种学校令,史称"壬子癸丑学制"。

生毕业的高峰期①。自 20 世纪 20 年代初开始,这批学子在国内积极创办建筑院校,并由 1923 年成立于苏州工业专门学校的建筑科,拉开了中国正规院校建筑教育的序幕。此后,更多留学英美的建筑师在 20 年代末学成归国,在几所综合性大学分别建立了具有不同教学特征的建筑系,由此展开了中国现代院校建筑教育的探索和实践历程。其中,由留美归国建筑师为主体建立的"学院式"建筑教学体系得以迅速发展,并成为建筑设计基础教学的主导模式。同时,也有一些建筑院校积极展开了带有现代主义思想特征的教育实践,使得我国建筑教育在该时期呈现出一种多元发展的积极局面。

3.1　中国现代院校建筑教育及建筑设计基础教学的起源

20 世纪 20 年代初,柳士英、刘敦桢等一大批留学生从日本学成归国,开始积极酝酿创办建筑院校,在国内进行建筑教育的探索和实践。1923 年,柳士英和部分东京高等工业专科学校建筑科毕业的校友们,于苏州工业专门学校创立了建筑科(大专),被业内普遍公认为中国现代建筑学科院校教育的发端②。

图 3-1-1　柳士英

图 3-1-2　刘敦桢

---

① 参见:徐苏斌.比较·交往·启示——中日近现代建筑史之研究[D].天津:天津大学博士论文,1991:102.

② 以正式的院校建筑教育来说,童寯和晏隆余在《中国建筑教育》一文中把苏州工业专门学校 1923 年成立作为"中国建筑学教育"的开始,同济大学钱锋的博士论文《现代建筑教育在中国》也以此作为中国现代建筑学科院校教育的发端;而以正规的高等建筑教育而言,潘谷西和单踊在《关于苏州工专与中央大学建筑科》一文中则把中央大学作为高等建筑学教育之始,其实两者并不矛盾,而且苏州工专建筑科和中央大学建筑系之间还存在着继承的渊源。

表 3‑1　苏州工业专门学校 1926 年建筑课程(第一学年专业课部分)

专业课部分	技术及基础	应用力学、地质、金木工实习
		洋屋构造
	绘　图	投影画、美术画
	史　论	西洋建筑史
	设　计	建筑图案

资料来源:转引自徐苏斌.比较·交往·启示——中日近现代建筑史之研究[D].天津:天津大学博士论文,1991,笔者重新整理。

　　苏州工专建筑科是偏向工程监造的三年专科学制,其建筑专业也必然具有注重工程技术和实用性的特点。对于有限的三年教学时限,如果有建筑初步类的课程,应该被安排在一年级完成;但是根据苏州工专建筑科 1926 年课程表中第一学年的课程,我们可以发现,就建筑设计基础教学而言,除了"建筑图案"一门之外,苏州工专当年并未设置单独的设计初步类课程。从课程名称分析,与二、三年级的"建筑意匠"所透出的设计意味相比,"建筑图案"明显带有二维描摹的性质,表明在基本的训练方式上,还是以绘图和模仿为主,估计其作业设置应该就是抄绘、渲染类的古典范例研习。这一点也可以从同样设置在第一学年的绘画和史论课程得到佐证,它显示出了苏州工专在设计基础教学阶段对于古典美学和艺术训练的倚重。同时,这种现象也应该和柳士英他们在日本东京高等工业学校留学时所接受的"学院式"基本教育背景有着深刻的渊源:当年东京高工的建筑教学"虽以培养实用型技术人才为重,但仍有相当比重的艺术性课程"①,而且一年级的图画(美术)课也占有非常大的比重。由此可以推断,由于学制的限制,加上创建初期教学体系的未及成熟,当时苏州工专建筑科尚未形成系统的建筑初步和设计基础课程系列,其建筑设计基础教学模式基本沿用了传统"学院式"和古典折衷的方法,以绘画、渲染训练和构图法则掌握为主。

　　令人感兴趣的是,我们在其一年级的课表中还发现了"金木工实习"一课,虽然我们有理由相信,当时的"金木工实习"和包豪斯的"工坊"并不是同一个概念,现在也已经无法考证它和设计初步训练之间是否有直接的密切联系,但是,这至少体现了苏州工专建筑科对于技术和实用性的重视。

　　作为中国现代高等院校建筑教育的起源,苏州工业专门学校建筑科的创立,

① 柳肃、[日]土田充义."柳士英的建筑思想和日本近代建筑的关系",见:张复合主编.中国近代建筑研究与保护(二)[M].北京:清华大学出版社,2004:71.

也为我们研究中国建筑设计基础教育的发端和发展提供了一个关键的支点。并且,它也为此后在中国现代建筑教育史上占据重要地位的中央大学建筑系的成立,奠定了重要的基础。

3.2 中国现代建筑设计基础教学体系及思想的沿革(1927—1952)

3.2.1 中国早期四所综合大学建筑系的建筑设计基础教学(1927—20 世纪 30 年代初)

1927 年之前,我国仅在大中专工业专门学校中开设有建筑专业教育。直到 20 世纪 20 年代末至 30 年代初,随着民国南京政府的成立,国内几所综合性大学才陆续成立独立的建筑系,开始了我国高等院校建筑教育的探索历程。当时最有影响力的大学建筑系主要有四个:1927 年建立在原苏州工业专门学校建筑科基础上的中央大学建筑科(系),1928 年成立的东北大学建筑系和北平大学艺术学院建筑系以及 1932 年建立于原广东省立工业专门学校建筑科基础上的勤勤大学建筑系。

这四所大学建筑系的成立,标志着中国开创了一个较为系统全面的高等建筑教育时代。由于当时并没有一套适合国情的成熟方法可以直接引用,因此各个建筑院系的创立者们大多依照自己留学时曾经接受过的教育方式来创建各自的教学体系,并进行相关的专业探索。

1910 年,庄俊赴美国伊利诺大学建筑工程系学习,成为"中国第一位庚子赔款留美学习建筑专业的学生"[①]。此后,大量因庚子赔款赴美留学学习建筑专业的学生中就包括杨廷宝、陈植、梁思成、童寯、卢树森、哈雄文、王华彬、谭垣等许多后来中国现代建筑教育的栋梁,其中尤以留学宾夕法尼亚大学建筑系的学生为最多。因此,我国 1920 年底以后的建筑系教师,除了前期留日归国的建筑师和少部分欧洲留学生以外,20 世纪一二十年代"庚款"留美的那批建筑毕业生已经占据了绝对的多数。中国留学生赴美学习的 20 世纪一二十年代,现代主义建筑虽已在西方出现了萌芽,但是在美国建筑院系中,"学院式"教学模式仍占据着

---

① 魏秋芳.徐中先生的建筑教育思想与天津大学建筑学系[D].天津:天津大学硕士论文,2000 (6):13.

主导地位。因此，以留美回国的建筑师、特别是从宾夕法尼亚大学建筑系学成归来的一批留学生为主体建立的"学院式"建筑教学体系得以迅速发展，并成为当时我国建筑教育的主导方式。这一局面一直延续到新中国成立后的 20 世纪 70 年代甚至更远。

与此同时，由于这些教师留学教育背景及各自的职业实践不同，也促成了他们对建筑学专业的不同理解，加上当时现代主义思想的影响、统一的教学参照体系缺乏等因素，使得这个时期建筑教育的探索相对独立和自由。因而，当时各个学校建筑系的教育模式都带有各自鲜明的个性特点，我国的建筑教育一度呈现出了丰富多彩的局面。

3.2.1.1 中央大学建筑系

1927 年秋，全国试行"大学区制"，江苏省以当时的"国立东南大学"为基础，联合省内其他八所高等院校，成立了"国立第四中山大学"，1928 年初更名为"江苏大学"，同年 4 月又再度更名为"国立中央大学"直至新中国成立。当时九院三十六系科之一的工学院建筑科（系），即是以开中国现代院校建筑教育先河的"苏州工专"建筑科为基础而创建，并由此成为中国第一个大学建制的建筑系。[①]

作为一所综合性大学，中央大学建筑系的课程设置较"苏州工专"建筑科更加全面充实。建系之初的中央大学建筑系就在它的一年级设置了"初级图案"课程；而据有关教师的授课记载，正是自 1927 年秋季起开设，由时任系主任的刘福泰先生（1925 年美国俄勒冈大学硕士毕业）亲自讲授的"建筑画"（3 学时/周，上学期）和"初级图案"（6 学时/周，下学期）两门课，构成了中央大学建筑系的设计基础类课程。虽然当时的这一安排是针对原"苏州工专"26 级学生"培养计划中设计基础不够坚实的一种修正与补救措施，还不能视为完整的一个教学计划"，但是我们几乎仍然可以把它看成是我国第一个真正意义上的完整的建筑设计基础课程的雏形[②]。同时，如果和它二至四年级的"建筑图案""庭园图案""都市计划"相比较考察，可以明显看出，这样的分阶段递进式课程安排已经非常接近后来出现的建筑初步和建筑设计（或称设计拓展）的双阶段划分。

---

① 关于中央大学建筑系的建立，在同济大学钱锋的博士学位论文《现代建筑教育在中国》中有详细的阐述。
② 参见：东南大学建筑学院编. 东南大学建筑学院建筑系一年级设计教学研究：设计的启蒙[M].北京：中国建筑工业出版社，2007(10)：3.

表 3 – 2　1928 年国立中央大学建筑科学程一览表(一年级部分)

号数	学程	第一学期			第二学期		
		每周次数	课时数	分数	每周次数	课时数	分数
A401	建筑画 Architectural Drawing	△2	6	2			
A402	建筑大要 Elements of Architecture	△1	3	1			
A403	初级图案 Elementary Design				△2	6	2
A413	阴影法 Shades & Shadows	△1	2	1	△1	2	1
A420	西洋绘画 Drawing & Painting	△1	3	1	△2	6	2
M102	投影几何 Descriptive Geometry				△3	9	3
C15	测量 Surveying	○2 △1	5	3			
☆	物理 Physics	○4 △1	7	4	○4 △1	7	4
☆	语言学 Foreign Language	○3	3	3	○3	3	3
☆	微积分 Calculus	○4	4	3	○4	4	3
A415	文化史 History of Civilization	○1	1	1			
☆	地质 Geology				○1	2	1
	总计		34	19		39	19

注：○——讲授或问答,△——实验计算实习,☆——他院之课程
资料来源：东南大学建筑学院编.东南大学建筑学院建筑系一年级设计教学研究：设计的启蒙[M].中国建筑工业出版社,2007(10)：3。

　　1928 年更名为"国立中央大学"后,该校又公布了完整的各系科教学计划。其中《国立中央大学工学院各科学程一览表》的建筑工程科部分,可能是现在可查得的中央大学建筑系第一个完整的建筑学教学计划。此时的课表已经清晰地

显示出,一年级上学期的"建筑画"(每周 2 次,6 课时/周,2 学分)、"建筑大要"(每周 1 次,3 课时/周,1 学分)和一年级下学期的"初级图案"(每周 2 次,6 课时/周,2 学分)这三门课程,共同构成了中央大学建筑系的设计基础课程,这也是我国第一个成体系的建筑设计基础课程。尽管"建筑大要"一课在事实上直到1930 年春以后才正式开出,但是从"建筑画＋建筑原理(建筑大要)＋建筑设计(初级图案)"这一设计基础教学计划的整体框架来看,中央大学建筑系关于设计基础教学的构想已经非常明确,即"以'建筑画'基础训练为先导,配以适量的建筑学基础知识和简单的设计练习,以期使学生初步掌握'建筑设计'的基本技能"①。同时,当年中央大学建筑系除了一年级的建筑画和制图课程外,前三年还贯穿了包括素描和水彩在内的西洋绘画课程以及在三年级单独设置的泥塑课,艺术课程的种类丰富且持续时间很长,体现出对于绘画表现和古典美学原则培育的极度重视。

1930 年秋,中央大学建筑系的"设计基础类课程正式改为'建筑初则及建筑画'(每周讲课 1 次,练习 2 次,共 6 课时/周,2 学分,一年级上学期)和'初级图案'(每周 3 次,共 9 课时/周,3 学分,一年级下学期)两门"②。其中,"建筑初则及建筑画"应该是由原 1928 年计划中的"建筑画"与"建筑大要"两门课合并而成,当时由"教学颇有包豪斯作风"的贝季眉(德国柏林工业大学毕业)主讲。

综合可以看出,中央大学建筑系早期的建筑设计基础教学体系已经相当完整,而且带有明显的美国学院式教学特征,显示了刘福泰、卢树森(美国宾夕法尼亚大学毕业)他们早年留美所接受的学院式教育背景的渊源继承;但是另一方面,中大建筑系的教师们教育背景的多样化,包括贝季眉以及随苏州工专而来的刘敦桢等老师的加入,也使得其教学显示出更多的自由和灵活性。

3.2.1.2　东北大学建筑系

1928 年在沈阳东北大学成立的建筑系是由当时刚从美国宾夕法尼亚大学(简称宾大)建筑系毕业的梁思成、林徽因夫妇一手创办,这也是国内第二个大学建筑系。第一年的教师仅有梁思成夫妇两人;第二年,梁思成的宾大同窗:童寯和陈植受邀前去任教。独特的师资组成使其课程安排基本上照搬了宾大典型的

---

① 东南大学建筑学院编. 东南大学建筑学院建筑系一年级设计教学研究:设计的启蒙[M]. 北京:中国建筑工业出版社,2007(10):4.
② 东南大学建筑学院编. 东南大学建筑学院建筑系一年级设计教学研究:设计的启蒙[M]. 北京:中国建筑工业出版社,2007(10):4.

美国学院式教学模式。正如童寯后来所描述的,东北大学建筑系的"所有设备,悉仿美国费城本雪文亚大学(即宾大,作者注)建筑科"①,简直"就是本雪文亚建筑系的一个'分校'"②。

图 3 - 2 - 1　梁思成与林徽因　　　　图 3 - 2 - 2　童寯

表 3 - 3　东北大学工学院(建筑系)课程表(一年级)

课程		应用力学	国文	建筑则例	建筑图案	英文	徒手画	法文	西洋建筑史	阴影法	建筑理论	总学分
学分	第一学期	4	2	2		3	2	3	2	0	4	22
	第二学期	4	2	0	4	3	3	3	2	2		23

资料来源:童寯."建筑教育"(1944 年写于重庆).见:童寯文集(第一卷)[M].北京:中国建筑工业出版社,2000(12):115.笔者重新编辑。

　　尽管东北大学在此后不到三年就因日本侵华战争而被迫中断教学,梁思成当年制定的完整的五年制课表并未得到完全实施,但是从表 3 - 3 的一年级课程计划,我们还是可以推断出东北大学建筑系的设计基础教学框架是由"建筑则例""建筑图案"和"建筑理论"三门课所构成;其中的第一学期"建筑则例"应该是古典范例的描摹学习,而第二学期的"建筑图案"应该是对这些范例的初步运用。至于"徒手画"是否与中央大学建筑系一年级的"建筑画"类似,还是纯美术的绘画训练,现在则缺乏可靠的史料可以考证。此外,该系在教学中对于绘图能

①　童寯."东北大学建筑系小史".见:《中国建筑》,1931 年第一卷.
②　童寯."美国本雪文亚大学建筑系简述".见:童寯文集(第一卷)[M].北京:中国建筑工业出版社,2000(12):222 - 226.

图 3 - 2 - 3
构图渲染作业(东北大学)

力和艺术课程的要求极高,除了阴影法、透视等工程作图训练之外,建筑设计组的绘画课更贯穿了整个四年的课程,明显地体现了美国"学院式"基础教学模式的痕迹。1930 年就学于东北大学建筑系的张镈回忆当时老师指导课程设计时:"十分重视构图原理,师法'学院派'在比例尺度、对比微差、韵律序列、统一协调、虚实高低、线角石缝、细部放大等方面的基本功训练。"[1]由此可见,东北大学建筑系的基础课程正是通过对描摹对象的细致刻画,让学生反复而专注地观察、揣摩和体会比例、尺度等建筑的经典美学要素,进而建立起自己的古典美学感觉。同时,它还通过历史理论课程对古典范例在样式、形态诸方面的介绍,以古典艺术思想和抽象美学规则对学生的形式理念进行进一步的强化。

1931 年,"九一八"事件爆发,东北大学建筑系随后被迫关闭,梁思成迁到北平,参加了中国营造学社并担任法式部主任,1946 年创办了清华大学建筑系;童寯带领一部分学生转入南京的国立中央大学继续教学工作;陈植来到上海,1934 年时参与了上海沪江大学建筑科的筹建工作,并于 1938—1940 年和廖慰慈共同筹建了之江大学建筑系。三年的时间虽然短暂,但这也是梁思成他们的第一次教学经历,为他们今后在清华大学、国立中央大学和之江大学建筑系的教育奠定了基础。

3.2.1.3 北平大学艺术学院建筑系

1928 年夏,北平大学也实施了蔡元培推行的"大学区制",新成立的国立北平大学下属十一所学院,并在艺术学院中创设了建筑系,这也是中国第一个设立在艺术学院中的建筑系,首任系主任汪申毕业于法国建筑专科学校[2]。1929 年,艺术学院改称"国立北平艺术专科学校",次年又划归北平大学,恢复"艺术学院"称谓。至 1934 年左右停办,该系只招收过三届共三班学生[3]。

---

① 张镈. 我的建筑创作道路[M]. 北京:中国建筑工业出版社,1997.
② 赖德霖. 中国近代建筑史研究[D]. 北京:清华大学博士论文,1992(5):2 - 22.
③ 1938 年时,华北伪政权又借用北平大学名义成立了"国立北平大学",并在工学院中恢复建筑系,当时的系主任就是 1934 年原北平大学艺术学院建筑系的系主任沈理源。沈并在 1940 年任天津工商学院建筑系系主任,同时还有原部分教师同往任教。参见:钱锋. 现代建筑教育在中国[D]. 同济大学博士论文,2005:39.

表 3 - 4　1929 年北平大学艺术学院建筑系课程表(专业课部分)

		预　科	一年级	二年级	三年级	四年级
专业课	绘图课	用器画	测量、投影几何	制图几何		
		书法 木炭画	木炭画 水彩画	木炭画 水彩画	木炭画 水彩画	木炭画 水彩画
	设计课	建筑图案	建筑图案	建筑图案	建筑图案	建筑图案 建筑装饰
	史论课	西洋美术史				建筑史

资料来源：赖德霖.中国近代建筑史研究[D].北京：清华大学博士论文,1992(5)：2 - 23.笔者重新整理。

　　北平大学艺术学院建筑系是当年这四所大学中唯一的五年制建筑系,也是唯一设有预科制度的大学建筑系。第一年的预科教育和一年级的课程设置使我们很容易就分辨出它的建筑初步训练科目,从课程名称来看,应该就是"建筑图案"一门。这一点和中央大学建筑系完整的包括建筑理论("建筑初则")和建筑初步("建筑画"及"初级图案")的构架有很大的差异,这也体现了身处艺术院校中的建筑系轻视理论的特点。同时,由于北平大学艺术学院建筑系的教师大多有法国留学的经历,因此其教学模式"多一半学法国的方法"①,课程设置也就很自然地带有法国"学院式"的教学特征,不但在教学中明显注重艺术及美术课程(其书法、绘画课程甚至贯穿于从预科到四年级的整个教学过程),而且建筑初步课程也主要以古典范例的描摹、渲染和构图法则的训练为主。

3.2.1.4　广东省立勷勤大学建筑系

　　1931 年 11 月,广东计划在省立工业专科学校等的基础上,组建勷勤大学。1932 年秋,时任广东省立工业专科学校土木工程科兼职教授的林克明(法国里昂建筑工程学院毕业)建议依照大学课程标准设立建筑工程系,获校方同意并被任命为建筑工程系教授兼系主任。1933 年 8 月,"省立工专"并入勷勤大学,其中的建筑工程学系成为继中央大学、东北大学和北平大学后第四个新成立的大

---

①　徐苏斌.比较·交往·启示——中日近现代建筑史之研究[D].天津：天津大学博士论文,1991：14.

学建筑系①。抗日战争爆发后,随着勷勤大学的解散,其建筑工程系被并入广州中山大学,并随之迁移至内地。

表3-5 1933年广东省立工业专科学校建筑课程计划(课程名称后数字为学分数)

		一年级	二年级
专业课部分	设计课	建筑图案设计3 建筑及图案3	建筑图案设计8
	绘图课	画法几何4 阴影学1	透视学2
		图案画4 自在画3 模型2	
	史论课	建筑学原理4	建筑学原理6
		建筑学史2	建筑学史4

资料来源:广东省立工专教务处,《广东省立工专校刊》1933年7月,转引自:钱锋.现代建筑教育在中国[D].同济大学博士论文,2005:49.笔者重新整理。

从广东省立工业专科学校建筑系1933年课程设置②可以看出,该系的艺术绘图类课程非常少,除阴影和透视学等作图课外,仅在一年级的入门阶段安排了图案画、自在画两门课程作为基础训练;而"模型"课的设置,更突出表现了该系不同于其他三校的某种现代主义倾向。此外,有别于其他学校建筑初步的"初级图案"和建筑图案"课程,该系在一年级同时设置了"建筑及图案"和"建筑图案设计"两门课程,透过"图案"和"设计"的同步安排,也显示了该系注重实用性的教学思想。事实上,这一特征是和它的教师队伍组成特点密切相关的。其建筑系最初成立时,除林克明、胡德元两位教授具有建筑科教育背景以外,其余教师大多毕业于土木科,因而与其他几个学校比起来,该系的建筑教育相对离"学院式"体系也最为遥远。但是,由于系主任林克明所接受的严格的法国学院式教育背景,对于学院式方法中古典美学原则培养的核心思想,至少在入门的基础训练部分也同样存在,林克明在"该系课程中的建筑原理课讲授的仍是学院派的设计法则,其核心内容是 Architectural Composition"③,因而,我们也有理由相信,在

---

① 胡德元.广东省立勷勤大学建筑系创始经过[J].南方建筑,1984(4).
② 为了组建勷勤大学建筑系而设的广东省立工专建筑系,其当时的课程设置完全按照大学建筑系要求配备,因此其此时的建筑课程基本上也可以说是勷勤大学建筑系初期的课程安排。
③ 钱锋.现代建筑教育在中国[D].同济大学博士论文,2005:51.

它一年级的"建筑及图案"一课中,仍然是以渲染、抄绘一类的训练为主,只是受重视程度较少。

3.2.1.5　小结

对于我国早期这四所大学的建筑设计基础教学状况,包括其实际的教学操作及作业设置等,因为很少有文献记录,且当时的教师和学生也多已作古,所以几乎无从考证。但是我们通过对教师们教育背景的分析,对教学大纲、课程安排等文献档案的比较,依然可以大致推测当年设计基础教学的倾向性特征。

通过研究,我们可以发现,尽管这四所大学建筑系在教学方式和特点上有艺术和技术之间的不同定位,课程设置也各有千秋,但是由于它们的创建者都有着各自深厚的学院式教育背景,因而当时的建筑设计基础教学,仍然是建立在了传统"学院式"的基本模式之上,主要以美术绘画学习和古典范例临摹作为学生的建筑入门训练。

首先,从上面几个建筑院系的课程名称就可以看出,当时把设计课程称为"初级图案""建筑图案"或"建筑图案设计(仅见于勷勤大学建筑系课程计划)",可见当时在出发点上,"图案"(从现在的观点我们也可以理解为"表现")一词所蕴含的"描绘""模仿"的意义要远远大于"创造""设计"的意义。

其次,在一年级的"建筑图案"或"初级图案"课程中,教学和训练的主要方式就是首先通过对古典"五柱式"等单个建筑构件的线描、抄绘和渲染作图练习;然后再按照古典构图法则进行各种构件组合的大构图训练;最后过渡到利用这些参照,进行诸如凯旋门、纪念塔、中式园林小建筑等形体功能都比较简单的设计练习,

图3-2-4　学生构图渲染作业1

从而使得学生逐渐认识并掌握这些经典建筑的美学原则,并为他们在接下来的专业学习阶段对这些原则的运用打下扎实的基础。

除此之外,在建筑初步训练的过程中,还有绘图和建筑史论等其他课程作为补充,以从各个方面促使学生形成和巩固古典美学思想。其中绘图课程除了基

图3‑2‑5　学生构图渲染作业2

本的建筑工程制图课以外,就是包括炭画(素描)、水彩(西洋绘画)甚至"人体写生"在内的大量美术训练,而且这一课程几乎都贯穿了3‑4年的所有基础和专业学习阶段(勤勤大学建筑系除外),这也充分体现了建筑的美术(艺术)属性至上这一学院式教学的基本理念。大量的传统美术训练,在培养学生对形象、材质等物体视觉要素的敏感性和把握能力的同时,更潜移默化地在学生心目中建立和巩固了"古典美学原则"的正统地位。同时,当年的建筑历史课程,虽然偶尔也有对历史上重要建筑作品产生背景的介绍,但更多的是从那些被誉为经典范例的比例构图等古典美学原则出发,使学生们在历史课程的熏陶中,了解和熟悉这些建筑,进一步培养古典美学修养,以此奠定深厚而坚实的艺术基础。早期的中大建筑系甚至就已经设置有构图理论课程,从理性认识方面进一步清晰并强化古典美学原则。

总体而言,中国早期四所大学建筑系的设计基础教学体系主要是建立在西方古典建筑美学思想及学院式模式的基础之上。但与此同时,20世纪20年代末期中国建筑界兴盛的民族复古主义思潮[①]和逐渐开始的现代主义思想这两种主要思想,也错综交织地影响着我国当时的建筑教育和设计基础教学。

一方面,民族复古主义思潮与"学院式"思想的在对待传统经典上的某种一致性,强化了"学院式"建筑设计基础教学的正统地位。另一方面,当时在欧美逐渐兴盛的现代主义思想的西风东渐,也给国内建筑教育带来了更为激烈的冲击和变革。由于早期中央大学教师们多样化的教育背景,使得他们的教学更加自由,也更易受到现代思想的影响;即使在东北大学这样严格采用学院式教学方法的学校,也开始

---

① 20世纪20年代末,北伐胜利后新建立的国民政府急需强化民族和国家概念,以树立统一的社会思想基础和精神支柱。因此,政府积极鼓励各种传统文化的复兴,试图以"民族性"凝聚国民信心、鼓舞斗志。于是,"以中国传统建筑形式进行城市建设"被认为是加强民族认同感的一种有效途径而得到大力推广。

呈现出现代建筑思想的渗透;而在原本就更注重技术和实用的勷勤大学建筑系,更是早在 1933 年就已经表现出对现代主义的强烈兴趣和积极追求①。但是,所有这些现代主义思想对于建筑教学的影响,却更多地体现在高年级的专业设计阶段,至今尚未有充分证据表明在早期四所学校建筑系的建筑设计基础教学中,采用过类似包豪斯的鼓励创造性的训练课程。对于我国当时的建筑设计入门教育来说,主要的训练和培养模式仍然是以传统的法、美"学院式"方法为主。

3.2.2 中国现代建筑设计基础教学的演进(20 世纪 30 年代初—1952)

自 1931 年"九一八"事变爆发,此后又经历了抗日战争和解放战争,到 1949 年新中国成立,中国的社会和政局处于持续的动荡变化之中。在此期间,我国的高等建筑教育也随之经历了一轮曲折的演进,并在此过程中逐渐确立了以中央大学建筑系为代表的"学院式"教学体系的主导地位。同时,时代的变化也带来了现代建筑和教育思想的不断冲击,在建筑和设计基础教学领域里出现了带有现代建筑和教育思想的萌芽和探索。

3.2.2.1 中央大学学院式建筑教育体系核心地位的确立和发展(1932—1949)

1932 年秋,中央大学因局势动荡曾一度停止招生,建筑系的刘敦桢、卢树森、贝季眉等教师也相继离校。此后至 1934 年,建筑系又陆续增聘了鲍鼎(美国伊里诺大学毕业)、谭垣(美国宾夕法尼亚大学建筑系毕业)、刘既漂(法国巴黎美术学院毕业)等教授②,正常的教学秩序重新得以恢复。其中谭垣就主要负责一年级的设计基础课程,他对于宾大式的"鲍扎"体系的尊崇,使得中央大学建筑系在建筑设计基础教学中越来越注重图面表现技巧等基本功的训练以及艺术和古典美学修养的培养:"各位老师对启蒙教育十分认真,他们非常重视学生的基本功,认为没有扎实的基本功,就不可能作出好设计。如在初学时严格要求把Vignola(内容包括五柱式)的这本书精益求精地学好。"③至此,中央大学建筑系学院式的教学方法得到了进一步的强化和确立,并取代原东北大学建筑系,成为中国"学院式"建筑教育的中坚核心。

---

① 林克明在 1933 年的广东省立工专校刊中刊登了《什么是摩登建筑》的文章,系统介绍了他称之为"摩登建筑运动"的现代建筑运动的原因以及现代建筑(摩登建筑)的本质和特点。参见:钱锋. 现代建筑教育在中国[D].同济大学博士论文,2005:52-53.
② 张镛森遗稿,王惠英整理."关于中大建筑系创建的回忆". 见:潘谷西主编. 东南大学建筑系成立七十周年纪念专集[M].北京:中国建筑工业出版社,1997(10):42.
③ 张镈. 我的建筑创作道路[M].北京:中国建筑工业出版社,1997.

表 3 - 6   1933 年中央大学建筑系分年级课程计划
（专业课部分，课程名称后数字为学分数）

		一年级	二年级	三年级	四年级
专业课部分	设计课	初级图案 2	建筑图案 7	建筑图案 10 内部装饰 4	建筑图案 12 都市计划 0 庭院学 2
	绘图课	投影几何 2 透视画 2	阴影法 2		
		徒手画 2 模型素描 2 建筑初则及建筑画 4	水彩画 2 模型素描 4	水彩画 4	水彩画 4
	史论课		西洋建筑史 4	西洋建筑史 2 中国建筑史 2 中国营造法 2 美术史 1	中国建筑史 2

资料来源：1933 年 8 月《中国建筑》，笔者重新整理。

对比中央大学建筑系 1928 年课表（参见表 3 - 2）的一年级课程，我们可以发现，自 1930 年秋开始实施的"建筑初则及建筑画"＋"初级图案"在此时已正式进入课表，并且"建筑初则及建筑画"一课学分高达 4 分，标志着一个完整的建筑设计基础教学模式已经在中大建筑系形成体系。同时，绘画和历史课的比重也有了明显增加，美术和艺术表现课程从原来的一到三年级一直延续到了四年级。

图 3 - 2 - 6　谭垣

图 3 - 2 - 7　杨廷宝

1937 年，"七·七卢沟桥事变"爆发，日本开始发动全面侵华战争，中央大学随后西迁至重庆沙坪坝，教师和学生数量大幅减少。1940 年，系主任刘福泰离开后,由鲍鼎继任。此后到 1944 年刘敦桢再任系主任,其间相继有伊利诺大学硕士毕业生徐中(原中大本科毕业)、知名建筑师哈雄文以及当时被誉为中国建筑界"四大名旦"的著名建筑师杨廷宝(美国宾夕法尼亚大学硕士毕业)、童寯(美国宾夕法尼亚大学硕士毕业)、陆谦受、李惠伯等先后在系中担任教授或兼职教授,可谓群贤毕至。中央大学建筑系由此进入了一个稳定发展的巅峰时期,史称"沙坪坝黄金时代"。

根据童寯先生 1944 年写于重庆的《建筑教育》一文,我们基本可以推断,这一阶段中央大学建筑系的建筑设计基础教学仍是延续了 1933 年的课程计划,并进一步强化和统一了其"学院式"的特征。尽管当时国内也已经开始受到一定现代建筑思潮的影响,但是在这些有着深厚学院式教育背景的教授们的推崇下,重视绘画基本功训练、培养学生遵守西方古典美学法则、形成符合古典传统的审美取向,仍然是建筑设计基础教学的不二重点。

当时一年级建筑设计基础课程的教学工作改由徐中教授主持,他也坚持将绘图基本功作为入门训练的必要和有效手段,要求学生严格掌握古典五柱式的模数制,做到能画、能默,使学生在低年级打下扎实的古典美学基础,以更好地进行日后的建筑设计。其间,谭垣、杨廷宝、童寯等教师也都先后主讲过"建筑初则及建筑画"课程。

按照当年的教学计划,一年级第一学期"建筑初则及建筑画"的教学目的,是"训练建筑绘图画之基本技能,兼作字体练习、绘画古典式之柱范、各种线条、装饰及详图,做以后建筑设计之准备(1941 年《工学院建筑工程系选课指导书》)"。因此,其具体课程就是以绘图为主,包括字体、线条以及西方古典柱式的绘制渲染。而第二学期的"初级图案",则是培养学生掌握"建筑物门窗及立视部分之简易设计,初级平面、剖面及立视图,兼注重解析方面(1941 年《工学院建筑工程系选课指导书》)",并且"训练古典建筑之局部设计,注重图案局部及详部大样(1948 年《中央大学工学院一览汇编》)"[①];具体设计题材包括公园踏步、游船码头、公园大门等一系列功能简单的建筑类型。由此可见,在当时整个一年级的设计基础教学过程中,西方古典建筑是始终的范例。

在这样的学院式教学模式下,由早年留学英、法的画家李汝骅(剑晨)教授主持的美术课程在中央大学建筑系也得到空前重视。为进一步激发学生绘图的激

---

　　① 东南大学建筑学院编.东南大学建筑学院建筑系一年级设计教学研究:设计的启蒙[M].中国建筑工业出版社,2007(10):4-5.

情,身为设计教师的杨廷宝先生甚至自己捐钱设奖,"一时使系里水彩画风气大盛"①。同时,杨廷宝、童寯、李惠伯等教授也经常亲自给学生进行绘画示范。伴随着学生绘画表现能力的增强,也引发了同学们对其他相关古典艺术的兴趣,多方面艺术的熏陶进一步强化了学生的古典美学理念。

而其间发生的另一个事件,也直接加强了中央大学建筑系在当时国内建筑院校中的正统地位。早在 1928 年时,南京政府教育部就试图统一全国大学各系的课程设置,以规范教学;其中工学院分系科目表的制定者指定为原中央大学建筑系主任刘福泰、原东北大学建筑系主任梁思成以及基泰工程司的关颂声三人,其间历时 12 年,最终于 1939 年颁布了新制定的全国统一科目表②。该课表沿用了当时中央大学建筑系的做法,将一年级的"建筑初则及建筑画""初级图案"和二年级以后的"建筑图案"区分开来,明确了"建筑初步"阶段和"建筑设计"阶段的划分。由于中央大学建筑系当时已逐渐成为最具权威性的建筑系,他所采用的教学方法自然也就成为最正统的模式;因而当年中央大学的建筑设计基础课程在某种程度上实际成为全国统一课程,并对其他学校的建筑初步教学产生着直接的影响。

中央大学建筑系在此后一个阶段中,虽然建筑初步阶段的课程名称和课时安排历经数次调整,但教学内容与方法却越来越趋于具体化和程式化。1949年,中央大学建筑系首次将设计基础类课程合并后更名为"建筑设计初步",这一课程名称后来在我国被一直沿用至 2000 年。

顾大庆在《建筑师》第 126 期的一篇文章中对中央大学建筑系 1940 年代末期的设计初步课程有如下描述:"先是罗马字体和中文字体的墨线练习和铅笔线的建筑立面临摹,然后是一组渲染练习:先是一个渲染基本技法的练习,再作多立克柱式的渲染,最后是一个渲染构图练习。第二学期学生开始做一些小建筑的设计,如桥、码头、大门、亭子等,这些设计要求学生运用基本的古典建筑语言和渲染技法。③"这种先学习渲染技法,再学习古典建筑的形式语言,最后运用到设计中去的方法,被后人归纳为"临摹、构图和设计(抄、构、设)"的三段式教学方法。

---

① 吴良镛."烽火连天 弦歌中辍——追忆 1940—1944 年中央大学建筑系,缅怀恩师与学长". 见:潘谷西主编. 东南大学建筑系成立七十周年纪念专集[M]. 北京:中国建筑工业出版社,1997(10):61.
② 这也是继 1903 年清政府的《奏定学堂章程》和 1913 年民国政府《大学规程》之后的第三个全国统一科目表。参见:钱锋. 现代建筑教育在中国[D].同济大学博士论文,2005:63.
③ 顾大庆. 中国的"鲍扎"建筑教育之历史沿革——移植、本土化和抵抗[J]. 建筑师,第 126 期.

图 3 - 2 - 8 　　　　　　　　　　图 3 - 2 - 9
中央大学建筑系字体练习及渲染练习(1950—1952 年)

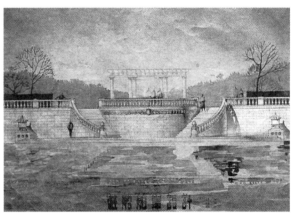

图 3 - 2 - 10 　　　　　　　　　　图 3 - 2 - 11
中央大学建筑系灯塔设计及游船码头设计(1950—1952 年)

　　至此,中央大学建筑系以"建筑元素(原理)＋建筑画＋建筑设计"[1]为构架组成的建筑设计基础教学模式的确立,标志着我国传统"学院式"建筑初步教学体系已经初步完善和成熟。而这样一套严谨的设计基础训练教学方法的建立,并在此后成为一种传统,对我国建筑设计基础教学的发展产生了极大的影响。

---

　　① 东南大学建筑学院编.东南大学建筑学院建筑系一年级设计教学研究:设计的启蒙[M].北京:中国建筑工业出版社,2007(10):5.

3.2.2.2　其他院校建筑及设计基础教学新探索

1930年代以后，欧洲现代建筑运动的思想也开始触动到中国的建筑实践和建筑教育。除了以当时中央大学建筑系占主导地位的学院式教学模式之外，国内有一些大学建筑系也开始出现了现代主义教育思想的萌芽和初步探索，其中较突出的就有天津工商学院建筑系、重庆大学建筑系以及勷勤-中山大学建筑系。

天津工商学院的前身是1921年由教会创立的天津工商大学，1933年改称天津工商学院，院长即为原北平大学艺术学院建筑系教师华南圭；1937年成立建筑工程系后，首任系主任为毕业于英国伦敦建筑联盟学院的陈炎仲；1940年又由曾担任北平大学艺术学院建筑系教师及系主任的沈理源继任①。同时在该校任教的还有黄廷爵（1932年毕业于北平大学艺术学院建筑系）、张镈（1932年毕业于中央大学）以及谭真等一批具有执业经历及土木工学教育背景的教师。因此，天津工商学院建筑系的教学一方面体现了对于北平大学艺术学院建筑系的传承性，另一方面也使他们的建筑教学更加强调实用型人才的培养，相对注重工程技术和设计实践。尽管如此，天津工商学院在建筑初步教学阶段，占据主导地位的仍然是古典和折衷主义的思想。曾经接受过意大利古典建筑氛围深切感染的系主任沈理源，当年就曾准备一本编写有关设计理论方面的教材，并打算"以西方古典建筑的五柱式以及比例尺度、构图原理等为基本内容，融入现代建筑的设计原理，设计步骤等内容……"②。由此推断，在当时的建筑初步训练中，对于柱式等的渲染绘画仍是必不可少的内容；只是相较于中央大学等校，该系并未完全采用学院式的严格训练方法，对于水墨渲染、绘画技巧等基本功的训练和培养要求相对较弱。当年沈理源指导的学生作业大多是"各种古典建筑精细的大比例节点详图以及工艺做法"③，他偏向用清晰明确的构造图纸来让学生掌握古典建筑的模数、比例、尺度、范式以及具体工艺，从而养成基本艺术及专业工程素养。

1940年成立的重庆大学建筑系，系主任陈伯齐1939年毕业于德国柏林大学，因此深受现代建筑思想影响；而同样具有留德背景，1928年毕业于卡尔斯鲁

①　温玉清.桃李不言 下自成蹊——天津工商学院建筑系及其教学体系述评（1937—1952）[M]. 2002年中国近代建筑史国际研讨会论文集.
②　沈振森.中国近代建筑的先驱者——建筑师沈理源研究[D]. 天津：天津大学硕士论文，2002：32.
③　温玉清.桃李不言 下自成蹊——天津工商学院建筑系及其教学体系述评（1937—1952）[M]. 2002年中国近代建筑史国际研讨会论文集.

厄工业大学建筑系的夏昌世老师,对重庆大学建筑系具有现代特色的建筑教学模式的形成也起到了重要的作用。夏昌世认为不应故步自封于巴黎美术学院一套纯艺术的学院式方法,不应忽视功能和技术而一味强调建筑形制和构图;相反,他更注重建筑功能和建筑构成的合理性,对于建筑初步教学,"他对当时在一年级的教学中花很长时间去渲染希腊、罗马的五个柱式和过分讲求画面构图的教学内容和方法持不同意见,认为学生初进建筑系,应该多学点实际的知识和技能"①。可惜的是,重庆大学建筑系的现代建筑教学探索并没有能够顺利进行下去。当时的重庆大学和内迁的中央大学同处沙坪坝地区,中大建筑系影响的日益强盛,两校师生间的频繁交流,加上当时对于美国式教学制度的极度崇尚,以及此时二次大战的国际政治及军事对立,使得重庆大学建筑系教师们的教学思想及方法开始遭受非议和责难,以致"一时间流言四起"②,重庆大学一些学生纷纷要求采用与中大建筑系相同的教学模式。此举导致夏昌世、陈伯齐以及其他一些曾留学德、日的老师在 1943 年集体离去,之后的重庆大学从"系主任到教师都改为由留美建筑师担任,教程也变得与中央大学几乎相同"③,从而宣告了早期重庆大学建筑系短暂的教学新探索的终结。因此,由于当时国内的形势和具体情况,重庆大学建筑系的现代主义建筑基础教学也只有局部的改良,并没有形成系统的新模式,也没有出现具体的新课程,采用的方法仍然是基于学院式的教学模式,但新的探索毕竟已经开始。

　　另一个在现代建筑教育思想方面先行探索的是从勷勤大学一直延续到中山大学的建筑系。从前文对勷勤大学建筑系的研究已经表明,它的建筑教育更注重实用性和技术性;其教师队伍的教育背景和特殊的地理政治环境也使得勷勤大学建筑系更易受到现代建筑思潮的影响。1936 年,勷勤大学建筑系学生创办了一本杂志——《新建筑》,此后虽然几度停刊复刊,但以此为阵地,大量新兴的建筑思想通过它得以探讨和传播:如 1943 年发表的"构成主义的理论与基础"、"新建筑造型理论的基础"等④。直到 1938 年,因为抗战形势所迫,勷勤大学建筑系被停办,部分学生及教师随后并入中山大学工学院,并成立了新的建筑系。动荡的时局下学校几经迁徙,建筑课程教学和现代建筑教育思想的探索却始终未有停顿,特别是 1945 年抗战胜利后,中山大学建筑系随校迁回广州,提倡现代

①　汪国瑜."怀念夏昌世老师".见:杨永生编.建筑百家言[M].北京:中国建筑工业出版社,2000.12.
②　汪国瑜."夏昌世教授的思想和作品".见:汪国瑜文集[M].北京:清华大学出版社,2003(9):181.
③　钱锋.现代建筑教育在中国[D].上海:同济大学博士论文,2005:73.
④　赖德霖.中国近代建筑史研究[D].北京:清华大学博士论文,1992(5):3-47.

建筑教育思想的原重庆大学建筑系骨干教师夏世昌、陈伯齐等又先后加入,使该系的建筑设计基础教学的现代倾向得到了进一步的发展。当时虽然受到全国统一课程计划的部分影响,1939 年和 1943 年的课表也显示出它在建筑初步课程中已经沿用中央大学的"建筑初则及建筑画"设置,绘画类课程也有所加强,但是在具体的课程教学中,中山大学建筑系并没有拘泥于学院式教学模式,据1948 年的毕业生金振声回忆,当时的"建筑设计初步课程中并没有大量的渲染构图练习,只是画过柱式的线条图,培养墨线线条绘图的能力。在设计课程中,老师们也并不是最看重形体,而是更注重实用功能的安排和技术手段的综合考虑"①。

综观这些学校在建筑教育及设计基础教学中体现出的现代倾向,尽管已经有所萌芽和探索,但是还没有形成系统的现代教学体系和模式,也缺乏成熟有效的课题支撑。作为建筑设计入门和基础的初步课程,其主要的训练方式仍然是线条制图和渲染表现等传统手段,只是重视程度有所差异;而在如何开发学生的创造潜能、培养学生关注建筑的基本问题这一现代建筑教育的核心上依然缺失;对于现代建筑的重要组成因素——现代美学思想的培养,也没有充分的强化。由于缺乏系统的现代建筑设计基础和现代建筑美学的教育,仅仅通过教师改图过程中传递的有限信息和建筑杂志的自我阅读,也容易使学生对现代建筑缺乏完整的认识而形成片面的理解,在建筑设计中往往仍以古典美学和组构为基础,尚未建立现代的建筑观念,以至于通常把去除或简化古典装饰花纹误认为现代建筑的美学特征。这些因素的存在,共同导致了我国这一阶段的现代建筑教育探索具有相当的局限性。

3.2.2.3　清华大学建筑系初期的建筑设计基础教学

3.2.2.3.1　梁思成建筑及教育思想的转变和清华大学建筑系的成立

抗日战争期间,梁思成与营造学社一起内迁至李庄,但是他却一刻也没有放弃对中外建筑思潮以及建筑教育的关心。在此过程中,除了继续对中国传统建筑的调查研究以外,他也明显意识到了中国原有建筑教育的不足,并越来越倾向于接受现代主义的建筑思想和教育观。在梁思成 1945 年 3 月 9 日写给当时清华大学校长梅贻琦的一封信中,除了建议开办建筑系之外,更表达了他决心引进现代主义的建筑教育思想,对国内现有的"学院式"建筑教学体系和方法进行改

---

① 转引自:钱锋.现代建筑教育在中国[D].上海:同济大学博士论文,2005:79.

良的愿望①。

抗战胜利后不久,清华大学着手成立建筑系,梁思成被任命为建筑系主任并主持建系和教学工作;在林徽因和吴良镛等的共同努力下,清华大学建筑系于1946 年 10 月在北平正式开课。

3.2.2.3.2　梁思成新建筑教育思想下的建筑设计基础教学

1947 年,梁思成结束了在美国为期将近一年的考察回到清华大学,带回了一套源自包豪斯的"设计基础"课程材料②,并以此为参照对建筑系的教学计划做了大幅修改。这套资料对于此后清华大学建筑系在建筑设计基础教学方面的改革,起到了至关重要的作用。

在当年清华大学建筑系的初步课程训练中,梁思成采用类似包豪斯"基础课程"的"抽象构图"训练取代了作为学院式教学重要标志的古典柱式渲染。"一年级的建筑设计课叫'预级图案',在我们功课中训练学生从平面到立体的构图能力。当时我们叫它'抽象构图',即是不准画'具象',而是用点、线、面、体等构成美的构图,对权衡、比例、均衡、韵律、对比等形式美学法则学会运用。"③对于当时的清华大学来说,抽象构图训练显然是一个全新而陌生的课题,因此常常也出现年轻教师们和学生一起探索的情形。同时,清华大学建筑系当时还开设了一门"视觉与图案"课程,主要介绍抽象艺术的一些理论,以更好地指导学生进行抽象构图训练。

1948 年起,清华大学建筑系开始实行五年制教学体系。其间,该系又在一年级开设了一门工场实习课程——让学生们刨木头,做毛巾架和小凳子一类的用品,以此作为二年级预级图案(抽象图案)之前的入门手工操作训练。当时梁思成还聘请了手艺高超的匠人高庄担当指导,使该门课程明显地具有了某种包豪斯"作坊"训练的特征。

但是,当年清华大学建筑系新教学体系所采用的这一基础课程仍具有一定

---

① 信中提到,"在课程方面,生以为国内数大学现在所用教学方法(即英美沿用数十年之法国 Ecole des Beaux-Arts 式教学法)颇嫌陈旧,遇于重派别形式,不近实际。今后课程宜参照德国 Prof. Walter Gropius 所创之 Bauhaus 方法,……以养成富有创造力之实用人才。……哈佛建筑学院课程,即按 Cropius 教授 Bauhaus 方法改编者,为现代美国建筑学教育之最前进者,良足供我借鉴。"见:梁思成.梁思成全集(第五卷)[M].北京:中国建筑工业出版社,2001.4:2.

② 当年梁思成带回国的"设计基础"教程,后来曾在全国建筑教育会议上展示过,南京工学院的王文卿先生作了详细的笔记。参见:顾大庆.中国的"鲍扎"建筑教育之历史沿革——移植、本土化和抵抗[J].建筑师,第 126 期.

③ 王其明,茹竞华.从建筑系说起——看梁思成先生的建筑观及教育思想.纪念梁思成诞辰 100 周年[M].北京:清华大学出版社,2001.

的局限性。首先,基础课程中的"抽象构图"和"视觉与图案"的开设,确实为现代艺术及思想的引进打开了大门,使学生开始接触到了抽象艺术方面的训练;但是由于当时讲授该类课程的多数教师本身所具有的传统学院式教育背景,使得他们不但缺乏相应的教学方法和经验,而且在对现代艺术的理解上本身也不够全面和深入,因而导致教师在指导学生时常常处于共同摸索的状态。同济大学的钱锋博士就此指出,在当时的清华大学建筑系,"从实际情况来看,现代艺术课程的引入还未能充分发挥出它的作用"①。其次,该系"工场实习"课程强调的是手工操作练习,但是包豪斯"作坊"式教学的真正核心特色在于"作坊大师"和"艺术大师"的结合,两者共同对学生进行工艺技巧的训练和艺术创造力的培养;其中"艺术大师"们基于先锋艺术观的引领才是学生创新思想的真正源泉。与此相比,清华大学建筑系的"工场实习"所缺失的正是包豪斯最灵魂的部分,从而使这一具有现代特征的教学方式也打上了传统的烙印。

同时,清华大学建筑系对于美术课程的重视也丝毫未减。美术训练一直从一年级贯穿到四年级,内容包括素描、水彩和雕塑及模型制作。但是所不同的是,此时的梁思成并非将美术课程看成是简单的表现技巧训练,而更多的是将它看成一种艺术修养的培养,这也是被梁思成认为是一个优秀建筑师所必须拥有的素质。

在当时国内建筑教育界依然相当强势的传统建筑教育思想环境下,清华大学建筑系这一改革所呈现出的折衷性,一方面是由于梁思成本身所具有的历史学者背景和传统思维惯性;另一方面则是当年系中大多数教师的学院式教育背景同时强化了这一现象。

尽管如此,清华大学建筑系早期在梁思成的推动下实施的这些建筑设计基础课程的改革尝试还是具有相当的革命性和先进性。它改变了传统"学院式"方法纯粹以渲染、绘画练习为基础的建筑初步教学状况,开始重视手工操作的训练,使建筑初步课程教学呈现出了某种现代主义的建筑教育特征。同时,初步课程中"抽象构图"和"视觉与图案"的开设,也为现代美学思想的引入打开了渠道。这些改革措施集中体现了一个深具古典主义学院教育背景的中国学者在接受了西方现代教育思想的影响之后,对原有传统教育方法所作出的自醒式的独特思考和尝试,具有非凡的勇气和鲜明的自身特点。

非常可惜的是,这种探索并没有维持很长时间,在随后 1952 年院系调整并全面学习苏联开始后便告终止,从此该系的设计基础教学全面转向了苏联的统

---

① 钱锋. 现代建筑教育在中国[D]. 上海:同济大学博士论文,2005:100.

一模式。

3.2.2.3.3　新中国成立后苏联影响下的建筑设计基础教学

1949 年新中国成立后,全国高校教育开始逐渐进入苏联模式影响下的发展阶段。1950 年 9 月,中央人民政府颁发了"高等教学课程草案",作为各校拟定教学计划的参考。但是当时该"草案"中并无建筑系的课程,从 1951 年初单独补发至各建筑院校的"建筑系课程草案"(详见附录 2 附表 2-1)中,则明显可以看出清华大学建筑系当年教学计划的烙印。事实上,当年的这份全国统一"建筑系课程草案"并未被要求严格强制执行,因此,各建筑院校大多只是根据自己的实际情况适当参考调整,并没有对具体教学产生实质性的影响。

图 3-2-12　渲染练习(五〇届)

图 3-2-13　校门设计(五三届)

1950 年以后,清华大学建筑系将原先的"视觉与图案"和"建筑图案概论"合并为了"建筑设计概论",这也是我国首次明确出现"建筑设计概论"这一课程名称,其内容是"建筑设计的一般理论,如建筑之定义原理,建筑的形式结构,装饰建筑的单位、种类,建筑与人的关系……"[①],该课程名称后来在我国的建筑设计基础教学中被沿用了很久。自该年起,"模型制作"一课被取消,"预级图案"和"初级图案"也被合并入"建筑设计一——六"之中;同时,从"教育部统一课程草案"一表的授课内容介绍来看,当时"建筑画"一课的内容相当于以前的"用器画"及"画法几何、阴影法、透视图"等,因此,作为当时建筑初步教学主要手段的渲染练习应该是被结合在了"建筑设计一、二"之中进行。至此,清华大学建筑系的建筑设计基础教学又回到了传统的学院式教学模式。

---

① 资料来源:"1950—1951 年教育部颁发建筑系建筑设计组统一课程草案",之江大学建筑系档案。

3.3　同济大学建筑系的三支主要师资来源

1952年全国高等院系调整时,组建成同济大学新建筑系的主要师资来源有三支,分别为之江大学建筑系、圣约翰大学建筑系以及原同济大学土木系市政组。这三所大学建筑系(土木系)都有着各自鲜明的教学思想和模式,并因此成就了此后同济大学建筑系独特的建筑教学风格。

3.3.1　之江大学大学建筑系

作为一所历史悠久的教会大学,之江大学的历史可以上溯到1845年美国长老会在宁波设立的崇信义塾。1938年,在陈植等先生的筹划下,之江大学在土木工程系中成立了建筑系[①]。1941年冬太平洋战争爆发后,之江大学内迁至云南,建筑系则被特许留在上海的慈淑大楼(今南京东路353号东海大楼)内继续教学。1945年抗战胜利后,之江大学迁回杭州,由于其时专业教师多由沪上执业建筑师兼职,故而继续在上海慈淑大楼设置分部供三、四年级学生上课;一、二年级的基础阶段学习则在位于杭州钱塘江畔的主校区完成。

1952年以后,由于同济大学建筑系的建筑初步教学负责老师就是来自之江大学的吴一清先生,因此,之江大学的"学院式"建筑初步教学模式对于同济大学新建筑系建筑设计基础教学体系的创立和发展产生了长期广泛而深远的影响。

3.3.1.1　之江大学建筑系早期的学院式建筑设计基础教学(1938—1945)

之江大学的创办者陈植、王华彬均毕业于美国宾夕法尼亚大学建筑系,接

---

① 1931年东北大学建筑系关闭后,陈植来到上海与赵深组建事务所,同年冬童寯加入,1932年更名为华盖建筑师事务所;1938年时,陈植和廖慰慈商议在之江大学土木工程系的基础上筹建建筑系:其创办初期,"由陈植、廖慰慈先生厘定学程,筹购书籍器具,招收学生一九人"。1939年春,聘请王华彬为兼职教师(当时他同时兼任沪江大学建筑科主任);同年秋,王华彬辞去沪江大学职务,成为之江大学的专任教师。建筑系成立第一年的教师仅陈植和王华彬两人,学生也由土木工程系转来,因此事实上并未从土木工程系中脱离出来。1940年建筑系迁往上海并由王华彬出任系主任之后,之江大学建筑系才真正独立。及至1941年秋,学生人数增至七二人。部分参见:建筑系沿革,《之江校刊》,1946年12月25日,百年纪念特刊;《之江校刊》,胜利(1949年)后第五期。

受过十分严格的学院式建筑教育;加上 1939 年以中央大学建筑系课程为蓝本的建筑系全国大学统一课表的颁布实施,之江大学建筑系因而在初期很自然地也采用了传统学院式的教学体系。在当时之江大学基于古典美学法则培养和艺术熏陶的建筑初步教学中,"对基本训练很严格,在素描、水彩、渲染、平涂、阴影、透视等方面有系统的训练,在设计方面也较注意艺术造型及立面处理"①。

图 3‑3‑1　陈植

表 3‑7　1940 年第二学期之江大学建筑系分年级授课计划(设计专业课部分)

		一年级	二年级	三年级	四年级
专业课部分	设计课		建筑图案	建筑图案	建筑图案
	绘图课	机械画	阴与影		
			铅笔画 徒手画	木炭画	水彩画
	史论课		建筑理论	建筑史	建筑史

资料来源:1940 年之江大学建筑系档案。笔者重新编辑。

　　表 3‑7 显示,当年之江大学建筑系的一年级几乎没有专业课程,这和"1939年全国统一课表"所要求的"第一年不分系、进行各院统一基础教学,各系只设少量初级课程"②是一致的。同时,根据之江大学 1940 年度第一学期课程教学大纲,作为建筑设计基础教学阶段的二年级"建筑画"课程主要教授:"1. 建筑画材料使用方法;2. 绘制古代建筑柱梁;3. 绘画单色图案研究色调之对比;4. 实习树木画法;5. 讲述建筑图案字体;6. 练习图案布置艺术"。③ 在此基础上,"建筑图案"课则讲解"建筑图案结构之基本原则""古典柱梁方式""研究图案结构方法及原则",然后在"绘制(古典)建筑物局部详图"的基础上,设计简单建筑物或部分建筑物。而与此对应的建筑理论课则包含有"建筑物各组成部分结构及设计原则""艺术之原理""审美之方法""建筑图案结构之原理"等与古典建筑美学原

　　① 董鉴泓. 同济建筑系的源与流[J]. 时代建筑,1993(2).
　　② 参见:钱锋. 现代建筑教育在中国[D]. 上海:同济大学博士论文,2005:66.
　　③ 资料来源:之江大学建筑系教学档案,1940 年,转引自刘宓. 之江大学建筑教育历史研究. 上海:同济大学工学硕士学位论文,2008(3):55‑56.

图 3‑3‑2　之江大学建筑系构图渲染作业(1939—1940 年)

理直接相关的内容。至于学院式教学中极为重视的美术课程,在整个教学中也占有相当大的比重。所有这些都充分体现了之江大学建筑设计基础教学中浓郁的学院式特点。1939 年和 1940 年的学生作业更集中体现了之江大学建筑初步教学对于渲染和构图训练的严格要求。

1941 年末之江大学内迁云南以后,直至 1945 年,留在上海继续教学的建筑系即不再招收新生。

3.3.1.2　之江大学建筑系后期的建筑设计基础教学(1945—1951)

1945 年抗战胜利后,之江大学建筑系随之回迁并开始恢复招生。伴随着教学秩序的恢复以及 20 世纪 40 年代后期新建筑思潮的日渐兴盛,之江大学的建筑教学也开始从古典传统到实用创新经历了一系列的悄然转变。但是,在建筑设计基础教学阶段,他们仍然坚持"学院式"一贯严谨扎实的基本功训练,并将古典美学思想的培养和运用作为重点贯穿于整个建筑教学之中。

这样一种教学理念的确立,和之江大学建筑系的师资背景有着深切的关联。除了此前大批具有学院式教育背景的教师之外,1946 年加入之江大学的谭垣和吴一清起到了关键的作用。谭垣曾在中央大学建筑系任教十余年,主要负责一年级的建筑设计初步教学,并对该系"宾大式"学院式教学体系的建立作出过重要贡献,当年就读于中大的徐中教授甚至称"中央大学建筑系(建筑设计)教学是谭先生给奠定基础使之正规化的"[1]。故此,谭垣来到之江大学建筑系后,几乎完全按照 1939 年的统一课程标准制定了教学计划;而建筑设计初步教学也加强

---

① 童鹤龄."温馨的回忆".见:潘谷西主编.东南大学建筑系成立七十周年纪念专集[M].北京:中国建筑工业出版社,1997(10):10.

了艺术类课程的设置,体现出源于宾大的中央大学建筑系"学院式"教学的明显印记。同时,1941 年毕业于之江大学建筑系的吴一清,曾师从著名画家张充仁,具有扎实的学院式教育背景和深厚的美术修养及功底①,当年正是他主要负责了之江大学一、二年级的初级图案(建筑设计初步)和美术课程。

图 3 - 3 - 3　吴一清

　　除了包括"画法几何""阴与影"和"透视画"等建筑基础技能训练的制图类课程,该阶段之江大学建筑系的设计基础课程主要由"建筑初则及建筑画"和"初级图案"构成,这样的安排和中央大学建筑也是一脉相承的。其中,"建筑初则及建筑画"的内容包括"学习绘制古典柱式,色彩和图面布置研究,练习铅笔写字、图案仪器的用法及毛笔着色方法等"②,其目的就是通过古典柱式和建筑局部的渲染及构图练习使学生掌握比例、构图、色彩等知识。严格的绘图训练,使得当时之江大学建筑系的学生普遍具有较高的图纸表现水平。

　　当时之江大学建筑系"建筑图案"的教学大纲由易到难共分四级,其中对应于"初级图案"的第一级要求是:1. 讲授建筑图案结构之基本原则;2. 研究古典式柱梁方式;3. 实习图案表现方法;4. 绘制建筑物一部分之详图;5. 实习建筑投影及透视。其教学目的也正是"使学生学习简单之建筑物设计法,先从古典式着手,使学生学习既成之方式与比例,次而予学生自由发挥,设计近代式其他式样。然后使学习实用房屋之平面设计法"③。

　　一份由吴一清先生 1950 年制定的之江大学建筑系一年级第二学期初级图案课程的教学大纲,更进一步充分体现了这种"学院式"的教学理念和具体方式:

　　本学程(初级图案,下)系七个星期之连续学程,一年级下半年开始,采取个别教授。学生在每一题目出后即在一定之时间内做徒手草图,先生根据学生每人不同草图,启发他们自己的思想,并修减、指导及讲解。且每次修正时先生绘一草图与学生,

---

　　①　浙江省档案馆保存有一封 1950 年代初,刘开渠任国立杭州艺术专修学校校长期间,写给私立之江大学校长黎照寰的亲笔信:"我院承赵祖康局长介绍,拟聘贵校吴一清先生为本院实用美术系建筑组兼任讲师,已荷。吴先生惠允,兹奉函征求台端意见,如蒙同意,不胜感幸,尚希。裁覆为祷!刘开渠谨启三月十四日。"由此可见吴一清深厚的艺术造诣。参见:李新,人生是可以雕塑的——刘开渠,2009 年 4 月 15 日,http://www. zjda. gov. cn/archive/platformData/infoplat/pub/archivesi _ 12/docs/200904/d _ 132573. html.
　　②　刘宓. 之江大学建筑教育历史研究[D]. 上海:同济大学硕士论文,2008(3):37.
　　③　之江大学建筑系建筑图案教学大纲(1949—1950 年),之江大学建筑系档案。

学生根据此草图绘正图案,待下次上课再修减。学生根据先生草图而绘就之图案。如此工作约有四星期之久,然后作最后表示图案,用墨色渲染。(吴一清)

设计题目和要求分别为:

1. 古典式建筑物构图:注重古典形式,以立面图之设计为主。
甲组:凯旋门;乙组:纪念馆
2. 近代式建筑物构图:式样采近代或其他形式并兼顾民族风格,由学生自由发展,仍以立面图之设计为主。
甲组:休息亭;乙组:公园大门
3. 实用房屋设计:以平面图之设计为主,使学生学习简单房屋之平面布置法。

小住宅

(吴景祥、吴一清、许保和)

资料来源:之江大学建筑系教学档案,1950年。

由此可见,之江大学建筑系一年级"初级图案"的三个系列课程设计中,前两个作业均"以立面图之设计"为重点,突出的是对"构图"的强调,建筑仅仅是被看作为一种样式和图案,而在强调"实用"、重点考虑功能的住宅设计中,又"以平面图之设计为主",建筑的整体形态和空间,以及建筑的功能和形式,在"学院式"的设计教学中并没有被有意识地统一起来。这种对建筑的图像化理解以及因强调"艺术性"而对立面渲染效果的过度追求,也正是传统"学院式"建筑设计基础教学模式如今广受诟病的主要原因。

上面的课程介绍也同时表明:当时之江大学的专题设计课程周期为七周,和目前我们的专题课程设计安排相当,但是其中的设计过程仅四周,余下做墨色渲染表现的时间占有三周之多。同时,设计教学的辅导是在学生设计之初所做徒手草图的基础上进行指导及讲解,并由老师直接绘制草图,而学生只需据此将草图绘正,然后留待教师下一次再行修改。这样的课程设计教学方式,显然只是一种基于示范和模仿的设计方法的传递;而这也正体现了之江大学建筑系在基础训练方面对于"学院式"教学核心方法的严格遵循。对此,1949年赴美国南加州大学留学的之江大学毕业生仇景泰在给当年李培恩校长的一封信中就曾提到:"校中(南加州大学,笔者注)授课与之江不同一点即教授不改学生图样,仅对学生指示原理,对某点:似应如此如此,由学生自行设法改进,此点在攻读建筑而论,生认为最能使学生对设计进步之教授法。"①

事实上,1940年代后期逐渐兴盛的现代建筑思想也对此时之江大学建筑系的建筑教学产生着巨大的影响,身处上海这个开埠都市,许多任课教师又都具有开业建筑师的背景,因此在课程设计教学中,务实作风和现代思想的浸润已无可避免。同样在上面的一年级第二学期初级图案课程的教学大纲中,也已经增加了民族形式和近代建筑样式,并鼓励学生"自由发挥",显示出新建筑思想在之江大学建筑教学中的影响已日渐深入。

1949年以后,随着汪定曾(1935年毕业于交通大学土木工程系,1938年获美国伊利诺大学建筑硕士学位,曾分别在中央大学、重庆大学建筑系任教)等新教师的加入,更带来了新的教学理念、内容和方法。下面这份由汪定曾先生于1951年所拟定的二年级设计教学大纲和要求,已经体现了很多现代建筑教育的思想,诸如弱化对纯艺术的形式追求和渲染表现,注重实际功能和技术;鼓励学生的研究能力和设计能力培养;特别是开始提倡采用模型进行设计辅助,这些理念已经超越了学院式的模仿和美术教育思想,而具有了更为明显的现代建筑教学特征。

图3-3-4 汪定曾

二年级设计教学大纲:

1. 通过设计习题使学生了解及获得建筑设计的基本技能。

2. 根据实际问题沟通现代建筑设计的趋势和出发点,注重结构与设计的关系。

3. 鼓励学生养成研究及判断的能力。

4. 设计习题力求结合现实,避免纯艺术的追求。

5. 利用模型制造使同学对一建筑物有整体观点。

6. 图案的表现,力求真实,尽可能减少过分渲染,遮盖建筑物本身设计的缺点。

资料来源:之江大学建筑系教学档案,1951年。

1951年,随着以清华大学"建筑系课程草案"为蓝本的全国统一课程表的颁

---

① 转引自:刘宓.之江大学建筑教育历史研究[D].上海:同济大学硕士论文,2008(3):42.

发，之江大学建筑系也相应修改了教学计划，绘画等艺术类课程被大幅删减，并新增加了很多适应国内建设需要的实用课程。然后在次年又因全国院系调整被并入新成立的同济大学建筑系。

3.3.2 圣约翰大学建筑系

圣约翰大学是中国近代历史上最早成立的教会学校。1879 年，美国圣公会将其早前设立的培雅书院（Baird Hall，1865 年成立）和度恩书院（Duane Hall，1866 年成立）合并成圣约翰书院；1890 年增设大学部，并逐渐发展为圣约翰大学。1942 年，应圣约翰大学土木工程学院院长杨宽麟教授邀请，刚从哈佛大学设计研究生院毕业的黄作燊在土木工程系成立了建筑组，之后成为独立的建筑系[①]。

图 3 - 3 - 5　杨宽麟　　　　图 3 - 3 - 6　黄作燊

作为现代建筑大师格罗皮乌斯的第一个中国学生，黄作燊曾追随他从伦敦建筑联盟学校（A. A.）至哈佛大学设计研究生院，并接受了系统的现代主义建筑教育。回国以后的黄作燊在鲍立克（Richard Paulick）[②]、Hajek 等教师的协助下，在圣约翰大学建筑系中全面贯彻了他的现代建筑教学理念：不仅强调建筑与时代生活和技术发展的关联，注重现代艺术对学生的熏陶；而且在设计教学中提倡创造性思维的培养和理性的"问题化"教学方式。更为引人注目的是，圣约翰大学建筑系是当年国内唯一在建筑设计初步教学中比较彻底地采用了明显具有包豪斯特征的"基础课程"的建筑院系。

其实早在 1927 年，陈之佛先生就曾经写过文章介绍包豪斯的教育理念；20

---

① 钱锋. 现代建筑教育在中国[D]. 上海：同济大学博士论文，2005：80.
② 鲍立克是格罗皮乌斯在德绍时期的设计事务所重要成员，曾参与德绍包豪斯校舍的建设工作。
参见：罗小未，李德华. 原圣约翰大学的建筑工程系：1942—1952[J]. 时代建筑，2004(6).

世纪 30 年代时,艺术家张宇光先生也曾在杂志上发表文章推介包豪斯所代表的现代设计潮流,并配发了包豪斯校舍的照片①。但所有这些在当时的中国建筑和教育界都没有引起足够的重视,直到 1942 年圣约翰大学建筑系在上海成立,我国才真正开始引入包豪斯的现代设计教学体系,在国内开创了全面推行现代主义建筑教育的先河。圣约翰大学建筑系这段时期的教学实践,对此后同济大学新建筑系成为全国建筑院校中最为接近现代建筑教育思想的一支埋下了伏笔,也对后来同济大学建筑设计基础教学的现代探索起到了积极的促进作用。

3.3.2.1　早期圣约翰大学的建筑设计基础教学思想、方法及特点(1942—1949)

20 世纪 40 年代初期,圣约翰大学建筑系在借鉴包豪斯和哈佛大学建筑教学特点的基础上,结合我国现代建筑发展和建筑教育的实际情况,在建筑设计基础的教育思想和教学方法上展开了实验性的探索和尝试。

从当年的圣约翰大学建筑系课程与 1939 年的全国统一课程比较来看,其基本内容和教学重点都显示出明显受到包豪斯和哈佛大学影响的特征。作为一种相对于国内建筑教育来说几乎是全新的教学实验,在初期阶段的不断摸索是不可避免的,因而,当时"每个学期,每个老师的课都在不断地变化,基本上都不做同样的事情"②。

表 3 - 8　圣约翰大学建筑系课程与 1939 年全国统一
课程比较(建筑设计专业课程部分)

		圣约翰大学建筑系课程	1939 年全国统一课程
专业课部分	史论课	建筑原理	建筑图案论
	图艺课	投影几何 机械绘图	投影几何 阴影法 透视法
		铅笔及木炭画/水彩画 建筑绘画 模型学	徒手画/模型素描 单色水彩/水彩画(一) ＊水彩画(二)/＊人体写生 ＊木刻/＊雕塑及泥塑
	设计课	建筑设计	初级图案 1 建筑图案 2,3,4

资料来源:钱锋.现代建筑教育在中国[D].上海:同济大学博士论文,2005:83,笔者重新整理。

---

① 参见:徐赟.包豪斯设计基础教育的启示——包豪斯与中国现代设计基础教育的比较分析[D].上海:同济大学硕士论文,2006(3):29.
② 钱锋.现代建筑教育在中国[D].上海:同济大学博士论文,2005:82 - 83.

从上表中设计课的课程名称来看,圣约翰大学是"建筑设计",而全国统一课程中是"初级图案"和"建筑图案","设计"和"图案"这两种名称的不同,反映了两者对于建筑专业教育思想与教学模式的差异。事实上,在设计基础阶段的教学中,圣约翰大学建筑系和当时中国主流的"学院式"方法有着明显的区别。首先,它的美术绘图课程所占的课时比重和严格程度均远低于"学院式"的教学要求,并且也没有花费大量时间进行严格细致的渲染练习;圣约翰美术课程的目的也不在于纯粹强调训练学生的绘画表现基本功,而主要是为了培养学生对形体的敏锐感觉以及一定的分析和表达能力,这一点和伊顿在包豪斯所倡导的绘画理念是一致的①。其次,圣约翰当时还开设了"建筑绘画"和"模型学"两门新课程。不同于之江大学和中央大学建筑系"建筑画"课程的尺规作图和水彩渲染训练,圣约翰的"建筑绘画"是一门涉及平面、立体等形式练习以及色彩和材料研究诸多方面的创造性思维训练课程,其要求是"培养学生之想象力及创造力,用绘画或其他可应用之工具以表现其思想"②。从这点来看,圣约翰建筑系的"建筑绘画"显然受到了包豪斯"基础课程"的影响。黄作燊当年曾布置过一个作业,让学生用任意材料往 A3 的图纸上表现"pattern & texture"③,这也和罗小未先生回忆所述的她"在一年级的第一个作业就是'质感和肌理'练习"④相印证。正是通

图 3-3-7 圣约翰学生作业模型

过这样的基础训练,黄作燊试图引导学生通过操作不同材质来体会形式和质感的本质关系,启发他们利用材料的自身特性进行形式和空间的创新探索,从而在建筑设计中能够摆脱对古典样式的机械模仿。新增加的另一门"模型学"则结合建筑设计课程进行。和传统"学院式"教学只注重建筑二维立面渲染不同的是,圣约翰

---

① 伊顿在包豪斯的基础教学中就反对临摹,鼓励学生坚持独立思考,去观察与诠释真实的世界。在他所开设的绘画课程里,他要求学生们去描绘石头、草木等自然界的物体,以此训练他们的视觉感受能力。

② 转引自:[美]阿瑟·艾夫兰著.邢莉,常宁生译.西方艺术教育史[M].成都:四川人民出版社,2000(1).

③ 参见:钱锋.现代建筑教育在中国[D].上海:同济大学博士论文,2005:84.

④ 顾大庆.中国的"鲍扎"建筑教育之历史沿革——移植、本土化和抵抗[J].建筑师,第 126 期.

建筑系鼓励学生利用建筑模型来推进设计过程及进行成果表达,这无疑更加有利于学生直观地进行建筑的三维形体和空间形态创作,并能够对建筑状态做出整体的综合评估,从而避免了只注重立面效果的"美术建筑"或"纸上建筑"的学院式倾向。相较于其他学校纯艺术手工类的木刻和雕塑课程,"模型学"课程也更注重对建筑物质和材料特性的把握。

圣约翰大学建筑系在建筑设计基础教学上的另一个贡献,则是以一年级的"初级理论"为基础,创立了"建筑原理"课程。早期的"初级理论"是圣约翰建筑系的一个重要教学创新,它针对刚入门的学生对建筑缺乏整体认识的状况,用浅显易懂的方法,对建筑的基本特点以及和科学、技术、艺术的关系进行系统介绍,让学生对现代建筑及其设计方法有一个比较全面而准确的把握,从而建立起基本的认识构架,以利于下一阶段更加深入的教学内容的展开。比较圣约翰大学的"建筑原理"和同时期之江大学"建筑图案论"的课程大纲,我们可以发现:之江大学的建筑图案论明显具有以构图、比例、样式等形式美学原则作为建筑入门教育的学院式特征,功能、环境等内容只占有极少分量,同时该课程中对于世界经典建筑介绍的目的也仅仅是为了使学生做设计时"有所标榜而不致发生严重偏差";而圣约翰建筑系的核心内容则是强调建筑与科学、技术、艺术的全面关系,更加注重现代建筑的本质意义。从二者的对比中,可以清晰看出圣约翰大学建筑系完全不同于传统"学院式"方法的现代建筑教育思想,它突破了从渲染描摹入手的经验型训练模式,使学生由循规蹈矩的被动因袭转向了理论指导和创造性思维培养下的主动探索。

表3-9 圣约翰大学"建筑理论课"课程大纲

· 建筑理论大纲(七) 1. 概论:建筑与科学、技术、艺术
　　　　　　　　　　 2. 史论:建筑与时代背景、历史对建筑学的价值
　　　　　　　　　　 3. 时代与生活:机械论
　　　　　　　　　　 4. 时代与建筑:时代艺术观
　　　　　　　　　　 5. 建筑与环境,都市几乎与环境

(一下)讲解新建筑的原理,从历史背景、社会经济基础出发,讲述新建筑基本上关于美观、适用、结构上各问题的条件以及新建筑的目标。

(二上)新建筑实例底(的)批判(criticism,"评论"的意思,引者注)
　　　　新建筑家底(的)介绍和批判

· 该课程的参考书籍有:Architecture For Children,Advanture of Building,Le Corbusier 著 Toward a new Architecture,F. L. Wright 著"on Architecture",F. R. S. York 著:A key to Modern Architecture,S. Gideon 著"Space,Time and Architecture".

资料来源:1949年圣约翰大学建筑系档案。

除了初步的理论课程和创造性思维训练，圣约翰建筑系"建筑设计"的教学方法与同时期传统学院式的"初级图案"和"建筑图案"相比，不管从内容选题还是辅导方式方面，也有着根本性的差异。

首先，从建筑图案（设计）的选题来看，在学院式方法的教学中，低年级设计选题是以古典美学原则的实现为出发点，对功能、地形等实际的因素基本不予考虑，因此诸如公园桥、码头、大门、亭子等几乎纯形式的课题成为最佳的选择；这样一种以体现古典美学原则的样式、构图为核心，片面追求图面表现的训练方式发展到一定的程度，就必然忽视建筑可建造的基本要求，从而使设计沦为一种"构图游戏"。而圣约翰建筑系则强调"设计从生活出发"，多为周末别墅、幼儿园等贴近生活的题目，这样一些具有实用性特征的选题本身，就会对学生设计方法的形成产生不同的影响。其次，在学生设计辅导方法方面，传统"学院式"教学方式的核心所在就是"手把手"的"师徒制"，包括直接在学生的图纸上动笔示范，以使学生在反复模仿和训练中"悟"出设计的方法。正如当年中央大学的童寯先生所述："学徒制度，已公认为教建筑之最完善制度，盖良师益友之利，惟于此得完全发展。"[1]而在圣约翰建筑系，受到格罗皮乌斯在美国哈佛大学教学实践的影响，黄作燊当时采用的是引导学生从"问题"和"过程"出发的设计教学方法。他在教学中既不鼓励学生简单照搬现有模式，也不给予现成的答案，而是要求学生独立思考，自己摸索各类建筑在功能、安全、设施等方面的不同需求，将发现和解决"问题"作为设计过程的线索，引导学生以理性的方法来完成创作。黄作燊曾给学生布置过的一个设计作业"荒岛小屋"，就是要求在与外界无法联系的情况下，于荒岛就地取材，用以设计[2]。这就促使学生完全脱离一切既有样式的束缚，从基地的选址、材料的获取和建构的方式出发，就建筑最本质的问题和状态进行设计创作。圣约翰建筑系在课程设计教学中这种理性方法的引入，消除或淡化了学生对于设计的神秘感，使得原先相对模糊的经验性设计学习过程更具清晰性和可教性。

比较中央大学建筑系后期建筑初步课程"建筑初则及建筑画"＋"初级图案"的构成体系（或称"建筑原理＋建筑画＋建筑设计"，详见本书3.2.2.1），传统的"学院式"模式主要是以柱式描绘和渲染等为主要内容，培养学生掌握扎实的绘图能力和深厚的古典美学素养。而圣约翰大学建筑系的基础课程是以"初级理

---

① 童寯."建筑教育".见：童寯文集（第一卷）[M].北京：中国建筑工业出版社，2000.12.
② 钱锋.现代建筑教育在中国[D].上海：同济大学博士论文，2005：86.

论课"＋"建筑画"＋低年级的"建筑设计"三者相互结合而成①,分别从理论准备、制作训练和小型建筑设计等多方面为学生建立现代建筑思想进行启蒙和引导,对我国尤其是同济大学以后的建筑设计基础教学具有重要的开拓意义。

3.3.2.2　圣约翰大学建筑系后期基础教学调整和发展(1949—1952)

1949 年新中国成立后,包括外籍教师在内的部分教师相继离开;同时,为了满足建国初期百废待兴对于建设人才的迫切需求,国家教育部门又要求各个高校扩大招生规模。于是圣约翰大学除了增聘周方白、陈从周、陆谦受等教师以外,还先后动员了李德华、王吉螽、白德懋、罗小未、樊书培、翁致祥等本校的早期毕业生留校参与教学工作。社会的变革和新鲜血液的加入,使圣约翰建筑系进入了一个新的发展时期。

在黄作燊的领导下,新聘教师和留校任教的一批优秀毕业生共同努力,圣约翰建筑系继续调整、发展了前期的课程体系,建筑初步类课程也得到了延续和完善。李德华在担任"建筑画"教学时,主要"以启发学生之想象力及创造力为主,及对新美学作初步了解,内容大部分抽象";而樊书培也曾经采用过让学生"用色彩表现'噩梦''春天'一类的题目"②。这种用色彩表达事件、感情

图 3 - 3 - 8　圣约翰建筑系学生在展览作品前

的练习,已经摆脱了纯粹的美术训练,在培养学生的创造性思维、启发学生领会现代艺术思想方面,也已远远走在了国内同时期其他建筑院校的前面。圣约翰大学建筑系"建筑画"教学的这一线索甚至在此后 20 世纪 50 年代中期罗维东的"组合画"和 70 年代末同济建筑系的"标题构图"训练中都可以找到痕迹,体现了同济大学建筑设计基础教学绵长悠远的传承。

在这一时期,圣约翰建筑系又增设了一门新的课程——"工艺研习

---

① 第一,中央大学的"建筑画"和圣约翰大学有着根本的区别。第二,就狭义的建筑初步课程来说,对应于"建筑初则及建筑画"的"建筑画"＋"初级理论课"是入门的基础课程,但是就广义来说,由于低年级的小型建筑设计尚属于专业拓展前的设计准备,因此按照当前的划分方式,"初级图案"和低年级的"建筑设计"一并归入建筑设计基础教学阶段,是为更完整的一个划分。

② 钱锋. 现代建筑教育在中国[D]. 上海:同济大学博士论文,2005:88.

(Workshop)",其中就有"陶器制作"和"垒砖实验"等一系列课程训练①。该课程注重启发学生领会材料性能、构造技术和它们所构筑的形式、空间的内在联系,并让学生通过直接的操作和感受加以体会和理解,并由此形成自己的建筑创作观,已经初步具有了"建构"思想的雏形。比较前文述及的清华大学建筑系同时期的"工场实习"单纯工艺技巧的操作训练,圣约翰开设的"工艺研习"课程,显然更加接近包豪斯"作坊式"教学所倡导的艺术和技术相结合的理想。该课程在发掘学生创造潜力的同时,也成为设计课和技术课之间联系的桥梁和纽带,并为促进学生全面建筑观的形成发挥了重要作用。

此外,黄作燊还举办了内容广泛的各种讲座,包括与现代建筑密切相关的文学、美术、音乐、戏剧等现代艺术,甚至有关于喷气式发动机、汽车等作为新时代特征的新兴科学技术和材料。这些讲座让学生走出了当时中国十分盛行的古典艺术领域,接触到了更多具有现代精神的先锋艺术,并且对正在到来的工业时代和科技发展对于建筑的重要影响以及由此展开的现代主义运动有了更全面的了解,为学生整体现代意识的建立打下了十分可贵的基础。

1952年全国院系调整,圣约翰大学建筑系随之并入同济大学建筑系,大部分教师也一同随之前往,在传承和发展现代主义建筑思想方面发挥了重要的作用。但是由于同济大学初期的建筑初步教学是由原之江大学的老师负责,加上全面学习苏联运动的影响,圣约翰大学的现代建筑设计基础教学模式并未得到延续,即使1954年以后罗维东在同济建筑系的现代教学探索也与此不尽相同。尽管如此,以黄作燊为代表的圣约翰大学现代建筑教学理念,包括强调动手能力培养,通过三维构件进行空间构图训练;强调学生通过脑手结合、体会形体塑造的互动和统一关系,从而更好地认识建筑的本体等,所有这些都对同济大学此后长期发展中的现代建筑教育和建筑设计基础教学产生了积极而深刻的影响。

3.3.3 同济大学土木系市政组

在1952年组成同济大学建筑系的三个主要师资生源中,除了前文介绍的原

---

① 圣约翰毕业生李滢留美回国后在该系任教时,曾在这门课程中安排过陶器制作训练,让学生通过脑、手和形体塑造之间的互动,使他们体会形体生成和材料以及操作过程的关系。当年还曾有一个垒砖实验的课程训练,教师们设计了各种垒墙方式,学生们则对其进行推力检验,分析不同方式拼接砖缝及增设墙墩等方法对墙体稳定性的影响,引导学生在了解砖墙力学性能的同时,领会材料、质感、图案、形式和空间的关系。参见:钱锋.现代建筑教育在中国[D].上海:同济大学博士论文,2005:88.

之江大学建筑系和圣约翰大学建筑系之外,另一个便是原同济大学土木系市政组。

　　同济大学最初成立于1907年,原名为"德文医学堂",是由德国基尔海军学校医科的埃里希·宝隆于1899年在上海开办的"同济医院"发展而来;1912年,德文医学堂和新成立的德国工学堂合并,发展成为德国医工学堂。1914年,德国人开办的青岛特别高等专门学校因第一次世界大战爆发而停办,该校教师及部分学生被转到同济医工学堂;转来学生中有30名原先学习的是土木工程专业,因而学校为他们在工科内增设了土木科。1929年工科改为工学院后,土木科也在1930年改为土木系①。1940年代后期,同济大学土木系又为高年级学生增设了建筑设计、城市规划等方面课程,并成立了市政组。当时冯纪忠主要负责建筑教学,金经昌负责城市规划教学。

图3-3-9　冯纪忠　　　　　　　图3-3-10　金经昌

　　冯纪忠先生1941年毕业于奥地利维也纳工业大学建筑系,在建筑思想方面他是一个坚定的现代主义者②。1946年底冯纪忠学成回国,1947年起在南京都市计划委员会工作,同时也在同济土木系兼职讲授建筑方面的课程;1948年底冯纪忠离开南京,开始在上海都市计划委员会参与规划工作,此间他在同济大学土木系的兼职工作一直没有中断。同济大学土木系的另一个重要教师金经昌所

---

　　①　《同济大学志》编辑部.《同济大学志》(1907—2000)[M].上海:同济大学出版社,2002(8):1、2、863.
　　②　冯纪忠留学所在的维也纳是现代主义思想的主要发源地之一:在那里不但有现代建筑史上影响深远的建筑师贝伦斯,还有著名建筑师瓦格纳·路斯(Adolf Loos)以及怀特(Taut)兄弟等一批现代主义运动的开创者活跃其间。所有这些对于冯纪忠的现代建筑思想的形成都起到了十分重要的影响,他曾回忆当时在"教师的指导和言谈之中,已经时常提及柯布西耶、格罗皮乌斯以至阿尔瓦·阿尔托这些现代建筑重要探索者的名字,谈论他们的建筑思想"。参见:同济大学建筑与城市规划学院编.建筑人生:冯纪忠访谈录[M].上海:上海科学技术出版社,2003.

学习的是城市工程和规划方面的专业;而现代城市规划学科的兴起,也正是德国和维也纳地区兴起的现代主义运动的重要体现之一。因此,除了倡导现代建筑教育思想之外,同济大学当时对于城市规划也十分重视,在建筑教学中引入城市规划学科成为同济大学土木系的另一个主要特点。

图3-3-11 冯纪忠留学时渲染图-1号作品(局部)

冯纪忠先生来到同济大学土木系以后,决定增强建筑课程的教学,针对土木系偏重技术的特点,他首先请来了陈盛铎(日本川端画学校研究生毕业)讲授美术课程,主要是素描和水彩练习,以加强学生的艺术修养。同时,1947年毕业的傅信祁先生留校担任冯纪忠助教以后,也于1948年左右在原先土木系的"投影几何"课程基础上增加了"建筑透视和阴影"的内容,参考教材则是"由大同大学土木系唐瑛教授所编",结合素描和水彩等美术课程,共同加强建筑表现的训练。但是,由于同济大学土木系市政组不是正式的建筑学专业,同时也缺乏充足的师资,"当时并没有专门的建筑初步类课程,也没有渲染练习,仅在设计作业的成果表达中提倡尽量使用色彩表现"①。傅信祁先生至今仍清楚地记得:当年冯纪忠完成设计项目后,作为助手的他都是先起好线描透视稿子,然后"由冯纪忠先生亲自完成渲染"②。直到1952年院系调整后吴一清等老师来到同济,傅信祁才"第一次真正了解渲染教学"③。

同济大学土木系都市建筑与经营专业四年制52届毕业生(47级)何孟章、陈福锁等的成绩单也印证了这一事实④。当年该专业除了四年专业教育之外,设有一年的"新生院",类似苏联的预科教育,但所修课程均为国文、英文、德文等语言类课程。一直到三年级("新生院"一年除外)才设有徒手画、房屋建筑、建筑学及设计三门专业课程。其中"徒手画"也仅出现于三年级第二学期,此外再无其他美术类课程。

1951年,大同大学及光华大学土木系并入同济大学,随之加入的就有唐瑛、

---

① 2010年4月27日笔者访谈傅信祁先生。
② 在2010年1月同济大学建筑与城市规划学院举办的冯纪忠先生生平图片展上,有一幅当年他在维也纳工业大学就读时的渲染习作,可见冯纪忠先生扎实的美术及渲染功底。
③ 2010年4月27日笔者访谈傅信祁先生。
④ 1952-JX1313-2,同济大学建筑系档案。

徐福泉、朱永年和丁昌国老师,建筑教学的师资得到了明显加强。也是从这一年起,同济大学土木系市政组的课程中自二年级开始增设了"建筑美术",并一直延续到四年级。根据 1951 年的学生成绩表,当时该课由冯纪忠先生主讲①。而这门课正是由之前傅信祁担任的"投影几何"中"建筑透视和阴影"部分发展而来。冯纪忠先生当年同时主讲的还有二年级第二学期开始的"房屋建筑"和"房屋建筑设计"。尽管如此,除了"建筑美术",一直到 1952 年全国院系合并,同济大学土木系市政组都没有正式的建筑初步。这也许和它身处工学院土木系有着根本的关系。

虽然当年在同济大学土木系市政组的建筑入门教学中并没有形成完整的建筑初步教学体系,但是在 1952 年同济新建筑系成立之后,因为冯纪忠先生对现代建筑思想及教育理念的不懈追求,使他成为同济大学建筑学科建设和建筑教育现代之路的重要奠基者和引领者,也对该校建筑系的建筑设计基础教学发展产生了举足轻重的重要影响。

3.4　本章小结

自 1923 年苏州工专建筑科开创了中国现代院校建筑教育先河,直至 1952 年全国高校院系调整这 30 年间,中国的大学建筑教育和建筑设计基础教学经历了一个多样化的发展历程。

在 20 世纪 20 年代,当我国刚开始建立自己的高等建筑教育体系时,"学院式"几乎是唯一的选择。早期从日本东京高工毕业的柳士英、刘敦桢,后来从美国俄勒冈大学毕业的刘福泰,从美国宾夕法尼亚大学回来的梁思成、童寯,从法国建筑专科学校毕业的汪申,包括沈理源、林克明等,当年那批奠定了我国建筑教育基础的前辈,从各自留学国家带回来的大都是传统的"学院式"教育版本,尽管表现形式各异,但究其本质来说几乎都是相同的。

在偏重艺术训练的"学院式"建筑教育体系渐成主流的形势之下,当时西方现代主义建筑和教育思想的兴起,也开始从不同方面悄然地影响到了国内的建筑教育和设计基础教学。在此背景下,许多建筑院系的教学中也逐渐出现了向现代思想转向的萌芽。

---

①　1951 - JX1313 - 2,同济大学建筑系档案。

及至 20 世纪 40 年代后期,我国第二代接受了现代建筑思想洗礼的留学生学成归国,他们在海外所经历的正是"学院式"教育体系面临新建筑思想挑战的时期。由此,在之前国内设计教学思想已显示出向现代转进的基础上,他们更加全面地运用现代建筑教育的思想和方法,对传统的学院模式从内容、形式和思想上进行了全方位的突破,开始了以培养现代建筑思想为核心的新型建筑设计基础教学模式的探索和实验。其中最为突出的就有黄作燊之于圣约翰大学建筑系以及梁思成之于清华大学建筑系所进行的现代建筑教学实践。那一时期,我们甚至曾经可以就此期待我国建筑设计基础教学从传统"学院式"向现代建筑教育模式的全面转型。

但是,一方面由于当时"学院式"教学的影响和地位仍然十分强盛,同时动荡的政治和社会时局也对正常的教学秩序产生着重要影响,再加上新中国成立后学习苏联运动以及对民族形式的强调,又把建筑教育重新拉回了"学院式"体系的轨道。因此,当年出现的这些对现代主义建筑教育的探索,都只是刚刚起步就遭受了遏制,以致东南大学的顾大庆认为这是中国的建筑教育"三次与现代建筑擦肩而过的机遇"中的第一次①。

---

① 顾大庆认为,中国的建筑教育有至少三次与现代建筑擦肩而过的机遇。第一次是在 20 世纪 40 年代后期,以圣约翰大学和清华大学建筑系的现代探索为契机;第二次是在 20 世纪 60 年代初,同济大学冯纪忠提出"空间原理"设计教程;第三次是"文化大革命"以后的改革开放,"本来这应该是一个重新定位和出发的最佳时机"。参见:顾大庆.中国的"鲍扎"建筑教育之历史沿革——移植、本土化和抵抗[J].建筑师,第126期.

第4章

同济大学建筑设计基础教学体系的初创及曲折发展（1952—1977）

同济大学建筑系是 1952 年全国高等院校调整时，由包括原之江大学、圣约翰大学和同济大学等在内的沪、杭一带几所高校的建筑系和土木系合并而成。这种有异于当时其他建筑院校以一校为主体的错综复杂的教师学术背景及组成，加上当时全面学习苏联所导致的教学体制的改变，使得在相当长的一段时间里，同济大学建筑系一直处于传统"学院式"教学模式和现代建筑教育思想的交错抵抗之中；而其间特定历史阶段的历次政治和社会运动的冲击以及建筑复古主义的影响，又为同济大学建筑教育的发展历程增添了波折。但是在同济大学建筑设计基础（建筑初步）教学体系的建立和演进历程中，几乎从未放弃过对于现代主义建筑思想和教学方法的积极探索及追求，呈现了一条与众不同的独特发展轨迹。

4.1 同济大学建筑系的建立

4.1.1 同济大学建筑系成立的时代背景

1949 年新中国成立，伴随着国家制度的更替，我国的教育主体也发生了根本改变，原有的私立学校和教会学校被逐步接管；但是，在最初三年的恢复国民经济过渡时期，我国的高校教育基本上还是延续了建国之前的格局和模式。自 1952 年起，在开始全面学习苏联和引入其计划模式的背景下，国家也着手对原先的教育机构和体制进行重新调整，并促成了以苏联模式为蓝本的全国统一高等教学体系的建立。于是，这种高度统一的国家教育体制逐渐取代了原先教育社会化和多样化的局面。

　　1952 年,伴随着新中国第一个五年计划的实施,我国开始进入社会主义新型国家的建设时期。与此相对应,国家教育体制也进行了大规模的调整和改变,全国高等院校开始了以建立新教育制度为目标的大规模的"院系调整"工作,以适应新型国家性质的要求,满足社会发展建设的需要。当时的基本原则是将同一地区各院校的相同学科进行合并,以保证全国几大区域各自拥有具备主要学科的专门学校。

　　当时在全国同时成立的设置有建筑学专业的高等院校一共有七所,除了由原之江大学建筑系、圣约翰大学建筑系及同济大学土木系等多个院系合并组成的同济大学建筑系之外,其他六所院校的建筑系也大多由各自所在地区原有院校的建筑系及土木系合并而成,他们分别是:清华大学①、天津大学②、南京工学院③、东北工学院④、重庆建筑工程学院⑤和华南工学院⑥。此外,哈尔滨工业大学土木系也于 1958 年在原有基础之上增设了建筑学专业,并于次年从哈尔滨工业大学分离出来,单独成立了哈尔滨建筑工程学院(今哈尔滨工业大学),它和上述七所大学一起被称为中国建筑"老八校"。其中清华大学、天津大学、南京工学院和同济大学因师资基础及业内影响较强,在当年俗称"四大";其余四所则被称为"四小"。

　　自 1949 年新中国成立到 1952 年的"院系调整"这段时期,也是我国高校建筑系师资流动最为频繁的一个时段,其中有两幕最具有戏剧性:其一是 1949 年梁思成曾力邀原中央大学的童寯北上清华大学未果;其二,1952 年院系调整的初始方案是将包括原中央大学建筑系(当时称南京大学建筑系)在内的华东区所有建筑系调整至上海同济大学,并内定杨廷宝任系主任,但在计划最终公布前被改变⑦。如果这两件事在当年得以实现,则中国此后的建筑教育版图必然又会

---

　　① 清华大学建筑系由原清华大学和北京大学工学院建筑系合并而成,首任系主任为梁思成。
　　② 天津大学土木建筑系由北方交通大学建筑系(原中国交通大学唐山工学院),天津津沽大学(原天津工商学院)建筑系、土木系和北洋大学土木系合并而成,系主任为张湘琳,徐中任建筑设计教研室主任;1954 年建筑系独立之后由徐中任系主任。
　　③ 南京工学院(今东南大学)建筑系前身即是原中央大学(1949 年更名为南京大学)建筑系,首任系主任为杨廷宝。
　　④ 东北工学院建筑系是在 1945 年成立的东北大学建筑系的基础上组建而成,在 1956 年的第二次"院系调整"中,东北工学院建筑系与青岛工学院、苏南工业专科学校以及西北工学院的土建专业合并成立西安建筑工程学院,后又改名为西安冶金建筑学院,即今天的西安建筑科技大学。参见:钱锋. 现代建筑教育在中国[D]. 上海:同济大学博士论文,2005:105。
　　⑤ 重庆土木建筑学院建筑系在原重庆大学建筑系基础上成立,后来改名为重庆建筑工程学院,即今重庆建筑大学。
　　⑥ 华南工学院建筑系是在原中山大学建筑系的基础上组建而成,今为华南理工大学。
　　⑦ 参见:董鉴泓. 同济建筑系的源与流[J]. 时代建筑,1993(2)。

是另一番景象。

全国高校院系调整的实施,一方面改变了我国当时建筑院系数量众多、自由争鸣的局面;另一方面,原中央大学建筑系的教员和学生也纷纷加入到各个新的建筑系并担任主要的学术和教学职务,这在客观上为传统"学院式"建筑教学模式的传播创造了人才方面的条件,并最终伴随着后来全面学习苏联的浪潮,把"学院式"体系推向了全国。除此之外,这次高校院系调整也造成了这样一种事实,即所有八所建筑院校均被设置于理工科大学之中;而对于建筑这样一门综合学科来说,必要的人文和社会科学知识的获取以及更多的学科交叉,不仅有利于学生夯实基础、扩大知识面,更能激发和增强其创造活力以及对社会和学科需求的灵活应变能力。当时这种因崇尚专门化和实用型教育理念而带来的结果,直接损害了原先综合性大学所具有的更为全面有机的文理结合的教育模式,其局限性也对此后中国的建筑教育带来了持续不良的后果。

于是,自 1952 年以后,这些新成立的大型建筑院系在国家教育部门的统一领导下,开启了中国高等院校建筑教育的一个新阶段。

4.1.2　同济大学建筑系的建立及其教学思想渊源

1952 年 9 月,在全国高等院校调整合并的浪潮下,新的同济大学建筑系成立,首任副系主任为原圣约翰大学建筑系的黄作燊(当时正系主任暂缺,后由来自之江大学建筑系的吴景祥担任),同年招收了第一届新生,学制四年。

初成立的同济大学建筑系的主要来源有三支,分别为原圣约翰大学建筑系、原之江大学建筑系以及原同济大学土木系市政组(先期已并入大同、大厦及光华大学土木系)。除此之外,组成人员中还有当时交通大学、复旦大学、上海工业专科学校部分教师,浙江美术学院建筑组的学生①以及从南京工学院毕业后分配到同济大学建筑系的戴复东、吴庐生、陈宗晖和徐馨祖四位教师。这些主要师资队伍都有着各自鲜明的特点,教师们所具有的不同教育背景导致他们在学术思想和教学方法上存在着较大的差异:历史悠久的之江大学建筑系素以严谨传统的学院式教育方法闻名;以黄作燊为代表的圣约翰大学建筑系采用的则是具有包豪斯特征的现代建筑教育方法;而同济大学土木系在冯纪忠、金经昌两位先生的引领下,采用的也是现代建筑教育的方式。但是,由于这些教师各自的学术地

---

① 参见:董鉴泓、钱锋、干靓等整理."附录一:建筑与城市规划学院(原建筑系)大事记".同济大学建筑与城市规划学院编.同济大学建筑与城市规划学院教学文集 1:历史与精神[M].北京:中国建筑工业出版社,2007(5):200.

位几乎相当,因此建系之初的同济大学建筑系在学术思想上形成了群峰耸峙又"相对扁平"的独特局面,他们在教育思想和设计实践上的相互碰撞、沟通和交融,为同济大学建筑系的后续发展注入了新的活力。同时,教师背景和学术思想的多元化以及由此形成的自由、平等、不重权威的学术氛围,使得学生可以全面接触到不同的流派和思想,也从另一个侧面促成了此后同济大学建筑系在国内建筑教学领域的领先地位。

因此,与当时国内其他几所大学的新建筑系相比,它们大多具有稳定的金字塔形教师队伍和较统一的学术思想,而同济大学建筑系则从一开始就不存在某种单一传统的历史包袱,呈现出一种同济大学所独有的兼收并蓄的多元组合:即专业设置上建筑与规划并重;教学方法上现代建筑教育思想与传统"学院式"思想长期交错共存。董鉴泓教授在分析、评价这种特色和传统时曾指出:"同济建筑系的一些主要的教授,在资历、学术水平及影响、国内外的声望等方面均不相上下,不像国内其他几个建筑系,有一、二位权威性教授形成金字塔式的人才结构,而是形成群峰耸立的局面。……他们在一个单位并存发展并进行了互补和交流,且不断产生一些新的学术观点和思想。"[1]正是由于这些特征,使得同济大学建筑系的建筑设计基础教学也并未完全消极地跟随主体潮流而动,而是选择了一条艰难而独特的发展道路。

4.2 同济大学建筑设计基础教学体系的初创(1952—1957)

4.2.1 全国高等院校建筑设计基础教学中苏联学院式模式的确立

1952年全国高等院校调整完成之后,国家教育部门开始全面推广苏联的教学体制和方法。在1953年到1954年间,苏联的建筑和教育思想对中国各个大学建筑系的课程设置产生了广泛影响,这一时期国内各建筑院校几乎全面接受了教育部统一颁布的苏联式教程,并将建筑学专业的学制由四年增加到五年,到1955年又改为六年制;1954年和1956年,国家教育部分别召开了两次由苏联专家参加并指导的全国统一教材修订会议,并在此后向全国各高校建筑系颁发了统一的教学计划并强制执行。各个建筑院校建筑学专业的教学工作也随之以苏

---

① 董鉴泓. 同济建筑系的源与流[J]. 时代建筑,1993(2).

联的计划大纲为蓝本组织进行,教育学习苏联的运动在该时期被推向了顶峰,中国高等建筑教育也由此从 20 世纪 20 年代以来的英美体系整体转向了苏联体系。

原先国内建筑院校大都参照英美体系而采用学分制,教学模式比较灵活,系主任可以根据学科发展和教学要求直接聘请相关教师,而这些教师根据自身特长所开设的课程也由此带有鲜明的个人特点,同时学生也有更多自由选择的机会。

根据苏联的模式,各个大学下面取消学院层级直接设系,各系按照需要开设的课程类别分成若干教研组,如建筑设计教研组、美术教研组、建筑技术教研组等;教研组中再分出教学小组,如建筑历史、建筑初步教学小组等。教师们按照所授课程类型被分别编入各教研组中,并以教研组为单位,进行相关课程教学计划及大纲的讨论制定工作。在统一的教学计划中,"各门具体课程也都有详尽的大纲,并由任课老师严格按照统一大纲内容进行教学,以保证学生们接受相同的教育"①。所有这些,都使得当时的建筑教学体现出极强的制度化和统一化的特点。新模式虽然统一了教学规范,拉齐并保证了最基本的教学质量,但是不够灵活,无法针对学生特点及认知过程合理地调整教学内容,也难以调动教师教学的主动性和创造性;同时,由于当时理性设计教学方法和综合性基础理论课程的缺失,这种传统经验式教学所带来的种种弊端也显而易见。

苏联自 1934 年开始推行,直至 1945 年进入鼎盛的"学院式"教学模式直承于法国的巴黎美术学院,在教学中十分强调渲染、绘画等美术基本功的培养,讲究古典美学原则的严格规范;特别是在建筑初步课程中,美术课程、古典建筑构件及其组合构图的绘制、渲染占据了非常大的比重。由于这些特征与我国原先占据主导地位的、以美国"宾大体系"为主的学院式教学的基本方法非常接近,因此这一模式在大多数建筑院系得以顺利接受,以绘画和渲染练习等建筑表现训练作为建筑初步课程主要内容的设计基础教学体系在各个学校迅速恢复并发展起来,并得到了进一步的巩固和强化;而之前已经在一些建筑院校出现的现代建筑教育的萌芽,则在此时受到了严重压制。

该时期我国建筑设计教学的专业主干课程基本是由建筑初步课程、系列设计练习和综合性毕业设计三个阶段组成。其中建筑初步课程作为学生的入门基础课,其主要内容是建筑概论和字体、制图及渲染等练习,类似于以前中央大学

---

① 参见:钱锋.现代建筑教育在中国[D].上海:同济大学博士论文,2005:110.

的"建筑初则及建筑画"课程。初步课程训练完成之后,则过渡到以建筑功能类型划分的系列设计练习的第二阶段。在第一、二阶段主干课程的展开过程中,还同步穿插素描、水彩、水粉等美术课程,建筑科学技术,建筑及艺术历史等三类相关课程的教学;此外,每年还安排有固定的实习环节,用以辅助课堂教学。当时的建筑初步课程的结构模式与原有的"学院式"教学体系在整体构架上基本一致,古典柱式构件和建筑局部的渲染及构图练习得到了特别的重视,并成为建筑初步教学的核心内容,对美术课程的重视也一如既往。

4.2.2 建系初期的建筑教学和建筑思想

1952 年,教育部向全国各建筑院校颁发了苏联的教育计划和大纲,要求各校参照该计划制定自己的教学计划并组织教学,新成立的同济大学建筑系的专业教学也不可避免地受到影响,从该系 1952 年的专业教学计划(见附录 2 附表 2-2)中可以明显地看到这种影响的痕迹。

但是即使在这种全国一盘棋的形势之下,同济大学建筑系的建筑教学还是显示出了不同于其他高校的明显特征。

一方面,因为教育部下达的苏联学院模式的教程设置与原之江大学部分教师的教学思想和方法比较接近,所以当时同济大学建筑系整体的建筑教学也主要呈现出"学院式"的特点。另一方面,由于建系之初的各项关系尚待磨合,新的教学架构也在探索建立之中,师生们还需要参与新校舍建设工程的部分工作,因此当时的建筑教学在参照借鉴苏联课程体系的同时,在具体的教学方法及内容上依然延续了各任课教师原先的习惯方式。但是,原圣约翰大学建筑系和同济大学土木系所倡导和采用的都是现代主义建筑思想下的教学体系,这与原之江大学教师们在教学中习惯采用的学院式教学体系在教学方法和学术思想上都存在着巨大的差异;而自 1952 年起全面学习苏联引发的学院式教学体系的强制性实施,以及此后受苏联意识形态运动而产生的"民族形式"复古主义思潮兴起对学院式教育思想地位的进一步提升,更导致两种不同学术思想和派别之间的争论越趋激烈。这种思想理念上的复杂多样和差异性,以及国内外社会、政治气候对于建筑思想的影响,使得在很长的一段历史时期内,同济大学建筑系的建筑教学一直处于现代建筑教学思想和方法与学院式方法的争论和并存之中。

有一个例子可以很好地说明当年同济大学建筑系这两种建筑思想的碰撞,并且凸显出现代主义建筑思想在该系的顽强生命力。1954 年,同济大学准备新建中心教学大楼(即现在的南北主教学楼),校方要求建筑系组织建筑方案设计竞赛。热情高涨的教师们自由组合成设计小组,在不同的建筑思想指导下,共提交了 21 套风格各异的设计方案。经过初步评比和专家评审,最后经由学校领导选定的实施方案采用的是中国复古样式。当时系中不少倡导现代建筑思想的教师竭力反对校领导的这一选择,认为其形式浮夸而陈旧,缺乏时代特点且过于铺张;同时,他们对学校领导在方案评选时完全凭长官意志决定结果的做法也颇有意见,于是借着 1955 年"反浪费运动"的契机,系里十几位教师联名上书周恩来总理,以经济性为由请求停建尚未动工的大屋顶和部分装饰。周总理在派工作组驻校了解情况后批准了停建请求;于是,之后建造的中心教学大楼屋顶部分最终改用女儿墙栏杆收头,取代了原先方案中的大屋顶。这次抵制建筑复古思潮斗争所取得的成功,虽然是在全国政治经济领域兴起的反浪费运动的背景下才得以实现,但是也集中体现了同济大学建筑系教师中现代主义建筑思想的顽强力量,并且极大地鼓舞了一批教师,坚定了他们的信心和追求。

换一个角度来看,系中现代建筑思想能与学院派长期抗衡并得以不断发展的事实,与其他大多数院系相对比较平稳地接受了苏联式学院式教学体系的情况相对比,也正显示了同济大学建筑系所独有的现代建筑思想的深刻渊源和根基。

4.2.3　建系初期的建筑设计基础教学体系

1952 年院系调整完成之后,同济大学建筑系设有建筑学(初名房屋建筑)及城市建设与经营(初名都市计划与经营)两个专业[①];并设立建筑设计、建筑构造、城市规划、美术、建筑历史、画法几何与工程画、建筑设备、建筑施工等教研室和组。初时由罗邦杰任构造教研室主任[②],不久他调至华东建筑设计公司后由唐瑛继任。而当时的建筑设计初步课程教学则由建筑构造教研室的吴一清老师负责,同时任课的老师还有唐瑛、王吉螽、吴庐生等。

从同济大学档案室查得的(19)58 届城建系(即规划专业)和(19)59 届建筑

---

① 由于原同济土系具有较强的城市规划方面的学科基础,因此,1952 年同济大学建筑系成立时便同时设立了城市规划教研室。之后,金经昌、冯纪忠两位教师又共同策划创办了中国第一个城市规划专业,并参照当时苏联的名称,定名为"都市计划及经营"专业。在此基础上,1956 年同济建筑系正式申报成立了城市规划专业。这使得同济大学建筑系成为国内第一个在建筑学专业之外独立设置城市规划专业的院校。

② 参见:董鉴鸿、钱锋、干靓等整理."附录一:建筑与城市规划学院(原建筑系)大事记".同济大学建筑与城市规划学院编.同济大学建筑与城市规划学院教学文集 1:历史与精神[M].北京:中国建筑工业出版社,2007(5):200.

学专业毕业生成绩登记表显示,1954年时,规划专业一年级仅有素描,二年级才设有两门名称均为"建筑学"的课程,其中一门为5分制,一门为优、良等级制,估计应该是"建筑设计+建筑设计原理"的配备;而同期的建筑学专业则有正式的"建筑设计初步"课程①。由此可以推断当年建筑学和城市规划专业的设计初步教学并不是同一平台。这也是和冯纪忠、金经昌当年所倡导的城市规划思想相一致的,冯纪忠就认为"城市规划不是建筑师加点佐料就能做的……从一年级开始他要有个规划的思想",他不赞成"以前的建筑学专业,到三年级四年级加两个规划课程"这样一种专业培养模式,认为这样学生"脑子里头的基础不是规划"②。

根据1952年同济本科房屋建筑学专业教学计划,在四年制的本科学制下,当年的"建筑初步"课程被安排在一年级的两个学期内完成,每周课内6学时,共210个学时,而且当时并无专门的建筑概论和原理课程。及至1954年,同济大学建筑学专业的学制改为5年以后,建筑设计初步课程也随之延长到3个学期,除了一年级到二年级(上)一共三个学期的"建筑设计初步"(每周8节课)课程之外,还在一年级第二学期增设了"建筑构图原理"(每周2节课)课程③。主要课程内容则基本沿袭了原之江大学的教学模式,以古典建筑构件的渲染表现和古典美学原理的学习为主,包括字体及线条练习、色块水墨渲染、罗马柱式水墨渲染、建筑立面渲染等。而原圣约翰大学曾经相当成熟的现代思想下的建筑初步教学,包括颇具特色的平面及立体形态构成训练以及旨在激发学生创造潜能的意象画等,却没有能够得到延续。与此同时,受学院式体系的影响,该时期美术课程也得到特别的重视,所占学时数越来越多,课程所延续的时间也从开始的2年发展到后来3年,甚至一度达到4年,并且在专业方面的要求越来越高。

之所以出现这样的状态,一是由于当时建筑初步教学组的负责教师为吴一清先生,他当年在之江大学就曾教授过"初级图案""徒手画""水彩画"等课程,对于传统学院式的建筑初步训练体系有着丰富的教学经验。因此,尽管在当时社会上已经广泛流行的现代建筑潮流影响下,原之江大学的老师们也并非完全拒绝现代建筑思想,但是深厚的学院式教育背景使得他们仍然坚信,在建筑初步教

---

① 参见:同济大学建筑系教学档案。
② 同济大学建筑与城市规划学院编.建筑人生:冯纪忠访谈录[M].上海:上海科学技术出版社,2003:48.
③ 同济大学建筑系1954年教学大纲中的"教学进程计划",参见:同济大学建筑系档案。

学阶段,对于经典美学原则的掌握和大量严谨的古典美学基础的训练是必不可少的。另一个更为深层的原因则是由于当时对于苏联教育模式的全面学习:苏联"学院式"建筑教学样板的支持,无疑更加巩固和坚定了这种教学思想和方法。

图 4 - 2 - 1
线条练习(1953 年)

图 4 - 2 - 2
线描柱式(1954 年)

图 4 - 2 - 3　线描构件(1953 年)

图 4 - 2 - 4
渲染练习(1954 年)

图 4 - 2 - 5　渲染练习(1954 年)

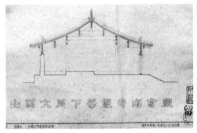

图 4 - 2 - 6
古建筑抄绘(1953 年)

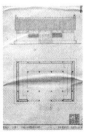

图 4 - 2 - 7

图 4 - 2 - 8
公园阅览室设计(1953 年)

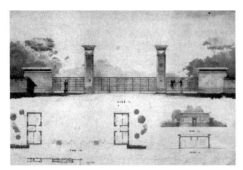

图 4-2-9 校门设计作业(1953年)

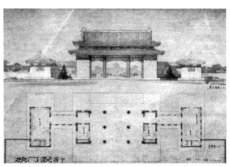

图 4-2-10 校门设计作业(1954年)

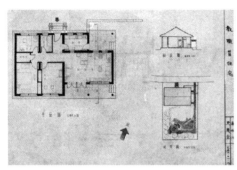

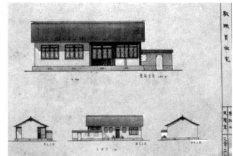

图 4-2-11 教职工住宅设计(1953年)

　　根据传统的"学院式"建筑设计基础教学模式,当年同济大学的建筑初步课程设置主要围绕"建筑表达及表现、建筑认识和小型建筑设计"三方面展开。事实上,作为建筑入门的设计初步教学,具体的训练内容和那个时代的建筑设计内容和手段是密切相关的。当时国内尚未出现计算机辅助设计和表现,建筑图纸均依靠手绘作业,因此工程字体和线条练习就成为建筑表达训练的必要内容和手段。而在建筑表现方面,相比铅笔素描和水粉表现,对于美术基础参差不齐的学生而言,易于入手和掌握的单色或者复色的水彩渲染无疑是最可行也最有效的方式。尽管如此,比较同济大学和其他学校建筑系同时期的建筑渲染作业,无论从选题到教学要求都要相对简单得多。同济大学当年的渲染作业选题主要为色块渲染以及简单的柱式和建筑轮廓渲染,并没有复杂的古典建筑及组合构图墨色渲染训练。而相对复杂的西洋古典柱式和构图训练在同济大学建筑系则以线描的形式被结合进了线条练习中进行。关于建筑认识,当时主要通过"建筑抄绘"这一形式完成,在进行线条练习、学会平、立、剖面制图方法的同时,培养学生对于建筑结构、形式和空间的认知。而在同时期清华大学建筑系的抄绘作业中,还要求对平、立面进行渲染,更突出了学院式的特征。此外,当时同济大学的另一个重要举措,则是在作为建筑初步课程的结尾安排了小型建筑设计,当年的题目是"校门设计"和"公园阅览室"设计。虽然从留系作业分析,可以看出明显受到抄绘作业的影响,很多作业尚停留在对古典样式的简单模仿,但是仍有一些作品已经表现出了民居风格的实用倾向。而且,建筑初步教学以"设计"收尾,以便向后续的专业课程设计进行更好的衔接,这一方式在同济大学建筑初步教学的整体发展历史上具有特别重要的意义。国内其他建筑院校的相关课程设置则要迟至 20 世纪 60 年代初才陆续开始。

虽然当年同济大学建筑初步的教学计划和课程安排受到负责教师学术背景以及苏联模式的影响,但是由于在具体教学中所采用的仍然是学院式的"师徒制"方式,教师和学生是面对面、一对一地进行辅导,因此在实际的教学过程中,教师们还是常常沿用各自的习惯方法来教授学生,从而造成了各种建筑思想在教学中的长期共存。学生们一方面接受着古典构件渲染练习等严谨的学院式训练,一方面又受到提倡现代建筑思想的教师们自由创造的熏陶;而教师内部不同学术思想的碰撞共存,也生动地使学生体会到建筑设计的自由天地。特别是到了二年级以后的建筑设计教学阶段,学生作业也因为具体辅导教师的差异而风格各异,中式传统、西洋古典和讲求现代功能的设计常常同时出现在当年的留系作业中。正是同济大学建筑系这种特殊的氛围鼓励着学生们在打好扎实基本功的同时,反对因循守旧、墨守成规,形成了不拘一格的活跃专业思维传统。但是这样一种独特的环境,也在教学中引发了一些负面的困扰,由于学生的基础和悟性差异,部分学生感到无所适从,以致出现了两极分化的现象。

4.2.4　现代思想下的建筑设计基础教学新探索

1954 年,时任建筑系正副系主任的吴景祥、黄作燊等教师已经注意到建筑初步课程中学院式教学方法的盛行所带来的局限性和不足,希望能在教学方面有所改进。当时正值罗维东从美国留学回来,吴景祥于是延请罗先生到系中执教,并主持建筑设计初步的教学。年轻教师罗维东的加入使得同济大学的建筑初步课程一度呈现出了新的气象。

罗维东早年就读于南京中央大学建筑系,接受过深厚扎实的学院式建筑设计基础教育,此后赴美留学,1952 年毕业于美国伊利诺工学院。作为现代建筑大师

图 4 - 2 - 12　罗维东

密斯·凡·德·罗的学生,罗维东在美国求学时又深受现代主义建筑思想的影响,对现代建筑教学体系十分推崇,强调在设计基础教学中加强对学生创造潜力的培养。因此,在他进入同济大学建筑系建筑初步教研组以后,便开始对原有的建筑初步课程进行了大胆的革新。罗维东先生不但进一步减少了古典建筑渲染等学院式风格浓厚的课程训练,还在原先的字体练习、线条练习、建筑抄绘、色块水墨渲染、公园纪念亭设计等教学内容之外,"新增加了绘图桌测绘、建筑测绘、色块抽象构图、招贴海报设计等内容"①。绘图桌和小建筑测绘练习的出现,使得学生在抽象的二维图纸和具体的三维建筑之间建立了直接的关联,对设计图纸和实际建筑的关系也有了更为直观和清晰的理解,避免了学生认识建筑只停留在墨线和渲染图面之上的弊端,对于学生在初步课程中更好地认识建筑,具有重要的意义,而且也很好地锻炼了学生的动手能力。

在当年罗维东所有这些开拓性的教学实验中,最有代表性的课程则是具有构成特点的"组合画"练习。在初步教学阶段引入的"组合画"训练,很容易让人联想到原圣约翰大学建筑系带有包豪斯特色的"建筑绘画"基础课程,二者对抽象美学和材质研究的核心目的是类似的,但是它们在具体训练内容和方式上还是存在不少差异。罗维东的"组合画"练习并非要求学生直接运用各种材质进行构图训练,而是根据教师给出的几种物品材料,如布块和器皿等,要求学生用素描或水彩渲染的形式将这些不同的材料,通过明暗、色彩等要素的组织,在纸上自由组合构图。之所以采用这样的方式,一方面也许是由于"当年材料获得的限制";又或者"教师的本意就是通过这种方法进行视觉训练"②,而当年在包豪斯学校中,就有类似的用素描形式研究各种材质的练习。在此我们也可以看到两者之间的潜在渊源。可惜的是,当年的这些作业已经散失殆尽,无从查找。但是,后来在1977年恢复高考后,从同济大学建筑系建筑初步课程中的唱片封面和书籍封面设计作业中,仍然依稀可以看到罗维东的"组合画"及"招贴海报设计"这两个作业的影响(详见5.1)。

除了启发创造性思维和材料研究的"组合画"练习,更为难能可贵的是,罗维东当年在建筑设计教学阶段就已经非常重视建筑空间问题的研究,这在当时的国内各个院校建筑系中可谓绝无仅有。根据2009年罗维东回同济做讲座时的回忆,他曾经在二年级开设过一门题为"密斯的空间问题研究(Space Problem)"

---

① 2009年5月20日,笔者访谈赵秀恒老师。
② 参见:钱锋.现代建筑教育在中国[D].上海:同济大学博士论文,2005:134.

课程,为时一个学期,参照密斯的巴塞罗那德国馆的空间概念,给定围合墙体、独立钢柱、玻璃覆盖、水池院落等室外空间,要求学生在规定区域内布置居住功能,并制作模型,主要解决建筑的空间、平面、剖面、材料、比例、人体尺度、色彩、室内、构造等诸多问题。这门课程首次在建筑设计基础阶段的教学中超越了图案训练,将建筑的基本问题呈现在学生面前。基础训练不再是模仿式的渲染和抽象的形式形态,而是对环境、空间、人、材料和建构的综合,这一实践所体现出的在建筑初步教学中对整体建筑观的重视,即使在今天仍具有积极的意义。

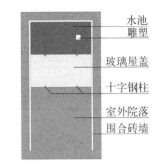

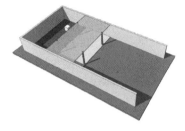

图 4 - 2 - 13　"密斯的空间问题研究"模型

这一作业也很容易使人联想起密斯在美国 I.I.T. 时期最重要的一个常规练习——"庭院住宅项目",即在一个用墙体围合起来的庭院内,为一个单身家庭设计住宅。在密斯的这门课程中,形式及其在美学上最令人满意的解决方法是教学的重点,而解决的办法则必须在室内外空间之间的转换以及邻里之间的关系中去寻找①。和密斯有所不同的是,罗维东在他的这一课程训练中,则借用了密斯的"Form, by itself, does not exist"一句话,强调"形式并不重要,重要的是学生应该学会怎样工作"②。也许,这是那个年代里罗维东的一种无奈之举,但是,这种对于设计方法的重视甚于建筑的形式和空间本身的思想,却正是 50 多年后的今天,我们在建筑设计基础教学中普遍强调的一个主旨。

罗维东的教学实验给同济大学建筑初步教学带来了新的生机,但是这一现象背后还蕴含了一个更深的意义:当年罗维东初到同济大学时,尚是一个充满激情但又毫无教学经验的年轻人,在当时国内普遍实行学院式教学的情形之下,他如何能以一己之力,替代长期主持建筑初步教学的吴一清先生,在同济大学的建筑初步教学中进行现代探索? 这里不但有着吴景祥、黄作燊、冯纪忠等倡导现代建筑教育的老师们的支持,也体现了吴一清这些之江大学教师们的包容,从另一个侧面揭示了同济大学建筑系自由、平等、宽容的学术气氛;而正是这样一种

---

①　王伟鹏,谭宇翱,陈芳. 密斯在包豪斯的建筑教育实践[J]. 建筑师,总第 141 期. 2009(10):73.
②　2009 年 4 月,罗维东在同济大学讲座时所述。

海纳百川、兼收并蓄的精神,造就了同济大学建筑系的一贯领先。

就在罗维东先生在同济大学进行他的现代建筑初步教学探索的时期里,复古主义思潮的兴起也对国内的建筑初步教学带来了深刻影响,其中最为显著的也许就是南京工学院(现东南大学)建筑系"中古渲染"题材的产生(详见4.2.7.2)。

4.2.5 "花瓶式"建筑教学体系的提出及建筑设计基础教学发展

1955年兴起的"反浪费运动"使国内的复古建筑思潮得到了抑制,现代建筑思想也逐渐得以发展。而1956年"双百方针"①的颁布,更使得国内的学术发展呈现出短暂的自由发展局面。在此背景下,同济大学建筑系中的现代建筑思想以及对相应的建筑设计基础教学模式的探索又有了进一步的发展。

1955年底,继吴景祥先生之后,冯纪忠开始担任建筑系主任并全面执掌教学工作。此时,根据教育部统一颁布的苏联教学模式,同济大学建筑系所实施的是六年制专业教学计划,经过一段时间的教学实践,该课程体系所存在的问题也逐渐暴露:一是各类课程的相关性不强,建筑初步、美术、建筑历史以及课程设计等课程的教学内容均按各自学科要求独立安排,相互之间缺乏良好的配合,导致学生难于形成有机整体的知识结构体系;二是按照苏联模式设置的某些课程的要求过深,并不符合学生该阶段的认知水平,也超出了建筑设计学科对这些课程内容所实际需要的授课深度,学生普遍感觉压力过大。针对以上弊端,自1956年开始,冯纪忠先生考虑对当时的教学计划进行修改。他指出建筑教育既然采用"什锦炒饭"而非"盖浇饭"方式,那就必须在"火候、次序、目的方面深入考量"。为此,他提出了教学计划应贯彻"以建筑的课程设计为培养的主干"的原则,要求其他各类课程与主干课衔接和配合,并在此基础上提出和制订了"花瓶式"教育体系的理论及计划②。

"花瓶式计划"的主要精神是在建筑设计教学的课程系列中建立"放—收—放—收—放"的形如"花瓶"的结构模式。冯纪忠认为对于刚入学的学生,"不宜先来一个下马威,应该重在宽松启发",培养开放的思维;"然后才收紧、严格",让学生了解构成建筑的基本因素,掌握必需的专业知识;再后又"逐步放开",让学生发挥其自由想象力,挖掘自身潜能,进行创造性设计:"到了接近毕业,又要收

---

① "百花齐放"和"百家争鸣"是由毛泽东分别于1951年和1953年所提出;1956年,"百花齐放、百家争鸣"的"双百方针"正式成为我国发展科学,繁荣文学艺术的基本方针。
② 参见:同济大学建筑与城市规划学院编.建筑人生:冯纪忠访谈录[M].上海:上海科学技术出版社,2003:49.

一收",让学生了解实际建筑设计中必须考虑的因素及各种制约,培养学生解决问题的能力;在此基础上,最后放手让学生去做毕业设计,使他们可以在更高的层次上进行自由创作,并以此造就"既不谨小慎微,又不想入非非"的人才①。这种因势利导、循序渐进的"花瓶式"教育模式是符合学生的思维培养发展规律的,特别是针对入门教育的第一次的"放",和当下建筑设计基础教学中注重培养学生的创造性和开放性思维有着异曲同工之处。

在此思想指导下,冯纪忠开始以课程设计为主线,对其他相关课程进行了调整,形成了新的统一课程体系。修改后的教学计划更加精炼和有机统一,同时该教学计划也充分贯彻了现代建筑教育思想,使同济建筑系的教学走上了更加理性化的道路。

然而就是这样一个收放有序、组织有机的教学计划,1956 年夏天在教育部组织的于清华大学召开的六年制教学计划修订会议上提出时,却并未得到大家的认同。也正是在这次会议上,探讨了建筑设计教学是否在低年级就要马上联系实际的问题。当时虽然没有统一的结论,但总的看法是"低班应注重建筑艺术性,即建筑构图能力,不必太强调联系实际"②,然后到高年级再逐步强调建筑艺术性和实际的联系。这一会议结论实际上对于当时国内普遍实行的学院式建筑设计基础教学模式作出了肯定。

在新的"花瓶式"教学计划指导下,同济大学建筑系的建筑初步课程也进行了相应的调整。原先在苏联模式影响下制定的为时三个学期的建筑初步课程,此时被缩短到了二个学期。而根据同济大学建筑系建筑学专业 1956—1962 年学生成绩表的记载,原先一年级的"建筑设计初步"的课程名称在 1957 年被"建筑设计"所代替,每周 7 学时③。课程名称的变化也许是为了强调"设计"的重要性,但是具体的课程设置并无大的变化。因此在 1959 年的教育计划中,便又恢复了"建筑初步"的称谓和三个学期(每周 7 学时)的进度安排④。

课程时段的调整和名称的变化,使得同济大学建筑系此时的建筑初步教学安排也更加紧凑。在全国建筑初步教学基本以"学院式"方法为主导的背景下,传统的影响在同济大学也依然存在:1956 年 9 月,一年级新生入学前开始加试

---

① 同济大学建筑与城市规划学院编.建筑人生:冯纪忠访谈录[M].上海:上海科学技术出版社,2003:49.
② 周祖奭,天津大学建筑学院(系)发展史,天津大学建筑学院官方网站,http://www2.tju.edu.cn/colleges/architecture/? t＝c&sid＝91&aid＝565,2007 年 1 月 10 日.
③ 1962 年同济大学建筑系教学档案.
④ 1959 年同济大学建筑系教学档案.

素描,以保证一定的美术基础①。但是即便如此,该系还是呈现出了与众不同的一面。在教学内容上,渲染练习虽然仍得以保留,但比重已明显下降;同时,罗维东的现代建筑设计基础教学实验在此阶段也得以继续进行。

在当时罗维东的建筑初步课程中,除了那些激发创造性、鼓励动手的新课题外,还在"建筑构图原理"课程中增加了设计原理内容,讲述现代建筑思想和理论,介绍现代建筑大师及其作品,以此开拓学生视野,建立理论指导基础。赵秀恒老师在回忆起1956年夏天他刚进入同济大学建筑系,聆听罗维东的第一节建筑设计原理课时的情景写道:"门外脚步声响起,走进一位西装笔挺,衬衫崭新,胸前的口袋里插着一朵红色康乃馨,身材不高,梳着光亮的背头,脚下穿着一双厚底皮鞋的教授……他第一堂课说带着我们周游世界,给我们放了许多世界各地著名建筑的幻灯片,因为他是密斯·凡·德·罗的学生,所以介绍了很多密斯的作品,也是在这堂课上,我们同济的学子们第一次看到了'巴塞龙那展览馆',第一次欣赏了色彩艳丽的彩色幻灯片。"②1957年底罗维东离开同济大学以后,建筑设计原理课程即告停顿。此后一直到1976年"文化大革命"结束,在建筑初步教学中,除了结合具体的建筑制图和建筑表现作业布置所进行的集中授课之外,同济大学建筑系都没有设置专门的建筑设计原理和建筑概论课程③。尽管在1955年同济大学建筑系教学计划中有"建筑构图原理"(34学时)一课,但是实际上当时并未开出;对照1954年高等教育部颁发的统一教学计划,针对建筑初步阶段的理论课程也正是34学时的"建筑构图原理"④。由此可以推断,同济大学建筑系当年的教学计划只是根据统一要求而制定,在实际执行中并未完全遵照实施。

当时,同济建筑系已经扩展到建筑学和城市规划两个专业四个小班,而建筑初步课程的任课老师除了罗维东、吴一清之外,还有赵汉光、郑肖成、陈渭、陈光贤、张家骥(1957年)等教师。新型而综合的课程内容,使这一时期同济大学的建筑初步呈现出不同于其他建筑院校的崭新气象。

这一阶段,同济大学建筑系建立了较为完整的糅合了传统的渲染练习

---

① 这一举措在次年被取消。参见:参见:董鉴鸿、钱锋、干靓等整理."附录一:建筑与城市规划学院(原建筑系)大事记".同济大学建筑与城市规划学院编.同济大学建筑与城市规划学院教学文集1:历史与精神[M].北京:中国建筑工业出版社,2007(5):203.

② 赵秀恒."20世纪五六十年代同济建筑系教学拾零".见:同济大学建筑与城市规划学院编.同济大学建筑与城市规划学院教学文集2:传承与探索[M].北京:中国建筑工业出版社,2007(5):23.

③ 2010年9月2日,笔者电话访谈沈福煦老师。

④ 1954年、1955年同济大学建筑系档案。

和现代思想下的创造性思维训练课程的建筑初步课程体系。总体而言，此时建筑初步教学体系的总体框架依然属于传统的"学院式"基础教学体系，由建筑概论和建筑初步两大板块构成。建筑初步课程的主要内容以识图、制图、渲染为基本构架；同时，新的鼓励创造性思维的训练也不断地被纳入课程体系之中。可以这样说，这是一个整体上以学院式体系为主，同时又受到现代思想下的新思维不断冲击的时期。特别是罗维东当年的教学探索和实践，使得同济大学建筑系的建筑初步教学向现代建筑教学体系迈进一大步。但是令人扼腕的是，这一教学实验却并未得以持续：1957 年底，罗维东因私人原因离开了同济大学前往香港，而随后 1958 年开始的教育革命运动更为这类探索画上了一个休止符。不过这一时期的探索和实践，为后来同济大学建筑系设计基础教学的实验探索和发展埋下了伏笔，并积累了宝贵经验。

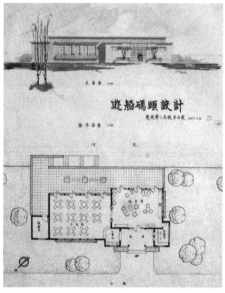

图 4‑2‑14　游船码头作业设计(1957 年)

另一方面，在仍然是"师徒制"教学模式的教学方式之下，"当时的许多年轻教师由于缺乏经验，在教学中不大讲究原理和方法，基本上靠学生自己的悟性，所以有的学生成绩很好，有的学生成绩就不怎么样"①。正是针对这种设计原理和教学方法的缺失，才引发了 1960 年初冯纪忠先生"空间原理"的产生。

4.2.6　建筑系中现代建筑思想的兴盛及相关建筑作品

同济大学建筑系在当年这种比较自由的学术气氛中，除了在教学模式方面

---

① 2009 年 5 月 20 日，笔者访谈赵秀恒老师。

展开了具有现代特色的新探索之外,教师中的现代建筑思想也得到了更深入的发展。1956年由建筑系工会业务委员会建立了定期的教师"学术活动制度",对促进同济的建筑学科发展起了积极作用①。在此过程中,很多教师纷纷介绍了现代主义运动中的著名建筑师及其思想和作品:如罗维东介绍的密斯·凡·德·罗及其作品、吴景祥介绍的国际联盟竞赛经过等,这些讲座活动以其自由的形式、丰富的内容和全新的视野,使现代新建筑思想在师生中得到了广泛的传播和讨论,深受建筑系师生欢迎,还吸引了不少外校教师前来了解学习和参与。

伴随着现代建筑思想和理论的进一步提高,同济建筑系的教师们在设计实践中也积极地进行着现代建筑的探索。在1956年波兰举办的华沙英雄纪念碑设计方案国际竞赛上,由李德华、王吉螽、童勤华为主合作完成的方案,突破了以往纪念碑设计的形体塑造,以空间概念为切入点重新加以定义和阐释,该方案荣获当时的最高奖项——二等奖(一等奖空缺)。另一个具有代表性的是1956年由李德华、王吉螽担任主要设计的同济大学教工俱乐部,同时参加设计的还有刚刚毕业留系的陈婉、童勤华、赵汉光、郑肖成等年轻教师。设计不但借鉴了中国传统的江南民居和园林的处理手法和景观特征,更是在功能合理而又灵动丰富的建筑空间塑造上达到了一个相当的专业高度,以致在建成后长期作为同济建筑系建筑初步教学中的抄测绘对象,对学生理解现代建筑及思想提供了一个重要的实体参照。尤其值得一提的是,当时担任建筑初步教学的郑肖成老师在参与教工俱乐部设计时,曾在入口引导墙上设计了一个可供夜间照明的标志,由两把泥刀横竖相交而成简洁明快的构图,运用的手法正是具有抽象美学特征的构成方式。而正是这样一个具有实用功能的抽象构成,在1957年被前来参观的中国建筑学会建筑师当作"资产阶级思想的反映"而受到严厉批评,并被要求立即去除。之后1958年《建筑学报》刊登文章介绍教工俱乐部时,在"编者按"部分也批评了其中的抽象美学概念,认为这是片面追求形式的倾向,并冠以通栏:"请看一个典型的资产阶级设计"②。从这一建筑所引发的种种冲突,我们也可以看出当时同济大学建筑系中的现代建筑思想和国内保守力量之间的激烈对抗。

2000年,曾昭奋先生在读过徐千里、支文军的《同济校园建筑评析》一文后,曾特别针对同济大学的中心大楼(现南北教学楼)和工会俱乐部这两组建筑有如

① 董鉴鸿、钱锋、干靓等整理."附录一:建筑与城市规划学院(原建筑系)大事记".见:同济大学建筑与城市规划学院编.同济大学建筑与城市规划学院教学文集1:历史与精神[M].北京:中国建筑工业出版社,2007(5):202.
② 王吉螽,李德华.同济大学教工俱乐部[J].建筑学报,1958(6).

下的感叹:"一个是'现代主义'的'精心之作',建成后横遭外人批判;一个是'复古和浪费'的大屋顶,由自家人'上书'而后主动取消。我想,无论是遭到批判的教工俱乐部的设计者,还是那些竟敢上书言事的书生们,他们当时还都是年轻人。前者要承受多大的压力,后者要拿出多大的勇气!……正是这种逝去的历史,可以让读者更好地理解你们在文章中所正确概括了的同济风格:它的开放性、包容性、多元性、创造性和平民意识(或曰民主性?)。"①显然,令曾先生感兴趣的,不只是几个优秀的建筑作品,更是导致这些作品成功的真实内因,是同济人对待和处理建筑问题的思想及态度,或者说,是那种隐藏在"同济风格"背后的深层逻辑。

4.2.7　同期国内其他三大建筑院系的主要动态

正当同济大学建筑系在建系初期的建筑初步教学方面经历着传统"学院式"和现代建筑教育思想两种教学体系的抵抗发展,并逐渐建立起相对成熟的具有某种现代特征的建筑初步教学体系的这几年里,同时在全国院系调整中成立的其他几所大学建筑系也在对本校建筑设计基础教学体系的建立进行着各自的努力。总体而言,在全面学习苏联模式的背景下,我国的建筑教学和建筑初步教学从建国之前丰富的多元化局面转向了此时较为统一的"学院式"模式。

1954 年,国家教委在天津大学组织召开统一教学计划会议时,"全国七个有建筑系院校的学生建筑设计作品、美术作品在(天津大学)第 8 教学楼的二、三楼走廊内展出,其中天津大学、清华大学、南京工学院(原中央大学)的学生作品受到了好评"②。在老四校中,学生作业获得普遍称许的唯独缺少同济大学建筑系,这一结果颇为耐人寻味。

4.2.7.1　清华大学建筑系

早在 20 世纪 40 年代末期,在梁思成的领导下,清华大学建筑系的基础教学已经开始逐步贯彻现代主义的建筑教育思想。然而 1952 年的院系调整以后,随着苏联教育模式的引进,地处中国政治中心北京的清华大学首当其冲地受到苏联教学模式的全面洗礼,令梁思成的这一教育探索活动不得不告终止。在此影响下,为贯彻新的以苏联模式为蓝本的教学体系,清华大学建筑系彻底摒弃了前

---

① 曾昭奋.沟边志杂(十一)——给徐千里、支文军的信[J].新建筑,2000(2).
② 魏秋芳.徐中先生的建筑教育思想与天津大学建筑学系[D].天津:天津大学硕士论文,2000.6:30.

期已经开始的现代设计基础教育模式探索,重新恢复了以建筑渲染和表现为核心的建筑初步课程。

按照当年苏联建筑教育采用的六年学制,我国的建筑学专业教学计划因而也在原先四年制的基础上延长了年限,分别制定了五年和六年两种学制的教学计划,由各院校根据实际情况酌情采用;其中清华大学建筑系就采用了六年学制①。同时,按照当时苏联的学院式建筑教学模式,在我国 1954 年颁发实行课程计划中,设计初步课程长达 3 个学期,每周 8 个学时;另外还有专门的构图原理课程。不仅如此,清华大学当年对建筑初步课程更为重视,据该校 1952 年提前毕业留校的高亦兰老师回忆,当时他们的建筑初步"要教两年时间"②,这也意味着清华大学建筑系的建筑初步课程是当时国内所有建筑院校中学时最长的一个。

当然,这样的转变对于该系来说并不十分困难。当年该校建筑教学的主要教师们大多毕业于原中央大学、重庆大学等学校,曾接受过传统学院式教学体系下严格的渲染、绘图等基本功训练,对于这一教学方法可以说是驾轻就熟。因此,他们很快便建立了一套相对成熟稳定的教学模式,并就此展开了一系列的建筑初步教学工作。然而,困难来自那些 1947 年之后入学的、刚刚毕业留校担任教学工作的年轻老师。他们所接受的是"包豪斯式"的建筑初步教学课程训练,几乎没有经历过系统的渲染绘画练习;因此,当年的这些新教师在承担建筑初步课程教学之前,不得不在那些有经验的老教师帮助下,自己先行练习后再去指导学生。

图 4-2-15 古建筑测绘(五五届)

图 4-2-16 古建筑测绘(五八届)

---

① 其他学校大多采用五年制,后来有一些学校又过渡到六年制。
② 参见:钱锋.现代建筑教育在中国[D].同济大学博士论文,2005:121.

除了渲染训练重新成为建筑初步教学的核心内容之外，对古典美学原则的尊崇也在清华大学得到了进一步强化。在 1955 年翻译出版的苏联教材《古典建筑形式》一书的影响下，清华大学就要求年轻教师和学生都要能够对古典柱式做到"会默会画"，并将此作为建筑设计基础教学的一项基本技能。同时，清华大学当年的建筑初步课程中已经开始加入小住宅及大型建筑局部等建筑测绘的内容。但是令人遗憾的是，在测绘课程的要求里面，其主要的评判标准却仍是最终制成的水墨渲染图的精细程度，这使得学生对于建筑本体的理解仍然停留在画面效果之上，失去了通过建筑测绘来认识和了解尺度、空间构成、结构、构造甚至建造方式等基本建筑问题，同时建立起建筑的平、立、剖图纸和建筑空间及实体的相互对应关系的作用。

但是，清华大学也并没有放弃对于现代建筑思想的追求。在 1956 年提倡"双百方针"的自由学术气氛中，清华大学建筑系的学生就曾在《建筑学报》上发表了"我们要现代建筑"的文章；该校教师周卜颐也在 1957 年的《建筑学报》上，从历史背景、建筑理论、建筑创作和建筑教育几方面介绍了格罗皮乌斯的建筑思想和教育实践[1]，显示出那个时代现代建筑思想对传统思维的冲击和影响。

4.2.7.2　南京工学院(今东南大学)建筑系

1952 年院系大调整以后，中央大学被分割为若干大学，建筑系则分属于在中央大学原址新成立的南京工学院(1988 年更名为东南大学)。到 1953 年，在全面学习苏联方针的影响下，该系重新制定了完整的教学计划和教学大纲，并于 1954 年将学制由四年改为了五年。

学制延长以后，南京工学院建筑系首先将设计基础课程中的"建筑画"及"建筑初则"拓展至整个学年，而小建筑的"设计"则被安排在了二年级；其次，中国古典建筑的表现题材也在这个时段正式进入设计基础课程，"本土的传统建筑成为渲染和抄测绘训练中除了西方古典范例以外的另一个选择"[2]。这一方面是因为当时全国范围的民族文化意识崛起大潮的直接影响，另一方面，此时南京工学

① 周卜颐. 格罗庇乌斯——新建筑的倡导者，工艺和建筑教育家[J]. 建筑学报，1957(7,8).
② 参见：东南大学建筑学院编. 东南大学建筑学院建筑系一年级设计教学研究：设计的启蒙[M]. 北京：中国建筑工业出版社，2007(10)：6。另一方面，事实上当年在渲染练习中出现和采用中古题材的也并非南京工学院一家。在清华大学的学生作业中，我们也发现了诸如颐和园等中国传统建筑和构件的学生范作；同样的情形在天津大学也有出现，只是时序上也许略有先后。

院关于中国古代建筑的研究也已经取得了丰硕的成果：1953 年刘敦桢先生主编出版了《中国建筑史参考图集》；1954 年，东南大学建筑系开始了持续 4 年的曲阜孔庙古建筑的测绘，《宋营造法式》《清营造则例》的内容陆续发表。至此，对中国古典建筑形式的表现与刻画成为东南大学建筑系的一大特色。

图 4 - 2 - 17　南京工学院构图渲染练习

该阶段南京工学院建筑系的设计初步课题主要包括西方古典建筑和中国传统建筑抄绘、渲染及建筑构图训练。这种纯粹的抄绘、渲染并无真正"设计"的内容，因此"构图"类课题便在一定程度上担当着"设计基础"的重任：由学生自行选取中、西方古典建筑元素（古典柱式、石栏、石狮、铜鼎及亭台楼阁等传统小建筑）进行立面组合，然后予以渲染表现，并加上少量配景。这类训练虽然仅仅是一些成品建筑构件立面形象元素的组合表现，但由于有了形式的构图经营，从"画"延伸到了"设计"，形式的表现及创造成为设计基础教学的主体。

值得提出的是，南京工学院建筑系设计初步的"西古"系列与"中古"系列并非是表现练习的简单叠加。首先，在材料方面，西方古典建筑是以单一的石质为主，而中国古典建筑则有琉璃、木（彩画）、粉刷等丰富质地；其次，在正图的绘制方面，西方古典建筑是以尺规为主，而中国古典建筑则有相当多的徒手成分，"建筑的表现由于其难度的增加而得到了艺术上的升华"[1]。南京工学院建筑系当年成果卓著的本土建筑文化研究，将它的建筑设计基础教学在苏联式的"学院派"基础上向前推进了一大步。

由此，当时南京工学院建筑系的建筑初步主要由渲染训练的临摹、构图和设计三部分组成，并且扩展为从西方建筑到中国建筑的两条线索。

4.2.7.3　天津大学建筑系

1952 年 10 月，院系调整后的天津大学土木建筑系正式开学。1954 年初，建

---

①　东南大学建筑学院编. 东南大学建筑学院建筑系一年级设计教学研究：设计的启蒙[M]. 北京：中国建筑工业出版社,2007(10)：7.

筑系独立设置后由徐中①任首届系主任,并一直主持该系长达 31 年之久,对天津大学建筑系的发展产生了深远的影响。1953 年,彭一刚等毕业生留校担任助教,同时还聘请了曾留学法国巴黎美术学院的杨化光教授为美术教师;1954 年又聘请了聂兰生(东北工学院毕业)担任助教。这些教师的加入,为天津大学建筑系加强"学院式"的建筑初步教学奠定了基础。1956 年以前,天津大学建筑专业本科为四年制教学计划,1957 年起,因执行新的教学计划而改为五年制②。

　　1954 年初,教育部在天津大学召开全国建筑学专业五年制教学计划修订会议(哈尔滨工业大学的苏联专家普列霍杰克副教授参加指导)之后,号召向苏联学习,要求学生通晓建筑历史、掌握建筑理论,并且需要加强基本功的训练。在此形势下,天津大学建筑系的建筑初步与素描、水彩画教学得到了极大的重视和加强,"美术课教学从两年增加为三年",同时,为充分强调理论联系实际,在教学计划中第一次增加了教学及生产实习,其中一年级的建筑初步阶段为参观实习和测量实习,以使学生"对建筑有一个感性认识"③。此外,当时天津大学建筑系已经开设有独立的建筑概论类课程,"主要介绍一些经典范例和大师作品,但是没有独立的教材"④。

　　和其他大学建筑系一样,当时天津大学建筑系也规定青年教师必须亲自试做布置的设计图和渲染示范图。童鹤龄先生曾回忆起当年他担任助教期间的一次经历,生动地揭示了渲染教学在当时天津大学建筑系的受重视程度:"一次深夜,我刚画完一张水墨渲染科林斯柱头示范图,徐中循着灯光走了进来,问我在干啥。我说在备课。他随即看了看图,一言不发扭头就走,走到门口说了一句:'画的是什么?'我当时吓得出了一身冷汗,心想教师当不成了。当即撕去重画,也不知错在何处。只好自己琢磨。第二次刚画完,徐先生又来了。这次他看过画之后,面露喜色,我乘机递过笔去说:'请徐先生示范几笔。'他一边画一边讲了三句话:'一、水墨渲染墨色不能太深。二、要浅而层次分明。三、要在渲染完

----

①　1935 年中央大学建筑系毕业,后获美国伊利诺大学建筑系建筑硕士学位;1939 年至中央大学建筑系任教,并一度主持了该校一年级的建筑初步教学;1950 年秋受聘于北方交通大学唐山工学院建筑系,并对该系由注重"工程"转向"工程及艺术"并重的教学体系作出了重大贡献。

②　参见:周祖奭.天津大学建筑学院(系)发展史.天津大学建筑学院官方网站,http://www2.tju.edu.cn/colleges/architecture/? t=c&sid=91&aid=565,2007 年 1 月 10 日。

③　参见:周祖奭.天津大学建筑学院(系)发展史.天津大学建筑学院官方网站,http://www2.tju.edu.cn/colleges/architecture/? t=c&sid=91&aid=565,2007 年 1 月 10 日。

④　2010 年 7 月 21 日,笔者访谈天津大学袁逸倩副教授。

后,线稿清晰可见。'我随即撕去再画第三遍。画完徐先生又看,仅仅说了一句:'这张还可以。'"①

图 4-2-18 古建筑测绘练习(1954 年)

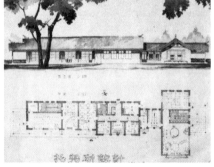

图 4-2-19 托儿所设计(1953 年)

总体而言,在徐中教授的领导下,天津大学建筑系在该阶段的建筑初步教学基本也是实行的苏联模式的"学院式"教学体系,注重渲染和美术的基本功培养,强调提高学生的审美能力和艺术修养,在此体系下,天津大学的建筑设计基础课以严格的技法培训为主要导向,以严谨的制图、规范的渲染训练将学生引入建筑设计的大门,当时极其强调手头基本功训练,"临摹练习占总课时量的80%以上,作业内容包括:大篇幅的水墨渲染、水彩渲染,大量的墨线线条练习,严格的制图训练等",并且,"这一基础课教学模式几乎一直延续到恢复高考后的(19)70年代"②,以此奠定了天大建筑系严谨求实的学术风格。

总而言之,在全面学习苏联模式的影响下,加上师资来源和组成的相对单一,当年上述三所建筑院校的建筑初步教学整体上都采用了完整的传统"学院式"建筑设计基础教学体系,以古典建筑构件的渲染和构图练习等建筑表现为主要教学手段和内容,强调对于古典范例和美学原则的严格遵守,体现出相对同质的教学特征。而同济大学建筑系则由于其独特的师资渊源和地缘特征,同时受到苏联、现代英美体系和德国建筑教育思想的交错影响,既没有脱离基本的学院式体系、又不断地从内部产生现代思想下的主动探索和抵抗,显示出相对多元丰富的一面。

---

① 童鹤龄."温馨的回忆".见:潘谷西主编.东南大学建筑系成立七十周年纪念专集[M].北京:中国建筑工业出版社,1997.

② 参见:天津大学官方网站,建筑设计基础——精品课程,http://course.tju.edu.cn/jzsj/artd.php? ty=3&tp=1.

4.3　同济大学建筑设计基础教学体系的曲折发展(1958—1977)

1952 年至 1957 年期间的建筑设计基础教学,在各大建筑院校全面借鉴苏联模式,总体采用传统"学院式"方法的背景下,同济大学建筑系完成了从最初的传统"学院式"训练到局部引入具有现代建筑教学特征的现代建筑设计基础教学模式的转变,并进而在"花瓶式"计划指导下建立了较为完整的糅合了传统的渲染练习和现代思想下的创造性思维训练课程的建筑初步课程体系。

而随着 1958 年开始的"大跃进"运动和"教育革命"运动,原有的制度化、正规化的大学教育遭到了彻底改变。这种现象一直持续到 20 世纪 60 年代初,才又重新恢复了原先正常的院校教育制度,各大学的建筑教育和设计基础教学也得以再次发展。但是,随着 60 年代中期爆发的"文化大革命"运动和第二次"教育革命"运动,刚建立起来并有所发展的同济大学建筑设计基础教学又几乎陷于全面瘫痪。

4.3.1　"大跃进"及"教育革命"运动影响下的建筑设计基础教学

自 1958 年开始,随着我国第一个五年计划的顺利完成,加上国内外诸多方面的原因,中国决定不再跟从苏联的发展步伐,转而准备自己寻找一条快速建设社会主义的道路。为此,毛泽东提出了"鼓足干劲、力争上游、多快好省地建设社会主义"的总路线,在全国掀起了"大跃进"运动。

伴随着社会政治运动的深入,在教育领域也掀起了"教育革命"的浪潮,高度集中统一的苏联教育模式在这一时期开始受到质疑。认为苏联式的教学计划太多繁文缛节和条条框框,导致学生负担过重,因而要求减少课程,并方便工农子女入学接受教育。随后,在 1958 年的《中共中央、国务院关于教育工作的指示》中,更进一步确定了"教育为无产阶级政治服务,教育与生产劳动相结合"的教育工作方针[1]。

在新的教育方针指导下,全国各建筑院校的教学也发生了巨大的变化。原

---

[1]　参见:杨东平主撰.艰难的日出——中国现代教育的 20 世纪[M].上海:文汇出版社,2003(8):160、134.

先制度化的教学模式被取消,正常的课堂教学也基本停止,取而代之的是生产劳动和结合实际项目的现场教学,在校师生被组成不同设计小组派赴各地参与项目建设。为此,各建筑院校还纷纷仿效医学院,增设了土木建筑设计院作为师生进行实践的基地,同济大学建筑系也在1958年成立了自己的建筑设计院。与此同时,以建筑技术和施工为学科重点的建筑工程系被认为更加符合实践型的新教育方针,因此,不少学校的建筑系被撤销后并入建筑工程系,直到20世纪60年代初才又重新独立出来。

同济大学建筑系也遇到了同样的情况,该时期正常的课堂专业和理论教学几乎完全停顿。同年,建筑系被撤销,建筑学专业并入建筑工程系,城市规划专业则并入了城市建设系。直到1962年,同济大学建筑系才得以重新恢复,城市规划专业也在第二年回归了建筑系①。受此影响,系中一度活跃的现代建筑思想也遭到了极大的压制。

当时除了农村劳动之外,各项教学工作也必须紧密结合工程实践,而当年进行最多的便是"农村人民公社"的规划和建筑设计工程。因此,一、二、三年级的学生们常常被重新混合编组,由专业老师带领到不同的乡镇去搞"人民公社"规划。1958年正在同济大学建筑系三年级学习的赵秀恒清楚地记得,"这一年的秋季开学后,第一堂课是美术课,上课已经许久了可是老师都没来,班长到系里去问,不一会儿他气喘吁吁而又非常兴奋地回来,高声喊道:这学期我们不上课了,要到上海郊区参加农村劳动和'人民公社'运动。一阵欢呼声后大家就开始了下乡的准备工作……当时的建筑学一、二、三年级都到上海马桥乡,分成十几个小队到不同的生产队去,一些年轻的老师也插到学生的小队中来"②。

从上述回忆资料可以看出,和全国其他高等建筑院校一样,这一时期同济建筑系的建筑设计基础教学名存实亡。当时大量的实践性教学和公益劳动几乎将正常的教学秩序完全打乱,建筑初步教学的基本学时也无法得到保证,除了零星断续的进行一些基本的绘画制图训练,更多的时间则是和高年级一起奔赴生产实践第一线,直接在实际的工程设计中进行现场教学,这必然对学校教育的知识

---

① 董鉴泓、钱锋、干靓等整理."附录一:建筑与城市规划学院(原建筑系)大事记".同济大学建筑与城市规划学院编.同济大学建筑与城市规划学院教学文集1:历史与精神[M].北京:中国建筑工业出版社,2007(5):204、206、207.

② 赵秀恒."20世纪五六十年代同济建筑系教学拾零".见:同济大学建筑与城市规划学院编.同济大学建筑与城市规划学院教学文集2:传承与探索[M].北京:中国建筑工业出版社,2007(5):24-25.

系统性和完整性带来了极大的损害。但是另一方面,由于大量接触真实项目,学生理论联系实际的意识也在此时有所提高。

4.3.2　20 世纪 60 年代初现代主义建筑设计基础教学的再发展

"大跃进"运动和之后全国普遍爆发的自然灾害,造成我国经济在 20 世纪 60 年代初发生了严重的困难。政府不得不采取果断措施,重新调整发展方向,实行"调整、巩固、充实、提高"的国民经济调整方案。与此同时,在大学教育方面也恢复了原先的院校教育制度和秩序。

此时在建筑学专业教学方面,院校也强烈意识到了缺乏完整的体系化教学所带来的缺陷,因此,随着各类专业教材编写工作的逐步展开,各个建筑院校的首要任务,就是对前一阶段由于参加实际项目而缺失了大量基础课程训练的学生,由教师组织进行"填平补齐"式的辅导,以确保学生建立完整的建筑概念,掌握基本的设计方法。建筑设计基础教学在这一时期也就越发显得重要起来。

4.3.2.1　建筑界思想理论讨论的兴起与冯纪忠先生的"空间原理"

20 世纪 60 年代初期,伴随着国家经济困难导致的基建规模的缩减,这一阶段的工程设计任务大幅减少,这也为建筑界兴起对建筑理论进行广泛讨论的风气提供了契机。而早在 1959 年 5—6 月于上海召开的"住宅标准及建筑艺术座谈会"上,同济大学的罗小未、冯纪忠、葛如亮、吴景祥以及其他院校的汪坦、杨廷宝、吴良镛等就已经分别作过学术报告,对当时国际上的建筑发展概况进行了全面介绍。虽然这些讨论仍然不可避免地带有一些政治烙印,但还是在一定程度上拓宽了大家的视野,开放了大家的思想。与此同时,随着当时世界范围内兴起的科学技术探索大潮,部分西方的科技和建筑杂志在国内开始得到解禁,西方建筑的发展动态和现代建筑理念逐渐为越来越多的建筑师所认识,而早期现代建筑的一些主要特征,如简洁、实用、形式反映功能等,此时也在"建筑节约思想"的强化下被国内建筑界所广泛接受。另一方面,60 年代初期其他一些社会主义国家向现代建筑的转变,对中国建筑界和建筑院校也产生了相当大的思想冲击。以上诸多方面的原因,共同促使中国建筑界开始重新认真审视此前广受批判的现代建筑和思想。

在此背景下,国内部分建筑院系也兴起了对现代建筑和教育理论的探讨,开始反思长期以来的传统学院式教学观念,并尝试以现代建筑理念为指导来改变这一模式,并探索新的建筑学专业教学体系。

从未放弃过现代建筑教育探索的同济大学建筑系,在该时期的教学理论方面又有了新发展。系主任冯纪忠先生在原来"花瓶式"教学模式的基础上,针对"过去沿用的按照建筑类型讲授设计原理和组织设计教学所存在的问题",提出了关于"空间原理"①的设想并进行了教学实践,这也是建筑设计以空间组合为核心的思想在我国建筑教学领域的首次实际运用。

传统的设计教学是以建筑类型为主线,由简单到复杂进行设计训练;相关设计原理则主要针对某一特定建筑类型的功能、形式和设计步骤,结合课程设计题目进行讲授。这种模式在实际教学过程中的局限性是显而易见的:一是众多的实际建筑类型,使得学生根本无法在有限的本科学习时间内练习周全,并且无法举一反三;二是容易造成建筑理论课和特定类型建筑的设计原理课之间的冲突,导致建筑理论课与课程设计的相互脱节和各成体系。针对这些问题,冯纪忠先生经过仔细思考,开始尝试以更为本质的"空间类型"代替传统的"功能类型"进行建筑分类,利用功能各异的建筑在空间类型上的共性来减少分类数量,并以"空间"为线索重新组织教学课程。新的教学方法将建筑按空间组合方式分为四大类,分别是大空间、空间排比、空间顺序和多空间组合。在这一思想的指导下,冯纪忠将建筑理论课程结合专业课程设计全面进行,而其他建筑技术等相关课程,则配合主干设计课的安排逐步展开。由此,同济大学建筑系的整个教学体系在原有"花瓶式"模式的基础上,形成了一个更为细致科学的有机整体。

在培养学生如何掌握现代建筑设计思想和方法等方面,今天我们回头再来重新审视当年冯纪忠先生"空间原理"的积极意义,除了它在建筑设计教学中更好地诠释和确立了现代建筑的"空间"本质这一基本属性之外,还有一个重要的关键词——"原理"。与传统"学院式"设计教学的经验性模式所强调的"灵感"和"悟性"不同,冯纪忠提出的"空间原理"更强调设计的理性过程。冯先生指出"光靠学生'悟'是不够的,教师要研究一般规律","然后才能'因材施教'"②。因此,他试图通过抓住"空间组织"这一建筑设计的核心所在,从个别中抽象出普遍,让

---

① 冯纪忠的先生的《空间原理》一文最先发表于《同济大学学报》1978年第2期,原标题为《"空间原理"(建筑空间组合原理)述要》,这是一个关于《建筑设计原理》课程教学的改革方案,是结合设计教学而提出的指导性和纲领性的文件,它包括第一阶段的如何着手一个建筑的设计、群体中的单体;第二阶段的空间塑造(大空间)、空间排比、空间顺序和多组空间组织;以及第三阶段的综论。

② 同济大学建筑与城市规划学院编.建筑弦柱:冯纪忠论稿[M].上海:上海科学技术出版社,2003:13.

学生掌握一般设计规律，以此改变不少学生迟迟进不了角色的困境，从而使设计教学转向一条更加注重理性的科学发展道路。由此可见，冯纪忠先生所提出的"空间原理"的意义，一是以贯穿所有建筑类型的现代空间概念，代替了"学院式"的单一功能类型体系，转而将设计课题所涉及的建筑类型作为某个空间类型的具体例子加以训练，以此引导学生从空间维度对建筑概念进行深入而本质的理解；二是"从原理的角度来传授空间设计的方法，超越了'学院式'的'师徒'方法"[1]。可以说，冯纪忠当年这个"空间原理"的提出，是对传统学院式教学中受到诟病最多的"师徒制"的低效率和"只可意会、不可言传"的训练方式的一种理性教学方式上的突破。

其实，就在同济建筑系提出"空间原理"的 20 世纪 60 年代，这时在国际上也正处于一个关于空间认识和设计方法研究的高潮期（详见 4.3.4）。从认识论上来说，希格弗莱德·吉迪恩（Sigfried Giedion）1941 年的《空间·时间和建筑》（Space，Time and Architecture）就早已开始研究空间了，对此冯纪忠曾多次提到；而 1964 年柯林·罗（Colin Rowe）和罗伯特·斯拉茨基所撰写的《透明性》一文在《Perspecta》第 8 期的发表，则更奠定了"空间"概念的理论基础。从方法论来说，除了同济建筑系的"空间原理"，欧美国家也在进行相关的探索，其中最突出的当数美国"德州骑警（Texas Rangers）"在 20 世纪 50 年代关于现代主义建筑设计方法的教学实验。当时，柯林·罗、约翰·海杜克（John Hejduk）和本哈德·赫斯里（Bernhard Hoesli）等的理想是就是将空间概念发展成为可传授（teachable）的设计方法，并进而发展出一套足以与"学院式"体系相匹敌的现代建筑设计教育体系。

和"德州骑警"更关注空间的形式问题不同，冯纪忠的研究基本上是在功能主义的框架下、从"适用"的角度进行的。当然，冯先生并非排斥空间的形式和艺术属性，作为当年意识形态中的敏感部分，他特别指出这样的刻意回避是出于"时代背景下的 instinct（直觉）"；并且，冯先生也清醒地意识到了这一遗憾："这里头没涉及到的，而且是很重要的，是艺术。始终不敢碰艺术。在我这'建筑空间组合原理'（空间原理）里……能把艺术概括进去，就更好了。"[2]

但是即便如此，当时在国内还是不能真正接受"空间"这一概念。当年，冯纪忠的《空间原理》曾在全国性的教学会议上作过介绍，据冯先生的回忆，当时除了

---

① 顾大庆.《空间原理》的学术及历史意义[J]. 世界建筑导报，2008(3)：40.
② 同济大学建筑与城市规划学院编. 建筑人生：冯纪忠访谈录[M]. 上海：上海科学技术出版社，2003：58.

天津大学的徐中和彭一刚两人之外,大家"都不大接受"①;后来,南京工学院(现东南大学)建筑系也曾邀请冯先生前去,就"空间原理"与该系教师进行过交流。令人遗憾的是,1961 年开始的冯纪忠"空间原理"的教学改革只进行了五年的实践,便在 1966 年被迫中断。而随后到来的席卷全国的"文化大革命"运动使同济大学建筑系的教学也差不多中断了十年之久,直至 20 世纪 70 年代末才逐渐恢复正常。

从那个特定历史时期现代建筑教育的国际视野来看,同济大学建筑系的"空间原理"和美国"德州骑警"这两个教学实验几乎是同时发生的。虽然我们今天已经无从推断在当时的学术和政治氛围之下,冯纪忠先生的"空间原理"思想是否能够对我国建筑教育大方向的现代转型起到决定性的作用;但是这一事实起码表明,在建筑教育中对于"空间"和"方法"这两个意识的觉醒上,当年在中国曾经有过与西方国家同步的机会。令人遗憾的是,这一可贵的进程却因为历史的原因而被打断。

整体而言,冯纪忠的"空间原理"主要是针对建筑设计课程提出的,目前尚无直接的证据可以表明冯先生当年提出"空间原理"体系时对于建筑初步课程有相应详细的计划安排,但是同济建筑系在"空间"概念上觉醒和重视,必然会影响到建筑初步的教学过程,并且我们有理由相信,这也应该和同济大学在 20 世纪 80 年代初率先引入"空间限定"有着暗藏的线索渊源。

4.3.2.2 教学秩序的恢复和建筑设计基础教学的再发展

20 世纪 60 年代初,国家针对前期"教育革命运动"使学校正常教学工作遭受重大破坏的现象做出调整,由教育部副部长蒋南翔主持起草了《教育部直属高等学校暂行工作条例》(简称《高等教育 60 条》)并批转颁发至各高校,提出"以课堂教学为主,全面安排教学工作,使各院校的教学逐渐恢复正常"。随着制度化的重新建立,国内各建筑院校也逐渐恢复了教学秩序,重新开始了正规化的院校教育。

一方面,当时国内建筑界开始对现代建筑和理论展开广泛讨论并呈现破冰之象;另一方面,教学秩序恢复之初的国内大部分建筑院校的专业教学,基本上仍是沿承了"教育革命"之前 20 世纪 50 年代初的教学内容和方法,传统的学院

---

① 同济大学建筑与城市规划学院编.建筑人生:冯纪忠访谈录[M].上海:上海科学技术出版社,2003:57.

式教学体系依然占据着主导地位。同时,由于"教育革命运动"中强调生产劳动这一理念的持续影响,在 60 年代之后建筑教学环节中,虽然劳动时数比"大跃进"时期减少很多,但是较 50 年代初期还是有显著增加,并且从当年的运动式不固定进行,发展成为一项制度化的教学内容。

表 4 - 1　1959 年同济大学建筑系生产劳动、生产实习和
教学实习进程表(一、二年级部分)

生产劳动、生产实习、教学实习内容	学年	周数	每周课时数	课时数合计
测绘实习	Ⅰ	2	48	96
工地劳动(建筑工地劳动.结合认识实习)	Ⅰ	5	48	240
素描实习	Ⅱ	1	48	48
工地劳动(建筑工地劳动,结合工种实习)	Ⅱ	6	48	288

资料来源:同济大学建筑系档案,1959 - JX1312 - 1,同济大学(1959)。

从上表可以看出,同济大学当年仅在设计基础教学阶段的一、二年级,各种实习就已经达到 14 周,共 672 个学时之多,而其中属于专业课程部分的测绘和素描实习仅占 3 周,充分体现了工地劳动和实践在教学体系中的重要地位。同样从同济建筑系 1959 年的教学计划(草案)中的课程作业表和教学进程表,我们还可以发现,此时又恢复了"建筑初步"的课程名称(每周 6 学时,另安排课外 8 学时),而且时段也重新调整为三个学期。同时在一年级和二年级的第二个学期开设有"建筑原理及理论"(每周 2 学时,另安排课外 1 学时),估计一年级的部分应该是"建筑构图原理"的内容①。

图 4 - 3 - 1　卢济威

20 世纪 60 年代初,在全国建筑院校普遍恢复传统"学院式"建筑初步教学模式的背景下,同济大学建筑系也开始重视学生对于"渲染"等建筑表现基本功的训练培养,为此,除了原先的吴一清等老师之外,还特意于 1960 年引进了南京工学院毕业的卢济威老师留系参加建筑初步教学,以充实同济大学建筑设计基础教学的师资力量。卢济威老师在当年的教学中就带来了南京工学院的一套"中古"渲染及构图系列练习,并取得了良好的教学效果,其中"以 67 届学生作业

① 　同济大学建筑系档案,1959 - JX1312 - 1,同济大学(1959)。

最为典型"①。从学生作业也可以看出,由于教师的重视和学生的努力,该阶段同济大学学生渲染作业的质量得到了大幅提高。

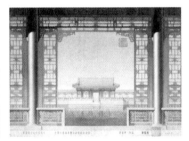

图 4-3-2　　　图 4-3-3　渲染作业(1963 年)　　图 4-3-4　渲染作业(1963 年)
渲染作业(1962 年)

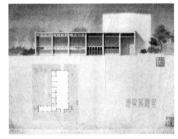

图 4-3-5　建筑渲染学生作业(1963—1965 年)　　图 4-3-6　建筑渲染学生作业
　　　　　　　　　　　　　　　　　　　　　　　　　　　　　(1963—1965 年)

　　1962 年,同济大学建筑系又正式从建筑工程系中分离出来并重新得到恢复,当时系内的教学机构也扩展成为民用建筑教研室、工业建筑教研室、建筑构造教研室、建筑历史教研室和美术教研室。建筑设计初步的教学由建筑历史教研室的吴一清老师负责,其他任课的老师还有:安怀起(1959)、卢济威(1960)、张为诚(1961)等②。后来卢济威老师在回忆该时期的建筑初步教学时提到,正是由于这样的教研室配置,所以当年的"建筑初步和建筑历史经常结合在一起教授,一方面主讲建筑史的老师会来建筑初步兼课,另一方面古建筑测绘又由初步教研组负责"③,这种情形无疑对当年同济建筑系在建筑初步教学中偏向传统"学院式"方法以及在课程作业中显示出较多的复古倾向有莫大的因果联系。

----

① 2010 年 1 月 28 日笔者访谈卢济威老师。
② 参见:赵秀恒.同济大学《建筑设计基础》教学的发展沿革(初稿,未发表),2007(2):22.
③ 2010 年 1 月 28 日笔者访谈卢济威老师。

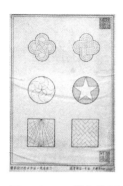

图 4‑3‑7　线条练习作业(1963—1965 年)

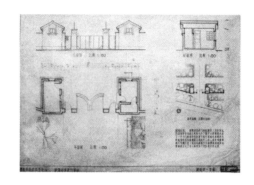

图 4‑3‑8　建筑测绘建筑学生作业(1963 年)

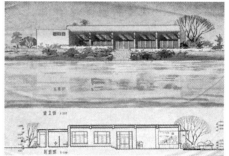

图 4‑3‑9　公园茶室设计学生作业(1965 年)

　　同时,在冯先生提出"空间原理"体系之后,同济大学在建筑专业设计课程方面建构了一个完整的教学系列,设计原理的讲解以及课程设计题目的设定都围绕着这样一个体系循序渐进地进行。但是该体系主要还是针对高年级的建筑设计教学,即使是作为"空间原理"第一部分的"设计过程基本知识",也是一个涵盖了二年级到三年级上学期共三个学期的课程[①]。当时作为助教参与了二年级建筑设计课教学的卢济威老师深刻地体会到:"从设计过程的方法引导学生进行设计,从细胞分析开始,从小处着手、大处着眼,辩证对待从内到外和从外到内的关系等,十分有利于将学生引入建筑学的大门。"[②]

---

　　① 冯纪忠认为应当在此阶段"把最基本的知识教给学生,教他们如何考虑问题"。让学生学会从空间出发考虑设计要求,"从内到外又从外到内的反复"推敲设计,以建立"建筑设计的全面观"。参见:同济大学建筑与城市规划学院编.建筑弦柱:冯纪忠论稿[M].上海:上海科学技术出版社,2003:14‑15.
　　② 卢济威."空间原理"改变我们的建筑思想[J].世界建筑导报,2008(3).

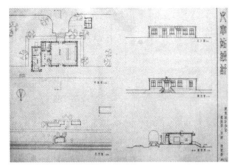

图4-3-10 候站房学生作业

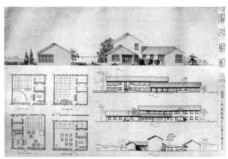

图4-3-11 小学校设计学生作业
（1963—1965年）

尽管"空间原理"本身并没有为建筑初步教学制定相应的课程计划，但是为了配合"空间原理"教学体系的有效实施，让建筑初步教学更好地融入冯纪忠教授主导的教学改革，一年级的建筑初步教学也进行了相应探索，并主要从两个方面着手进行。

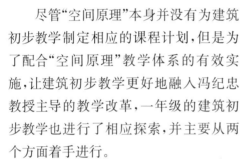

其一，结合古典园林建筑立面组合构图的水墨渲染作业，展开对中国传统园林空间的认知和研究，探索其中的各种空间关系，培养学生的空间意识。但是这一进程对于一年级的新生来说，因为缺乏相关原理课程的辅助和配合，"当时的实际教学效果并不突出"①。其二，鉴于"空间原理"教学体系中一系列空间类型的学习，都需要学生具有对设计基础知识的初步了解以及对建筑设计的基本训练以后才能逐步展开。因此从该阶段开始，同济建筑系的建筑初步教学进一步加强了对最后一个小型建筑设计课程的重视，努力使学生初步建立从内部

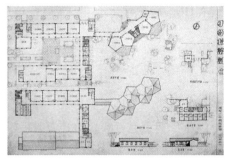

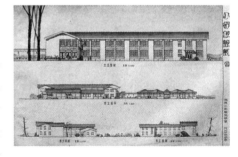

图4-3-12 幼儿园设计学生作业
（1963—1965年）

① 2010年1月28日笔者访谈卢济威老师。

使用空间到外部环境空间两方面同时着手进行设计的概念,为他们打下空间设计思想的基础。

至此,同济建筑系的建筑初步教学进入了一段相对重视"渲染"教学的时期,并且在建筑初步教学中进一步加强了小型课程设计,设计选题从之前的校门设计、公园阅览室等简单类型扩展为公园茶室和小型火车站候站房等较复杂的题目;而原先罗维东先生所倡导的一系列鼓励创造性思维培养的训练则在该阶段基本被放弃。当时的建筑初步教学内容主要包括:字体练习、线条练习、建筑抄绘、建筑测绘、色块水墨渲染、人民大会堂建筑立面水墨渲染、中国古典园林建筑立面组合构图水墨渲染、小建筑设计等[1]。当时每个作业的时间安排比较长,特别是两个大的立面水墨渲染作业耗时非常之多。

在当时的课程教学中,由于没有电脑,幻灯和投影仪也很少,因此讲课中所举的例证、插图等课件都是由助教事先用彩色粉笔画在黑色的卡纸上,讲课时再一页一页地翻过去,所以"助教搜集资料绘制挂图的任务相当繁重"。另外,当时很多设计题目都是新的课题,教学小组因而要求每位助教都必须按照课题的要求进行试做,并上版绘制示范图[2]。这样的方式虽然大大增加了年轻教师的工作量,但是对于他们的迅速成熟,特别是保证新课程教学的切实可行奠定了扎实的基础。

4.3.2.3　该时期国内其他主要建筑院系的建筑初步教学发展

在 20 世纪 60 年代初恢复教学秩序开始正规化的教育之后,不少大学又重新建立了原先"学院式"的建筑教学体系,课程安排一般都从以古典建筑渲染为主的初步课程开始,然后逐步过渡到一系列由简单到复杂的建筑课程设计练习。

当时,清华大学建筑学专业首先制定了最"正规"的六年制教学计划,该计划中的建筑设计基础教学由"建筑概论(34 课时)"和"建筑初步(226 课时)"两门课程组成[3]。1963 年,国家教育部门给各大学的建筑院系统一颁发了一份教学计划和大纲以供参考。在这个以当年清华大学建筑系教学课程为蓝本制定的教学计划中,涉及建筑初步教学的部分,除了作为制图基础的铅笔线条、墨线和字体

① 赵秀恒.同济大学《建筑设计基础》教学的发展沿革(初稿,未发表).2007(2):22.
② 参见:赵秀恒."20 世纪五六十年代同济建筑系教学拾零".见:同济大学建筑与城市规划学院编.同济大学建筑与城市规划学院教学文集 2:传承与探索[M].北京:中国建筑工业出版社,2007(5):29.
③ 秦佑国."清华建筑教育 60 年".见:清华大学建筑学院编."清华专辑/本科篇",建筑教育(总第一辑)[M].北京:中国电力出版社,2008(4):4.

练习以外,还有大量有关中外古典建筑的线描和渲染练习。其中线描练习以古典五柱式为主要内容,水墨渲染练习则包括基本技法训练以及中外古建筑局部表现等。当时,这种以"建筑概论"为理论启蒙、以"制图基础＋渲染表现＋建筑抄测绘"为主要构架的教学模式被国内大多数建筑院系所采纳,成为当时最主要的建筑初步教学方法。

图 4-3-13　　图 4-3-14　　图 4-3-15　清华大学茶亭设计学生作业
清华大学渲染作业 1　清华大学渲染作业 2

图 4-3-16　南京工学院
建筑系学生作业

而早在 1960 年起,南京工学院建筑系的建筑设计基础教学就开始在一年级第二学期末的"中古抄"和"中古构"之后增设了"中古设(中国古典建筑设计)"①。虽然设计的对象只是一个并无具体功能的古典亭子,但是和同济建筑系一样,建筑设计基础教学以"设计"而告终的教案模式,为该校其后 20 余年的设计初步教学计划设定了一个范本,并一直延续到了改革开放之前。

1964 年 6 月,在上海锦江饭店召开了建筑学专业全国统一教学大纲修订会议。会议"一致认为在学校里还是应该加强基本功,也就是基础理论及基本训练"②。对此,全国各个建筑院校都大力加强了对建筑基本理论的教学与建筑初步的训练。天大建筑系就"首先加强了一年级线条图的练习,加强了

---

① 东南大学建筑学院编. 东南大学建筑学院建筑系一年级设计教学研究:设计的启蒙[M].北京:中国建筑工业出版社,2007(10):8.

② 周祖奭,天津大学建筑学院(系)发展史,天津大学建筑学院官方网站,http://www2.tju.edu.cn/colleges/architecture/? t=c&sid=91&aid=565,2007 年 1 月 10 日。

水墨渲染与彩色渲染"①,并在二年级增加中国及西洋古典建筑设计,强化学生对建筑立面比例、尺度及形象的掌握,同时,为使学生的基本功更为扎实,又进一步加强了素描、水彩课的基本训练。

20 世纪 60 年代初期这一阶段,尽管现代建筑思想得到了一定的提升,并逐渐渗透到全国各建筑院校的教学之中,但是由于意识形态的原因,从整体来看仍然有其局限性。当年西方的现代建筑已经超越了功能至上的初期阶段,开始趋向于空间形态的丰富、个性化的自由表达,以及对人性的关怀。而国内对这些的批评则从原先的"国际式"和"方盒子"转而为资本主义的"腐朽没落""华而不实"和"形式主义"。对于如今在很多大学的建筑设计基础课程中已经成为经典作业的"别墅设计",在 1958 年康生视察天津大学建筑系时,被质问"为谁服务",从而在当年被认为是宣扬资产阶级的生活方式、追求资产阶级的形式主义而遭到批判。

4.3.3　"文化大革命"运动下的建筑设计基础教学

20 世纪 60 年代中期,随着"三年经济困难时期"的渡过和国家经济工作的恢复,党内的"左倾"政治思想进一步上升,爆发了"文化大革命"运动。教育界也随之掀起了第二次"教育革命"运动,"将刚刚恢复的正规化、体系化的院系高等教育再一次全面推翻,取而代之一种低层次实用化教育体制"②,而在 60 年代初期刚建立起来并有所发展的同济大学建筑设计基础教学,也再一次遭受到毁灭性的打击。

4.3.3.1　"文化大革命"与第二次"教育革命"运动下的低层次实用型建筑教育
20 世纪 60 年代中,我国当时的教学制度被认为是"'少慢差费'的资产阶级教学",建议缩短学制、减少课程,急切要求对教育进行更为彻底的变革,以求把所有的学校、甚至整个社会都变成亦工亦农、学文学军的"五七公社"③。1966 年6 月,中共中央、国务院决定把当年的高等学校招生工作推迟半年展开,大中学校开始停课搞运动;同年 8 月 8 日,《中共中央关于无产阶级文化大革命的决定》发表。于是,"无产阶级文化大革命运动"由大中学校首先引燃,并迅速蔓延至整

① 周祖奭,天津大学建筑学院(系)发展史,天津大学建筑学院官方网站,http://www2.tju.edu.cn/colleges/architecture/? t=c&sid=91&aid=565,2007 年 1 月 10 日。
② 钱锋.现代建筑教育在中国[D].上海:同济大学博士论文,2005:155.
③ 杨东平主撰.艰难的日出——中国现代教育的 20 世纪[M].上海:文汇出版社,2003(8):179.

个社会,给中国的政治、教育和经济带来了历时十年之久的浩劫。

直到 1970 年,全国部分高等学校重新开始招收"工农兵"学员,逐步恢复大学的课堂教学。但是由于片面强调政治性和实践标准,取消了学术性的要求,生源质量又参差不齐,致使该时期的教育质量十分低下。当时大学教育最核心的特征是实行"开门办学"和"围绕典型产品教学",即一方面要求师生走出学校,在实际的生产和科研部门中边生产、边劳动、边组织教学,进一步建立"教学、科研、生产相结合的新体制";另一方面,要求师生选择与教学内容相关的典型工程、典型产品、典型工艺或革新技术组织教学,在学习过程中参与实际的设计制造,体现"边干边学""急用先学""在干中学"的理想①。虽然这些改革措施的初衷是在于解决理论教育脱离实际问题的症结,但是这种对于实用性教学方式的极端化追求,极度降低了基础课程和理论课程的重要性,也严重损害了学科知识的系统性和完整性,在整体上大幅降低了教育质量。

为了贯彻这些教育思想,各大学建筑学专业的教学组织也做出了相应改变。其中最主要的就是打破了原先教学中基础课、专业基础课和专业课的分级,将这三类课程的教师混合编组,与工人和工农兵学员组成"三结合"的专业小分队,结合典型工程"边做、边教、边学",此后这种教学方法一直贯彻于"三结合"的房屋建筑学教学和建筑学专业教学这两段教学时期。由此,我国大学的建筑教育走上了一条"低层次、实用型"的发展道路。

4.3.3.2 "文化大革命"运动下的同济大学建筑设计基础教学

同济建筑系在 1965 年暑假招完最后一届学生以后,1966 年中期便开始停止教学;1968 年,以国针厂工人为主体的工宣队进驻建筑系。同济建筑系随之被砸烂、撤销,进而陷于无休止的搞运动、开会之中②。

1968 年 7 月,毛主席提出:"大学还是要办的,我这里主要说的是理工科大学还要办。"③于是,在此指示下,我国部分大学在停止招生 6 年后,于 1970 年 8 月开始招收第一届工农兵大学生,各建筑院校也先后开始招收三年制的工农兵学员,陆续恢复教学。在同济大学钱锋的博士学位论文《现代建筑教育在中国》

---

① 钱锋.现代建筑教育在中国[D].上海:同济大学博士论文,2005:159.
② 董鉴泓、钱锋、干靓等整理."附录一:建筑与城市规划学院(原建筑系)大事记".见:同济大学建筑与城市规划学院编.同济大学建筑与城市规划学院教学文集1:历史与精神[M].北京:中国建筑工业出版社,2007(5):208.
③ 杨东平主撰.艰难的日出——中国现代教育的20世纪[M].上海:文汇出版社,2003(8):193.

中,将我国这一阶段的建筑教学划分为"'三结合'的房屋建筑学教学(1970—1972年)"和"建筑学专业教学(1973—1976年)"两个时期①。最初阶段,全国建筑系"被要求只能办房屋建筑学专业",于是,同济大学建筑系原先的教师队伍被按照"三结合"的原则进行了重新编排,部分年轻教师和新招收的工农兵学员组成教改小分队,赴各地工程现场一边进行现场设计,一边现场教学。师生们和建筑工人"同吃、同住、同劳动",以"保持无产阶级的本性"。而此时部分资历较深的教授仍在"五七干校"或农村中劳动接受改造。这一时期出现了很多类似革命性的教学联队,其中就有同济很出名的"五七公社"。

1971、1972年同济大学招收了两批免试保送的工农兵学员,在当时隶属建工系的"五七公社"学习,"以工民建为主,但课程中有房屋建筑学"②。于是同济建筑系的部分老师便被调派到建工系,负责房屋建筑学的课程教学;而其他老师则去了安徽黄山脚下的"五七干校"。

据1972年10月从干校出来后参加"五七公社"连队教学的赵秀恒老师回忆,当时的教学形式基本是完全与工地结合的"三结合"教学,由华东建筑设计研究院的建筑师和工程师、同济大学老师,还有施工单位的技术员等各个不同专业和背景的人员,混合在一起组成"教学连队",而同学们也都住在工地上,以方便学习。此时,原有的教学体系和教学组织完全被打乱,教学内容也倾向于片面化和实用主义,原先作为设计基础课程的建筑设计初步的课堂教学几乎被全面取消,以致当时"学生一开始接触的就是房屋建筑学,直接解决如何盖房子的问题"③。

同时,工农兵学员的文化基础普遍较低也为建筑入门教学带来了困扰。一些学生从未经过绘图训练就直接进入"三结合"教学过程,甚至有学生连最基础的绘图工具都不会使用。即便如此,由于受到政治风潮的影响,身为知识分子的教师所讲授的内容,还常常会受到"根正苗红"的无产阶级成分的学生们的无端批判和指责,并被冠之以"资产阶级道路"的帽子。甚至教师由于学生不会使用绘图工具而教授他们如何使用,也会被学生批判为"轻视工农阶级";教师们为教学而编写的纯技术内容的简单教材,也必须在措辞方面十分注意以免被学生批判为"反动教材"④。所有这些,都使得本身已经降低到实用技术层面的简单教学也无法得到专业上的基本质量保证。

---

① 钱锋.现代建筑教育在中国[D].同济大学博士论文,2005:159-160.
② 2009年5月20日,笔者访谈赵秀恒老师。
③ 2009年5月20日,笔者访谈赵秀恒老师。
④ 参见:钱锋.现代建筑教育在中国[D].上海:同济大学博士论文,2005:160.

表 4 - 2　同济大学"五七公社"时期建筑初步教学(1974 年)

	课　程	教　学　内　容	作　业　题　目
建筑初步	建筑工程基本知识	1 画法几何 2 建筑抄、测绘 3 构造与结构知识	多面正投影;教室平面图及一点透视;透视图作法练习;高教工住宅设计抄绘;楼梯平、剖面测绘;单层消防车库设计;家属宿舍抄绘;家属宿舍结构布置
	建筑表现	1 徒手钢笔画 2 建筑渲染	徒手钢笔线描;建筑局部水彩渲染(26 学时);方案设计效果图的钢笔淡彩渲染和水粉渲染
	建筑设计	建筑方案设计	纪念碑方案设计(76 学时);幼儿园方案设计(快题,31 学时)

资料来源:笔者根据同济大学建筑系 76 届学生于安娜等同学留系作业整理编辑。

　　1973 年开始,情况出现了一线转机,在继续招收工农兵学员的基础上,同济大学建筑系成立了以关天瑞为组长的建筑学专业筹备组,在卢济威、阮仪三等老师的共同筹办下,重新恢复了建筑学专业。于是该年至 1976 年之间,连续招收了四届建筑学专业三年制的工农兵学员①。除了结合实际工程的设计课程之外,包括建筑设计初步在内的其他大部分课程在该阶段逐步有所恢复,专业基础课等课堂教学也基本在同济大学校园内完成。总体来说,当时课程讲授的具体内容相对仍然比较简单,实际项目的建造特点和政治及意识形态方面的敏感性,使得教学重点还是以构造等纯技术方面的内容为主,建筑美学等方面的课程比重有较大的削弱,"结合典型工程进行设计教学"的思想仍然占据主导地位。

　　当时同济大学建筑系的建筑设计初步仍然由吴一清老师负责②。尽管当时专业课的学习受到诸多干扰,但是同济建筑系的建筑初步教学内容还是相当充实,包括字体和线条练习、小型建筑抄、测绘,以及钢笔画临摹和水彩渲染等均有涉及。1974 年秋入学的第二届学生颜宏亮老师清楚地记得,当时有教师将钢笔画绘制在硫酸纸上,晒成蓝图供学生临摹;而作为渲染作业范图的"同济大学工程试验馆"也正是由毕业于南京工学院的卢济威老师亲手绘制:"同学们都非常

---

　　①　董鉴鸿、钱锋、干靓等整理."附录一:建筑与城市规划学院(原建筑系)大事记".见:同济大学建筑与城市规划学院编.同济大学建筑与城市规划学院教学文集 1:历史与精神[M].北京:中国建筑工业出版社,2007(5):209.

　　②　当时参与建筑初步教学的还有卢济威、王秉全、张为诚等老师。笔者 2010 年 2 月 1 日访谈卢济威老师。

叹服卢老师的渲染功底,几乎跟照片一样栩栩如生。"①同时,对于理论联系实际的重视,也使得当时的设计基础教学增加了测量和构造等内容的学习,甚至"要求学生随身携带卷尺,以便随时随地关注和学习建筑构造及相关尺寸"②。

　　"结合典型工程"的教育方式虽然紧密联系了实际,但是由于缺乏系统性和完整性的建筑理论和思想方面的启发和引导,特别是相对弱化了建筑设计初步这一基础教学训练,从而致使学生大多习惯于简单模仿,而缺乏建筑学的思想内核及独创能力,并由此造成不少人在后来的实际工作中出现设计能力的平庸化现象也就不足为奇了。

图 4‑3‑17　渲染练习学生作业(1975 年)　　图 4‑3‑18　钢笔画练习学生作业(1973 年)

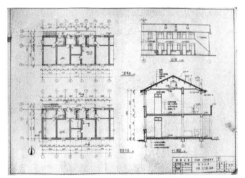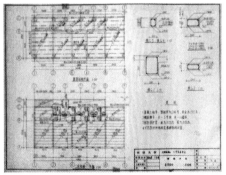

图 4‑3‑19　建筑抄绘学生作业(1975 年)　　图 4‑3‑20　结构及构造学生作业(1975 年)

---

　　①　笔者 2010 年 5 月 26 日访谈颜宏亮老师。1977 年毕业后,颜宏亮老师取得该年唯一的推荐研究生资格,跟随傅信祁先生深造,并在毕业后留校任教。
　　②　笔者 2010 年 5 月 26 日访谈颜宏亮老师。

图4-3-21　纪念碑设计学生作业(1975年)　图4-3-22　托儿所设计学生作业(1975年)

4.3.3.3　该时期国内其他主要建筑院系的建筑初步教学概况

1966年"文化大革命"开始后,全国各个大学的正常教学均被中断,不但书籍和资料大量散失损毁,很多优秀教师也因此受到了冲击和流失,清华大学的梁思成先生也在1972年1月9日辞世。所有这些都使我国高等建筑教育遭受了重大挫折。

1970年以后,国内其他建筑院校也先后开始招收三年制的工民建和建筑学专业的"工农兵学员",在"开门办学"和"围绕典型产品教学"的教学思想指导下,进行各自的建筑教学。这一时期,各建筑院校在专业教育中的建筑初步教学几乎被全面取消。由于缺乏系统完整的课堂专业理论和基础教学训练,加上"左"倾思想路线对于建筑学专业的人文和美学思想及课程方面的批判,使得教师只能结合现场工程给学生讲授一些建筑设计方面的浅显知识,令原本内涵丰富的建筑学科教学被大为降低和简化,教学内容也多集中于直接与工程挂钩的建筑结构及构造等实用技术方面,只需满足学生对建筑使用功能和房屋建造基本知识的了解。

总体来说,这一时期的建筑设计基础教学几乎陷于空白,这不但破坏了我国业已发展起来的系统化的建筑初步教学体系,并且对后来建筑设计基础教学的发展也带来了长期负面的影响。

4.4　该时期国外建筑设计基础教学发展的主要动态

事实上,自20世纪50年代初到70年代末的这段时期,也是欧美国家的建筑教育自 40 年代开始向现代方向转型之后,进一步摆脱传统"学院式"的形式主义教育,转而以现代建筑的功能主义为基础,建立成熟的多元化现代建筑教育体系的一个关键时期。

　　1945 年二战结束后,德国人便决心再次振兴自己的设计教育事业。1949年,平面设计家奥托·艾舍(Otl Aicher)提出建立战后的新设计教育中心,以期重新延续包豪斯式的设计教学。1953 年,被称为战后包豪斯的德国乌尔姆(Ulm)艺术学院成立,并于 1955 年开始正式招生。为致力于设计理性主义研究而建立的乌尔姆在初期几乎全盘采用了原包豪斯的办学模式,而其首任校长正是包豪斯早期毕业生马克思·比尔(Max Bill);1956 年改由马尔多纳担任校长后,包豪斯的教学理念得到进一步升华,乌尔姆采用了一种以科学技术为基础的、理性主义的设计教学模式,数学、工程学、逻辑分析等课程取代了原包豪斯的大量美术训练课程,此举为战后的德国艺术及建筑设计教育奠定了基础,并对西方的设计教学产生了巨大的影响。

　　另一方面,在曾经一度作为我国建筑教育样板的苏联,自 1934 年到 1962年之间长达 30 年的历史阶段中,由于社会和政治方面的原因,呼捷玛斯所独创的现代建筑基础教程几乎被完全抛弃,由传统的巴黎美术学院建筑教育占据着主导地位;民族复古主义的兴盛,使莫斯科建筑学院又回到了狭义的"艺术建筑"的形式教育之中。而自 1962 年起,莫斯科建筑学院又逐步恢复了呼捷玛斯时期的建筑学教育课程,开始强调基础教学——建筑绘画、空间形体构成和建筑技术工程三个方面,形成了追求建立在社会、文化、经济、技术基础上的建筑空间形体的学术风气,并注重学生基本功的训练和对建筑设计个性的创新①。特别是 20 世纪 70 年代以后,苏联工业的大发展以及对社会人道主义思想的提倡,为呼捷玛斯思想在造型艺术及建筑教育领域的进一步发展创造了条件,并促使其教学模式及思想传统最终在莫斯科建筑学院得到了继承与发展。

　　从世界范围来看,20 世纪工业以及科学的发展,新材料、新技术和新需求使得单凭经验和直觉已经难以应付日益复杂的建筑设计,也使得早期具有艺术化和美术化倾向的建筑教学方式面临空前的危机。于是,20 世纪 60 年代,"设计方法运动(Densign Methodology Movement)"应运而生,并促使人们开始注重

---

　　①　参见:韩林飞.莫斯科建筑学院建筑学教育与启示[J].世界建筑导报,2008(3):41.

对于设计过程的研究①。

在这段时期中,西方现代建筑教育经历了巨大变革和发展。其中,对于建筑设计基础教学领域来说最有意义的事件,主要包括20世纪50年代中期美国"德州骑警"关于现代主义建筑设计方法的那场短暂的教学实验、60年代起美国库珀联盟和瑞士苏黎世联邦高工在建筑设计入门训练方面的实践,以及1967年法国巴黎美术学院工作室制度的解体等。

4.4.1 "德州骑警"

第二次世界大战之前,美国的绝大部分建筑院校都是追随19世纪巴黎美术学院的传统教学课程。随着二战后期格罗皮乌斯、密斯以及纳吉等一大批欧洲现代建筑大师和教育家的到来,以宾夕法尼亚大学建筑系为代表的"学院式"单一体系被德国包豪斯所发展的现代教育模式所突破,呈现出了持续多元发展的局面。

在此背景下,在20世纪50年代中期的德克萨斯州大学建筑学院(奥斯汀分校建筑系),柯林·罗(Colin Rowe)、伯纳德·郝斯里(Bernhard Hoesli)、罗伯特·斯路茨基(Robert Sluizky)和约翰·海杜克(John Heiduck)等一批年轻人先后汇聚在一起,进行了一场短暂然而影响极为深远的教学改革。这批被后人冠以"德州骑警(Texas Rangers)"称号的年轻教师,重新审视了现代建筑空间的形式基础,并试图发展一套足以与传统"学院式"教育体系相匹敌,但又区别于包豪斯模式的新型现代建筑设计教育体系②。他们质疑战后普遍采用的单纯功能主义的设计模式,并对包豪斯基础教学中所呈现出的偶然性和随意性提出了批评。他们试图找出存在于那些现代建筑大师设计作品和思想背后的共同线索,以"空间概念"建立现代主义建筑教育的形式基础,并进而确立空间形式研究在现代建筑和教育中的核心地位。柯林·罗和斯路茨基1955年的论文《论透明性:真实的和现象的》,为这一空间设想提供了理论支点;而海杜克和赫斯里则

---

① 1965年英国皇家建筑师学会编写的《建筑实践与管理手册》将建筑设计过程分为信息消化(assimilation)、总体研究(general study)、发展完善(development)和信息交流(communication)四个阶段。当然在实际操作过程中,这四个阶段很难以单一的线性模式发展,也并不是设计所必然遵从的过程。学生们也往往无法理解这些资料和信息与最终的设计目标之间的内在关系,概念的引发仍然是基于主观的设定,而非逻辑的"生成"。参见:褚冬竹.开始设计[M].北京:机械工业出版社,2006(10):27.

② 这些年轻教师不但对"学院式"的教学体系进行了批判和继承,"而且对于当时流行的包豪斯式的设计基础教程也有独立的判断"。参见:顾大庆.《空间原理》的学术及历史意义[J].世界建筑导报,2008(3):40.

在此基础上,结合格式塔心理学和空间主题重组了建筑学的基础课程,完成了将空间概念发展成为可传授(teachable)的设计方法的任务。

空间教育是"德州骑警"对现代主义建筑教育的重要贡献之一。海杜克著名的"九宫格练习(Nine-square Problem)"就是从这个时期开始的,并成为后来库珀联盟建筑学院一年级建筑设计入门的经典作业,甚至许多当代的建筑院校至今仍把它作为设计基础课程的必选课题。

"九宫格练习"的雏形首先出现在斯路茨基和赫希的基础课程中。作为曾主持了包豪斯后期基础课程教学的约瑟夫·艾尔伯斯的学生,他们设置了一系列有关空间形式的三维设计训练,这些练习突破了传统绘画的二维限制,以三乘三的九个立方体作为基本骨骼,然后在此逻辑控制下,用灰卡纸板来围合、限定、分隔出各种基本的空间组织关系。海杜克从这一纯粹的形式训练中看到了其作为建筑空间结构的可能性及意义:他将网格的"点—线—面"等抽象的空间形式要素与"梁—柱—板"等具体的建筑构件联系了起来,从而逐渐由抽象形式到具体建造,完成了向更综合的建筑练习的转变。在海杜克对九宫格练习所作的介绍中,他指出"用九宫格问题作为一种教学工具,以向新生介绍建筑学。通过这个练习,学生发现和懂得了建筑的一些基本要素:网格、框架、柱、梁、板、中心、边缘、区域、边界、线、面、体、延伸、收缩、张力、剪切等⋯⋯"①。同时,海杜克还希望通过该练习对于轴测图和模型的强调,使初学者在图纸和模型之间、二维平面和三维空间之间以及与此相应的抽象形式和具体实物之间实现转换,从而熟悉和掌握建筑空间操作的基本手段和方式,以此从不同的维度和抽象程度上理解建筑空间。

事实上,自 20 世纪二三十年代以来,"空间""形式""设计"等概念就已开始在现代建筑界被广泛接受和采用;而在现代建筑早期的包豪斯"基础课程"里也有类似概念的练习,但是当时并没有将它与建筑空间训练更紧密地结合起来。后来由于功能主义的方法在现代建筑设计及教学中迅速占据了主导的地位,对形式空间问题的进一步探讨便因此而被忽略。在 20 世纪 60 年代初同济大学冯纪忠先生的"空间原理"中,也主要是基于空间功能的支撑。而"德州骑警"对现代建筑及空间的教学,则正是体现了当时所缺失的对于空间形式问题的思考。

"德州骑警"对于现代建筑教育的另一贡献,是对于设计过程的重视。在此时的德克萨斯州大学建筑学院,现代建筑的教学成为对设计过程和方法的一种

---

① 参见:朱雷.德州骑警与"九宫格"练习的发展[J].建筑师,2007(8).

研究,"设计不再是一个神秘的自发过程,而是某种可以被客观分析的东西"①。郝斯利将完整的设计课题分解为阶段问题,以使学生进入一种有序的设计过程,从而实现建筑设计的理性化和"可教性"。具体课程则是"德州骑警"中后期(1956—1957年)郝斯里的"建筑分析练习"。这门课程让学生从现代建筑大师的典例分析中,引入了有关建筑"系统"的问题及其组织原则,通过一系列的典例模型,清晰地表达了空间教学的意图。

由于现代主义建筑思想中"功能至上"的主张在那个年代的绝对强势,对现代主义思想下的建筑和空间形式规律的研究理所当然地在校内激起了强烈反对,"德州骑警"的教学改革实验只持续了短短两年左右的时间,便在1956年以这批教师的解散而告夭折,但是这群年轻人所创造的传奇,至今仍为后人广泛重视。他们随后去往全美和世界各地所进行的建筑教学研究和实践,更形成了今天现代建筑设计教学的一个重要源流,并对美国甚至全世界的建筑教育革新带来了广泛、持久而深远的影响,以致30年后美国"每一个建筑学校至少有一个或两个教员受到类似的教育,'他们都用那几个人所教的方式来思考问题'(卡拉冈语)"②。

4.4.2 约翰·海杜克与库伯联盟建筑学院

1956年"德州骑警"解散之后,海杜克曾先后到康奈尔大学和耶鲁大学建筑系任教,1964年,海杜克回到了他的母校——库伯联盟建筑学院③,并于1965年担任联盟建筑系主任;此后直至2000年夏,海杜克因健康原因辞去库伯联盟建筑学院院长的职务并在一个月后去世。在海杜克36年的卓绝的领导下,库伯联盟建筑学院"不可动摇地占据了北美,及至欧洲大陆的革命性建筑教育与实践的桥头堡的位置",并"成为本世纪最受关注的内容(苏珊·谢夫曼语)"④。

继德州时期的"九宫格"之后,海杜克在库伯联盟建筑学院又发展了"方盒子练习(Cube Problem)"⑤。这个练习的一个基本前提,是揭示了建筑设计的另外一种情形,即先给定形体和空间,然后由此决定功能的匹配,而不是典型的根据功能要求生成最终形体的建筑设计过程。事实上,从最初斯路茨基和赫希的基础训练课程发展到海杜克在库伯的"方盒子练习",其实质是用一整套预设的要

---

① 胡恒. 建筑师约翰·海杜克索引[J]. 建筑师,2004(5).
② 转引自:胡恒. 建筑师约翰·海杜克索引[J]. 建筑师,2004(5).
③ 1950年海杜克毕业于库伯联盟,1953年获得哈佛大学设计研究生院硕士学位。
④ 转引自:胡恒. 建筑师约翰·海杜克索引[J]. 建筑师,2004(5).
⑤ "方盒子练习"是将九宫格的二维平面在垂直方向上升成为一个9m见方的立方体,从而更多地引入了三维空间的问题。参见:朱雷. "德州骑警"与"九宫格练习"的发展[J]. 建筑师,2007(8).

素来进行相应的设计训练,它将"点、线、面"等的抽象问题与"梁、板、柱"等的具体建筑问题结合起来,使之具有了抽象思想和坚实建造的双重属性,对此后的建筑教学产生了广泛的影响。但是在很多情形下,由于理解的问题,它却又越来越趋向于一种抽象的纯粹形式空间训练。

图 4-4-1　"笛卡尔方盒练习"(1975—1988 年)

除此之外,海杜克还积极鼓励及创建一个允许发生质疑及批评的场所,一个可以"自由呼吸的地方"。他认为遵守老的观点是最容易做的事,但这不是教育的全部含义;对于海杜克和库伯联盟建筑学院来说,"建筑教育的本质是一个可以对传统知识进行挑战的地方"。因此,海杜克甚至认为如果让学生模仿他的方式去设计是"贬低了我自己的工作"①。他希望学生能自省地发现自己所需要的,然后带着热情去完成。

在库伯联盟建筑学院,海杜克还强调建筑学和其他学科之间的联系和交叉,他相信这会帮助建筑学实现自身的良性转换。他鼓励学生用一个建筑师的观点,从形式和内涵出发来找到它们之间的线索,发掘它们对于建筑学的含意。正如一位学生所描述的:"我们为了类似的方法学习了很多建筑学以外的学科。"②在这里,过程和结果是同等重要的。

1971 年,纽约现代美术馆(MOMA)举办了一个重要的展览——"建筑师的教育:一种观点",同时还出版了一本同名的作品集。所有这些模型、绘画和照

① Michael J. Crosbie. Cooper Union:A Haven for Debate[J]. Architecture,1984(8).
② Michael J. Crosbie. Cooper Union:A Haven for Debate[J]. Architecture,1984(8).

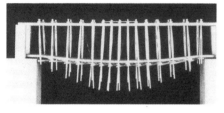

**图 4 - 4 - 2　桥的设计一年级学生作业
(1975—1988 年)**

片,都真实呈现了自 1964 年以来海杜克和他的同事及学生们的主要作品,展示出他们对于建筑空间与建筑思想的深刻思考和研究。此后在 1988 年,Rizzoli 国际出版社又推出了它的续编:《建筑师的教育》。这本作品集囊括了自 1975 年艾文·钱尼建筑学院(库伯联盟学院)成立以来的 13 年里最重要的师生作品:"书中的作品不再有试探性的痕迹,线条稳定,方向明确,显然已将早期作品中的隐约呈现的观念具体地表现出来。"①

库伯学院非常规的教育方式也在一些场合遭到了批评,有人认为库伯联盟学院的建筑学教育已经远离真实的建筑世界,并且这些灌输给学生的信念可能在他们的未来工作中难于得到继续。但是所有这些怀疑都回避了这样一个问题,即想象力如果无法被自由地培植,那么它就会萎缩,而无法达到一种丰富、深刻及吸引人的极致。

库伯联盟建筑学院该阶段的建筑教育实践,对 1980 年代以后我国东南大学和同济大学的建筑设计基础教学改革提供了有益的借鉴,并产生了积极的影响。不管是东南大学始于 1986 年的"立方体空间设计"(详见 6.4.1.2),还是同济大学 2000 年之后的"桥的建构"(详见 7.2.3),都可以在库伯联盟找到源起。事实上,真正改变的也并不仅仅是几个作业,而是对待建筑设计和设计基础教学的思想及方法。

4.4.3　赫斯里与苏黎世联邦高工

"德州骑警"的另一名核心成员——本哈德·赫斯里(Brnard Hoesli),也在此后重返他的母校——苏黎世瑞士联邦高等工科大学(简称 ETH)建筑系,继续发展他的"建筑设计基础教学(Grundkurs)",并形成了所谓的"苏黎世模式(Zurich Model)",从而把这个当时仍徘徊于传统学院式教学禁锢之中的建筑系,自 1960 年代起一下子带到了世界现代主义建筑教育的最前沿。

---

①　[美] John Hejduk 主编. 林伊星,薛浩东译. 库柏联盟——建筑师的教育[M]. 台北:圣文书局,1998:7.

　　在赫斯里所发展和建立的 ETH 现代主义建筑教育体系中,其建筑设计基础教学阶段是由建筑设计、建筑构造、绘图与图形设计三个相互作用的部分组成,而其中的"空间练习系列"是这一建筑设计入门训练中极其重要的一个部分①。

　　1950 年代末和 1960 年代初正是设计科学在设计方法学这面旗帜下蓬勃发展的时期,有关设计的思维方式、设计解决问题的基本模式以及设计的方法和策略等的知识体系已经大致形成。据此,赫斯里认为现代建筑设计的本质是一套特定的工作态度和方法,设计过程和学习过程应该是一致的。这也是他完成建筑设计"可教授"理论的基石。而赫斯里对于建筑设计训练所持的教学设想,则在他写给吉迪恩(《时间、空间和建筑》一书的作者)的信中有着明确的表达:"我们的教学方法来自一个信念,即比以往的教学更加强调建筑设计中从构思到形式的转换,把设计中的问题和设计的阶段作为教学的主要内容。如此便形成了完全不同的教学架构。我们不再关心正在处理的是什么问题,即那些建筑类型的问题。我们所关注的是决定设计的各种因素。这种将教学的注意力不放在'建筑'方面,而放在产生它的过程方面;不放在具体的形式方面,而放在决定形式的作用力方面,标志着一种超越、一种新的方向,前所未有地丰富了建筑教学及其种种可能性。"②

　　后来,赫斯里的继任者,H. 克莱默(Herbert Kramel)教授于 1970 年代初开始接手建筑构造课程,并于 80 年代初同时主持建筑设计基础课程的教学。这使得他能够将建筑设计与构造两门课程合而为一,建立了一个既强调设计又强调建造的基础教案,从而抛弃了赫斯里式的空间练习,而进一步将建筑设计基础课程发展成包括空间使用、场地环境和材料结构三条线索在内的一套结构有序的教学体系。至此,ETH 根据对设计思维方式的见解,把设计过程(练习过程)划分为几个阶段,每一个阶段集中解决一个或数个明确限定的设计问题,各阶段之间又形成相互制约的关系。这样一种"分析＋综合"的教学模式的重点是培养学生综合处理复杂设计问题的能力,而又顾及到学生实际的解决问题能力的限制。空间形式问题是与设计的相关因素联系在一起研究的,形式是空间使用、结构材料和场所环境等设计因素相互作用的结果。其中最典型的是小住宅练习,这是

---

　　①　赫斯里将空间概念的教育具体化为一系列的基本练习,其中包括:"空间的延伸(Spatial Exlension Problem)"、"空间中的空间(Space within Space)"、"处于文脉空间中的空间(Space within Space in Context)"等。参见:朱雷."德州骑警"与"九宫格练习"的发展[J].建筑师,2007(8).

　　②　转引自:东南大学建筑学院编.东南大学建筑学院建筑系一年级设计教学研究:设计的启蒙 [M].北京:中国建筑工业出版社,2007(10):15-16.

"由以前的抽象空间构成练习演化而来的,既抽象又实际,融合了设计的人居、场地、建造以及空间等一系列问题"①。

苏黎世瑞士联邦高等工科大学的教学实践,后来对东南大学建筑系始于20世纪80年代的那场教学改革产生了直接的影响,并对国内建筑设计基础教学对于"建构"的普遍重视具有重要推动。近年来,香港中文大学建筑系的顾大庆(原东南大学建筑系教师)和维托·柏庭卫(Vito Bertin)在其指导的"建构工作室"所开展的一系列关于"形式空间"的建构教学研究,就是在此基础上进行的。该研究特别提出:"建构的教学,究其本质,是一个特殊形式的学术研究……从单纯的传授设计方法和知识到发展设计新概念和新方法。"②这一思想与最初"九宫格练习"通过设定要素来教导现代建筑的理解相比,进一步强调了空间教学操作自身的规律性。

4.4.4 法国巴黎美术学院的嬗变

20世纪60年代中期的法国,正处于二战后"光辉三十年(Les trente glorieuses,1945—1975)"的中途;然而在"经济繁荣、政治安定"的表象之下,法国也面临着一场"物质上升,信仰下降"的危机。战后法国大学教育的不思改革,促成了一种"只谈存在,不谈意义"的社会结构,对此,哲学家保罗·里克尔早在1964年就在《精神》杂志上发出警告:"如果国家不采取适当办法解决大学的发展问题,将会招来酿成全国性灾难的学校大爆炸。"1968年5-6月,一场涉及政治、经济、文化领域的波澜壮阔的社会运动终于从巴黎的大学爆发,并迅速席卷全国,甚至影响远及欧洲,后被世人称为"五月革命"。

这场文化革命给法国的大学教育带来了重大影响,也直接导致了巴黎美术学院传统建筑教育的革命性转变。

1968年之前,巴黎美术学院的建筑基础教学都沿袭着传统的固定模式,就是"完全用模板来画图"。学生花费大量的时间练习如何准确地运用各种制图模板,并在图面构成中使用技巧以形成优美的构图。这种对于现代建筑来说已经属于完全非本质性的问题,在当时被放在了非常重要的位置。法国著名建筑师让·努维尔回忆当年在法国求学的经历时曾经提到:"进入巴黎美术学院以后,我立即就意识到这里只会教给我一些技法上的东西。这个学校每年都在重复同

---

① 参见:东南大学建筑学院编.东南大学建筑学院建筑系一年级设计教学研究:设计的启蒙[M].北京:中国建筑工业出版社,2007(10):17.
② 朱雷."德州骑警"与"九宫格练习"的发展[J].建筑师,2007(8).

样的东西,也就是对图纸进行单纯地描绘……它们采用的教育方法都是只让学生学习图面技巧。"而对于让·努维尔来说,"让学生自己思考问题,自己进行方案设计才是本质性的教育"①。当年巴黎美术学院的做法显然片面强调了表现方法的重要性,而忽视了设计思维及能力的培养。

　　1968 年 5 月 16 日,已经罢课的巴黎美术学院的学生提出三点要求:(1) 反对职业权威对建筑的把持;(2) 反对千篇一律抄袭习作;(3) 反对为建筑企业集团利益服务②。"五月革命"之后,建筑学院从巴黎美术学院中分离出来,成为一个新的独立建筑教育机构,行政归属上也从文化部转移到建设部,并改名为建筑学校③,原有的"学院式"教学体系也就此解体。而巴黎维尔曼建筑学院(L'Ecole d'Architecture Paris-Villemin,即初期的 UP1)就是 1969 年从巴黎美术学院中独立出来,并成为今天巴黎八所专门培养现代建筑人才的公立建筑学院之一。

　　维尔曼建筑学院在独立之后,首先放弃了原先"学院式"教学模式对于古典范例的刻板模仿和专注于形式的美术思想,开始以现代主义的建筑教育思想,重新建立和发展了自己的教学体系。其教学方式转而注重从设计能力的培养开始,从空间的创造和对建筑相关问题的处理出发,以求最大限度地激发学生的自主意识和创造潜能。

　　在维尔曼建筑学院,六年的建筑学本科课程教学由三个为期两年的阶段构成。其中第一个两年即属于建筑设计基础教学阶段,这一阶段的建筑初步教学涉及建筑学职业活动的各个相关领域。其中一年级的建筑初步教学主要是通过基本的练习、实验和对建筑空间的体验,从建筑认识入手,培养学生的感知能力及对建筑的兴趣,同时训练各种建筑表达技巧,并引导学生掌握一种获取知识及进行建筑思考的方法。而二年级的设计基础教学除了加入形式和材料的表现及表述之外,其教学主干则是通过基本的住居主题,展开初步的设计训练④。

　　从维尔曼建筑学院的课表(表 4-3)可以看出,相较于传统"学院式"的教育模式,其艺术表现所占的比重已经大为压缩。而以住居类课程设计为结尾的建

　　① 东京大学工学部建筑学科/安藤忠雄研究室编. 王静,王建国,费移山译. 建筑师的 20 岁[M]. 北京:清华大学出版社,2005(12):58-59.
　　② 童寯,"建筑教育"(1944 年写于重庆,未发表),见:童寯文集(第一卷)[M]. 北京:中国建筑工业出版社,2000(12):114.
　　③ 东京大学工学部建筑学科/安藤忠雄研究室编. 王静,王建国,费移山译. 建筑师的 20 岁[M]. 北京:清华大学出版社,2005(12):148.
　　④ 参见:朱晓东. 巴黎维尔曼建筑学院教学体系评述[J]. 新建筑,2001(4):16.

筑设计初步教学构架,也与传统的以渲染表现训练为主的学院式方法有了根本改变,这样的时段和内容设置已经非常接近我国当前主流的建筑设计基础阶段的学制安排。但是同时,二年级的住居系列课程,又体现了明显的按照建筑类型进行设计教学的思想。除此之外,其教学进程所呈现的明晰的阶段性划分,为学生充分认识和理解现代建筑所涉及的各种问题提供了方向;在此过程中,他们所采取的灵活性和可选择性教学,"既培养了学生多样化的能力,也为其日后开展职业生涯提供了多种可能"①。

表 4-3　巴黎维尔曼建筑学院一、二年级课程计划

第1学年806 h	建筑文化(168 h)	建筑文化(42 h)	第2学年:住房797 h	第一学期	住宅空间1(174 h)	建筑设计(90 h)
		现代建筑史(75 h)				邻里心理学及社会学(32 h)
		建筑和自然环境(27 h)				现代评论(52 h)
		视觉表现初步(24 h)			表现及表述2(156 h)	形式和材料(78 h)
	建筑学初步(200 h)	建筑设计(150 h)				表达及信息学工程(78 h)
		跨学科工程(50 h)			职业建议(职业与实践 65 h)	
	科学与建筑1(177 h)	地貌学和几何学(90 h)		第二学期	住宅空间2(181 h)	建筑设计(90 h)
		建筑科学(87 h)				居住心理学研究(39 h)
	文化与表达(147 h)	艺术表现(65 h)				居住史(52 h)
		艺术及建筑史(82 h)			科学与建筑2(130 h)	科学与建筑工程(104 h)
	科学表现法1(114 h)	透视法及描述(78 h)				地貌学(26 h)
		表达及信息学(36 h)			选择性(91 h)	

资料来源:朱晓东.巴黎维尔曼建筑学院教学体系评述[J].新建筑,2001(4):16.

4.4.5　日本

包豪斯教学思想对亚洲的影响最早是在日本。格罗皮乌斯认为设计教育的核心问题就是寻求以适当的方式来释放学生的造型潜能;为此,包豪斯在当年吸收了一批先锋艺术家执教其基础课程,并使之成为一个现代思想下的完整教学体系,集中体现了那个时代造型研究的最新成就。

———————————

① 参见:朱晓东.巴黎维尔曼建筑学院教学体系评述[J].新建筑,2001(4):16.

　　二战以后,日本经济自1950年代开始迅猛发展,客观上刺激了工业设计体系的发展和完善。受包豪斯基础课程中"造型"训练课程的启发和影响①,在20世纪40年代末至50年代初,日本将包豪斯的基础课程引进大学和专科学校的艺术和设计教学之中;然后在50年代至70年代,以朝仓直巳(あさくらなおみ,东京教育大学(今筑波大学)教育学院艺术学系(主攻构成)毕业,亚洲基础造型学会第一任会长)为代表的日本设计教育界发展了自己的形态构成体系,进一步将原先作为一种造型方式的"构成概念"扩大到了造型本身,并对构成进行了格式化与单一化的变异,最终通过充实整理,把它变成了一门专业的设计基础课程。根据朝仓直巳本人对"构成"的描述,"构成"的重点在于"造形";它不是技术的训练,也不是模仿性的学习,而是引导学生通过有效的方法,在设计造型的过程中,主动地把握限制的条件,有意识地去组织与创造,在无数次反复的积累中获得能力的训练和创造力的育成。

　　而我国对"构成"的了解就主要来源于朝仓直巳的基础造型系列。"三大构成"自20世纪80年代初经由香港开始被引入内地,逐渐成为国内大部分建筑和艺术院校共同采用的艺术基础教学课程,对我国的设计教育发展产生过巨大的影响②。

4.5　本章小结

　　1952年的全国院系调整和此后全面学习苏联的运动,使得国内绝大部分建筑院校的设计基础教育纷纷转向源于巴黎美院的苏联"学院式"体系,并在不同程度上进一步强化了该体系的教学模式。在当年的专业入门课程——"建筑初步"中,对优秀建筑的绘画和摹写则是其主要的训练内容和手段。随后,自1958年到1977年间,一连串的社会和政治运动又使得我国大学建筑教育及建筑设计初步教学经历了一个跌宕起伏的错折发展历程。

　　从1952年成立至早期发展的这一阶段,同济大学建筑系在全国普遍实行

---

　　①　包豪斯的基础课程中确实包含有对色彩、平面及立体形式的研究,提倡运用不同材质进行概念表现,鼓励学生对色彩的形式想象力进行理性分析和实验,以使学生超越旧的经验约束与视觉习惯,培养敏锐的视觉认知能力和形式塑造能力。但是在包豪斯当年的基础课程中并无成体系的"构成"训练。

　　②　我国设计基础教学基本沿用了日本的构成体系。不但所编著的基础构成教材其实质就是朝仓直巳基础构成的摹本,而且在教学方式上也基本因袭日本。平面构成、色彩构成和立体构成在1980年代曾一度被中国设计教育界普遍统称为"三大构成"。

"学院式"教学体系的局面下,加上主导教师的学缘背景影响,总体上也采用了传统学院式的设计基础教学模式,教学内容以"建筑制图+建筑表现"为主体,教学手段则以"师徒相授"为核心;同时现代建筑及教育思想下的建筑初步教学实践又不断地对这一体系进行着补充和冲击。作为一个具有深刻现代建筑思想渊源的院系,从罗维东的现代教学实验,到冯纪忠先生在"花瓶式"教学计划和"空间原理"体系下对建筑初步教学的改革尝试,同济大学从未放弃过对于现代建筑设计基础教育模式的不懈探索;而首任副系主任黄作燊更是中国第一个将"包豪斯"式的现代建筑教育方法带入建筑基础课程教学的先驱者。在广大教师的共同努力下,同济大学建筑系通过理论与教学实践的结合,以创新思想为基础,发展出了一套独具特色的系统的建筑初步教学方法,它不但奠定了同济大学建筑设计基础课程的坚实基础,更使同济建筑系在中国的这一特殊历史时期起到了传承和发展现代建筑思想的重要作用。

更应该看到的是,虽然国内政治形势的变化以及建筑教育领域主流思想的影响和冲击导致这一发展的过程艰难而坎坷,但是同济建筑系的教师们总能顶住压力,锲而不舍,体现出一种独立思考、执着追求的可贵精神。而这种精神,正是知识分子"自由之精神、独立之人格"的直接体现。

第5章

同济大学建筑设计基础教学秩序的全面恢复和新体系的萌生(1977—1986)

1976 年 10 月,"四人帮"集团的垮台终于结束了那场十年浩劫。1978 年年底,中共中央在北京召开了十一届三中全会,重新确立了党的思想路线、政治路线和组织路线,开始全面、认真地纠正"文化大革命"中以及过去的"左"倾错误,决定把全党的工作重点转移到社会主义现代化建设上来,从而实现了新中国成立以来的一次历史性转折。

1977 年,中断了十年之久的中国高考制度得以恢复,各建筑院校也相继在 1977、1978 年左右开始统一高考招生,中国的建筑教育自此又重新走上了健康发展的道路。

高等建筑教育恢复之初,百废待兴,当时国内各主要建筑院校基本上延续了"文革"之前各自发展的教学方法。作为建筑学入门基础的建筑设计初步课程,也一如既往地按照传统"学院式"方法,保持着以建筑制图和渲染绘画为核心的训练内容;但是,改革的种子也在此时开始萌芽。

20 世纪 70 年代末到 80 年代初,"构成"教学开始进入我国内地的艺术和工业产品设计领域,并对各个建筑院校的建筑初步教学产生了重大影响。与此同时,随着社会和经济的逐渐恢复和发展,建筑思想领域也日渐自由和活跃起来。虽然传统学院式方法在当年的各个建筑院校仍然有着深厚的根基和强大的惯性,但是现代建筑教育思想在此时也有了进一步的发展空间。

5.1 同济大学建筑设计基础教学 秩序的全面恢复(1977—1979)

1977 年夏,同济大学建筑系也随着全国高考制度的恢复而重新开始本科招生，第一届共有建筑学和城市规划专业各 60 名学生。当时在系主任冯纪忠的主持下，各项教学工作重新开始展开，并出现了不少具有现代特征的教学实践，建筑设计基础教学也在此时得到了全面恢复和发展。

教学秩序恢复初期，同济大学在建筑系内部进行了重新分工，除了吴庐生等少量教师被分流到了建筑设计院专职进行设计工作之外，大部分教师仍继续留在系中担任课程教学任务；而建筑设计初步教学则由赵秀恒等老师所在的民用教研室承担①。

遗憾的是，笔者没有寻找到 1977 年第一届新生的教学计划档案，但是从同济大学建筑系 1978—1979 学年第一学期的执行教学计划发现，此时的课程名称已经第一次出现了"建筑设计基础"的称谓，这也应该是国内第一个正式的"建筑设计基础"课程名称。按照当时四年制的专业教学计划，该课程被安排在一年级，共两个学期，每周课内 4 学时、课外 6 学时。这一称谓在同济大学建筑系一直沿用到了 1983 年，自 1983 年秋开始又恢复了"建筑设计初步"的课程名称，并将课时由之前的每周 4 学时，扩大到每周 7 个学时②。

由于 1977 年刚刚招生的只有一年级学生，因此当时大多数老师都参与了一年级的建筑设计基础教学工作，这其中就包括：冯纪忠、戴复东、吴一清、刘佐鸿、王良振、黄仁、王曾纬、赵秀恒、庄荣等诸多教师。当年冯纪忠先生还亲自讲授了第一节的"建筑基础理论"课③，戴复东先生则为学生上了第一节的幻灯课。

在恢复建筑专业教学初期，建筑设计基础的教学内容基本上延续了文化大革命之前的课程设置，由各个传统的作业题目加上一些相关的理论基础讲课，并经过适当调整，串联在一起构成一个相对完整的系列。当时除了建筑基础理论、字体与线条、渲染基本技法、色彩基本知识、光影明暗分析、建筑表现及技法、建筑抄、测绘和小设计等传统课程外，还增加了"文具盒设计与制作"和"标题构图——《科学的春天》"两个新作业，极大地激发了学生们的创作积极性。当时主要的建筑设计基础课程包括：

---

① 2009 年 5 月 20 日，笔者访谈赵秀恒老师。赵老师原话是"冯纪忠先生亲自讲授了第一节的'建筑概论'课，但是根据 1875—1976 学年李永光（1975 年 9 月入学，学号 751208）的成绩登记档案，当时一年级只有"建筑设计初步"；之后 1980—1983 年的学生成绩档案显示，一年级除了"建筑设计基础"课程外，也并无专门的"建筑概论课程"；而在 1885 年的学生成绩档案中则出现了"建筑概论"和"建筑设计初步"两门课程。由此可以推断，1978 年时在建筑设计基础教学中有原理内容，但是结合在了"建筑设计基础"课程中讲授，并非单独课程，这也是和后来沈福煦老师回忆相符合的。因此，笔者在此处以"建筑基础理论"称之。参见：同济大学学生成绩登记表，同济大学建筑系档案。

② 资料来源：78—79 学年第一学期执行教学计划，1978 - JX1312 - 1，同济大学建筑系档案；建筑系建筑学专业（四年制）简明教学计划（83 级），同济建筑系档案。

③ 2009 年 5 月 20 日，笔者访谈赵秀恒老师。

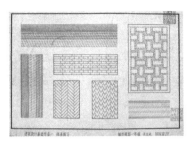

图 5 - 1 - 1
线条练习学生作业

图 5 - 1 - 2
渲染练习学生作业

图 5 - 1 - 3
渲染练习学生作业

图 5 - 1 - 4
钢笔画学生作业

图 5 - 1 - 5
水粉表现学生作业

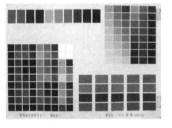

图 5 - 1 - 6
色彩基础学生作业

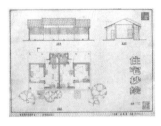

图 5 - 1 - 7
建筑抄绘学生作业

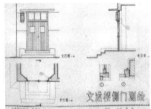

图 5 - 1 - 8
建筑测绘学生作业

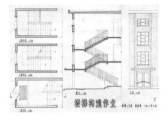

图 5 - 1 - 9
楼梯构造学生作业

图 5 - 1 - 10　公园茶室设计学生作业

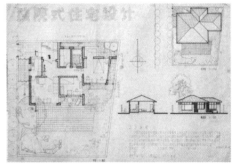

图 5-1-11　独立式住宅设计学生作业

一、建筑基础理论——讲授基本的建筑及设计知识,帮助学生建立初步的专业认知

二、建筑设计基础(建筑设计初步)

1. 字体与线条——由仿宋体、黑体,中英文、数字等各类字体构成 3 号图幅的墨线字体练习;由包括直线、曲线等各种线形、粗细、密度的尺规墨线线条绘制练习。

2. 渲染——包括平涂、渐变退晕以及叠加法退晕等基本的单色渲染技法练习;结合了光影明暗分析的简单建筑构件渲染练习;以及以文远楼建筑入口局部的立面带阴影单色渲染练习。

3. 建筑表现及技法——结合课外作业,进行各种题材和风格的钢笔、铅笔徒手绘画及钢笔淡彩和水粉效果图训练。

4. 色彩基础——各种不同色相、明度、彩度的水粉调色练习,可以自由组织构图。

5. 标题构图——以《科学的春天》为题进行主题平面构图训练。

6. 文具盒设计与制作——要求设计制作一个 1：1 的自用文具盒模型,并绘制相应的平、立、剖面图。

7. 建筑及环境抄测绘——以文远楼侧门、北楼端门及校前广场等为对象进行测绘,以及对小型住宅设计进行抄绘,进行墨线尺规的建筑平、立、剖面图及局部详图的表达练习。

8. 小设计——要求设计一个百余平方米的公园茶室,并绘出 1：500 的总平面、1：100 的平、剖面图及 1：50 的立面渲染。

资料来源:笔者根据学生作业档案和赵秀恒老师回忆,重新整理编辑。

从上述课程计划可以清晰地看出，此时同济大学建筑设计基础教学的主体构架由"建筑基础理论"和"建筑设计基础(建筑设计初步)"组成，其中"建筑设计基础"又包含了"制图基础和表现技巧"、"创造性思维训练和制作"和"建筑认识及小建筑设计"三大板块。这也成为后来同济建筑设计基础教学体系基本框架的原型。

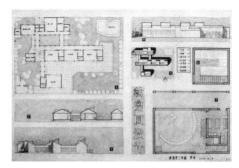

今天我们回顾这些作业的设置，除了那些延续"文革"之前的题目外，最令人感兴趣的就是新增加的"标题构图"和"文具盒设计与制作"两个作业。

"标题构图——《科学的春天》"，与之前圣约翰的基础课程、特别是罗维东的组合画和"招贴海报设计"等基础练习一脉相承。如果从此时主持建筑初步教学的赵秀恒老师当年在同济大学求学时，正是罗维东 1954 年展开现代建筑教学实验的事实来看，我们有充分的理由相信这一线索草蛇灰线、伏脉千里的渊源沿承，也体现了现代建筑思想在同济建筑系中的薪火相传。

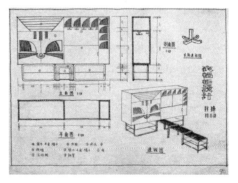

图 5‐1‐12　幼儿园设计学生作业

而另一个独特的设计和手工制作基础训练——"文具盒设计与制作"，则要求学生们在教师的指导下，根据建筑专业绘图需求和个人需要，设想所需收纳的刀笔文具，兼顾使用功能的合理性和形式的美观及创造性，设计并动手用木头加工制作一个 1∶1 的文具盒。伍江老师曾经回忆起他 1979 年进入同济大学建筑系一年级学习时的这个练习："这个作业先要画图设计，……然后从一整块三夹板开始，从锯到刨、胶粘榫拼、打磨油漆、蜡克上光。同学们干得热火朝天，不亦乐乎。虽然是一个小小的文具盒，但从功能到造型、从空间到尺度、从制作工艺到材料特性，同学们学到的是一个完整的'建造'过程。"当时许多同学在后来几年的学习中一直都在使用着自己亲自设计亲手制作的这个文具盒,甚至在毕业20多年后还完好地保存着"这平生第一个'作品'"①。尽管从学生作业所反映的情况来看,当时绝大部分都是在图面设计结束之后才制作完成的成果模型,更多的是强调制作的工艺和精美,模型的制作过程并未成为推进设计的催化剂,对于材料和技术也还没有形成一种自觉的思考,从而使得模型和设计呈现出一种相对分离的状态。但是,作为建国以后全国建筑院校中第一个在建筑设计初步课程中引入的设计制作类课题,"文具盒设计与制作"这个作业功能简单,贴近学生的日常生活经验,取材和制作也较为容易,并使学生对功能、形式、空间和建造都有了一个非常直接的体验和感受,使学生进一步理解了现代建筑思想和设计理念。因此,这一系列的设计制作课题有效地补充了设计基础教学中纯粹绘图训练的局限性,从而为学生培养和建立正确的专业态度和设计意识打下了很好的基础,并对学生的职业生涯带来终身的影响。

 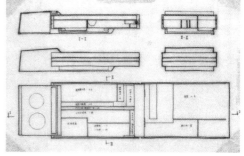

图 5-1-13　标题构图学生作业(1979 年)　　图 5-1-14　文具盒设计学生作业(1979 年)

如果把建筑设计基础课程定位于设计启蒙,那么如何启蒙就成了教学中必须思考的问题。传统"学院式"的设计基础教学模式是让学生通过大量的模仿和临摹,在不断的熏陶和训练中打好扎实的图面表现基本功,并进而掌握经典建筑的构成法则,因此各种线条练习和渲染绘画就成了理所当然的选择。然而,自从包豪斯的作坊和构成训练开始,现代建筑教育就已经认识到制作和模型在教学中的重要作用。从某种意义上说,制作正是一种"建造"的尝试。建筑设计是以解决实际建造为目的的造型活动,功能性和可建造性正是它区别于普通艺术造型活动的本质所在。通过动手加工这一过程,学生不仅能领悟到图纸和实体之

---

① 参见:伍江. 兼容并蓄,博采众长;锐意创新,开拓进取——简论同济建筑之路[J]. 时代建筑,2004(6)特刊:同济建筑之路.

间的相应关系,并且更能深切体会到材料和技术之于设计的意义。因此,强调对同学动手能力的培养,在教学中注重"制作"这一方式的意义,是同济大学建筑设计基础教学中最为突出的一个特点。

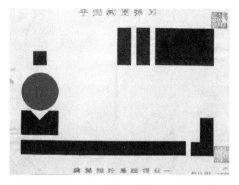

图 5‑1‑15　平面构图学生作业(1981 年)

1978 年,随着第二届学生的招收和年级的增多,老师们的教学任务也逐渐有了清晰的分流,形成了以年级教学为主的教学小组。当时担任建筑设计基础课程教学的"一年级教学小组"的任课老师有:赵秀恒、刘佐鸿、王良振、王曾纬、贾瑞云、刘利生、陈忠华等①。而建筑初步课程除了原有的传统练习,又陆续增加了书籍封面设计、唱片套设计、海报设计等多种内容的训练,从实用视觉艺术的角度为学生建立了开放的创造性形象思维空间,强调设计思维与传达能力的提高,并努力给学生创造独立思考的条件,从而展现了现代建筑思想深刻的内涵和广阔的外延。

图 5‑1‑16　海报设计学生作业(1981 年)

5.2　同济大学建筑设计基础教学
新体系的萌生(1979—1986)

1980 年代初是我国建筑设计基础教学体系发展过程中的一个重要历史转

---

① 赵秀恒.同济大学《建筑设计基础》教学的发展沿革(初稿,未发表).2007.2.22.

折时期。随着国门的逐步打开,西方一些先进的教育理念也慢慢进入视野。在这个时期,传统的教学体系依然存在,而新的教学模式也开始崭露头角,国内各个建筑院校建筑设计基础的教学和研究水平总体上呈现出参差不齐的状态。

同济大学建筑系在此时也越来越认识到建筑设计基础教学的重要性和独特性,着手进行"建筑设计基础教学新体系"的探索和改革,并酝酿成立建筑初步教研室。他们通过对原有建筑初步教学体系的总结和梳理,压缩和删减了部分课程作业,同时,在国内率先将形态构成、空间限定等理论和相应练习系统地借鉴和引入到建筑设计基础的教学体系内,并经过随后多年的实践与调整,逐渐形成了基于现代建筑思想和教学理念的建筑设计基础教学新体系的雏形,在全国兄弟建筑院校中引起了很大的反响,并起到了一定的引领作用。

5.2.1 同济大学建筑设计基础教学新体系的理论研究及准备

2007 年,《建筑师》杂志社整理出版了一套包括《从现代向后现代的路上》在内的《建筑师》丛书,对我国"文革"以后的建筑事业及学术教育的发展历程做了系统的回忆和梳理,其中就提到了 1979 年之后一段被称为"理论准备"的时期。而同济大学建筑系发生在 1980 年的那次"建筑设计基础新体系"的重大改革,其实也早在 1979 年前后就已经开始酝酿,其改革的支点是基于对当时新的历史背景下建筑和建筑设计的深刻思考以及这一时期国内兴起的"三大构成"和"空间限定"这两个理论,从而在内容和本质上对教学改革形成了推动。

5.2.1.1 "建筑设计基础"及"设计思维"概念的提出

1979 年,赵秀恒老师在《同济大学学报》第四期发表了一篇题为"建筑·建筑设计——《建筑设计基础》课的探讨"的文章,不但首次提出了"建筑设计基础"的概念,同时前瞻性地将"建筑设计能力",即"思维能力和表现能力的培养与训练"作为建筑设计初步的主要教学目的和手段。"设计思维"这样一个在当时国内建筑教育领域还非常陌生的概念的提出,对于同济大学建筑设计基础教学来说,是一个重要的事件,它对该校建筑设计基础教学的内容和目的做出了重要的补充和完善,并奠定了此后新体系建立的基础。

图 5 - 2 - 1　赵秀恒

赵秀恒老师在文中认为,建筑设计是一种"创造人为的社会环境所进行的思维与传达活动",而建筑设计的思维过程,则是"一个指定实施方案的过程";而在这整个设计过程中,形象思维和逻辑思维是共同存在、密切联系和相互交错的,其过程也相互穿插。同时,为了对建筑有一个客观的认识,赵秀恒老师提出必须鼓励实地的参观体验,进行身临其境的观察和感受,依靠经常不断地从空间的角度进行认识、学习和实践,才能正确地把握空间的尺度感、量感及质感。对于建筑设计中的逻辑思维,其主要内容则是对设计构思(解决问题的方案)进行分析和判断(即校对和选择);赵秀恒并且在文中特别厘清了"立意"和"构思"这一对经常被混淆的概念①。

　　基于上述对建筑和建筑设计的深刻认识和思考,赵秀恒老师在冯纪忠先生20 世纪 60 年代初"空间原理"的基础上,进一步提出了以空间训练为主要构架和内容的建筑设计教学设想,并从"空间的限定""空间的组织""空间的构成"和"空间的构图"四个具体方面进行了深入的探讨②。60 年代初冯纪忠先生的"空间原理"曾经对建筑设计教学从功能主义和类型设计教学的传统中寻求突破,而当时赵秀恒老师的"空间教学"则针对我国建筑设计教学一贯以来对于建筑形象和形式的片面追求,导向了对建筑更为本质的"空间"的重视。这也使得同济大学建筑系成为中国第一个系统提出建筑空间教学设想的建筑系。特别是对于低年级的建筑设计基础教学而言,空间的限定、构成和组织更具有可操作性和科学性。但是,由于缺乏相应的课题设置和教学手段,1979 年时,建筑空间教学还仅仅停留在理论的层面;而自 80 年代初开始,大量关于"空间"理论的引入,则为同济大学建筑设计基础教学展开切实可行的空间教学提供了有力支持。

　　另一方面,相较于传统的建筑初步教学中建筑表达和表现的训练,主要是集中于学习规范的制图方式和方法,以及通过对经典传统的临摹,使学生在潜移默化中领悟构图原理及设计模式,同时提高审美修养和掌握建筑表现手法及手段。

---

　　①　赵秀恒老师认为,"立意"是能够脱离现实而存在的精神的表象,而"构思"则始终是以"立意"为基础来寻求实现设计目标的方法与形式。参见:赵秀恒.建筑·建筑设计——《建筑设计基础》课的探讨[J].同济大学学报,1979 年第四期(建筑版):64、65.
　　②　根据赵秀恒老师当年的设想,"空间的限定"是指运用各种物质手段,在原始空间中具体地或抽象地限定出一个特定的环境,其主要内容包括:限定要素、限定方法和限定效果的分析,空间限定的类型以及限定空间的性质等。"空间的组织"是根据人们的生活要求,对空间内的各个活动领域以及相互关系进行恰如其分的组织。"空间的构成"是指运用物质技术手段克服自然的阻力而构成人为的环境,其主要内容包括:物质技术的针对性、可能性与局限性、构成与使用的吻合等。"空间的构图"则是在上述各方面的基础上,从视觉形象的审美角度,对建筑形象的各个方面进行合理的调整与处理,使之达到内容和形式完美的统一,主要包括:构图与功能的关系、美的辩证概念、构图要素的分析、构图的基本原理、统一与变化的分析等。参见:赵秀恒.建筑·建筑设计——《建筑设计基础》课的探讨[J].同济大学学报,1979 年第四期(建筑版):69.

而赵秀恒老师则从"设计思维"出发,特别强调了设计过程中"图解、图表、草图、透视、模型"对于设计思维传达的重要性。并针对这种草图性的表达语言在传达过程中"清晰度降低与含义受损"的特性,提出了"清晰、准确、迅速、明确"的要求①。

这其实也构成了同济大学建筑系在20世纪80年代初建筑设计基础教学的指导思想,即两个认识和一个能力的培养。具体包括②:

(1) 对建筑有一个符合客观历史发展的认识;

(2) 对建筑设计有一个比较理性的认识,对它的过程、思维特点、内容、语言等有所了解;

(3) 获取一定的建筑设计的能力,即思维与传达的能力。

5.2.1.2　后现代主义思潮兴起所导致的我国现代主义建筑阶段的缺失

我国的建筑学科建设和建筑专业教学,自它的起源开始便与外来思想有着深刻的渊源。不管是20世纪20年代初我国正规的建筑院校教育发端时对于"学院式"方法和古典折衷主义的引入,还是20年代末30年代初我国中央大学等四所主要大学的建筑院系对美国宾大建筑系那套传统"学院式"模式的尊崇和确立,都与早期那批创立者的教育背景紧密相关。而20世纪40年代圣约翰大学建筑系在借鉴包豪斯和哈佛大学建筑教学特点的基础上所展开的实验性探索和尝试、40年代末梁思成先生在清华大学同样源于包豪斯和哈佛大学的那场短暂的基础课程改革,以及50年代中后期罗维东先生在同济建筑系源于密斯思想的现代教学实验,也都依赖于对国外先进思想的学习和吸收。至于那场曾经在1952年开始的教育全面学习苏联的运动,则更是对外来思想的几乎全盘照搬。但是,此后直至70年代末,由于闭关自守和政治、社会的多方因素,导致我国被隔绝在了世界建筑现代化进程的发展之外,我们的建筑教育也由此停留在了早期的传统"学院式"教育模式之下,与复古主义和折衷主义结下了不解之缘;而此间历次的复古主义浪潮又总是把现代建筑作为反面教材加以批判。因此,基于"形式"主导和"渲染"教学这一基本模式的教学体系始终占据着我国建筑设计基础教学的主导地位。

---

① 赵秀恒.建筑·建筑设计——《建筑设计基础》课的探讨[J].同济大学学报,1979年第四期(建筑版):70.

② 赵秀恒.建筑·建筑设计——《建筑设计基础》课的探讨[J].同济大学学报,1979年第四期(建筑版):70.

第5章　同济大学建筑设计基础教学秩序的全面恢复和新体系的萌生(1977—1986)

　　尽管 1919 年始于包豪斯的教学实践突破了传统"学院式"教学的桎梏,对西方现代艺术和建筑教育带来了革命性的影响,但是世界范围内现代建筑教育的真正发展则应该是在二次大战以后。当时,美国由于大批欧洲优秀现代建筑师的加入而迅速成为现代建筑教育的中心,这一蓬勃发展的时期在本质上甚至已经与包豪斯时期有了很大的区别①。随后自 20 世纪 50 年代前后到 70 年代末,在这近 30 年的现代建筑教育发展过程中,关于现代心理学、行为科学及人工智能等方面的研究又极大地改变了人们对设计思维和设计活动的认识。首先,人们逐渐认识到,建筑设计作为一项技能不但是可以传授的,而且可以采取更为符合能力发展规律的方法进行教学;其次,对于建筑设计方法学的研究成果,也为学生基于问题解决的能力培养提供了多方面的系统性知识,诸如设计的程序和方法,建筑问题的分析、综合与评价等;另外,作为建筑设计基础教学重要核心之一的造形能力开发和训练,现代的建筑设计理论和实践也提供了诸如形式语言、造形观念与方法等多方面的支撑。

　　然而最具讽刺意味的是,当长期隔绝于世界现代建筑运动发展之外的中国建筑教育界,在 80 年代初重新开始向世界开放的时候,却被告知现代建筑已经"死亡"了,迎接我们的已经是"后现代"的时代②。1979 年 8 月的《建筑师》创刊号上就登载了尹培桐转译自日本《A＋U》杂志的《晚期现代主义和后现代主义》(查尔斯·詹克斯著)一文,着重强调了"建筑语言的审美方面"和"习惯性方面",并且将包含了"技术法则和美学法则"的"习惯性法则"确定为后现代的主要特征。《建筑学报》1980 年第一期又发表了杨芸的《由西方现代建筑新思潮引起的联想》以及周卜颐的《七十年代欧美几座著名建筑评价》;然后在《建筑师》第13—15 期,李大厦摘译的《后现代建筑语言》(查尔斯·詹克斯著)更是系统阐述了后现代建筑的理论和手法。于是一夜之间,诸如符号学之类的问题又一次成为学术热点。"后现代"以及之后的各种主义的来势凶猛,使得国内在还没有足够了解柯布西耶、密斯和赖特这批 19 世纪现代建筑先驱者的理性探索和"现代

----

　　①　包豪斯的基础课程,实质上是由一批先锋艺术家主持的综合性艺术入门训练,而建筑学所具有的专业性则被有意无意地忽略。二战以后发生于美国的那场建筑教学革命,才是真正建立在建筑学科本身特征和发展上的教学变革。

　　②　自 20 世纪初到 1970 年代初的这 70 年间,现代建筑在欧美的发展已历经了从起源、兴盛、普及和商业化,直至被"宣判死亡"的历程。英国的查尔斯·詹克斯(Charles Jencks)在他出版于 1977 年的《后现代建筑语言》一书中,宣告了现代主义建筑的死亡以及一个"后现代建筑"时代的来临;尽管后来他在 1983 年出版的《今日建筑》序言中,也终于公开承认"现代建筑死亡"之说不切实际,但是"后现代"建筑思潮作为一种对"现代建筑"的抵抗,还是对世界建筑发展造成了深远的影响。详参:[英]查尔斯·詹克斯著.李大厦译. 后现代建筑语言[M]. 北京:中国建筑工业出版社,1986:4-5,及译者序。

主义建筑"所代表的真实含义的情形之下,就匆匆开始了对所谓"现代建筑"的批判,以致我们刚从一个讲求美学和意义的建筑和教学体系中挣脱出来,却又进入了另一个基于美学和意义的体系①。

因此,现代建筑观念和理论实际上在我国并未获得正常而充分的发展,甚至可以说,我国并没有经历过一个现代主义建筑的历史发展阶段。这也是此后我国建筑设计基础教学改革和发展中所经历的种种波折的一个主要原因。

5.2.1.3 "构成"教学

"构成"②,作为一种艺术造型的基础训练方式,一向被认为是源于包豪斯最具影响力的基础课程。而事实上我们今天所广泛讨论的"构成"教学体系是由日本在二战之后发展而来。自 20 世纪 60 年代后期开始,中国香港的王无邪先生等也进行了关于构成教学的研究,并取得了相当的成果。也有研究指出,早在 20 世纪 30 年代,我国的陈之佛就写有《几何图案》一书,囊括了自原始社会以来的各种内容形式;同时,在商务印书馆出版的李洁冰所撰《工艺意匠》一书中,也有关于"基本形与艺术形""构成之原理与法则""平面构成上之工艺意匠""立体构成上之工艺意匠""色彩配合之意匠"等章节,极似现代设计基础的训练方法③。但是无论如何,"构成"教学作为一种行之有效的设计基础教学模式,真正传入我国内地并得以广泛采用则是在 1980 年前后。

1979 年初,应院长张仃的邀请,香港大一艺术学院院长吕立勋等人到北京中央工艺美术学院进行学术交流,并进行了为期一个月的平面设计基础和立体设计基础两门课程的讲授。以此为发端,平面构成和立体构成开始被引入内地的设计基础教学之中。在现代教育思想长期被禁锢且缺少国际交流的情况下,这样一种新的鼓励创造性的教学模式的出现,使得设计和建筑教育界的很多年轻教师们相信,他们找到了一个与世界接轨的现代设计教学方法。

---

① 1966 年文丘里的《建筑的矛盾性和复杂性》和之后 C·詹克斯的《后现代建筑语言》,使后现代主义成为 1970—1980 年代最受关注的建筑思潮。当时,现代建筑的抽象形式与技术主义广遭批判,意义的传达成为思考建筑形式的焦点,后现代主义者们乐于对建筑进行充满符号、隐喻与象征的解读,而其大部分作品却在过分舞台布景式的渲染中走向了形式主义。参见:莫天伟,卢永毅.由"Tectonic 在同济"引起的——关于建筑教学内容与教学方法甚至建筑和建筑学本体的讨论.时代建筑[J],2001 增刊。

② 关于"构成"这一名称的确定,也许是吕立勋、陈菊盛等学者当时为了强调这一概念的创新性。其实在当年包豪斯学校也没有此种提法,陈菊盛所著《平面设计基础》一书的书名也许更能准确描述这一教学方法的基本特征;而同济大学的莫天伟教授也倾向于将"构成"翻译为"设计"更为贴切。但是为了在表述上避免与大众习惯提法产生歧义,本书仍采用"构成"一词。

③ 参见:李立新.突异的过程:"三大构成"与中国设计基础教学,http://www.arting365.com/vision/discourse/2007 - 12 - 11/content.1197358608d181142.html。

　　此后到 20 世纪 80 年代中期,这种"构成"设计教学方式在吕立勋和中央工艺美术学院的陈菊盛、辛华泉以及广州美术学院的尹定邦等人的努力下,通过大量的文献翻译介绍、实验性教学研究和实践以及在全国各地的频繁讲学和讲座,终于在我国设计界得到了普遍接受,并迅速建立起一套包括平面、立体、色彩的所谓"三大构成"为主要构架的设计基础教学体系①。

　　当时,"构成"教学的核心就是概念性的思维要素和视觉意义上的造形要素在理性基础上的创造性重组。相较于因袭古典名家样式的传统设计基础教学所表现出的趋同性特征,"构成"教学则更富于发散性和创造性。因此,这一"要素＋组织"的"构成"基础教学模式,包括它所发展出的色彩、平面和立体构成、材料学和分析素描等一系列完整的设计基础课程群,在最初由工艺美术学院率先引进并受到追捧之后,也迅速得到了一部分建筑院校的积极响应,并对传统的"学院式"建筑设计基础教学体系产生了巨大的冲击。

5.2.1.4　空间和空间限定

　　关于空间,早在 2 500 多年前,我国的老子在其《道德经》中就有精辟的描述:"埏埴以为器,当其无,有器之用;凿户牖以为室,当其无,有室之用;故有之以为利,无之以为用。"但是在我国建筑教育领域,真正开始认识到空间对于建筑设计和建筑教学所蕴涵的意义的,却一直迟至 1960 年代初冯纪忠在同济建筑系所发展的"空间原理"。甚至在 20 世纪 70 年代之前,国内绝大部分建筑院校的建筑初步教学的理论参考书"主要还是《20 世纪建筑设计与理论》之《建筑构图》以及大量翻译的苏联建筑设计教学理论教材"②。即使在当年冯先生的"空间原理"教学中所采用的空间概念,也更多是在功能主义的框架之下建立的。

　　1980 年代初,创刊不久的《建筑师》杂志推出了一系列有关建筑空间理论的翻译文章,如《建筑空间论——如何品评建筑》(布鲁诺·赛维著,张似赞译)、《外

---

　　①　1981 年,中央工艺美术学院教师陈菊盛编著的《平面设计基础》由中国工业美术协会作为"内部刊物"出版并很快风行全国;在这本书里,始于包豪斯的形态分析教学被概括、简化、定型为八种可变关系。此后,该校的辛华泉又对"构成"进行了系统深入的研究,并将"构成"教学的目标界定在三个方面:启发创造性(构思)、培养判断力(感觉)和发展表现技术(技巧);他强调"构成"训练过程中逻辑思维的培养,认为各形态之间的相互关系才是"构成"新形态的真正内容。而早在 1978 年,广州美术学院的尹定邦也已开展了自己的实验性教学。他借鉴了当时香港和日本的构成教育方法和手段,针对设计基础中的色彩训练,制定出了一套较为系统的《色彩构成》课程讲义。参见:李立新. 突异的过程:"三大构成"与中国设计基础教学,http://www.arting365.com/vision/discourse/2007-12-11/content.1197358608d181142.html.
　　②　东南大学建筑学院编. 东南大学建筑学院建筑系一年级设计教学研究:设计的启蒙[M]. 北京:中国建筑工业出版社,2007(10):55.

部空间设计》(芦原义信著,尹培桐译)等。同时,弗朗西斯·D. K. 钦的《建筑:形式·空间和秩序》(邹德侬、方千里译)也在国内建筑界开始流行,"空间"作为建筑的一个关键要素,受到越来越多的关注。而此时的"空间意识"也主要是从形式问题着手,更接近"德州骑警"当年所关注的领域,这也正是冯先生当年受政治环境所迫而有意无意回避的那一部分。

伴随着建筑空间理论的大量引进,国内建筑界和建筑教育领域对于"空间意识"也逐渐觉醒,而以此相对应的是,当时具体的空间操作和教学手段则显得明显缺乏。这时,同济大学建筑系的赵秀恒老师继 1979 年就已经提出的以空间训练为主要构架和内容的建筑设计教学设想之后,在 1982 年《建筑师》第 12 期又发表了他翻译的由岩木芳雄等著的《空间的限定》一文,从而为通过对空间限定的构件和界面操作来进行空间训练找到了理论支点和方法指导。"空间限定"的理论核心之一是强调"限定要素"及其"限定度"对于空间构成和感知的决定作用,并概括了七种基本的空间原型操作手法:"围合、覆盖、设置(即设立,笔者注)、隆起(即凸起,笔者注)、挖掘(即凹进,笔者注)、托起(即架起,笔者注)和质地变化(即肌理,笔者注)"①。其实,建筑空间作为一种现实的存在,如果撇开功能和建造等的因素,所呈现的最基本形式就是抽象的几何空间的形态特征,因此,从这个层面上来看,利用类似于立体构成的"要素+形式"的操作手法,结合空间限定所提供的空间感知理论,在建筑初步教学阶段,进行相关的空间构成训练就成为可能。并且,这一变化首次将学生对于建筑的理解从单纯的外观造型引导至内部和外部的空间特征所传达的内涵。这也正是同济建筑系在建筑初步教学中引入空间限定的出发点和理论基础。

5.2.2 同济大学建筑设计基础教学新体系的教学改革

1978 年十一届三中全会以后开始的改革开放,给国内的建筑教育变革和发展打开了一扇大门,相应的国际间学术交流得以恢复,同时也使得大量的国外先进建筑理论和教学实践被逐步认识和引进。中央工艺美院在 20 世纪 70 年代末 80 年代初引入"构成"教学以后开办了一系列的相关讲座,一贯关注现代建筑教学方式的同济建筑系敏锐地察觉到了这一可贵的变化和机遇,马上派遣相关教师前去参加了讲座学习;同时,赵秀恒老师也翻译了"空间限定"一文,为同济大学建筑系的空间教学再发展提供了理论准备。

① 岩木芳雄,崛越洋,桐原武志等著. 赵秀恒译. 空间的限定[J]. 建筑师,第 12 期.

在此背景下,同济大学建筑系首先对建筑设计初步教学实施改革,在继承原有建筑初步教学体系优点的基础上,结合"形态构成"和"空间限定"等新的教学内容,开始了建立新型建筑设计基础教学体系的探索。

5.2.2.1　国际学术交流的恢复

20 世纪 80 年代初,同济大学建筑系开始恢复中断了多年的国际学术交流①。1980 年,华人建筑师贝聿铭教授率先来到建筑系讲学,并受聘为名誉教授;同年,冯纪忠、李德华参加由李国豪校长带队的同济大学教授代表团访问联邦德国,走访了 13 个城市;1981 年,德国达姆斯达特大学(Technical University of Darmstadt)的贝歇尔教授夫妇(Prof. Max Baecher and Mrs. Nina Baecher)来访,其主要授课对象为建筑系青年教师;同年,罗小未教授赴美讲学访问,又打开了建筑系教师出国教学交流的大门②。

当年贝歇尔教授还为同济大学建筑系二年级学生带来了一组建筑设计基础课题作业。主要包括:

1. "街道转角的设计"。由学生选择一个城市街道转角,然后通过对基地环境和街道特征的分析,自己设计一个包含一定功能的小型建筑或休憩绿地,并以此认识建筑、广场与街道的关系。

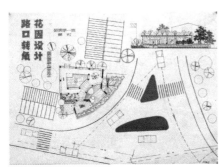

图 5‐2‐2　街道转角设计(1983 年)

---

① 早在 1950 年代,苏联、德国专家就曾多次到同济大学建筑系举办讲座并开设课程,当时国内其他建筑院校也都曾派出教师前来听取外籍教师讲课,成为当时罕见的一个国际交流平台。资料来源:2006 年全国高等学校建筑学专业本科(五年制)教育评估——同济大学建筑与城市规划学院自评报告。
② 参见:董鉴鸿、钱锋、干靓等整理."附录一:建筑与城市规划学院(原建筑系)大事记".同济大学建筑与城市规划学院编.同济大学建筑与城市规划学院教学文集 1:历史与精神[M].北京:中国建筑工业出版社,2007(5):211.

图5-2-3 负荷构件设计

2."负荷构件设计"。每个学生给定一张马粪纸，在不可使用胶水等黏合剂的前提下制做一个80厘米跨度的支撑构件，并且要求在规定的时间内可以承重2公斤的沙袋；最后根据每个合格作品的用材多少和构件轻重，以及造型形式和结构选择进行综合评定。这个题目可能也是国内建筑系中最早一个在设计基础阶段设置的相关制作和建造类课题，它使学生很好地建立了材料、结构与建造的关系意识，后来在20年后又被该系再一次引用，并进一步拓展成一个完整的建构子体统。

3."车厢改造设计"。在不考虑外观形式的基础上，将给定的一节火车车厢改造成一个包含卧室、卫生间等必要居住空间的小住宅。该作业空间的限制使得学生更专注于功能合理性的思考和空间巧妙性的利用，同时也使学生在动手动脑的过程中体会到人体尺度、活动方式对空间的要求，也建立了基本的居住空间设计概念。

资料来源：2008年7月26日，笔者访谈余敏飞老师。

所有这三个课题都有一个共同的特点，就是设计成果必须以模型表达。尽管这种更多体现为表现模型或称成果模型的手段，和今天我们提倡的利用模型建立概念和推进设计的过程模型有着不同的出发点和教学效果，但是站在一个历史的角度来看，同济建筑系当时的这些设计基础课程，对于传统的"学院式"方法更注重二维平面成果表达来说，其进步意义是不言而喻的。以"制作"来强调学生动手能力的培养，这也成为此后同济大学建筑系最主要的特点之一。

同济建筑系海纳百川、兼收并蓄的传统在此时又一次展现了强大的生命力，在这些先进课题的促动下，依靠此前两年的理论准备和酝酿，同济建筑系从1980年开始了"建筑设计基础新体系"的探索和改革，并由此拉开了后来20多年建筑设计基础教学课程持续革新完善的序幕。

5.2.2.2 建筑设计基础教学新体系的教学改革

改革，在那个时代几乎已经成为一种必然。但是针对建筑设计基础教学，改什么、如何改则成为首要的问题。同济大学建筑系因其特殊的渊源关系,在国内建筑院校中一直处于现代建筑教育模式接受和吸纳的前沿;在新的历史机遇下,它又一次走到了国内建筑设计基础教学改革的前列。

当时推动同济大学建筑系这次教学改革的外部动因主要有两个方面:首先是 20 世纪 80 年代初,随着在改革开放背景下对国外建筑思潮和实践现状的初步了解,国内建筑界兴起了对建筑创作的关注,提出了反对"千篇一律"的呼声,并从建筑的"形式"和"空间"概念方面展开了多层次的讨论;如何提高建筑创作能力,也已成为当时建筑设计教学中的一个重要问题。其次,国内工艺美术学院在此时率先引进了"形态构成"基础教学模式,这种将对形态的认知和创造纳入造型与材料、工艺"一体化"的"要素＋组织"的理性教学模式,为同济大学建筑系填补基础训练中的这一薄弱环节提供了可贵的教学方法借鉴,也使他们更加坚定了摆脱一般造型基础训练中依靠经验积累的旧有方式,转向鼓励创造性、注重开发抽象造形能力的信念,进一步激发了同济大学建筑系教学改革的决心。

但是,真正引发当年同济大学这次建筑设计基础教学改革的根本原因,主要还是来源于该系内部,包括教学体制的变化以及相关教师自觉的改革意识和热情。

在筹划了两年之后,同济建筑系的建筑初步教研室于 1982 年成立,专门负责一年级的建筑设计初步教学[①]。首任教研室主任为赵秀恒老师,最初的老师还有王曾纬、贾瑞云、刘利生、陈忠华、郑孝正、何义芳、李岳荣等;之后随着沈福煦、莫天伟、王绍周、刘双喜等任课老师的加入,又有了进一步的扩充[②]。当时教师们的教学积极性都很高涨,还建立了相关的教学讨论制度:每学期开学前都必须集中开会讨论,分课题、分时间段来确定教学目的和讲课要点(这一传统在同济建筑系一直被延续到今天)。同时,每周还固定有半天时间进行教学法的讨论和集体备课,并对学生作业和教学过程进行分析,通过交流加强老师们对课程的理解。

在所有这些因素的共同作用下,同济建筑系首先审视了此前被普遍采用的"建筑制图＋渲染构图"的建筑初步教学课程体系。这种模式是通过大量的技法训练,对经典范例的建筑立面、细部构件和构图方式进行反复临摹,以求在不断的熏陶中积累感性认识,了解领悟建筑尺度、比例、光影等基本知识,进而使学生

[①]　1982 年之前,同济建筑系的建筑设计初步教学曾先后由设于建筑构造教研室、建筑历史教研室和民用建筑教研室中的建筑初步教研小组承担。

[②]　赵秀恒. 同济大学《建筑设计基础》教学的发展沿革(初稿,未发表). 2007.2.22.

逐步掌握各种古典柱式、建筑装饰语汇及立面构图原理。即使在 20 世纪 50 年代和 70 年代后期,为了适应所谓"民族特色"和"时代感"要求所加进的中国传统建筑、民居建筑以及现代建筑的立面渲染内容,也仅仅是题材的变化,实际仍是将现代建筑设计理解为针对古典建筑立面造型风格的一种变更,并没有从根本上脱离旧有"学院式"注重模仿和因袭的教学体系范畴。尽管这一教授方法在某些方面或者某个历史时期具有非常重要和积极的意义,"然而在它与功能技术进行逻辑分析的思维层次间还缺少一个更具体的层次,成为我们教学中的薄弱环节"①。另一方面,就建筑的形态(形式和情态)来说,我们在建筑教学中也往往仅强调形态必须体现出逻辑,却忽视了形态中隐喻的逻辑;往往强调原则,却忽视了具体的目的物和实现目的物的方法。就此,该系教师提出了这样一个概念,即"形态要体现逻辑",而且,建筑形态设计也并不仅仅"是创造用形态体现的逻辑,而是创造隐喻了逻辑的形态"②。当时,对于如何训练学生把逻辑的思维元素联结成形象系统,国内的建筑设计基础教学还缺乏切实有效的手段。正是这种"联结思想两极的桥梁"的缺失,使建筑教学在这个环节上变得"只可意会、不可言传"。

针对以上的认知和思考,同济大学建筑系建筑设计初步教研室在国内建筑院校间率先借鉴和引进了"形态构成"(包括平面构成、立体构成、色彩设计和空间限定)等新的教学方法和教学内容,在建筑设计基础教学中增设了关于形态构成系统原理和实践的教学环节,希望通过对形态、色彩和空间的抽象分析和训练,让学生把握一套针对建筑形态设计较为理性的处理方法;并试图把形态构成的方法与图式语言、符号学等现代理论结合起来,形成建筑形态语言的语法教学系统,以更好地帮助学生提高塑造形态的能力、把思维元素联结成形象系统的能力以及开发创造性思维和扩散思维的能力。在这个时期的教学中,该系还刻意回避了诸如"造型"、"构图"等词汇,转而提倡"造形"、"形态设计"及"构成",以此表明和传统"学院式"设计基础教学的本质区别。该阶段同济大学建筑系所关注的形态语言的基本语法关系大致包括"形态的本质原理"、"形态的形成和组织原理",以及"形态的表现原理"三个方面。其中,"形态的形成和组织原理"所提供的形态语言及语法关系训练以及相关的基本设计方法是当时建筑设计基础训练的重要内容,它主要培养学生通过直接经验,以实际材料试验各种造形的可能性。

据赵秀恒老师回忆,由于当时很多课题都是第一次实施,因此为了保证教学

---

① 莫天伟.建筑教学中的形态构成训练[J].建筑学报,1986(6).
② 莫天伟.建筑教学中的形态构成训练[J].建筑学报,1986(6).

效果和质量,形成了"教师试做"的氛围。"比如色相环的色彩练习、折纸、构成等模型训练都是教师先做,然后再给学生示范"。由于当时教学条件相对较差,材料和工具都很缺乏,"学生做模型所需的木材都是由教师到木材厂购买加工后的碎片提供给学生使用"。当年也没有打字条件,发给学生的设计任务书需要"先把题目拿到教材科打字,然后拿回来由教师裁剪粘贴、加上附图,再送到教材科制版胶印"。就是在这样艰苦的条件下,通过那些前辈教师们刻苦努力,同济建筑系终于逐渐梳理出一套完整的新型建筑设计基础教学体系,并将很多课程做成了教学幻灯片。建筑初步教研室也因此成为当年的"模范教研室"①。

表 5 - 1　同济大学建筑系一年级实施教学计划(1985 年前后)

理　　论　　部　　分		实　践　部　分
建筑概论	形态构成原理	
一、建筑的基本属性	(一)设计与造形	以亲身经历叙述造形过程 ——字体书写练习
	(二)形态及其分类	四种形态和机械有机化练习
二、建筑的构成要素	(三)形态的组成和组织	骨骼系统变化和组织——工具线条练习
	(四)形态设计 　平面形态设计	平面形态设计
	肌理形态设计	肌理形态的形成练习
三、中外建筑的沿革	立体形态设计	立体基本形积聚练习
	空间形态设计	空间形态组织练习
		建筑空间的抄测绘练习
四、建筑技术概述	(五)色彩构成基础知识	色系统及色彩推移练习
		色彩要素的对比调和练习
		色彩采集构成练习
五、建筑设计概述	(六)建筑形态表现方法	建筑单色表现练习
六、建筑设计步骤	(七)目的构成概述	建筑测绘练习
		目的构成练习——小建筑设计

资料来源:莫天伟.建筑教学中的形态构成训练[J].建筑学报,1986(6).

---

① 2009 年 5 月 20 日,笔者访谈赵秀恒老师。

从上表所示的该时期一年级实施教学计划,我们可以发现,该阶段明确列出了"建筑概论"一栏,这也是同济大学首次正式独立而系统地开设这一课程。1984 年之前,赵秀恒老师已经在建筑设计基础课程中讲授现代建筑知识和基本构成原理,但并无专门的建筑概论课程;1984 年之后开设"建筑概论",当时主要由赵秀恒老师和刘佐鸿老师(后调往同济大学建筑设计研究院担任院长)主讲,其中赵老师负责讲授关于构成、色彩的基础知识和其他现代建筑理论;刘老师则负责讲授建筑的结构工程与技术概述部分。这一课程就此成为后来该系"建筑概论"课的前身①。

到 1985 年,同济大学建筑系以建筑形态设计基础为教学核心,同时加上经过选择保留的原先建筑初步课程中的表现技法训练等课程,初步建构了一套完整的建筑形态设计基础教学体系。当时这个新建立的涵盖了一年级两个学期的"建筑设计初步"教学体系②,由"建筑概论"、"建筑表现"和"形态构成"三个有机联系的部分组成整体构架,其主要的教学内容如下③:

1. 建筑概论:该课程概括地讲述建筑的本质、设计的内容、建筑学的目的与方法以及建筑师的职能与任务等,并从生活与环境、物质与精神、自然与社会、技术与经济、空间与实体等各个方面加以论述,从而引导学生从广泛的角度去了解什么是建筑、什么是建筑设计。

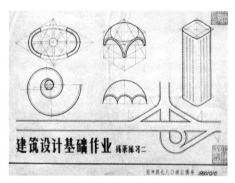

图 5-2-4　线条练习学生作业

图 5-2-5　钢笔画学生作业

---

① 2009 年 5 月 20 日,笔者访谈赵秀恒老师;2010 年 9 月,笔者访谈沈福煦老师。
② 由于同济大学与德国的历史渊源,同济建筑系本科有以英语为外国语的四年制建筑学(简称建英)和以德语为第一外国语、英语为第二外国语的五年制建筑学(简称建德)两种学制,其中建德的第一学年主要是德语和美术课程学习,建筑设计初步由二年级开始,所有专业课程相当于建英顺延一年,但是由于专业氛围的熏陶和学生课外阅读的增加,五年制建德毕业生的专业素养普遍高于四年制的建英。该种情形随着同济建筑系 1987 年开始的所有建筑学专业改为五年制本科学制的进行而告结束。
③ 笔者根据赵秀恒老师 2007 年 2 月 22 日的"同济大学《建筑设计基础》教学的发展沿革(初稿,未发表)"一文以及 2010 年 9 月访谈莫天伟老师后综合编辑而成。

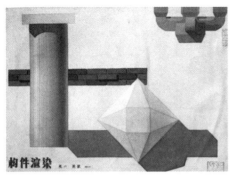

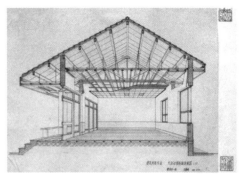

图 5‑2‑6　渲染练习学生作业　　　　图 5‑2‑7　建筑构造学生作业

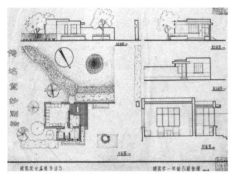

图 5‑2‑8　建筑测绘学生作业　　　　图 5‑2‑9　宿舍室内设计及模型制作

图 5‑2‑10　平面构成学生作业　　　图 5‑2‑11　空间构成及立体构成学生作业
　　　　　　（1986 年）　　　　　　　　　　　　（1986 年）

　　2. 建筑表现：除了包括字体练习、徒手画、工具制图、渲染等传统建筑表现技法之外，该时期的同济大学建筑系已经在建筑表现中率先倡导工具使用和模型制作，这也成为同济大学最主要的特点之一。

　　3. 形态构成：从建筑设计的思维过程出发，分析知觉、心理、美学、功能、构造和材料等各种因素影响下的形态构成原理，其中包括：平面、色彩、立体、肌理、材料、结构、空间、光影等各种基本训练及目的构成。

图 5 - 2 - 12　空间限定学生
作业(1986 年)

同济大学建筑系在设计基础教学中对"构成"教学的创造性的借鉴和引用,在那个时期是极具影响力的。据郑孝正老师回忆,当年同济建筑系曾将形态构成的优秀学生作业制作成幻灯片集,有很多国内建筑院校都前来订购,作为教学参考,在兄弟院校中引起了极大反响;同时,"构成"这一抽象形态基础训练的成果也在实际的工程设计实践中得到了成功运用:在当年由赵秀恒老师主持的无锡幼儿园项目的室内设计中,81 级的部分学生在赵老师指导下,运用构成手法设计了室内墙面和天花,取得了良好的效果①。

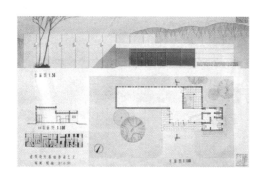

图 5 - 2 - 13　公园展览厅设计
学生作业(1981 年)

图 5 - 2 - 14　公园阅览室设计
学生作业(1982 年)

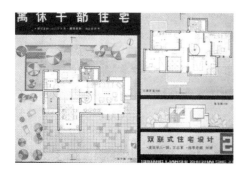

图 5 - 2 - 15　小住宅设计学生作业(1984 年)

---

①　2009 年 12 月 6 日,笔者访谈郑孝正老师。

图 5－2－16　幼儿园设计学生作业(1984 年)

　　需要特别指出的是,同济大学建筑系该阶段所设置的"构成"课程的目的,并不完全在于抽象的形式训练。作为形态设计基础训练,即使是当时一年级教学中那些抽离了具体建筑及功能目的形态语言的语法训练(或称纯粹构成、几何性的抽象构成),其目的也是为了在后续建筑设计课程中的实际运用。事实上,对于同济大学建筑设计基础教学来说,"目的构成"才是这种训练的真正终点,甚至在教学转入后续的专业设计课程之后,也"并不意味形态构成训练的结束"①。因此,按照当时的教学计划和设想,一、二年级的基础训练是从纯粹构成进入到目的构成的第一轮循环;而对形态表现力的训练则被作为一门独立的选修课与三、四年级的建筑设计课并行实施。

5.3　该时期国内其他主要建筑院校的建筑初步教学发展

　　改革开放初期,一方面由于"文革"结束后的百废待兴;另一方面由于"后现代"盛行所导致的对"文脉""历史符号"和"文化涵义"的追捧以及对"国际式"现代建筑所倡导的"少即是多""形式追随功能"等的批判,恰好和我国深受"学院

---

① 　莫天伟. 建筑教学中的形态构成训练[J]. 建筑学报,1986(6).

式"体系浸润,又缺少现代主义发展阶段的建筑教育思想发生了共鸣。因此,在1977 年以后的高等建筑教育恢复初期,国内大部分建筑院校的建筑初步课程教学,在整体上都基本沿用了文革前"学院式"体系下注重建筑表现训练的"建筑制图+渲染构图"的传统模式。

5.3.1 清华大学建筑系

和其他高校不同,在1977 年恢复高考之后,清华大学建筑学专业并没有马上招生,而是迟至1978 年才招收第一届建筑学本科学生。这一延迟使清华大学建筑系"失去了招收有上山下乡和进工厂经历的在十年文化大革命中积淀下来的考生的机会"①,并在此后的20 年里显示出了深刻的影响。

与文革前20 世纪60 年代初的课程设置相比,清华大学建筑系此时的工程技术类课程比重相应减少,但传统的基本功训练仍得到保证。从1978 年清华大学建筑系的建筑初步课程教学计划以及实施情况(表5-2、表5-3)可以发现,当年清华大学的建筑初步课程的主要内容还是以墨线练习和中外古典柱式及建筑局部的抄绘、渲染为主,学时安排也非常接近1960 年代初期的教学计划。但是,同样在表5-2 的1978 年清华教学计划中,我们也看到了赖特的流水别墅以及密斯的巴塞罗那德国馆那轻盈流转的身影,种种迹象表明,变化确实在悄然发生。

表5-2　清华大学建筑系初步课程教学大纲(1978 年10 月)

学期	周次	讲课内容	学时	作 业 内 容	学时
一	8	建筑概论	4		4
	9	建筑概论	4		4
	10			(1) 铅笔线条练习	4
	11				4
	12			(2) 墨线线条练习	4
	13				4
	14			(3) 字体练习	4
	15			教学参观	4

---

① 秦佑国."清华建筑教育60 年".见:清华大学建筑学院编."清华专辑/本科篇",建筑教育(总第一辑)[M].北京:中国电力出版社,2008(4):5.

续　表

学期	周次	讲课内容	学时	作　业　内　容	学时
	16	西方古典建筑	4		
	17	西方古典建筑	2	(4) 徒手画——五柱式比例	2
	18			(5) 徒手画——柱式局部	4
一	19				4
	20			(6) 铅笔画——陶立克柱式	4
	21				4
	22	总结或动机			2
二		中国古代建筑 水墨渲染技法	8 4	(7) 铅笔线——台基栏杆	10
				(8) 墨线——知春亭	20
				(9) 水墨——深浅练习	15
				(10) 水墨——塔司干柱式	35
				(11) 水墨——垂花门	40
三		近代建筑 建筑方案表现 设计方法步骤	10 3 4	(12) 铅笔淡彩——落水别墅	15
				(13) 钢笔——巴塞隆那	15
				(14) 徒手抄绘——建筑平、立、剖	15
				(15) 水彩线条——单人房间	35
				(16) 小设计或彩色渲染	55

资料来源：清华大学建筑系教学档案，1978。

表 5 - 3　1978 级学生设计初步大纲实际实行情况

作　业　内　容	学　时	讲课内容	学　时
1. 铅笔线条练习	8	1. 建筑概论	8
2. 墨线线条练习	8	2. 西方古典	8
3. 字体线条练习	4	3. 中国古典	8
4. 徒手画——五柱式比例	2	4. 水墨渲染	3
5. 徒手画——柱式局部	4	5. 测绘	3
6. 铅笔线——陶立克柱式	12	6. 近代建筑	8
7. 铅笔线——台基栏杆	10	7. 视觉规律	8

续　表

作　业　内　容	学　时	讲　课　内　容	学　时
8. 墨线——知春亭	20	8. 中国庭园	4
9. 渲染(一)——深浅练习	20	9. 中国亭子	4
10. 渲染(二)——塔司干柱式	40	10. 图面与表现技巧	4
11. 南校门测绘	41		
12. 现代讲课的小作业 庭院设计	8 20		
13. 亭子设计	28		
总学时	225	总学时	58

资料来源：清华大学建筑系教学档案，1978。

同时，清华大学 78 级学生的初步课程作业指示书显示，当年该系的建筑初步有一个新增加的作业——"构图设计基本练习"。这是一个为期三周(每周课内 14 学时)的构图训练，旨在启发学生的创造力和想象力，培养学生对空间构图的审美和鉴赏能力以及训练动手制作模型的技能。作业共分三个部分，第一部分是简单的平面和色彩构成，第二部分是空间限定中的围合与分隔，第三部分是简单的立体构成[①]。这个作业很容易使人联想到梁思成于 1950 年前后在清华

图 5‐3‐1　清华大学建筑系构成训练学生作业(1978—1980 年)

---

　① 　参见：钱锋. 现代建筑教育在中国[D]. 上海：同济大学博士论文，2005：164.

建筑系的初步课程中曾经引入的抽象构图训练,而事实上,真正促使这一作业产生的直接动机,却是由当年我国工艺美术学院对日本"构成"教学方式的引进所触发。此后两年,该系的学生初步作业中又出现了更多的抽象构图练习,训练也从简单发展到复杂,从二维平面为主发展到三维立体和空间的多种方式,从中已经可以看到"构成"和"空间限定"进入建筑初步教学的雏形,显示出基于现代建筑设计理念进行建筑初步教学的思想在清华建筑系逐渐得到越来越多的重视。

图5-3-2　别墅设计学生作业(八四级)

　　而清华大学建筑系真正引入平面构成和立体构成则是在1980年以后,并且一开始也是采用的从艺术院校直接的"拿来主义",从1984、1985年开始才逐渐从建筑专业的特征出发,进行有目的的形态构成教学和训练。这样的磨合一直持续到此后的2000年[①]。

　　到1986年时,清华大学建筑系在小商亭、别墅等课程设计中,已显示出非常现代的设计思想和手法。

5.3.2　南京工学院建筑系

　　同样,南京工学院建筑系也于1977年开始恢复招收本科学生。初期的建筑初步教学毫无悬念地延续了渲染模式,但是时代的巨变也引发了教学内容上的现代转向,当年刚落成不久的富于时代气息的"南京长江大桥桥头堡"和体量形式较简单的"南京金陵饭店一角",很快取代了以往的"西古"和"中古"题材,成为教学大纲中建筑渲染表现的最佳题材。但是内容的改变,却并未动摇对"渲染"训练这一教学传统的保持,因此到20世纪80年代初,该系的渲染题材又转变为民居形式。曾在东南大学建筑系任教的顾大庆先生认为,这种渲染内容的一系列改变,"反映了一种把现代建筑看作是与西方古典建筑和中国古典建筑同样的

---

① 2010年7月20日,笔者访谈清华大学郭逊副教授。

一种风格的态度"①。除了作为训练重点的渲染,同时恢复的还有测绘练习和作为一年级收尾的小建筑设计。当年南京工学院建筑系的建筑设计初步课程的教学内容主要包括:墨线字体练习、用器墨线的线条绘制、传达室测绘、基本渲染技法和建筑局部渲染以及小型邮政所设计②。

可以看出,南京工学院建筑系一方面在努力保持和巩固传统的渲染教学模式,另一方面也在不断地更新其内容以适应时代的转变和进步。事实上,到了20世纪80年代以后,即使在学院式教学曾经最为根深蒂固的南京工学院,当时渲染作业的内容也已经不再重要,真正保留下来的仅只是技法而已。人们越来越清晰地认识到,仅仅通过渲染技法这一"传统"核心的简单训练模式,显然无法完成对于现代建筑设计方法的学习。此时的表现技法练习,在南京工学院也已经和"学院式"设计基础训练的本意相去甚远,从而暗示了一个陈旧的、占据了我国建筑初步教学主导地位达50多年的教育体系已逐渐失去它原有的生命力。

东南大学建筑系的教学改革始于1984年。在此前的三十多年里,该系业已形成一套成熟、完整的以表现技能训练为主体、以渲染为核心的建筑设计基础教学体系。20世纪80年代初"构成"教学被引入国内后,当时主持该系建筑初步教学的王文卿先生曾尝试在教学大纲中加入一些平面构成的练习,并开始思考启动教学改革。在1984年7月刊登于《建筑学报》的"谈建筑设计基础教育"一文中,王文卿和吴家骆两位先生以四幅不同时期的建筑渲染作业,通过渲染题材从"西古""中古""传统民居"到"现代"的转进,精辟地概括了东南大学建筑设计基础教学体系"十年一个周期"演变历程;同时,该文还提出了关于建筑设计基础教学改革的一些新设想。以此文的发表为开端,伴随着贺镇东先生于1984年接手建筑初步教学,进一步突破传统教学以建筑表现训练为主的方式,提出了一个"从封面设计到家具设计,进而到室内设计,最后是小住宅设计的渐进的教学结构"③,从而形成了一个新的"以设计为主线"的教学大纲的雏形。这对于一个有着最悠久和正统的"学院式"教学体系的建筑院系来说,这一改革萌生期所展现出来的勇气尤其令人敬佩。

此后,随着20世纪1980代初东南大学建筑系与苏黎世高工建筑系之间展

---

① 顾大庆.中国的"鲍扎"建筑教育之历史沿革——移植、本土化和抵抗[J].建筑师,第126期.
② 东南大学建筑学院编.东南大学建筑学院建筑系一年级设计教学研究:设计的启蒙[J].北京:中国建筑工业出版社,2007(10):8-9.
③ 东南大学建筑学院编.东南大学建筑学院建筑系一年级设计教学研究:设计的启蒙[M].北京:中国建筑工业出版社,2007(10):11.

开学术交流,特别是自 1986 年秋开始先后有大量青年教师赴瑞士学习之后,一批年轻教师又将目光转向了国外新兴建筑教育的研究探索,并最终发展出了一套以设计为主线的、以"空间"和"建构"为核心的理性的基础课程教学方法。自那时起,东南大学建筑系的建筑初步教学改革才真正取得了引人注目的成就。

5.3.3 天津大学建筑系

天津大学建筑系于 1977 年恢复入学考试,但是却因种种原因直到 1978 年初才正式开学。当时因国家急需建设人才,建筑学专业学制暂时改为四年,并"把文革前的五年教学计划加以适当压缩"①后延续了下来。1979 年,建筑系重新从土木建筑系中独立出来,徐中仍担任建筑系主任。

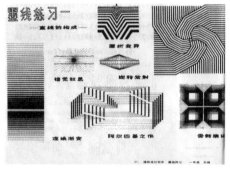

图 5‑3‑3 线条练习(1977—1985 年)

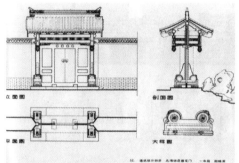

图 5‑3‑4 建筑抄绘(1977—1985 年)

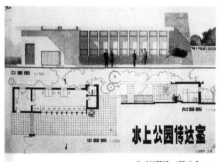

图 5‑3‑5—6 小建筑设计(1977—1985 年)

---

① 周祖奭. 天津大学建筑学院(系)发展史,天津大学建筑学院官方网站,http://www2.tju.edu.cn/colleges/architecture/? t=c&sid=91&aid=565,2007 年 1 月 10 日。

恢复教学后的天津大学建筑系也基本上延续了文革前的"学院式"建筑设计基础教学体系,渲染、线条等基本功训练仍然是主要的教学内容。但是在新的形势和氛围下,改变还是悄然进行着。在此后的教学过程中,天津大学逐渐弱化了原先耗时巨大、要求严格的古典柱式和构件等水墨渲染,改为相对简单的单色和彩色建筑立面渲染,其中彭一刚先生所绘的天津静园的一个立面渲染就曾作为范本在当时得到采用①。同时,也相应增加了设计的内容,诸如抄绘、古建筑测绘以及小设计等相继出现在当时的教学计划之中。

该时期天津大学的彭一刚先生出版了一本重要的著作——《建筑空间组合论》,该书从空间组合的角度系统地阐述了建筑形式和构图的基本原理及其应用。1983年第一版的全书共七章,其中第一章主要分析了建筑形式与内容对立统一的辩证关系;第二、三章着重阐述功能、结构对于空间组合的规定性与制约性;第四章论证了形式美的客观规律,并分别阐述了与形式美有关的建筑构图基本法则;第五、六、七章以大量实例分别就内部空间、外部体形及群体组合处理等方面,分析说明了形式美规律在建筑设计中的运用②。这本书的出版,对于国内建筑设计基础教学的影响也是非常广泛的,笔者1986年进入同济大学建筑系学习时,该书就已经是一本非常重要的参考书。由此可见,天津大学对于空间的觉醒在国内建筑院校中也是比较早的一个,甚至在20世纪60年代初冯纪忠的《空间原理》广受批判的年代,该系的徐中和彭一刚就是少数赞同的两位(详见4.3.2.1)。但是无可否认,从《建筑空间组合论》的内容来看,当时该书作者注重的仍然是形式美的普遍规律,是建立于"建筑构图"原理上的空间组织。关于这一点,彭一刚先生自己也从不讳言,因此在1998年第二版的前言中,他就指出"原书在论及形式美规律时,把它说成是放之四海而皆准的论断,今天看来未免过于绝对了……"③;因此,该书再版时增加了第八章,专门论述当代西方思潮,特别是建筑审美观念的变异。

5.4 本章小结

随着1977年"文化大革命"的结束和高考制度的恢复,中国的建筑教育也重

① 2010年7月21日,笔者访谈天津大学袁逸倩副教授。
② 彭一刚.建筑空间组合论[M].北京:中国建筑工业出版社,1983(9),第一版.
③ 彭一刚.建筑空间组合论[M].北京:中国建筑工业出版社,1998(10),第二版.

新走向正轨。在百废待兴的初期,国内各主要建筑院校的设计基础教学基本沿用了"文革"前的模式,即依然以传统的"学院式"方法为主导。同时,伴随着改革开放,大量的西方建筑思想和理论也源源不断地被认识和引进,为中国的建筑教育和建筑设计基础教学变革带来了曙光。

本来这应该是一个重新定位和出发的最佳时机。但是,在各种引进的西方建筑思想中,最先被人们所接受的却不是现代主义,而是后现代主义。当时后现代主义关于建筑符号、意义和文脉的讨论,与"学院式"注重建筑外观形式的传统有着某种内在和本质的联系,这些学术兴趣事实上起到了延续"学院式"传统的作用。当时,尽管从表面上来看,传统"学院式"建筑教育的形式已然日渐式微,但是其设计态度和方法却并没有被抛弃,反而在一个更深的层面上继续影响着我国的建筑教育。现代主义建筑在中国发展的这种不完全性,导致中国建筑教育又一次错失了与世界同步的机会。

在此背景下,自20世纪70年代末起,同济大学建筑系着重进行了"建筑设计基础教学新体系"的研究和改革,不但前瞻性地提出了"设计思维"这一概念,将"建筑设计能力"培养作为建筑设计初步的主要教学目的;而且率先在国内将形态构成、空间限定等原理及教学方法借鉴和引进到建筑设计基础教学内,对原有的建筑初步教学体系进行了大规模的改革。在精简了原有建筑初步教学中"建筑识图、制图和表现"内容的基础上,他们一方面通过对形态的抽象分析和理性创造,帮助学生在建筑造形方面建立起一套较为科学的处理方法;另一方面也通过动手操作这一方式,引导学生体会"脑、手合一"在形体塑造中的互动和统一关系。同时,关于设计原理的讲授也在此期间进入了建筑初步的教学序列。经过多年的教学实践,该系初步得出了一套针对建筑设计的形态基础训练方法,形成了较有特色的"建筑原理+建筑制图及表现+形态构成"这样一个设计基础教学体系的雏形。这一阶段是同济大学建筑设计基础教学体系由整体传统的"学院式"体系朝向现代意义上的形态设计基础教学体系转进的一个重要时间节点和转型时期,当时同济大学建筑设计基础教研室的教师们所进行的建筑形态设计基础教学的课程改革,在国内建筑院校间产生了较大的影响。

第6章

同济大学建筑设计基础教学新体系的建立及发展深化(1986—1999)

在同济大学建筑系建筑设计基础教学的发展沿革历程中,1986 年是另一个重要的时间节点。这并不仅仅因为该年是同济大学建筑与城市规划学院成立的年份,更为主要的是从这一年起,同济大学正式在体制上成立了建筑设计基础教研室,同时将原先一年级的"建筑设计初步"与二年级的"建筑设计"相结合,使建筑设计基础教学的时段由原先的一年扩充到二年,并确立了"建筑设计基础"这一课程名称。

以此为契机,同济大学建筑系在对此前的建筑初步教学进一步梳理和反思的基础上,不但确立了建筑形态设计基础教学的新体系,而且开始了持续的变革和完善,进入了一个不断发展深化的时期。

6.1 建筑形态设计基础教学新体系的 初步成型(1986—1990)

对于同济大学建筑系而言,1986 年是"文革"结束后的又一个转折点。在当年的金秋十月,同济大学建筑与城市规划学院成立,下设二系一所,分别为建筑系、城市规划系和城市规划与建筑研究所;首任院长为李德华任教授,戴复东教授任建筑系主任。按照学院成立之后新制定的教学组织框架,自该年起,同济大学建筑与城市规划学院建立了一、二年级统一的基础授课平台,虽然建筑学、室内设计、园林和城市规划各专业划分在新生入学时就已经确定,但是具体的专业课程教学均从三年级开始①。为此,学院还在原先建筑初步教研室和民用建筑

---

① 其中工业造型设计专业例外,该专业自一年级起就由独立的教研室负责其设计基础教学。

教研室的基础上,合并重组后成立了两个建筑设计基础教研室,使得设计基础教学的师资更加充足,而教学体系和教学内容也更趋丰富、完整。

图 6-1-1　李德华

图 6-1-2　戴复东

作为国内建筑院校中最早在建筑初步教学中系统引入"形态构成"和"空间限定"教学内容的同济大学建筑系,在经过几年的教学实践之后,此时也发现了教学过程中所暴露的若干问题,比如一年级的建筑初步教学与高年级的建筑设计教学在内容和环节的衔接上不够协调、从单纯的形式训练到专业的课程设计之间经常出现脱节的现象等,并导致各年级教师之间由此产生了严重的分歧和矛盾。于是,同济建筑系开始进一步反思之前的建筑初步教学模式和课程系列,并结合学院发展战略和教学组织的调整,适时扬弃了"建筑初步"的教学概念,建立了比较成熟的建筑形态设计基础教学新体系。

6.1.1　建筑形态设计基础教学新体系建立的背景研究

6.1.1.1　"建筑创作"意识的提高对建筑设计基础教学变革的影响

1984 年以后,随着国家建设的全面铺开和政治思想环境的相对宽松,对外开放所带来的引进和交流日益增多;加上在前几十年积累的基础上,当时对于本土建筑文化也开始进一步挖掘。这一形势造就了当年"现代""后现代"和复兴民族建筑文化等建筑思潮并存的错综复杂的局面,工程实践也越发丰富多样,中国由此逐渐进入了一个"现代建筑的多样化探索时期"[1]。

早在 20 世纪 80 年代初,在改革开放的背景下,国内建筑界就发出了反对

---

① 窦以德.历千流百转,走必由之路——新中国 50 年建筑艺术发展概述(中)[N].中国建设报,2003.3.24.

"千篇一律"的呼声；同时，随着越来越多的西方建筑理论和思潮的广泛引入，建筑创作如何体现中国特色这一命题也有了新的内涵。1982 年落成的香山饭店（贝聿铭设计）和 1985 年在曲阜建成的阙里宾舍（戴念慈设计），先后引发了建筑界对于中国"建筑创作民族化"和"继承传统形式"的讨论①。1985 年 11 月，中国建筑学会在广州召开了"繁荣建筑创作学术座谈会"，会上集中讨论了关于"千篇一律"、学习外来文化和继承传统等问题，这也是第一次全国性的，甚至是迄今为止最大规模的一次建筑创作会议。随后，各种全国性的建筑设计竞赛和优秀建筑评选等活动也相继开展，极大地促进了建筑创作的繁荣开放。相比 1959 年的"住宅标准和建筑艺术座谈会"，20 世纪 80 年代发生在中国建筑界的这场"传统与现代"的学术争论，特别是 1985 年的广州座谈会，标志着我国建筑创作思想和建筑文化已经开始新的苏醒。尽管在当年对于产生千篇一律的原因尚未找到共识，但是在繁荣建筑创作的大趋势下，要求建筑形式的多样化，提高对建筑艺术和美学问题的关注，探索具有中国特色的现代建筑创作则是业内学者的一致诉求。

也正是在 1985 年的广州"繁荣建筑创作学术座谈会"上，同济大学建筑系的莫天伟老师作了题为《形象思维与形态构成——建筑创作思维特征刍议》的大会发言，就建筑创作的思维特征，从建筑设计的过程出发，运用创造心理学的方法，把这种思维活动作为时间、心理上的一个流动过程进行了深入的探讨和研究。这既是当时大会上唯一一个高校系统的发言，也是唯一一个关于建筑教学内容的发言②。

6.1.1.2　建筑系内在变革需要对建筑设计基础教学的影响

除了当时国内建筑界对于"建筑创作"的重视和回归对建筑教育带来的新课题，来自同济大学建筑系内部的变革需要也对建筑教学提出了新的要求；特别是自 1987 学年起，该校建筑学专业的教学体制由原先的四年制改为了五年制。因此，新一轮的建筑设计基础教学改革此时也已经成为必然。

在同济大学建筑系原先的建筑教学体系中，主要的构架是由一年的建筑设计初步（入门阶段）和三年的建筑设计（包括两年半的专业深化阶段和半年毕业设计的综合阶段）两个部分组成。其中，一年级建筑设计初步的教学内容主要包括"建筑概论"、"建筑表现与表达"以及"形态设计基础"三大板块。当时，尽管

---

① 参见：王天锡. 香山饭店设计对中国建筑创作民族化的探讨[J]. 建筑学报, 1981(6)；戴念慈. 阙里宾舍的设计介绍[J]. 建筑学报, 1986(1).

② 2010 年 2 月 22 日笔者访谈莫天伟老师，莫老师的《形象思维与形态构成——建筑创作思维特征刍议》一文当时载于 1985 年 10 月的《建筑学报》。

在一年级的最后一个作业安排有茶室、门卫等小型建筑的方案设计,但是在实际的教学效果上仍然和二年级的建筑设计课程存在着某些脱节的现象,并由此导致部分高年级专业教师的诸多意见①。

1986 年 10 月,同济大学建筑与城市规划学院成立之后,时任建筑系主任的戴复东先生针对一、二年级的这种衔接困境,提出了建立"建筑设计基础"教学平台的设想②,希望通过两个学年连续的建筑设计基础教学,突破以往一年制的建筑初步教学的局限,构建完整的建筑设计基础教学体系,以更好地实现设计基础阶段与专业深化和综合阶段的教学对接。1986 年,新的建筑设计基础教研室成立,并进一步明确了以一、二两个学年为完整阶段的学院公共基础平台的建设计划。按照该计划,同济大学建筑与城市规划学院当时下属的建筑系、规划系和景观学系在一、二年级的两年设计基础平台阶段实行统一教学,并由建筑设计基础教研室承担设计基础课程的教学任务;然后从三年级开始由各系及专业按照各自的专业方向独立发展自身的专业深化及拓展教学。此处有一个现象需要说明,当时计划中的建筑设计基础教学新体系涵盖了学院的一、二两个年级,其中二年级第二学期的教学内容是两个完整的小型建筑方案的课程设计,其教学任务和工作量由建筑设计基础教研室承担。这一举措的实施正是针对设计基础和后续专业课程设计的衔接和过渡;但是,该学期的设计教学在当时的教学定位上实际仍属于专业深化阶段③,这里有一个交叉重叠的部分。

值得指出的是,1986 年成立的建筑设计基础教研室是由原先担任一年级教学的建筑初步教研室和担任二年级专业教学的民用建筑教研室部分教师合并重组而成,并分设了两个独立的设计基础教研室④。其中建筑设计基础教研一室

---

① 当年,高年级的一些专业教师常常抱怨一年级的建筑初步并没有真正达到打好建筑设计基础的教学目的,认为学生们普遍显得天马行空和不切实际,过分注重形态塑造,同时又缺乏基本的建筑设计常识,甚至反映很多学生直到三、四年级依然没有能力妥善处理诸如楼梯设计等最基本的建筑问题。

② 早在 1978—1983 年间,同济大学建筑系就曾经使用过"建筑设计基础"这一课程名称。但是,当时的"建筑设计基础"只是"建筑设计初步"的另一种称谓,课程内容有所调整和充实,课时安排和教学结构却并未有实质性的改变。

③ 2010 年 2 月 22 日笔者访谈莫天伟老师。

④ 1986 年以前,同济大学建筑系有建筑初步教研室、民用建筑教研室、工业建筑教研室、建筑历史教研室、建筑技术教研室、美术教研室等。当时一年级的建筑初步教学是每班配备 2 名教师,而二年级以上每班配备 3 名教师,因而原建筑初步教师相对较少,当年合并时按新、老教师搭配进行了拆分重组。其中建筑设计基础教研二室以原民用建筑教研室部分教师为主,包括余敏飞、胡庆庆、吕典雅、陈宗晖、刘利生、郑友扬、李兴无等;而除了莫天伟、沈福煦、贾瑞云等原属建筑初步教研室的老师,也有原民用建筑教研室的黄仁、童勤华、庄荣、龙永龄、来增祥等教师并入了建筑设计基础教研一室。合并后两个设计基础教研室的教师数量几乎占到当时建筑系所有教师的一半左右。2010 年 9 月笔者访谈赵秀恒教授、莫天伟教授、郑孝正教授后整理。

由莫天伟(原建筑初步教研室)任教研室主任,黄仁(原民用建筑教研室副主任)任副主任;建筑设计基础教研二室由余敏飞(原民用建筑教研室主任)任教研室主任,郑孝正(原建筑初步教研室)任副主任①。同时,当年戴复东先生还提出要让新留校的年轻教师先进入基础教研室进行教学实践的举措②,所以合并重组后的两个建筑设计基础教研室在此后的一段时间里又补充增加了大批青年教师,其中就有张建龙(2000年起担任建筑设计基础教研一室主任)、李振宇、黄一如(1998—2001年期间担任建筑设计基础教研二室主任)等,并成为后来该系建筑设计基础教学的骨干教师。也是自1986年起,原先主持建筑设计初步教学的赵秀恒老师赴日本访问学习,此后该系的建筑设计基础教学转由莫天伟和余敏飞两位老师共同负责。

图 6-1-3 莫天伟(左)、余敏飞(右)

出于对建筑设计基础教学的主动探索,这两个设计基础教研室从一开始就有着各自鲜明的教学特色,在教学组织、教学方式和内容侧重均有所差异,同时又相互审视、相互触动,不断渐进式地发展完善。这也成为同济大学迥异于其他兄弟建筑院校相对统一的教学风格的一个显著特点。其中,当年的基础教研一室相对强调教学方法的科学性与逻辑性;而基础教研二室则相对注重艺术创造能力的培养,激发学生在学习过程中的个性与情感。同时,为了保持总体培养目标的统一,在戴复东先生主导下,同济大学建筑系该阶段的建筑设计基础教学内容被明确为三大板块:建筑概论、建筑表

---

① 郑孝正老师1986年赴德国慕尼黑专业高校(FHS)留学,1987年10月归国后出任建筑设计基础教研二室副主任。

② 这一传统在同济建筑系一直保持到现在,因而在系中几乎有60%以上的教师都有建筑设计基础教学的经历,这也是同济建筑系的一个重要特点。2010年9月笔者访谈莫天伟教授。

现训练以及形态设计基础训练①。

6.1.2 基于设计的性质及设计思维特征研究的建筑形态设计基础教学新体系的初步成型(1986—1990)

6.1.2.1 对过往基础教学模式的再思考

在传统"学院式"的建筑教育体系中,特别是在 19 世纪下半叶直到 20 世纪初的巴黎美院和美国宾夕法尼亚大学时期,建筑曾经被简单地归类为一门"造型艺术",因此,其建筑设计基础训练的主要内容就理所当然地是对"艺术性"的培养和各种"形式语言"及造型能力的学习和掌握。这种注重于因袭模仿的建筑初步教学把着眼点放在建筑的二维立面方面,它对于渲染绘画训练的重视,源于渲染本身就是形式主义的"美术建筑"方案设计的一种工具:渲染绘画既是设计成果的表达,同时也是追求"雕塑"式建筑造型的立面方案设计的主要内容。在今天看来,这种以渲染构图体系的"形式+表现"作为建筑设计基础的做法无疑相当片面,而同济大学建筑系也早在 1978 年以后就对这一体系进行了深刻而系统的批判②。另一方面,针对我国形象思维和建筑领域中传统的教授方法,即通过摹写学习公认的典范作品以获得大量的感性形象积累,让学生"悟"出变通的本领,同济大学的莫天伟老师就从"形象思维的认识过程"将其定义为一个"表象"的阶段;莫老师在肯定了这种表象阶段的积累对于建筑创作和创造性思维的重要性之后,更一针见血地指出这些大量的感性形象只是"历史长河中的'流',而不是'源'",并进一步指出"生活是创作的渊源,也是悟性的渊源"③。

就在当时国内建筑教育界开始普遍质疑这一传统"学院式"的建筑设计基础教学体系的历史背景下,随着改革开放,在 20 世纪 80 年代初被引进内地的一种源于包豪斯基础课程和呼捷玛斯的构成主义实践,而最终是由日本发展成熟的

---

① 按照当时具体的课程名称,这三大板块的构成也可以表述为:"建筑概论(一年级)"和"建筑设计原理(二年级)"、"建筑(表达)表现"、"建筑设计基础"。
② 事实上在 1952 年至 1966 年之间,同济大学建筑系也从罗维东的现代教学实践以及冯纪忠先生的空间原理等方面对此展开过多次抵抗。
③ 莫天伟.形象思维与形态构成——建筑创作思维特征刍议[J].建筑学报,1985(10).同济大学的冯纪忠先生也认为感性印象和经验的表象积累越多越好,这样到设计起步时,这些经过选择的表象就成为意象;然后随着设计的深入,再结合环境、内部、结构和构造这些理性的思考,感性与理性相互结合、平衡发展,最后才能产生意境。参见:刘小虎.在理性与感性的双行线上——冯纪忠先生访谈.新建筑[J],2006(1).同样,在 2000 年底的那场"门外谈"的学术讲座里,冯纪忠先生也提到了平时积累在建筑设计中的重要性,当时冯纪忠指出,当"事物厚积而萌生一个模糊而待发的意念时",就会"一面在尽力理清自己的意念,一面匆匆在自己的表象库存里寻找和建构这个'意'可能藉以附托的象,这时凡遇与心境合拍的景或外来的意象,也就油然生情而成了自己新鲜的表象"。参见:冯纪忠.门外谈[J].时代建筑,2001(3):36.

"构成"教学原理,作为一种更为理性的抽象形式的训练方法和广义的抽象造型基础,无疑理所当然地被视为了开发一般造型能力的新型而有效的手段。而1980年代初同济大学建筑系的那套借鉴和融入了现代构成及空间限定的基础教学模式,则通过由平面(包括形状、肌理和色彩)到立体再到空间的一系列由浅及深的训练课题,也从形态构成和空间塑造上展开了突破。

不可否认,构成观念及其广义的艺术设计基础教学体系对于破除我国建筑设计教育的传统束缚及活跃创作思想都曾经起到过非常重要的作用。但是,就建筑设计基础教育的特定前提而言,构成体系的局限和我们在引进过程中对它的"误读"也毋庸讳言。

首先,现代建筑设计既不等同于一般的抽象造型,更不仅仅是"形式造型"这一特征所能囊括。我国当时所谓的"三大构成"直接来源于日本工艺美术专业的设计课程。而按照这一体系的主要创立者朝仓直巳的解释,"构成"的目的是"在于创造艺术或设计上所需的有趣形态,在于把各种形态巧妙地配置在指定的空间之中"①。由此可见,他所建立的"构成教学"关注的是"有趣"和"巧妙"的艺术造型能力的开发;换而言之,是一种强调去除了形态和空间的具体功能及意义的抽象操作。由于这样一个训练体系并不是从建筑学专业基础课程自身演变发展而来,因此必然缺乏建筑这一特定学科的专业基础,这也注定了它无法承受建筑设计基础教学的全部重任。这一点从密斯在1930年执掌包豪斯以后,在建筑设计基础课程中对伊顿体系的全面抛弃就可以清晰地反映出来。而后来国内许多建筑院校在教学实践中越来越体会到这一局限之后,又做了很多"建筑化"的尝试,以适应建筑学专业的基本要求,比如做一些带"建筑味"的构成练习以及隐喻建筑的体量组合、立面构图,或以空间的几何构成为主的练习等。但是,所有这些努力,由于缺乏与建筑设计的内在关联,忽视了建筑设计的特定目的、内容、条件和手段,同样容易导致学生形成片面的形式化的建筑观②。

其次,这种单纯的"构成"教学也并不能就建筑设计的基础:诸如制图、建筑表现和认知这类渲染教学所涵盖的论题提供全面有效的训练手段,因此在引进"构成"教学的同时也无法完全放弃传统基础教学,以致在绝大多数的建筑院校

---

① [日]朝仓直巳著.吕清夫译.艺术·设计的平面构成[M].上海:上海人民美术出版社,1987:26.

② 在当年的不少建筑院校中,都是由工艺美院和美术学院毕业的年轻教师担任"三大构成"的教学任务,因此也就不可避免地形成了当时所谓"两张皮"的现象,构成和建筑教学出现了分离的状态。这也是此后该种教学方式广受批评的一个主要原因。但是应该看到,这一现象所呈现的毕竟只是"流",而不是"源",对于"构成"教学的本质仍需客观、科学地看待。

里,最终都只能是两者并存,并形成了以渲染练习训练表现能力、以构成练习启发创造能力的双轨制基础教学。这也正如顾大庆在 1992 年所批评的那样,"构成观念解决了开拓创造思维的问题,却没有就为什么的问题提出答案"①。因此,为了突破"学院式"设计基础教学中以因袭模仿为特征的形式主义束缚而引入的鼓励创造性思维的"构成"教学,因为缺乏与建筑基本问题的有机关联以及理性的评判标准,反过来也极易造成学生单纯追求与众不同的形式倾向,从而使得学生转而陷入另一种以抽象变形为特征的形式主义的陷阱,并最终损害到专业技能训练中某些重要的方面,特别是基本设计意识的形成。

　　然而,对于"构成"教学的这一局限最早提出批判的恰恰是同济大学建筑系。在同济大学的建筑形态设计基础教学中,他们一贯强调的并非只是"无目的"的抽象形式构成,而是更关注与建筑设计和相应的思维特征密切相关的"目的"构成,这一思考从该系莫天伟老师翻译于 1988 年,并于 1989 年首版的《基本设计：视觉形态动力学》一书的"译后小记"中得到了充分展现。针对当时如狂潮般涌来的各种时新流派对现代设计发生、发展的原始历史轨迹的淹没,莫天伟老师明确地指出了翻译此书的目的,正是在于"寻觅现代设计的'根系'和轨迹,理顺思路,再思我们对基本设计曾经有过怎样的误解,又应该如何面对今天的现实。从而让我们更理解我们的学生,也让他们更理解现代设计"②。面对当时国内建筑设计基础教学所呈现的茫然和无所适从,莫天伟引用该书作者所呼吁的"我们关于基础训练的概念需要发展,开发个人基于实际而不是基于理论的探究精神",不仅针对当时尚存的传统学院式训练,更针对如何使现代主义初期的机械式教学方法顺应当时的多元化发展提出了自己的思考和观点,即："艺术的沿革正是存在于理性和感性这对张力之间",因而"基本设计"也就"不应局限于其自身范围之中"③。也就在此时,莫天伟老师提出了以"基本设计(basic design)"作为建筑设计基础教学核心的观念。这一概念所关心的领域更带有普遍性和规律性,对于各个时期艺术现象中所体现出来的社会意义和哲学意义的改变也更为敏感,因而也就更能在纷繁芜杂的潮流中找到建筑学科自身的位置和发展策略。

————————

　　①　顾大庆.论我国建筑设计基础教学观念的演变[J].新建筑,1992(1).

　　②　[英]莫里斯・德・索斯马兹.莫天伟译.基本设计：视觉形态动力学[M].上海：上海人民美术出版社,1989(6)：121.该书后来在 2003 年再版时更名为《视觉形态设计基础》,先后印数近 3 万册.

　　③　[英]莫里斯・德・索斯马兹.莫天伟译.基本设计：视觉形态动力学[M].上海：上海人民美术出版社,1989(6)：121.

因此,同济大学建筑系的教师们相信,从"运用视觉形态在心理上的力、能和运动作为桥梁来联结起理智和情感两者,以探讨人类与世界之间的形体关系"①开始进行设计基础教学,不仅可以摆脱基本设计的局限,甚至也可以摆脱现代主义的局限;不但可以顺应历史的发展,而且为现代艺术和现代设计适应当时那种多元化的发展状态作出理论上的准备。具体到教学计划上,该系进一步肯定了从引导学生理性地掌握造形规律出发、在建筑初步教学中保留"形态构成"和"空间限定"训练是完全必要的。

无论如何,即使从全国建筑院校的范围来看,当年从"渲染构图体系"到"形态构成体系"的转变,即便没能彻底颠覆建筑的形式和风格教育基础,但是对于建筑设计基础教学而言,从具体形式的因袭模仿到抽象形式的理性创造,其历史的进步意义也是有目共睹。

6.1.2.2 对设计性质及设计思维特征的研究

早在 1979 年,赵秀恒老师就提出了设计思维对于建筑设计教学的重要性,这一特征在同济大学始终受到密切关注,并不断被强化;而在 1985 年广州会议上莫天伟老师所作的大会发言中,也已经就建筑创作的思维特征,从形象思维和形态构成两个方面进行了阐述;此后,同济大学建筑系更是结合教学实践,不断地对"设计性质及设计思维特征"下的形态设计基础教学这一课题进行着更为深入的探索和研究。在出版于 1991 年、由莫天伟老师执笔、赵秀恒老师审定的《建筑形态设计基础》一书的总论部分,曾不惜笔墨地对同济大学建筑系自 1980 年代初以来,对建筑形态设计基础教学的深刻思考进行了详尽阐述。

首先,从设计的性质来说,同济建筑系的教师们认为其实质是一种"造型(应为'形')计划的视觉化";同时他们也清醒地认识到,设计作为一种"造物活动",并"不局限于对物象外形的美化,而是有明确的功能目的",而设计的过程正是"把这种功能目的转化到具体对象上去"②。因此,对物体的研究不仅需要注重于物与物的关系,更需要重视物与人之间的关系,而包括了形状、大小、色彩、肌

---

① [英]莫里斯·德·索斯马兹著.莫天伟译.基本设计:视觉形态动力学[M].上海:上海人民美术出版社,1989(6):121.

② "造型"应为"造形",此处应该是书刊排字的谬误。据该书的主编执笔莫天伟教授回忆,当时同济大学建筑系在每次上课时都强调"型"和"形"的差异性,而"造形"正是同济大学赵秀恒教授在 1980 年代初提出的一个重要概念(2010 年 9 月笔者访谈莫天伟老师)。因此,本书在以下相关所述中均采用"形"这一称谓。参见:同济大学建筑系建筑设计基础教研室编(莫天伟主编).建筑形态设计基础[M].北京:中国建筑工业出版社,1991(11):2.

理、位置和方向等特征的"形"的研究则是其中一个基本且重要的因素。

其次,从设计的思维特征来看,现代主义建筑思想主张"形式遵循功能(form follows function)",即形态要体现逻辑。但是从形式创造的过程以及设计思维中形象思维和逻辑思维两者的联结特征来看,更重要的是创造隐喻了逻辑的形态。同济建筑系的教师相信,在建筑创作这一特殊的思维过程中,形象思维和逻辑思维不但同样重要,并且互相重叠。同时,就设计思维的整体而言,逻辑思维所体现的"概念—判断"及"推理—论证"的形式与形象思维的"表象—联想"、"想象—典型化"的基本形式,既呈现出不同的心理结构模式并有所侧重,同时也表明形象思维同样具有自身的逻辑性和目的性。因而在设计思维中,其逻辑过程及方式并非简单的推理论证,而是整个设计过程中形象思维的"典型化想象";而这一"典型化"模式所呈现的共性和个性的统一、理性与形象的结合更进一步表明,形象思维同样也具有自身的逻辑性和明确的目的性。毫无疑问,"求异思维"能力是这个"典型化"过程中除了理性判断之外更为重要的一种创造性的想象能力,其关键则在于与"收敛性思维"相对应的"发散性思维"能力的培养;与此同时,设计方案的合理性又必须接受求同思维和收敛性思维方式的审省。因此,同济大学建筑系的莫天伟老师就提出,学生"应该在发散性和收敛性之间,求异和求同之间,形象与逻辑之间保持一对'必要的张力'"①;而这两种思想形式矛盾统一的渗透过程,就是把思维元素联结为新的形象系统的思维过程,也就是设计的过程。

从另一个方面来说,在具体的建筑设计思维过程中,抽象的逻辑思维对于功能实现、技术保证和经济制约的分析无疑至关重要,但功能、技术、经济等要求最终也必须物化为实体和空间的形态以及具体的结构造型。而在这一"新的形象系统"的建立过程中,"形态构成是设计各思维元素的结合部"②。

鉴于从设计的性质及设计思维特征两方面的综合思考,同济大学建筑系的教师们坚信,在建筑教学,特别是建筑设计基础教学阶段,对于实体和空间形态的学习和训练仍然是必不可少而且相当重要的。

在当年同济大学建筑系的建筑设计基础教学中,对于形态的研究主要包括两个方面:形状和情态,即不仅研究物形的识别性,而且要研究人对物态的心理

---

① 同济大学建筑系建筑设计基础教研室编(莫天伟主编).建筑形态设计基础[M].北京:中国建筑工业出版社,1991(11):5.
② 同济大学建筑系建筑设计基础教研室编(莫天伟主编).建筑形态设计基础[M].北京:中国建筑工业出版社,1991(11):5.

感受;而形态的形成和变化又依靠各种基本的要素而构成。因此,在基础训练的开始阶段,对作为构成要素的实体和空间形态进行纯粹化和抽象化的训练,尽管与现实设计相比带有某种局限性,但对于初入门的学生来说更易于认识和把握。而在形态操作过程中对于各种具有不同特征的实际材料的研究和处理,对于学生建立初步的物质材料概念无疑也是大有裨益。同时,除了对实体形态的操作训练,该系也进一步巩固了空间形态概念,不但在原有的空间限定基础上进一步引入了空间形态操作和组织的原理,更强调了建筑设计范畴里空间形态的"主角"地位,并成为同济大学建筑设计基础教学的另一个显著特征。

6.1.2.3 建筑形态设计基础教学新体系的初步成型

自 1986 年起,同济大学酝酿将建筑学专业(英语及德语班)统一为五年制教学(此学制改变由 1987 年 9 月所招新生开始实施,而城市规划专业仍为四年制)。学制的改变,为同济大学建筑系的建筑设计基础教学新体系提出了新的要求。在此思想指导下,同济大学建筑系结合教学改革,在该年组织全系教师进行了一系列的学术和教学讨论。当时要求各个教研室主任每周集中讨论一次,通过一学期的辩论与研究,针对建筑设计基础教学得出了几点共识[①]:

(1) 在设计教学中引进"形态构成"是必要的,能使学生理性地掌握造型的规律。

(2)"形态构成"教学在时间上安排过早,内容过多,缺乏与建筑设计的结合,与学生的认识规律有距离,不能学以致用,并在建筑观方面产生片面性。

(3) 建筑学要进行教学改革,低年级的改革要与整个建筑设计教学体系改革相结合。

于是,在统一了思想认识的基础上,同济大学建筑系于该年提出了新的教改方案。首先从低年级教学着手,将原先一年级的"建筑设计初步"与二年级的"设计教学"相结合,正式变"建筑设计初步"为"建筑设计基础";并在体制上成立了建筑设计基础教研室,整体负责历时两个学年的设计基础阶段教学。在教学内容上,以强调建筑概念的空间构成和立体构成为主的"形态构成"得以继续保留,与建筑关系较为疏离的平面构成和肌理构成等内容则被适当压缩;同时,结合二年级的设计基础教学,统筹组织建筑基本概念、设计基本技能、方法以及空间组合的基本规律等基础教学课程,以加强和高年级之间的衔接。

---

① 参见:卢济威.以"环境观"建立建筑设计教学新体系[J].时代建筑,1992(4).

1989 年,根据总体教学计划,同济建筑系的五年制建筑学本科教学分为三个阶段:一至二年级的建筑设计基础阶段,三至四年级的建筑设计深入、扩大阶段和五年级的建筑设计综合阶段①。而建筑设计基础教学体系则由建筑概论,建筑认知、建筑表达及表现以及形态设计基础(包括了二年级下学期的建筑设计入门训练)三大板块综合而成。

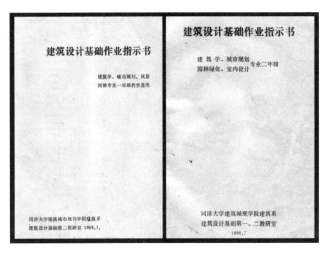

图 6-1-4 课程设计任务书(1989—1990 年)

自该年以后,同济大学建筑系的两个建筑设计基础教研室在实践中不断调整、完善各个教学环节,又对一、二年级的课程进行了系统的充实和优化,不但完成了建筑设计基础所有课程教学大纲的修改和新编,并且在保持灵活性和选题宽容度的前提下,努力使建筑设计作业指示书定型化,并按年编印成册。此外,结合新的建筑设计基础教学体系建设,建筑设计基础教研室在该阶段还编写了《建筑概论》、《建筑形态设计基础》、《幼儿园设计》等一系列教材,从而改善了该系长期以来基础教学教材欠奉的局面。

以《建筑概论》(一年级上、下两个学期,每周 2 个学时)为例,作为一门理论性的入门课程,在 1986 年之前,这门课主要由赵秀恒老师主讲;1986 年之后改由沈福煦老师统一讲授;1987 年底郑孝正老师从德国留学归校以后,又由沈、郑两位老师分别代表各自教研室独立授课。在此期间,教案都是由授课教师根据讲义自行组织,主要从建筑的历史和发展以及建筑理论两个方面讲授建筑的基

---

① 当时,城市规划和景观等系科专业和五年制建筑学共用两年的基础教学平台,三至四年级为其专业教学阶段。

本知识,并无统一的教材①。直至 1994 年 8 月,由沈福熙执笔编著的《建筑概论》正式成书出版,成为同济大学建筑系第一部完整的建筑专业入门教材,并被多所兄弟院校采用。该书共分五个章节,分别为"什么是建筑"、"建筑的物质性"、"建筑的社会和文化性"以及"中国及外国建筑的沿革"②。它将宏观的理论概述与微观的现象透析较完整地结合起来,"让没有经过专业学习的人首先抛弃'建筑就是房子'的含混认识,建立起专业的建筑概念";然后又从建筑与人、建筑的物质技术属性、社会属性、历史沿革等诸多层次,阐述并揭示建筑的内涵及外延;其主要目的在于使初涉建筑学领域的学生"对建筑有一个正确而较为系统的认识",对建筑专业有一个比较综合的理解,并为学生如何掌握本专业"指明方向"③。"建筑概论"课程的完整建立,标志着同济大学的建筑设计基础教学体系更为完整和科学了。

而在此前的 1990 年,由莫天伟老师执笔主编、赵秀恒审稿的《建筑形态设计基础》一书也已成稿,并在 1991 年作为教育部推荐教材由中国建筑工业出版社正式出版,随后获得第三届全国高等院校优秀教材奖。该书以同济大学自 1980 年以后近十年的建筑初步教学实践为基础,根据历任主讲教师授课中有关形态设计的基本原理和基础训练内容,从建筑设计思维的角度出发,"以形态的构成作为主要线索,结合现代视觉设计中力的概念、材料和结构特征的概念、空间限定的概念等",比较理性地阐述了形态设计的基本原理;同时,在课程作业的具体训练中,又坚持"开发个人基于实际,而不是基于理论的探究精神,对每一个实际问题坚持追求特殊的解决"④。正是《建筑形态设计基础》一书的出版发行,标志着同济大学建筑系新的建筑形态设计基础教学体系的确立。

到 1990 年,同济大学建筑系基于设计性质及建筑设计思维特征研究的建筑形态设计基础教学体系已经基本成型并取得了一定的效果。该体系继承和发展了 20 世纪 80 年代初期的教学研究和改革成果,与建筑设计本身建立了更为本质的关联。特别是"建筑形态设计"教学与"建筑设计"教学的结合更趋紧密,基础教学更符合学生和专业的认知规律,也有效缓解了一、二年级之间的教学相承

---

① 在 1970 年代初的"57 公社"时期,同济大学建筑系曾经印制过"房屋建筑制图"的书面教材,相当于早期的建筑概论,但主要还是关于识图、制图的技法。2010 年 8 月,笔者访谈郑孝正老师;2010 年 9 月 2 日,笔者电话访谈沈福煦老师。
② 沈福熙编著.建筑概论[M].上海:同济大学出版社,1994(8):1-2.
③ 沈福熙编著.建筑概论[M].上海:同济大学出版社,1994(8):6.
④ 同济大学建筑系建筑设计基础教研室编(莫天伟主编).建筑形态设计基础[M].北京:中国建筑工业出版社,1991(11):序 3.

矛盾。而二年级暑期第三学期为期 3 周的施工图实习,更强化了学生的实践和技术意识,进一步有利于向高年级专业拓展的衔接。

至此,在莫天伟、余敏飞两位教师的具体领导下,同济大学建筑系初步建立了以"建筑创作思维与建筑形态设计基础"为研究方向,重点开发学生的形象思维和形态操作能力,以两年为完整阶段的新型建筑设计基础教学体系,形成了由"基础理论(一年级的建筑概论及二年级的建筑设计原理)、基本表达(建筑表达及表现)和建筑设计基础(包括形态设计训练和二年级下学期的建筑设计入门训练)"三个部分有机组成的"建筑设计基础"训练系统,分别应对了观念的形成、建筑表达技巧和设计能力培养三个方面。1989 年,由戴复东、莫天伟、余敏飞等主持的同济大学《建筑设计基础教学改革》获得上海市级优秀教学成果奖。

表 6-1　1990 年同济大学建筑系建筑设计基础教学课程设置

	课程名称(知识板块)	教学内容(作业题目)	教　学　目　的	周学时
一年级第一学期	建筑概论	什么是建筑,建筑的物质性、社会性和文化性	使初涉建筑学领域的学生对建筑有一个正确而较为系统的认识,并为学生如何掌握本专业指明方向	1
	建筑制图(建筑认知、建筑表达及表现)	线条练习、字体练习、环境表现、建筑抄绘、建筑测绘、渲染练习、调色练习、明度调式、单色立面渲染、钢笔画临摹	熟悉各种绘图工具的使用方法,了解各类制图字体书写的要领和方法,掌握表达和表现建筑对象的基本技能	7
一年级第二学期	建筑概论	中国及外国建筑的沿革	使初涉建筑学领域的学生对建筑有一个正确而较为系统的认识,并为学生如何掌握本专业指明方向	1
	建筑表现(建筑认知、建筑表达及表现)	平面构成、肌理单元体设计、建筑剖析、建筑基本单元布置设计、室内外环境布置、小型建筑方案设计(同济新村门房、公园小卖部、自行车存放点等)	培养同学在视觉方面的创造力,以及造形观念与审美能力;通过建筑剖析、基本单元布置、室内外环境布置等,初步了解建筑方案设计的基本问题,以及设计的立意和解决的办法	7
二年级第一学期	建筑设计原理	以形态构成作为主要线索,结合现代视觉设计中力的概念、材料和结构特征的概念、空间限定的概念等,比较理性地阐述了形态设计的基本原理	开发学生基于个人实际,而不是基于理论的探究精神,对每一个实际问题坚持追求特殊的解决	1

续　表

	课程名称 (知识板块)	教学内容 (作业题目)	教　学　目　的	周 学时
二年级第一学期	建筑设计一(形态构成)	立体构成、空间构成、展览空间设计、汽车加油站设计或公园茶室设计	培养立体和空间构成的思维能力,认识构成与建筑设计的关联要素,训练运用特定物质技术手段、在特定环境条件下的立体构成和空间限定,并进行方案设计启蒙	7
二年级第二学期	建筑设计原理	关于建筑方案设计的基本原理	配合具体课程设计进行	1
	建筑设计二(建筑设计入门训练)	独立式小住宅建筑设计、小型专家公寓设计、幼儿园设计等	培养学生掌握基本的建筑方案设计方法	7

资料来源:笔者根据同济大学建筑系 1989—1990 学年班级教学安排表(同济大学建筑系档案)、1989年同济大学建筑系设计基础教研二室的一年级建筑设计基础作业指示书,以及 1990 年同济大学建筑系第一、二教研室的二年级设计基础教学作业指导书,重新整理编辑。

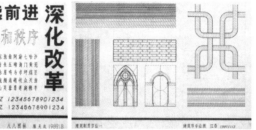

图 6‑1‑5　字体及线条练习学生作业(1986—1990 年)

图 6‑1‑6　渲染练习学生作业(1989 年)

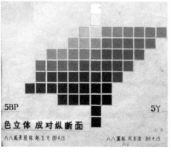

图 6‑1‑7　色彩训练学生作业

图 6‑1‑8　建筑表现学生作业

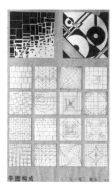

图 6-1-9　平面
构成学生作业

图 6-1-10　文远楼
抄绘学生作业

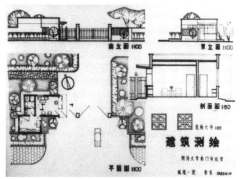

图 6-1-11　建筑测绘学生作业

图 6-1-12　建筑基本
单元构成学生作业

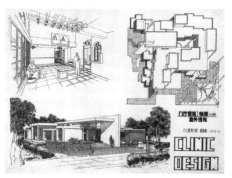

图 6-1-13　小诊所设计学生作业

图 6-1-14　外部
环境构成学生作业

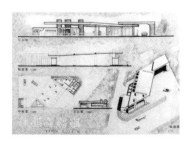

图 6-1-15　加油站
设计学生作业(1987 年)

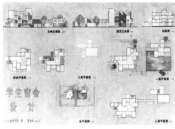

图 6-1-16　学生宿舍设计作业

6.1.3　展览空间设计——学术交流带来的一份经典作业的诞生

继 1981 年贝歇尔教授夫妇访问同济之后,1986 年 2 月 17 日,达姆斯达特大学的 Juergen Bredow 教授也应邀到同济建筑系进行为期一个月的讲学,授课对象是 83 级建筑学五年制德语班的学生①。

根据 Juergen Bredow 教授当时的课题计划,他主要是讲授现代建筑设计基础所涉及的命题:建筑(及体量)的设计法则,包括形式的相加、相减和分割以及各要素的并列、重复、归类、聚积;赋予建筑特定的功能;建筑入口的处理和建筑师如何通过流线设计来吸引和引导人流;影响建筑设计的多项因素(气候、日照、风向)与周围景观的关系、各项设施的要求、与原有建筑的关系、建筑的法规限制;通过比例、模数研究建筑形式;结构对建造过程的影响;几何网格对建筑设计的影响等。在此思想指导下,Juergen Bredow 教授带来了一个他在 1975 年为达姆斯达特大学建筑系一年级学生设置的作业——展览空间设计,该作业从此成为同济大学建筑设计基础教学体系中延续 20 多年的一份经典作业的开始②。

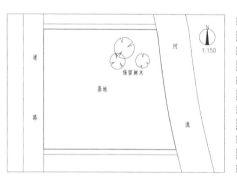

图 6 - 1 - 17　展览空间基地图(1986 年)　　图 6 - 1 - 18　**Juergen Bredow**
　　　　　　　　　　　　　　　　　　　　　教授制作的拼图(1986 年)

课程设计是在指定的基地上,用给定的墙和柱等要素,要求学生充分考量基地条件(包括保留的树木和侧面的河流)、平面和空间的分割及形式的构成、入口设计及参观流线的组织,建构一个小型的室外展览空间。学生们可以选择简洁规整的几何形式或是创作自由丰富的艺术形式,但必须坚持秩序和理性的原则。最终的成果用模型来呈现。

作为必要的理论准备和设计启发,Juergen Bredow 教授介绍了赖特、密斯·凡·德·罗等现代大师的建筑实例以及包括立体派和风格派等的现代艺术作品。同时,为了引出这个设计中所包含的柱子、隔墙这些要素,让学生体

---

①　由于当年建筑学五年制德语班的第一学年基本是集中的德语学习,所以当时 83 建德虽然已是三年级第二学期,但在课程设置上仍相当于二年级的建造设计基础教学阶段。

②　周芃,郑孝正."一份研习了 20 年的空间构成作业".见:同济大学建筑与城市规划学院编.同济大学建筑与城市规划学院教学文集 2:传承与探索[M].北京:中国建筑工业出版社,2007(5):123 - 129.

会模数关系及相关尺寸,以及几何网格在设计中的意义,鼓励学生在理性秩序的控制下开展自由创作,Juergen Bredow 教授还使用了一张 3 000、600 相间的拼图来进行引导。

这个全新的作业,对于当时擅长徒手草图和精确设计的同济建筑系学生来说,充满了好奇和兴趣。模型制作使学生们对自己的设计有了更直观的认识,也使作业取得了很好的教学效果。

当年 Juergen Bredow 教授在同济还做过另一件非常有意义的事,他和同济的许多教

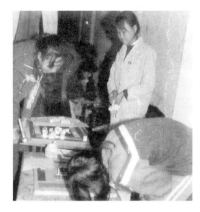

图 6‑1‑19　(86)建四学生在制作空间限定模型

师一起讨论了德国的教育体系和教学方式,特别是如何根据一定的标准给学生作业进行评价。他介绍了当时国际竞赛中评审团的准则,即"第一位的是建筑理念,然后是可行性和适用性,最后才是建筑表现,而个人的喜好根本不值一提"。Juergen Bredow 教授并且认为学生不应过分关心分数,相反,"当初的疑惑和不确定"有助于帮助学生在今后的建筑设计中不断进取和追求①。在周芃老师②的那篇"一份研习了 20 年的空间构成作业"的文章中,曾详细记

图 6‑1‑20　历年展览空间学生作业(1987—2007 年)

---

① 根据周芃老师与 Juergen Bredow 教授通讯交流资料提供。
② 值得指出的是,2007 年周芃老师对这一作业进行研究时,已经是同济大学建筑设计基础教研室的一名骨干教师(2003 年周芃获得同济大学建筑与城规学院硕士学位后留校任教),而这个作业被引进的 1986 年,正是她刚进入同济大学建筑系本科学习的年份。

图 6 - 1 - 21
展览空间作业展评

录了这个作业在同济建筑系二十年的发展历程,并从其变化轨迹中揭示了同济建筑系的建筑设计基础教学与中国建筑发展在这二十年中的关联。

1987 年秋,从 86 级建筑学四年制二年级开始,这个作业正式被纳入同济大学建筑设计基础教育体系,以实现从抽象的形态构成训练到具体建筑课程设计之间的过渡。当年这样一个国际交流的成果,在同济建筑系经过二十多年光阴的历练,显示出弥足珍贵的价值。

6.2 以"环境建筑观"为纲下的建筑形态设计基础教学发展(1990—1995)

1990 年,卢济威教授担任同济大学建筑系系主任之后,提出了以环境观形成建筑设计教学新体系的设想,使学生对建筑的本质理解从空间上升到环境的高度,对以往教学体系起到了巩固与发展的积极推动作用。而这一思想的酝酿其实从 20 世纪 80 年代后期就已经开始。

80 年代中期,随着社会生活、生产环境和科学技术发生的重大变化,人们对于建筑内部环境和外部环境的理解、对于建筑历史文脉的延续和城市、社会的关系都有了重新的认识。这也促使人们对于建筑学的理解从狭义转向广义,即"建筑不再仅被理解为视觉实体空间,而是具有物理、生态要求的环境;建筑不再仅被理解为单体房屋,而已深入和扩大到微观和宏观环境;建筑不再仅被理解为物质形态,而是与社会、历史、文化紧密关联"[①]。正如 1981 年第十四次国际建筑师协会《华沙宣言》所确立的:"建筑学是为人类建立生活环境的综合艺术和科学",卢济威教授提出了"后科学时期的环境建筑观"的概念,并试图分别从"微观、中观和宏观环境""一般环境和特殊环境""单一到综合环境"三个方面建立新的教学层次和教学体系[②]。于是,同济建筑系在继承了 20 世纪 60 年代冯纪忠先

---

① 卢济威.以"环境观"建立建筑设计教学新体系[J].时代建筑,1992(4).
② 参见:卢济威.以"环境观"建立建筑设计教学新体系[J].时代建筑,1992(4).

生创立的"空间原理"教学体系的基础上,树立起了以"环境"为纲、类型分类为辅组织教学的新模式。其中属于建筑设计基础阶段的内容则对应为"单一的一般环境下的建筑单体(中观)"的设计规律。

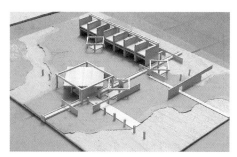

该阶段同济大学的建筑设计课程更加注重模型教学环节,强调模型与绘图并重,并且要求从一、二年级就开始学习模型制作的基本方法,使每个学生都具有模型表现的基本能力。为此,该系还专门建立了为教学服务的模型实验室,向学生提供材料、工具和定型的地形模型,并组织示范教学。模型实验室的建立,为同济大学进一步注重"操作"这一独具特色的教学方法提供了技术保证。尽管当时对于模型的认识,更多还只是作为建筑表现的一种手段,而不是用于推进设计的工具;也就是说,当时在人们意识中主要是基于成果表达的表现模型,而非工作模型。但是,在设计方法和思维上,从二维平面向三维立体和空间的

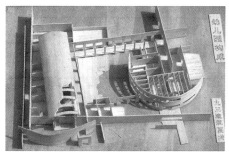

图 6‑2‑1　幼儿园构成模型

转变,特别是强调"动手操作"这一基本方法的实施,是同济大学建筑系当年有别于国内其他建筑院校的一个重要而基本的特征[1]。当时在余敏飞老师负责的建筑设计基础教研二室的幼儿园课程设计中,就已经改变以往单纯从功能分析和徒手草图切入方案设计的模式,开始要求学生在了解幼儿园设计基本概念和内容的基础上,首先进行概念模型的构筑,对形态、空间和基地特征进行抽象的三维表达;然后再进入具体有目的的功能设计的探索。这也为莫天伟老师所主张的"基本设计"作出了恰当的注解。

---

　①　在当年西方的许多建筑院校,利用易操作的材料进行模型制作以完成造型思维,已经被纳入与草图思维同等重要的职业训练过程;在他们的相关模型教学理论中,模型制作所训练的不仅仅是对三维空间的感知过程,更是开发造型思维,培养设计能力的一种基本手段。

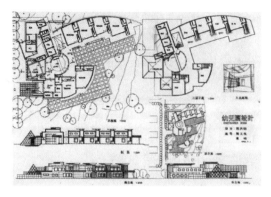
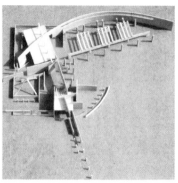

图6-2-2　幼儿园设计及构成模型(1996年)

图6-2-3　松江方塔园何陋轩

1990年之后,也是在基础教研二室郑孝正老师的提议下,该室首先将原先二年级第一学期结束前的小型课程设计从原先的门房、加油站等课题改为了公园茶室设计,基地选址为冯纪忠先生设计的松江方塔园"何陋轩"①所在的小岛。该课程设计除了每年组织学生参观踏勘,在充分认知和体验基地环境的基础上,认真解读冯先生的设计思想和手法,以此展开自己独创的课程设计之外,还明确要求结合已有的建筑形态和空间限定、组织等基础训练成果,运用模型推进设计和表现方案成果,进一步强化了"制作"这一优良传统在同济大学建筑形态设计基础教学中的意义。

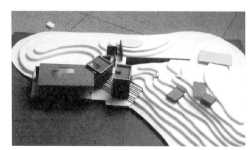

图6-2-4　休闲茶室设计模型学生作业

---

①　冯纪忠先生自1978年开始设计的松江"方塔园"项目从规划经营、环境布置一直到单体设计都充分体现了他"隔而不绝,围而不合"的现代空间思想;其中的"何陋轩"茶室又从基地策略、路径设计、形式塑造和材料运用方面创造性地采用了多种处理手法,堪称精心巨作。

同时,设计实践在当时也得到了更加充分的重视。除了原先的美术实习以外,在二年级的第三学期(暑期阶段)安排了为期 3 周的施工图实习,要求学生自己联系实习单位,不但强调技术知识的学习,更让学生接触社会,培养独立工作和社会工作的能力。但是事实上,不少同济大学二年级的学生到了中小型设计单位,除了学习施工图知识外,还参与了很多方案设计,其中有不少甚至是由学生独立完成的。从当年设计院的反馈信息来看,同济的学生深受欢迎,不少设计单位甚至主动要求派学生前去实习,同济学生的方案设计能力之强由此也可见一斑①。

1993 年,由卢济威、朱谋隆、余敏飞、沈福煦、王伯伟等教师主持的"以'环境观'建立建筑设计教学新体系"获得国家级优秀教学成果奖二等奖和上海市一等奖。

表 6‑2　建筑设计基础阶段教学安排及与相关课目配合表

年级	教学要求	设计原理	题目	表现及形态构成	实践环节	其他课程
一年级	1. 建立全面、综合的建筑观 2. 建筑和建筑设计的一般知识 3. 建筑表现的基本技能——图与实物关系线条、字体模型、色彩基本知识、徒手画 4. 建筑设计的基本方法步骤	第一章:建筑概论 1. 建筑及其属性 2. 建筑的沿革	*基本练习——线条、字体、环境表现、徒手画、测绘等			*画法几何与阴影透视 *美术
		第二章:建筑(方案)设计的方法步骤	*建筑局部设计(学习基本尺度)如门斗楼梯室内空间、室外空间 *2‑4 个空间的建筑设计(学习设计方法步骤)如小商店、书亭、邮政所、饮食店、学生会活动室等	*线条表现 *单色表现(学习明暗变化规律及表现方法) *平面构成 *模型制作方法	*建筑认识实习(2周) *素描学习	*画法几何与阴影透视 *美术

① 参见:卢济威.以"环境观"建立建筑设计教学新体系[J].时代建筑,1992(4).

续　表

年级	教学要求	设计原理	题　目	表现及形态构成	实践环节	其他课程
二年级	1. 学习建筑空间组合的基本规律 2. 学习建筑表现的基本技能——色彩(水彩或水粉)表现 3. 学习形态构成的规律 4. 学习施工图设计及绘制的方法	第三章：形态构成设计 第四章：建筑空间组合设计 第五章：建筑形体设计	这一年以小型公共建筑为题，选择不同类型的空间组合形式由浅入深 *小住宅 *幼儿园、小学 *汽车站 *图书馆、文化馆 *各种项目的短题、快题	*线条淡彩 *形态构成设计(立体构成、空间构成) 色彩表现(透视) *快速表现	 *第一次设计院实习(3-4周) *色彩写生实习	*建筑构造 *建筑力学 *美术 *建筑构造 *美术 *建筑力学

资料来源：卢济威.以"环境观"建立建筑设计教学新体系[J].时代建筑，1992(4)，作者重新整理.

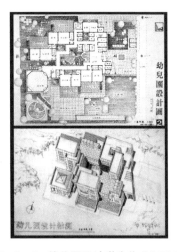

图 6-2-5　小诊所设计学生作业(1991 年)　　图 6-2-6　幼儿园设计学生作业(1995 年)

　　表 6-2 所示是当时系中对于建筑设计基础课程的教学计划指导。但是事实上，在该阶段由两个建筑设计基础教研室自行组织实施的实际课程教学中，建筑表达和表现以及形态设计基础的教学阶段占用到将近三个学期，而小型建筑的课程设计除了二年级上学期末的一个休闲建筑外，主要就是二年级下学期的两个综合课程设计(每个历时 7-8 周)，选题一般为小住宅、幼儿园或汽车站。图书馆和文化馆则被安排到了三年级的建筑设计教学中。

6.3　总纲与子纲体系下的建筑设计基础教学体系的进一步发展(1995—1999)

6.3.1　建筑学专业教育评估与建筑师执业注册制度的实施

文化大革命以前,我国仅有 11 所高等院校开办建筑系和建筑学专业。改革开放以后,随着经济发展和高校专业设置自主权的扩大,各大院校纷纷成立建筑学专业,当时均纳入工学门类,授工学学位;生源和师资等多方面的原因更造成了教学质量的严重差异[①]。为了更好地规范和改进我国高等学校的建筑学专业教育,促进建筑师执业注册制度的建立和发展,尽快和国际先进的建筑教育制度接轨,1988 年,建设部就批准了关于建筑师资格考试及建筑教育评估的建议;1992 年,经国务院学位委员会第十一次会议审议,原则通过了"建筑学专业学位设置方案",并组成了全国高等学校建筑学专业教育评估委员会,通过对清华大学、同济大学、东南大学和天津大学的本科建筑学专业进行首次试点评估,确立了五年制本科学制作为培养建筑学本科专业学位的必要条件,并正式开始实行建筑学专业学位制度[②]。

1994 年 9 月,建设部、人事部又下发了《建设部、人事部关于建立注册建筑师制度及有关工作的通知》(建设[1994]第 598 号),决定在我国实行注册建筑师执业资格制度,并成立了全国注册建筑师管理委员会;1995 年国务院颁布了《中华人民共和国注册建筑师条例》(国务院第 184 号令),1996 年建设部下发了《中华人民共和国注册建筑师条例实施细则》(建设部第 52 号令),标志着我国注册建筑师制度的正式建立。

对于我国自 1992 年开始实行的建筑学专业学位设置和教育评估制度,尽管在业内存在各种不同看法,但是其积极意义也是有目共睹。建筑学专业教学评估不但促进了我国高等院校建筑学科的发展,推动了建筑学专业教学的多元化,规范和改进了专业教学的过程和标准,整体提高了毕业生质量,而且为促进执业

---

① 截至到 2007 年,我国大陆地区已有 170 余所大学设有建筑学专业。
② 国际建筑师协会(UIA)通过的《建筑教育宪章》要求职业建筑师具有不少于 5 年的大学教育背景。参见：秦佑国.中国建筑学专业学位教育和评估[J].时代建筑,2007(3)：49.

注册建筑师制度的建立和发展发挥了重要作用①。

同时,建筑学专业教学评估的实行也扩大了建筑学专业教育的国际交流。自 1997 年与香港地区建筑学专业教育评估组织达成互认之后,又积极推动了建筑学专业教育评估的国际双边互认工作,这对提高我国建筑院校的国际地位、缩小与国外先进院校的差距、促进建筑教育人才的国际交流和毕业生的跨国服务,特别是对于我国建筑学专业教育的国际化进程具有非常积极的重要意义。截至 2007 年,我国共有 33 所大学通过了建筑学专业教育评估委员会的评估②。

伴随着建筑学专业教育评估与建筑师执业注册制度的实施,国家教委于 1996 年 3、4 月间正式提出并开始实施"高等教育面向 21 世纪教学内容和课程体系改革计划"。

6.3.2 同济大学建筑学专业教学体系的总纲和子纲

新的形势对同济大学的建筑教育也提出了新的挑战。1995 年,赵秀恒老师担任同济大学建筑与城市规划学院建筑系系主任之后,根据建筑学专业《评估标准》的要求,对该系的教学体系作了进一步的调整和改进。新教学体系主要体现在把办学思想与注册建筑师制度紧密联系,积极培养具有多种职业适应能力的通才型、复合型高级人才,并创造条件鼓励英才教育;立足于国情,努力与国际先进的建筑教育相接轨。为此,经过半年多的反复研讨及意见征询,该系决定对以往的建筑学专业教学计划进行再次修订和完善,同时提出了"加强教学系统的整体性,以培养学生的能力为纲,使教学更具有系统性、连贯性和开放性的教学体系新构想"③。

在修订 1996 年教学计划的过程中,同济大学建筑系对过去的教学计划进行了比较系统的分析研究。之前制定的教学大纲把五年的教学分为两大阶段,即建筑设计基础教学阶段和专业的建筑设计教学阶段,尽管课题的安排也充分考

---

① 国际上早成惯例的建筑师注册制度也总是和建筑学专业教育评估和建筑学专(职)业学位 (professional degree)联系在一起。在英、美等国,通常只有获得建筑学专(职)业学位的人,才能参加注册建筑师考试;而能够授予建筑学专业学位的院校,则必须通过建筑学专业教育的评估。评估通常由该国建筑师学会的建筑教育(评估)委员会主持,如英国的皇家建筑师学会(RIBA)教育委员会、美国建筑师协会(AIA)的全国建筑学教育评估委员会(NAAB)。参见:秦佑国. 中国建筑学专业学位教育和评估[J]. 时代建筑,2007(3):49。另据不完全统计,截至 2006 年底,我国共有一级注册建筑师 14 000 人,其中 80% 以上毕业于通过评估的建筑院校;统计分析也表明,通过评估院校的毕业生就业率明显高于未通过院校。参见:周畅. 建筑学专业教育评估与国际互认[J]. 建筑学报,2007(7).
② 周畅. 建筑学专业教育评估与国际互认[J]. 建筑学报,2007(7).
③ 赵秀恒."总纲与子纲". 见:沈祖英主编. 挑战与突破[M]. 上海:同济大学出版社,2000.

虑了整体性、相关性、兼容性以及长短结合等原则,但是其中每一阶段都是相对的自成系统。而新的教学体系则趋向于打破传统格局,把五年制建筑学专业所涉及的所有教学活动看作是一个整体来进行考虑。首先根据不同阶段的能力培养要求,制定了《建筑学专业教学总纲》,以进一步理顺基础课、专业基础课和专业课的相互关系,使各门课程在整个专业教学中有一个明确的定位,形成一个开放性的教学系统及网络。然后在此基础上再修订各门课程的教学大纲,建立更加具体深入的《教学子纲》,既考虑每个子系统的完整性、延续性及其合理布局,又考虑它们之间相辅相成的整体关系,以落实《教学总纲》的要求。按照新的建筑学专业教学总纲和子纲要求,当时整个五年的教学分为"启蒙与初步"、"建筑设计入门"、"深化与分化"、"综合训练"四个培养阶段;同时,把学生专业能力的培养归纳为理论能力、表达能力、设计能力、技术处理能力、计算机应用能力等五个方面[1]。事实上,1986年前后同济大学建筑系所确立的建筑设计基础教学的三大板块——建筑概论、建筑表现训练和形态设计基础训练,正是和《教学总纲》所要求的"理论能力、表达能力和设计能力"三个培养目标相对应,体现了内在的渊源沿承。

《建筑学专业教学总纲》和《综合类教学子纲》(详见附录 2 附表 2-5、附表2-6)的实行,强调建筑基础设计教学与建筑设计教学、辅助课教学与主干课教学的衔接、穿插和配合,既保证了建筑设计类教学的系统性和完整性,对教学的整体到局部建立了综合控制,同时又具有一定的开放性和灵活性,以充分发挥每位教师在各个不同阶段实施过程中的创造性。

6.3.3   总纲和子纲指导下的同济大学建筑设计基础教学体系

为了既确保扎实的专业基本功,又注重创造性思维的训练,强调个性发挥,根据新的《建筑学专业教学总纲》和《综合类教学子纲》的要求,同济大学建筑与城市规划学院对原有的教学计划进行了整体调整。一年级到二年级第一学期(共三个学期)为"启蒙与初步"阶段,二年级第二学期到四年级为"建筑设计入门"阶段;其中建筑设计基础教研室承担的教学任务仍为一、二两个年级共四个学期(两个暑假小学期分别由美术教研室和技术教研室负责)。

《总纲》明确规定,"启蒙与初步"阶段的建筑设计基础教学要求为:让学生了解什么是建筑,建筑设计的目的与意义,建筑设计的一般课程以及建筑环境与单体之间的一般关系;同时学习并初步掌握建筑表现的基本技能。其对应的理

---

[1]   参见:赵秀恒."总纲与子纲".见:沈祖英主编.挑战与突破[M].上海:同济大学出版社,2000.

论课程分别是一年级的"建筑概论"及"建筑设计原理"。具体的专业课程设置则分别为:"建筑表达"、"建筑表现"、"建筑形态设计和环境设计基础"以及"建筑设计入门"。其中,属于"建筑设计入门"阶段的二年级第二学期的教学仍由建筑设计基础教研室承担,其教学要求为:在把握建筑设计目的与意义的基础上,明确建筑在物质和精神需求方面的双重意义,并初步掌握环境、经济、技术、美观、适用诸因素对建筑的决定作用及辩证关系。其对应的理论课程为关于功能与设计、建筑设计的内容与过程以及建筑空间塑造的建筑设计原理。

值得指出的是,该时期的课程设计辅导采用的依然是以师徒式"一对一、手把手"的教学方式为主,当时尚较少有分组讨论和集体评图的做法。但是,设计基础教研室一脉相承的基础教学,使得原先建筑初步向专业课程设计之间的衔接困难得以顺利化解;同时,该系引以为豪的优质师资和优秀生源也进一步保证了良好的教学效果。和普通的专业课程设计不同,由设计基础教研室承担该阶段的"建筑设计入门"教学,教师们可以更好地将"形态设计基础"的概念向建筑课程设计进行延伸,以此完成在建筑思维特征指导下由"抽象构成"向"目的构成"的一个完整循环,并且有效地消除了课程衔接上的问题。

表6-3 1999年同济大学建筑系建筑设计基础教学课程设置

时段	课程名称	课程目的与任务	教 学 要 求	教学内容及课程题目	总学时	学分
一年级第一学期	建筑概论(1)	建立建筑的基本概念	基本了解建筑的发展过程,把握建筑的各组成要素	建筑的技术要素、建筑的生理、心理要素、建筑的社会文化要素、建筑历史概况	36	2
	建筑表达(1)	建筑表达的基础训练	培养学生徒手及工具的表达能力,掌握建筑图的基本表达方法	字体练习、线条练习、建筑抄绘、建筑测绘、钢笔画表现	36	2
一年级第二学期	建筑概论(2)	建立建筑的基本概念	掌握平面设计、色彩设计的基本原理,熟练平面构成和立体构成的技巧,熟悉建筑表达的基本知识,了解现代建筑发展过程	建筑绘画及表现基本知识、色彩原理、现代建筑概论、世界著名城市、建筑实例	36	2
	建筑表达(2)	建筑表现的基础训练	熟练使用色彩,了解平面设计、色彩设计,掌握建筑图基本表现方法	渲染练习、建筑立面渲染、色立体练习、面积对比、色彩采集、外滩建筑实录	36	2

续　表

时段	课程名称	课程目的与任务	教 学 要 求	教学内容及课程题目	总学时	学分
二年级第一学期	建筑设计原理(1)	建立正确的建筑设计思维、方法及表达方式	把握建筑形态设计原理,掌握建筑设计基本知识,熟悉建筑设计过程及步骤,熟练掌握建筑表达手段,初步了解当代建筑设计观念及思潮	建筑形态设计基础、建筑设计方法论、建筑设计表达、建筑实例评析	18	1
	建筑设计基础(1)	建筑设计的启蒙	掌握建筑方案设计的基本步骤和内容、方法,初步学会分析和解决功能与形式、空间与形态的基本问题	钢笔淡彩临摹、大师名作模型、空间限定、展览空间设计、建筑室内布置、室外环境布置、汽车加油站或公园休闲茶室设计	72	4
二年级第二学期	建筑设计原理(2)	建立正确的建筑设计思维、方法、表达方式	熟悉建筑类型的功能特征、强化建筑空间的组织能力,提高建筑综合造性能力,建立建筑设计的环境观念,确立正确合理的设计理念	建筑功能与形态、建筑空间与形态、建筑类型学、建筑实例评析	18	1
	建筑设计基础(2)	建筑设计的入门、开始	建筑设计教学的入门阶段,培养学生掌握中小型建筑方案的设计能力,从环境入手,进一步把握建筑功能与形态、空间与形态的关系	独立式小住宅、汽车旅馆或公路服务站设计;幼儿园或敬老院设计;构成模型;设计快题或水粉建筑画临摹	72	4

资料来源:同济大学建筑系设计基础教学大纲及教学资料,笔者重新整理。

　　一个令人感兴趣的现象是,尽管同济大学建筑系一向试图挣脱传统"学院式"体系的羁绊,但是一直到这一时段,在该系的建筑设计基础教学中,仍然保持有渲染练习,而且对建筑表现特别是徒手钢笔画的训练也一直没有放弃。但是需要指出的是,该时渲染练习的课时已大为压缩,基本上只有色块平渲、退晕和文远楼门厅(或贝聿铭设计的华

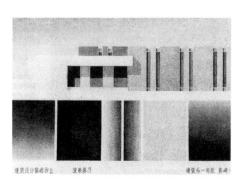

图 6 - 3 - 1　渲染练习学生作业(1996 年)

盛顿美术馆东馆立面及其他简洁的现代风格建筑立面)渲染等少量训练,所占课时仅约2-4周左右。事实上,该时期的渲染训练已经仅仅是作为建筑表现手段的一种类型而被加以熟悉和训练,原先传统"学院式"渲染教学中所蕴含的尊崇古典范例和构图法则的教学目的已被完全抛弃。而对于徒手画的训练,同济建筑系也一向坚持这一设计基

图6-3-2 亭子设计的模型制作学生作业(1998年)

本功的重要性(当时主要采用压缩课堂作业、加强课后训练的方式进行)。另一个需要特别指出的是,同济大学建筑系在该阶段进一步加强了学生"动手能力"的培养,模型和各种手工制作训练已成为设计基础教学的重要手段。

图6-3-3 平面及色彩构成学生作业(1996—1999年)

图6-3-4 德国馆模型制作学生作业

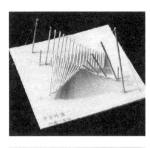

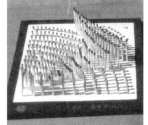

图 6-3-5　立体构成学生作业　　　　图 6-3-6　平立转换学生作业

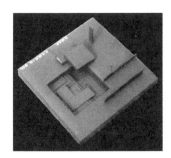
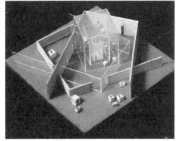
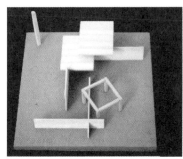
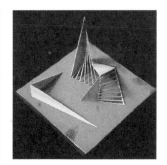

图 6-3-7　空间限定学生作业

6.4 该时期国内外主要院校的建筑设计基础教学动态

自 1980 年代中期开始,国内许多兄弟建筑院校也陆续开始了各种具有现代建筑教育思想的教学改革和创新探索,我国的建筑设计基础教学也由此进入了一个蓬勃发展的时期。

6.4.1 国内主要建筑院校动态

6.4.1.1 清华大学建筑系

20 世纪 80 年代中期,清华大学建筑系的吴良镛先生集自己 40 余年对建筑学的理解、思考和研究,提出了"广义建筑学"的理论;20 世纪 90 年代,又在此基础上结合人居环境学的研究与实践,建构起"人居环境学"的理论框架①。1988 年,清华大学建筑学院成立;1991 年我国实行建筑学专业教育评估制度,清华大学的五年制建筑专业本科以优秀级首批通过评估。

图 6 - 4 - 1 清华大学平面构成学生作业(1991 年)

这一时期,清华大学的建筑设计基础教学一直处于传统渲染教学和新型形态构成的磨合之中。包括线条练习、抄测绘、渲染等传统技法训练依然是建筑初步教学的主体;但是,渲染练习的比重在不断下降,而带有目的性的构成训练则逐渐增强;同时,模型训练也在这一时期开始介入建筑初步教学,而小型建筑方案设计也得到越来越多的重视。据郭逊老师回忆,该阶段清华大学的建筑概论不独立开课,而是"结合在建筑初步课程中穿插进行"②。

---

① 作为这两个学科理论研究走向世界的重要标志,吴良镛先生为 1999 年国际建筑师协会(UIA)第 20 次大会所撰写的主旨报告——《建筑学的未来》(即《北京宪章》),现已成为建筑学术领域的重要纲领性文件。

② 2000 年以后,清华大学开设了独立的建筑设计基础理论,同时还由建筑历史教研室为一年级学生开设了中、外建筑简史的课程。2010 年 7 月 20 日,笔者访谈清华大学郭逊副教授。

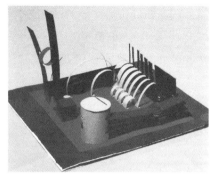

图 6‑4‑2　清华大学立体构成学生作业(1994—1995 年)

这一情形也可以通过清华大学田学哲教授主编的《建筑初步》第一、二版得到佐证。在 1982 年出版的第一版《建筑初步》中,全书共有四章:第一章为建筑概论,主要对建筑与社会、建筑技术与建筑艺术、建筑的基本构成要素以及建筑学专业的学习等问题作了简要的介绍;第二章为中、西古典建筑及近代建筑的基本知

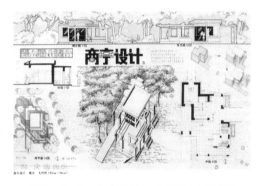

图 6‑4‑3　商亭设计学生作业(九四级)

识;第三章为工具图、徒手画及水墨、水彩渲染等建筑画的基本表现方法;第四章则结合小型设计课题介绍了怎样着手进行简单的建筑设计[1]。而在 1999 年作为建设部“九五”重点教材的该书第二版中,《建筑初步》扩展到了五章。其中,第一至第四章是在第一版框架和内容的基础上进行了修订和完善;而新增加的第五章则为“形态构成”,主要结合建筑学的特点和需要,介绍了平面构成和立体构成的基本原理和造型方法以及三大构成中的审美问题和形式美法则,并结合作业实例进行了评析[2]。由此可见,至少在 1982 年之前,形态构成并未真正进入清华大学建筑初步的主要教学序列。

6.4.1.2　东南大学(南京工学院)建筑系

早在 1980 代初,东南大学建筑系就与苏黎世高工建筑系展开了学术交

---

① 田学哲主编.建筑初步[M].北京:中国建筑工业出版社,1982(7),第 1 版.
② 田学哲主编.建筑初步[M].北京:中国建筑工业出版社,1999(12),第 2 版.

流,特别是自 1986 年秋开始,该系大量青年教师赴苏黎世高工学习,为东南大学建筑系建筑初步教学改革的进一步深入带来了直接的推动。在 2007 年出版的《东南大学建筑学院建筑系一年级设计教学研究——设计的启蒙》一书中,东南大学建筑系曾以三个典型教案的动态变化,展示了自 1984 年以后的十余年里,该系建筑设计基础教学所历经的不断继承和扬弃的发展轨迹。

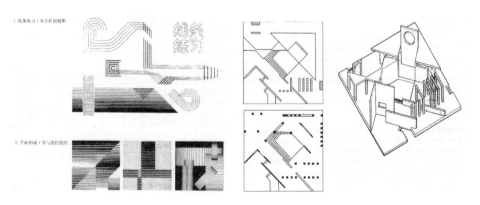

图 6-4-4　线条练习(1986—1990 年)　　图 6-4-5　立方体空间设计(1986—1990 年)

被认为是东南大学该次建筑初步课程教学改革真正起点的第一个新教案(1986—1987),最早是在 1985 年底提出设想,并首先在 1986 年得到全面实施的。当时为了摆脱"构成"教学的束缚,实现空间教育的理想,该系从形式和表现入手,提出了以基本设计素质的训练为目的的"设计"体系教学观念及一整套教学大纲①。苏黎世高工的伯庭教授对此贡献良多,包括当年那个著名的"立方体练习"和"建筑分析练习"。

第二个教案(1990—1991)的形成是在单踊、顾大庆等一批年轻教师从苏黎世高工学成归来之后。他们开始尝试在设计模式的实施方面,寻找一种处理和解决"建筑设计过程和问题的复杂性与教学过程的结构有序之间的矛盾"②的方法。

---

① 针对当时国内一些院校以构成和空间限定来取代传统渲染训练的做法,东南大学的立场是"只接受构成的观念,但排斥构成的教学"。他们对于构成观念的接受也"只是将其作为设计方法学的一部分,并非教学的唯一源泉"。参见:东南大学建筑学院编.东南大学建筑学院建筑系一年级设计教学研究:设计的启蒙[M].北京:中国建筑工业出版社,2007(10):55.

② 东南大学建筑学院编.东南大学建筑学院建筑系一年级设计教学研究:设计的启蒙[M].北京:中国建筑工业出版社,2007(10):19.

表 6 - 4 1986—1987 学年教学计划与学生作业

学期	周次	单元	题目	目的、要求	设计课（专题训练）240 学时 7 - 8 周	概论课（理论研究）16 学时 1 - 2 周	制图课 32 学时 2 周	美术课（基础技能）128 学时 4 周
上学期	1	I	入学教育	• 了解专业，树立信心 • 建筑师职责教育 • 设计的初步认识	讲课、教学展览、专题报告、参观			设计素描(线)
	2				以小设计研究启发设计经验			
	3	II	设计造型基础	• 形式要素研究 • 形式美原理研究 • 造型方法学习	平面造型 机理造型 拼贴 线的表达 立体造型证 投影	• 形、线、质、体、空间 • 和谐、对比、韵律、均衡 • 比例、网格、轴线、单元组织、加法、减法		
	4							
	5							
	6							
	7							
	8							
	9	III	设计表现基础	• 正投影图及建筑符号 • 透视效果图 • 线、面的运用 • 字体、版面 • 快速表现	建筑测绘	• 建筑表达规划 • 线条建筑勾画方法 • 建筑陶件——墙、柱、梁、屋盖、踏步		建筑速写(线) 临摹照片写生
	10							
	11				建筑画临摹＋限时练习			
	12							
	13							
	14				测绘建筑的透视图表达			
	15							
	16							
下学期	1	IV	建筑空间构成	• 单一空间细胞构成的原理 • 工作模型研究 • 观察生活、随时记录——建筑日记	人的研究	• 人体尺寸、空间量度、人体工程学及人的活动 • 气候、阳光、通风、采光、朝向		建筑速写
	2							
	3				室外空间构成			
	4							
	5				室内空间构成 小空间设计（快题）			
	6							

续　表

学期	周次	单元	题目	目的、要求	设计课 (专题训练) 240 学时 7-8 周	概论课 (理论研究) 16 学时 1-2 周	制图课 32 学时 2 周	美术课 (基础技能) 128 学时 4 周
下学期	7	V	建筑图解	• 空间组织要素研究	建筑考察、分析及图解表达	• 间系统、结构系统、流线系统、围敞系统		明暗素描
	8			• 分析方法				
	9			• 轴测图解				
	10							
	11	VI	设计入门:分析模式的设计方法学	• 设计过程的体验 • 设计方法 • 空间组织 • 砖、石、木结构造型	小商店、邮政所设计	• 设计的特定问题 • 设计方法 • 图示语言		
	12							
	13							
	14							
	15							
	16							
短	1	VII	表现研究	• 精细表现技术线+面、渲染	完成VII透视效果图			
	2							

资料来源:东南大学建筑学院编.东南大学建筑学院建筑系一年级设计教学研究:设计的启蒙[M].北京:中国建筑工业出版社,2007(10):74.

表 6-5　1990—1991 学年教学计划与学生作业

阶段	专　题	基础设计篇	基础理论篇	基础表现篇
起点	0•导论		0•建筑与建筑学	
入门	1•设计生活	1•小制作	1•设计与生活	1•设计表现的概念
	2•形式造型	2•平面形的研究	2•形式的感知与操作	2•绘图基础知识
	3•空间构成	3•"准建筑"构成	3•空间的感知与操作	3•字体与线条
建构	4•问题过程	4•空间环境设计	4•建筑空间形式的生成	4•正投影及轴测
	5•环境体验	5•环境实例研究	5•建筑空间形式的认知	5•建筑制图符号
发展	6•功能形式	6•小商店设计	6•建筑设计是为了创造一种生活方式	6•透视与渲染

续　表

阶段	专　题	基础设计篇	基础理论篇	基础表现篇
	7•技术形式	7•汽车停靠站设计	7•建筑设计是一个解决问题的过程	7•建筑画基本训练
	8•环境形势	8•活动中心设计	8•建筑设计是为了追求造型的质量	8•建筑表现图
索源	9•形式几何	9•建筑先例分析	9•建筑设计造型的原理与方法	9•图示语言
	10•设计历史		10•建筑设计的问题与过程	10•构图训练
	11•设计现实		11•向先例学习,向生活学习	11•分析图解

资料来源:东南大学建筑学院编.东南大学建筑学院建筑系一年级设计教学研究:设计的启蒙[M].北京:中国建筑工业出版社,2007(10):88.

在该教案中可以看出瑞士苏黎世高工的清晰身影。当时第一个作业已不是以表现技法训练进入,而是从一个"小制作"入手,呈现出了明显的强调"以设计为主线"的特征;同时,功能、环境、技术及形式诸因素也被贯穿始终、逐程推进,并在一年级最后以一个综合的小型课程设计进行合成,以完成向二年级设计课的过渡。

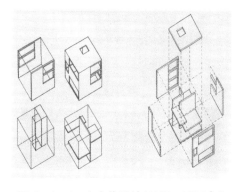

图 6-4-6　立方体设计(1990—1996 年)

1997 年以后,东南大学建筑系又对第二教案进行了局部改进,期望在保持"以设计为核心"的教学模式基础上,通过观念和方法的调整来实现本土化和超越,以综合式的训练模式使学生从一开始就面对比较复杂的体验和设计问题。因此,该系改变了以往由抽象到具体的教学模式,转而从设计的感性认知开始,用具体的设计练习取代原先抽象的形式空间训练,以此逐步训练学生理性的设计思维。对于自 1986 年基础教案改革后广受争议的"学生表现技法下降"的批评,此时的东南大学建筑系也在原先积淀深厚的传统基础之上,重新发展出了一套包括钢笔练习、铅笔练习、渲染练习、模型练习和选择练习在内的完整的"由易至难,从线条到明暗,从'干'到'湿'"的表现技法训练体系①。尤为值得注意的是,该系还取消了原先作为结尾的综合课程设计,而是让每个学生做自己的作品集,通过增加总结环节进一步理解之前所做的练习,并以此向二年级的设计入门衔接。

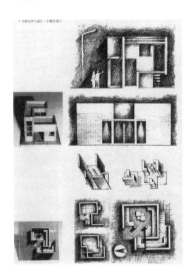

图 6 - 4 - 7 小商店设计
(1997—1999 年)

作为一至三年级整体教学方案中承上启下的二年级设计教学,东南大学建筑系的改革要迟至 1980 年代末。自 1989 年起,该系针对"师徒制"的"方法教学",从"课程设计教学原则及方法的研究、设计教学框架的确立和设计教学过程的安排"三个主要方面,展开了对教学新模式的探讨,并确立了把培养学生认识问题的能力、解决问题的能力和表达技巧作为教学重点;自 1994 年起在二年级中抽取一个班作为教改试点后,又经不断调整、深入及完善,从 1997 年起在二年级全面实施了新教案。该教案放弃了原有的建筑类型训练,围绕作为一个整体建筑形式所包含的三个有机组成部分:空间与体积、场地与场所、材料与建构全面展开,在国内率先实现了初步系统化的"理性化"建筑设计教学。操作模型的概念也在此时被引入设计教学之中。

东南大学建筑系该阶段的二年级建筑设计教学还有两个显著特征。其一,尽管以"建筑问题"教学和模型介入的方式强调设计能力的培养,但是他们从来没有忽视作为该系传统精华的建筑绘图基本功的训练。除了通过版面设计训练学生平面构成能力和提高审美能力之外,二年级的前两个课程设计作业均要求绘制单色和彩色渲染的透视图,而且,"学生在每一设计练习中的所有草图均被要求保留,评图时除完成最终的正图及过程模型外,所有从方案构思+方案发展+细节处理的手绘草图均装订成册,附于图后"②,以便于学生的自我梳理和总结。其二,东大建筑系特别重视教学评图环节,经常组织其他年级教师甚至外校教师参与评图,以帮助学生开阔视野,进行总结提高。

---

① 东南大学建筑学院编.东南大学建筑学院建筑系一年级设计教学研究:设计的启蒙[M].北京:中国建筑工业出版社,2007(10):38.
② 参见:东南大学建筑学院编.东南大学建筑学院建筑系二年级设计教学研究:空间的操作[M].北京:中国建筑工业出版社,2007(10):22.

由此,东南大学建筑系的建筑设计基础教学在自 1986 年以后的十多年里,大致经历了自身传统的演变、瑞士苏黎世高工的影响和在此基础上的本土化这样一个系列进程,形成了有具东南大学特色的建筑设计基础教学体系,并在全国建筑院系内产生了广泛的影响。

6.4.1.3　天津大学建筑系

1985 年,针对原有的学年制教学制度,国家教委重新开始在全国高校推广学分制①,天津大学也因而对建筑学专业原有教学计划的某些课程进行了合并压缩。随后在 1990 年,天津大学建筑学专业本科学制也恢复为五年制教学。1997 年 6 月,天津大学又进行了学院制改革,在原建筑系的基础之上,结合王学仲艺术研究所,成立了天津大学建筑学院。

20 世纪 80 年代初盛行的"三大构成",直到 1990 年左右才进入天津大学的建筑教学体系,并且是"作为一个独立的部分纳入美术课程中,与建筑初步课程平行设置"②。到 90 年代后期,模型教学方式又被引入设计基础教学之中,主要以萨伏伊别墅等大师作品分析系列作业为载体,进行模型制作训练,和同济大学一样,当时在天津大学建筑学院也尚未形成以模型推进和表现设计的举措。

总体而言,这一时期天津大学的建筑设计基础教学仍然是以传统的学院式模式为基础,同时受到兄弟院校和时代进步的影响,也进行过一些现代方向的尝试,并做出了相应的课程内容和比重的调整。但是,相较于 20 世纪八九十年代其他建筑院校蓬勃的教学改革,天津大学建筑设计基础教学的真正变革要一直迟至 1999 年。

6.4.2　国外主要建筑院校的发展动态

自 1978 年"文化大革命"结束到 20 世纪末这 20 多年间,是国内建筑教育和建筑设计基础教学发生巨大变革的时期。而对于同时期的国外相关建筑教育进程来说,时代的进步和新兴建筑思潮的涌现也必然会带来新的思考,但总体而

---

①　学分制是与学年制相对应的一种综合教学管理制度。它以选课为核心、以教师指导为辅助,通过绩点和学分来衡量学生学习的质和量。该模式于 1894 年首创于美国哈佛大学医学院。1918 年北京大学曾在国内率先实行相当于学分制的"选课制";此后在国内大学曾被广泛采用。1952 年以后,我国高校转向采用学年制。1978 年,国内一些有条件的大学重新开始试行学分制,1980 年代中期开始普遍推广。
②　2010 年 7 月 21 日,笔者访谈天津大学袁逸倩副教授。

言,该阶段则相对处于一个比较平稳发展的时期。

就曾经对我国,特别是同济大学建筑设计基础教学产生过巨大影响的德国而言,似乎一直保持着一种"艺术与技术并重"的教学风格。以德国最大也是最重要建筑系之一的柏林工业大学建筑系为例,它五年制本科的教学分为两年的基础部分(Grundstudium)和三年的提高部分(Hauptstudium)两个阶段,而其基础阶段设置的课程一般由"建筑设计基础""建筑人文科学基础""建筑表现和造型""建筑科学技术基础""建筑社会学基础"这五部分组成;教学风格则可以归纳为"模型入手,重视讲评,鼓励创新"[①]。可以看出,除了和国内相似的建筑设计基础、建筑表现和造型之外,他们对于人文科学、社会学和建筑技术给予了更多的重视,建筑不再是一个单纯的造物和造型活动,更具有了社会、文化和技术的意义。在建筑设计基础阶段强化这样的理念,无疑具有显著的时代特征和先进性。

6.4.2.1 美国大学建筑教育中的问题式、过程化教学方法

20世纪80年代以来,我国很多建筑院校依然处于以最终成果表现判定学生建筑设计优劣的模式;而在这个阶段的美国大学建筑教育中却早已出现了另一种注重问题解决的"过程化"倾向——在不牺牲结果的前提下,突出对认知过程和设计过程的训练,强调过程的表现和表现的过程。这种问题式、过程化的教学方法更注重于学生的认知过程、操作过程和表现过程,包括设计的构思起点和思考过程。

当时美国的许多建筑院校都已经从建筑及空间最原本的生成过程和构筑方法入手,对学生进行建筑入门教育。因此,"一年级学生刚一入学,最初的作业,其着眼点不是首先教他们如何画建筑、描建筑,而是要求他们运用简易的构形材料,根据自身的生活体验和空间想象,制作建筑'雏形式'的空间模型,然后再相应作图"[②]。这样一种从模型入手的建筑设计基础教学模式,对于初次接触建筑学的学生来说,无疑具有更强的直观性、参与性和体验性,它对于帮助学生初步了解什么是建筑,建筑和空间是如何被构筑和形成以及如何认识这种空间和人的生活行为的关系,都具有较强的导向和启发作用。相较传统"学院式"教学以"描、画建筑"为主的大量重复训练,这种"做""想""画"相结合的教学模式,不仅

---

① 朱欢.在德国留学札记[J].世界建筑,1999(10):59.
② 汪正章.重在过程——考察美国建筑教育的启示[J].建筑学报,1999(1):43.

使得对学生作业成果的评价和考察方式从原先的"像不像"中超越出来,而且也不单注重"如何想"、"如何做"、"如何说",更在于训练学生主动探究为什么"这样想"、"这样做"和"这样说"的建筑思维习惯。因此,这一模式"不仅是一般教学方法的变化,同时更是建筑教育思想的突破,它反映了重过程、重体验、重能力培养的教育思维和观念"①。

这种观念其实也不是全新事物。早在 20 世纪初,勒·柯布西耶就曾在他的《反理性主义者与理性主义者》一书中明确反对"图面风格主义(Drawing Board Stylism)",认为它只是"盖上了一层有着迷人的图画、'风格'或者'柱式'内容的一张纸"的时髦东西而已②。柯布西耶主张建筑是空间、体量和流线的集合,因而建筑师更应该是一个"组织者",而不是图面风格主义者。他并在书中提出:"如果我来教你建筑学的话,我将会通过禁止'柱式(Orders)',通过让柱式停止衰败这种难以置信的对智慧的挑战作为开始,我要坚持一种真实的对建筑的尊重⋯⋯我会努力对我的学生反复灌输一种对方案进行控制的敏锐感觉、没有偏见的判断的感觉以及'如何做'与'为何做'的感觉⋯⋯。不过我会希望他们将其建立在一系列客观事实的基础上"③。

这样一种基于实际建筑问题和设计过程引导的动态的建筑教学方式和思维模式,其思想基础正是能力和素质教育;同时,重视"过程"也并不意味着对"结果"的轻视,就建筑学的培养方向而言,它引导学生通过自主的知识获取,提高分析、解决问题的工作能力,这无疑有利于改变以往被动模仿的学习习惯,确立学生在学习过程中的主体和主动地位。

6.4.2.2　莫斯科建筑学院

20 世纪 60 年代赫鲁晓夫上台后,苏联曾经进入一个相对开放、活跃的"解冻"时期。1962 年,莫斯科建筑学院逐步恢复了富于创造性和个性发挥的 BXYTEMAC 建筑教育课程,并主要强调基础教学中建筑绘画、空间形体构成和建筑技术工程等方面的有机关联。但是 90 年代初苏联的解体使得俄罗斯整个社会的政治和经济生活又一次陷入动荡;由于教育经费的锐减,建筑教育也受到

---

① 汪正章. 重在过程——考察美国建筑教育的启示[J]. 建筑学报,1999(1):43.
② 勒·柯布西耶著,邓敬译,杨娇校,"如果我来教你学建筑学",见:[英]尼古拉斯·佩夫斯纳等编著. 邓敬等译. 反理性主义者与理性主义者[M]. 北京:中国建筑工业出版社,2003(12).
③ 勒·柯布西耶著,邓敬译,杨娇校,"如果我来教你学建筑学",见:[英]尼古拉斯·佩夫斯纳等编著. 邓敬等译. 反理性主义者与理性主义者[M]. 北京:中国建筑工业出版社,2003(12).

严重冲击。直到 90 年代中期开始,教育秩序才得到逐渐恢复。

在莫斯科建筑学院其后继续实行的 4+2 教学体制中①,建筑初步教学被安排在一、二年级进行。一年级的建筑绘画通过渲染、墨线、模型测绘等传统的手法来培养学生的空间构图和空间分析能力;而二年级的空间构成训练则使学生对于构成空间的主要因素与构成法则有一定的了解。这一阶段的教学目标是提高学生对建筑的初步认识,授予学生关于建筑构图的基本原则,并培养学生独立思考的思维习惯。总体而言,这一阶段的教学主要包括三个板块:(1)对纪念碑式建筑经典作品的研究与绘图技法训练;(2)掌握空间形体构成的基本结构及基础原理;(3)建筑设计的初步认识②。尤其值得一提的是,源于自苏联时期就继承下来的预科教育制度,莫斯科建筑学院每年都在高中生中普及建筑入门教育,辅导中学生学习建筑绘画、雕塑、设计入门及建筑历史等课程。这一举措使得之后选择建筑学专业的大学新生在入学之前就具备了一定的专业基础和初步认知,有效地缓解了建筑初步课程的学习压力。

尽管莫斯科建筑学院的学生们从一年级开始仍然需要通过石膏静物素描、写生、建筑画等科目的学习来理解"构图"。但是,该学院此时以建筑构图基本规律为基础的教学是"建立在形象及概念的基础上"③,在思想观点与建筑造型表现手段的相互作用中完成的。莫斯科建筑学院承继了呼捷玛斯许多优秀的教学经验,更在建筑空间形体构成的模型化教学方面给予了特别的重视。作为构成建筑设计预备知识的要素之一,莫斯科建筑学院始终将模型教学当作建筑设计基础教学的有机组成,并成为培养学生形成空间思维和形象概念、掌握建筑造型处理手法的重要教学方法。

6.4.2.3 英国建筑联盟学院(AA School)

自 20 世纪 70 年代起,欧洲另一所建筑院校师生们的理论与实践,对当今世界建筑学的发展也带来了至关重要的影响,那就是著名的英国建筑联盟学院(简称 AA)。

与传统建筑教育重视最终成果的模式所不同的是,AA 更注重针对每个学生的情况因材施教。在 AA 学校,既有根本不会画透视图、不会结构计算、也不

---

① 自 1980 年代中期以后,莫斯科建筑学院开始推行与国际教育相对接的 4+2 教学体制,即 4 年本科基础教育和 2 年硕士专业教育。
② 参见:韩林飞.莫斯科建筑学院建筑学教育与启示[J].世界建筑导报,2008(3):42.
③ B·A·普利什肯著.韩林飞译.莫斯科建筑学院模型教学[J].世界建筑导报,2008(3):36.

怎么了解历史的学生,也有甚至比结构老师和历史老师更能阐述结构和历史命题的学生。也许,正是这一特质使它成为"前沿"①。这所学校培养了很多个性丰富且极有建树的建筑师,其中就有雷姆·库哈斯(Rem Koolhass)、扎哈·哈迪德(Zaha Hadid)、丹尼尔·里布斯金(Daniel Lieskind)等。

AA 的五年制建筑职业教学包含了一年级、中级学校(二、三年级)以及文凭学校(四、五年级)三个阶段。学校根据学生的申请和专业背景会建议学生选择不同的教学阶段;而对于没有任何专业基础的学生,一般在进入一年级之前需要接受为期一年的基础课程教育(Foundation Course),提供学生对于本科系多方面的知识,培养学生对建筑的基本认知。该阶段注重于教导学生如何运用不同的方法,利用细微的观察结果及研究资料,将设计概念转变为实体的构筑,其教学目的是希望养成学生在学习过程中的自我启发。事实上,AA 学校这一阶段的教学更为接近同济大学目前建筑设计基础教学阶段的目标。

从 AA 学校的官方网站对这一阶段学习的介绍中,我们可以看到,它的基础课程提供了艺术与设计方面广泛的跨学科基础教育②。在该课程中,学生可以接触到众多教学法的实践,并通过大量的媒介及多样的创造力训练来发展他们的观念与思想——从美术到建筑。

值得注意的是,AA 学校对于这个基础课程阶段的定位可以说是"非建筑"的,他们致力于激励学生发现和发展自己的智力野心,拓宽自己的经历与自我发展的边界。因此,学生们参与的项目小至可置于手掌之物,大至穿越整个城市:他们可以用制图、绘画、模型制作、材料研究、表格、结构、编织、表演、照明和影像等多种方式制作并展示他们的作品。该阶段还包括一系列的专业旅游,以拓展学生们对语境与文化的理解;而有关艺术和建筑历史与理论的讲座,则成为所有这些学习的一个背景支持。从这一点来看,AA 学校的基础教学和同济大学冯纪忠先生 20 世纪 50 年代所提出的"花瓶式教学计划"第一阶段的"放",在指导思想上是异曲同工的;这也与目前国内一些建筑院校从一开始就介入专业领域的设计基础训练有着很大的不同。在 AA 学校的教学理念中,至少在建筑设计基础教学阶段,关于建筑学的视野不应该被局限于狭窄的建筑本身。日本的东京大学建筑系显然也是从中深受启发,在该系 1996 年开始调整的教学计划中,

---

① 　参见:东京大学工学部建筑学科/安藤忠雄研究室编. 王静,王建国,费移山译. 建筑师的 20 岁[M]. 北京:清华大学出版社,2005(12):183.

② 　英国建筑联盟学院官方网站:http://www.aaschool.ac.uk/STUDY/UNDERGRADUATE/foundation.php.

他们也开设了扩展学生视野的造型基础课程,并且认为,在进入真正的建筑专业学习的设计基础教学阶段,学生有一个非建筑的"'游荡'的时间是非常重要的"①。这样一个设计基础教学中"非建筑"阶段的概念,对于同济大学2000年之后启动"艺术造型训练课程"和"创造性思维训练课程"建设,也有着潜在的影响和鼓励。

此外,在课程设计阶段,AA也创立了极富特色的单元(Unit)教学体制。它的每个训练单元都有着不同的设计起点和设计发展的过程,其特点是引导学生将观察和体验中形成的概念,在设计的过程中通过各种模型的制作和图纸的绘制,反复不断地进行检验、修改和转化——将概念物质化和空间化,从而使学生了解建筑构思产生的环境背景,培养学生表达个人思想的方法和技艺;其间,设计过程的完整性、合理性和逻辑性比设计结果更被关注。在李华和沈慷的《过程设计的教育——英国AA学校建筑作业展一瞥》②一文中,曾通过AA学校一年级的三个单元训练,生动展示了他们如何通过在不同的地貌景观、现象和经验之间产生的差异却又相关的结果,来揭示表现空间的不同方式,并且这些表现方式是如何与设计和构造的手段直接相连的;如何从建构体系和材料的潜在可能性的探究中发展设计,并在设计构思和概念的发展过程与材料的组织方式之间建立一种持续的和内在的联系;如何探究形成空间的时刻和构筑了时刻的空间。

诚然,在AA学校,对于建筑设计基本技能的学习仍是必不可少的。但是即使是关于"表现技能"这样一个古老的命题,AA学校的方式也是与众不同的,来自教师及学生多方面的经验为他们提供了一个完整的基础教学环境来学习设计概念的表达:"老师不会强制学生一定要如何表现,而是认为周围自然会有精于表现的学生,学生经常受到熟练同学的影响,也就自然地会画图了。"③

6.5 本章小结

自20世纪80年代中期开始,包括东南大学和清华大学在内的许多建筑院

---

① 东京大学工学部建筑学科/安藤忠雄研究室编. 王静,王建国,费移山译. 建筑师的20岁[M]. 北京:清华大学出版社,2005(12):182.
② 李华,沈慷. 过程设计的教育——英国AA学校建筑作业展一瞥[J]. 室内设计,2002(3).
③ 东京大学工学部建筑学科/安藤忠雄研究室编. 王静,王建国,费移山译. 建筑师的20岁[M]. 北京:清华大学出版社,2005(12):183.

校也陆续开始了各种具有现代建筑教育思想的教学改革和创新探索,我国的建筑设计基础教学也由此进入了一个成熟发展的时期。

该阶段,同济大学建筑系在继承优秀传统教学思想和经验的基础上,适应建筑教学发展的新动向,以教学研究带动教学改革,在教学思想、内容和方法上进行了持续的改良和发展。当时所进行的研究方向重点是建筑创作思维与形态设计基础,主张在建筑教学中重视学生富于个性的创造潜力的培养,重点开发学生的形象思维和形态操作能力。新的建筑设计基础课程体系完全扬弃了原有传统的"建筑初步"概念,建立和完善了以两年为系统的"建筑形态设计基础"教学体系,从而扩大了教学空间,形成了由"基础理论、基本表达(特别注重模型和工具使用等'制作'的训练)和建筑设计基础"三个部分有机组成的"建筑设计基础"训练系统;同时突出以教学中的问题点来串联教学计划,完成了一、二年级由启蒙到设计入门——一个初步而完整的学习循环。这个教学思想的三个部分有机组合的概念向后继专业课程延伸,适应了学院建筑学教学各门课程的整体改革总纲和子纲体系的要求,促进和最终完成了同济大学建筑学专业训练多年来不断研究完善的"两个阶段循环前进"的整体教学计划和大纲的思想。此外,模型作为一种建筑表现手段和设计方法,此时也全面进入了同济大学建筑系的设计基础教学过程,不但突出了该系注重实践、强调动手能力的传统特征,而且意味着一种新的突破二维思考的设计思维。

1990 年同济大学建筑形态设计基础教学新体系的基本成型以及此后 10 年的不断自我更新和完善,显示了该系及其设计基础教研团队那种永远的开放和开拓精神。在这些师生的共同努力下,同济大学建筑系的"建筑设计基础"教学体系在当年处于全国领先地位,并在 2000 年成为全国高等建筑学专业教学指导委员会推行的标准课程,对我国建筑设计基础教学发展产生了巨大的推动作用。

第7章

面向 21 世纪的同济大学建筑设计基础
教学体系的建设与发展 (2000—2007)

　　继 1996 年上海城建学院建筑系和上海建材学院室内设计与装饰专业并入同济大学建筑与城规学院之后,2000 年,上海铁道大学建筑学专业和装饰艺术专业并入同济大学建筑与城市规划学院①。随着同济大学建筑设计基础教学规模的扩大,师资队伍建设也得到进一步的发展和加强,涌现了一批具有不同教育背景和学缘结构的青年骨干教师群;同时,学院的整体发展战略也对该系设计基础教学提出了更高的要求。

图 7-0-1　郑孝正

　　2001 年,时任同济大学建筑与城规学院院长的王伯伟教授提出了"加强学科建设,提升核心影响力"的目标;他同时指出,在一个成熟的教学机构对于其所在学科领域的学术影响力中,最为关键的是该机构在知识创新中"涵盖以知识为基础的全部创新力总和"的整体实力。为此,王伯伟提出了 21 世纪同济建筑教育在面向未来的应对策略,即"全球化的竞争意识,本土化的文化特色,现代化的技术手段与集团化的人才组织"②。

　　2002 年,建筑与城市规划学院作为同济大学新一轮岗位聘任工作的试点单位,撤销了原有的以任务安排为主的固定组织机构——教研室,代之以"以研究方向为导向"的团队运作机制,建立了由 12 名受聘的 A 岗责任教授及其领导下的 31 名 B 岗人员、124 名 C、D 岗

---

　　①　董鉴泓、钱锋、干靓等整理."附录一:建筑与城市规划学院(原建筑系)大事记".同济大学建筑与城市规划学院编.同济大学建筑与城市规划学院教学文集 1:历史与精神[M].北京:中国建筑工业出版社,2007(5):216,218.
　　②　王伯伟.加强学科建设:提升核心影响力——面向未来的同济建筑教育[J].时代建筑,2001 增刊.

人员组成的新一轮岗位聘任的学科团队。其中，A1(2006
年改为 A7)团队作为"设计基础"教研团队，由莫天伟领衔
担任 A 岗教授，并分别由郑孝正和张建龙担任 B 岗教授，
成为该学院人数最多的一个教学科研团队。

　　2004 年 5 月 28 日，同济大学建筑与城规学院创新基
地成立，共设有设计基础形态训练基地、传统建筑测绘实践
能力培养基地、艺术教学基地等 10 个分基地。同年，由莫
天伟教授负责、A1 团队所有教师①共同参与的同济大学
《建筑设计基础》课程获评上海市教委"高等院校上海市级
精品课程"，该校建筑设计基础教学的学科建设迎来了新世
纪的大好发展局面，课程建设的探索和完善也得以进一步深入。

图 7 - 0 - 2　张建龙

7.1　创新能力和素质教育的新要求
以及建筑文化研究的兴起

7.1.1　20 世纪末对创新能力和素质教育的进一步重视

　　早在 1998 年和 1999 年，建设部建筑学专业指导委员会就先后密集组织了
对美国和欧洲部分国家高校建筑教育状况的调研考察②。1999 年 6 月 15 日至
18 日，中共中央、国务院又在北京召开改革开放以来的第三次全国教育工作会
议③。此次会议发布了《中共中央、国务院关于深化教育改革，全面推进素质教
育的决定》，分析了面向 21 世纪的中国教育改革和发展的形势，阐述了全面推进
素质教育的重要性，并提出了之后的工作任务。《决定》明确指出，作为高等学
校，应该致力于培养"具有创新能力的高素质的专门人才"；时任国家主席的江泽

---

　　①　当年同济大学设计基础学科组 A1 团队正式在编教师共 19 人。但是由于基础教学任务繁重，一
些其他学科团队的教师也参与到基础教学中；同时按照学院传统，新进教师都要先担任一段时间的设计
基础教学，因此，该阶段实际参与一、二年级设计基础教学的教师远远超过 19 人，最多时达 30 多人。其中
包括长期参与设计基础教学的历史建筑保护学科组的朱晓明老师、陆地老师，还有梅青、钱峰、戴颂华、朱
宇晖、王骏阳等多位教师都曾参加过该阶段教学。
　　②　1998 年 6 月，我国建设部建筑学专业指导委员会组织"中国建筑教育代表团"赴美考察；1999 年
11 月，组织"欧洲建筑教育考察团"赴欧洲考察。
　　③　1985 年 5 月，中共中央、国务院在北京召开了改革开放以来的第一次全国教育工作会议，颁布了
《中共中央关于教育体制改革的决定》，以邓小平提出的"教育要面向现代化，面向世界，面向未来"为指
针，确立了"教育必须为社会主义建设服务，社会主义建设必须依靠教育"的根本指导思想。1994 年 6 月
的第二次全国教育工作会议则提出了《中国教育改革和发展纲要》，确立了教育的优先发展地位。

民更强调指出，"创新是一个民族进步的灵魂，是国家兴旺发达的不竭动力"①。

正是在此背景下，1999 年在昆明召开了全国高等学校建筑学专业指导委员会年会暨第二届建筑系（院）主任会议，就如何培养具有创新能力的高素质建筑设计人才以及如何进一步深刻反思传统的中国建筑教育，深入开展建筑教育研究和改革，迅速提高我国现代建筑教育水平展开了广泛而深入的讨论。

会议上来自各个建筑院校的代表普遍认为，在新的形势下，建筑教育必须更新观念，从旧有的"学院式"教学思想和体系中解放出来，探索并重构新的建筑教学模式和体系，进一步加强对学生的个性培养，确立智力、能力和人格三位一体的素质教育和人才培养模式。针对我国建筑教育中"建筑设计创造能力培养"这一薄弱环节，与会者也提出，首先应该对当时的建筑设计基础教学乃至整个建筑学教学从教学内容、教学方法、教学环节和教学过程各个方面进行认真反思和冷静审视；并且指出当时国内的建筑设计基础课程仍然普遍偏重于传统的线条、字体、渲染、徒手画等基本功和手头技巧的训练，而忽视思维训练和创造性意识的培养，缺乏对于设计思维基本知识及创新设计基本方法的系统讲授。会议一致赞成应该加强对学生"创造性意识、创造性欲望、创造性思维、创造性方法以及创造性能力"的培养②。也正是在这次会议上，同济大学建筑系李兴无老师宣读了一篇题为《建筑设计基础教学中的探索——创造性思维训练教程及主体构想》的会议论文，并演示了部分学生作业，引起了极大反响。

创新教育是在创新学理论的指导下，以培养人的创新精神和创新能力为基本价值取向的一种教育实践。纵观世界建筑的发展历史，几乎每次先锋建筑思潮的启动和发展，都与相关学校的实验性教学密不可分。因此，从历史的角度来看，建筑设计的创新教育实际上同时担负着培养建筑设计创新人才和推进建筑学学科发展的任务，它所关注的"不仅是表层的适应社会的创新能力，更意味着深层的创造潜力"③。

7.1.2 国内关于建筑与文化以及建筑本体的文化研究的兴起

也就在这世纪之交的 2000 年前后，一场更为深刻的关于建筑与文化以及建

---

① 转引自：鲍家声. 新要求，新导向，新希望——99 全国高校建筑学专业指导委员会暨第二届系主任会议综述[J]. 建筑学报，2000(2)：30.
② 鲍家声. 新要求，新导向，新希望——99 全国高校建筑学专业指导委员会暨第二届系主任会议综述[J]. 建筑学报，2000(2)：30.
③ 邵郁，邹广天. 国外建筑设计创新教育及其启示[J]. 建筑学报，2008(10).

筑研究的热潮也在国内兴起,并迅速在建筑教育领域引起关注。

1999年6月22日至29日,主题为"21世纪建筑学"的国际建协第20届世界建筑师大会在北京召开,大会一致通过了由清华大学吴良镛教授起草的《北京宪章》。这部被公认为是指导21世纪建筑发展的重要纲领性文献,总结了百年来世界建筑发展的历程,并在剖析和整合20世纪的历史与现实、理论与实践、成就与问题以及各种新思路和新观点的基础上,展望了21世纪建筑学的发展方向。也就是在这次会议上,肯尼斯·弗莱普顿(Kenneth Frampton)作了题为"千年七题:一个不适时的宣言"的主旨报告,其中对当时建筑教育的三个方面:历史、设计和技术做出了阐述,并提出了建筑的相对独立性及其社会文化角色的本质。而此后的2001年,南京大学建筑研究所的王骏阳(2007年受聘于同济大学建筑与城规学院)在《A+D建筑与设计》杂志第一、二期连载了署名王群的"解读弗兰普顿的《建构文化研究》"一文,在国内建筑界掀起了对建筑本体的文化研究的热潮①。

肯尼斯·弗莱普顿在他1996年出版的重要著作《构筑文化研究——论19世纪和20世纪建筑中的建造诗学》②中,试图建立一个对建筑本体思考的理论。他继承了19世纪两位重要的理论家博提舍(Karl Bottisher)和散普尔(Gottfried Semper)的研究,并将散普尔关于构成形式的两种物质过程(框架的和积聚体量的)与海德格尔的现象学理论联系起来,指出这种物质过程其实也包含了情感,是人类在天地自然之间建立的一种场所认知,因而也就成为一种文化。另一方面,弗兰普顿也对此前"后现代"那种对建筑充斥着符号、隐喻与象征解读的"形式主义"现象提出了批判,指出现代建筑不仅与空间和抽象形式息息相关,而且也在同样至关重要的程度上与结构和建造血肉相连。弗兰普顿的"建构"理论所提出的建筑的技艺特征,也构成了建筑不为任何其他造型艺术所取代的自主性。他所强调的那种最原始的建构要素和联系点,也就是节点所暗示的句法学的生成或转变,本身就构成了一种建造文化的独特性;而当某种精神价值被注入其中时,这一连接的建造操作过程则更包含了发现和情感,从而"节点"也就从一般的连接升华为建筑本体的积淀物。这也正如密斯曾经

---

① 国内对建构文化最早的介绍是伍时堂先生1996年发表于《世界建筑》第四期的《让建筑研究真正在研究建筑——肯尼思·弗兰普顿新著构造文化研究》一文,但当时并未在国内引起广泛的兴趣和深入的讨论。

② Kenneth Frampton. Studies in Tectonic Culture: The Poetics of Construction in Nineteenth and Twentieth Century Architecture[M]. MIT Press,1996.

说过的："我们的任务是把建筑从美学投机者中解放出来,使它回到原来的位置：营造。"①

几乎是与此同时,2000年12月,冯纪忠先生向学院师生做了一次题为"门外谈"的学术讲座,谈他读诗的体会以及关于诗的意象。其间,冯先生用"白马非马"谈"比与意象",指出"马"是抽象的,而"白马"才使人可以具体把握和重现,并由此引申到"把物象加以修饰可成为表象";又以马致远的小令和温庭筠的名联,指出"往往并置若干表象才足以强化表现力度……达到时空与心境尽出";此外,还有李白《鸟栖曲》和王之涣《凉州词》的"隐喻";李白《秋浦歌》的"反常合道";李白《送别韦八》和英成语"kill time"的"奇想奇句"……同样在这次学术报告中,冯纪忠先生提到了中文用字的"意象",并从"诗的生成"谈到表象、意象与物象三者的关系,进而指出"意境不离意象,无意象不能成意境;所谓境由象生,但意境本身却无象"②。和建筑系的学生谈诗谈意境,冯纪忠先生似乎有点对牛弹琴、顾左右而言他,但其实他正是以这种纵横古今,融会东西的学臻化境,向师生们展示了文化之于建筑的本质意义。在"诗"中也许没有什么可供直接借用的建筑设计模式和诀窍;但是,诗不但可以"活跃人的想象,滋润人的意境",甚至也可以"养人的浩然之气",因而,作为工程和艺术的合体,"建筑之于诗性、设计之于诗意、建筑师之于诗情"显然是"鱼水不容分"的③。事实上,冯纪忠先生对建筑与文化的思考由来已久：早在1984年,他曾就江西庐山的大天池景区规划发表过"意在笔先"的文章,对设计构思进行了诗意的阐述④;1997年又发表了关于"楚辞"的文章⑤;而他1990年代旅居国外期间的部分论稿后来也被收于《建筑玄柱》一书的"诗论"部分,反映了冯纪忠先生对于建筑和文化的深刻思考及潜心研究。对于学科未来的发展,冯纪忠一贯提倡要注重对中国文化的培养,并且提出"首先要学会的是文法,(这)是中西文不同之处"⑥。

如果我们回过头再来对照弗莱普顿的建构论,就会发现,其实两者之间有着本质的关联,那就是一个"情"字——"情"在,则构筑就具有了诗意。在冯先生看

---

① 转引自：莫天伟,卢永毅. 由"Tectonic在同济"引起的——关于建筑教学内容与教学方法、甚至建筑和建筑学本体的讨论[J]. 时代建筑,2001增刊.

② 冯纪忠. 门外谈[J]. 时代建筑,2001(3).

③ 冯纪忠. 门外谈[J]. 时代建筑,2001(3).

④ 冯纪忠,童勤华. 意在笔先[J]. 建筑学报,1984(2).

⑤ 冯纪忠. 屈原 楚辞 自然[J]. 时代建筑,1997(3).

⑥ 对于中国文化,冯纪忠赞成有选择地进行教学,而不用把建筑系的学生训练成"孔教徒"。参见：刘小虎(本刊记者). 在理性与感性的双行线上——冯纪忠先生访谈[J]. 新建筑,2006(1).

来,"'建构'就是组织材料成物并表达感情,透露感情",因此,"'建构'即包容在追求意境的过程之中";冯纪忠先生也同时指出,在这一过程中,人的感情体验是关键所在:空间与"建构"同时并存、互为补充,而在具体操作中则"要视意境、情境而定,然后再把这种真诚贯彻始终,实现主客交融"①。从这一点上,我们似乎可以看到冯纪忠先生和弗莱普顿在不同文化背景下对于建筑本体的某种同质文化思考。

7.1.3　同济大学建筑系对于 Tectonic 的思考

本书探讨 Tectonic,并非仅仅专注于其在建筑学科上的意义,而是更关心这一现象和建筑教学的内在关联。对于"Tectonic 是否可教"这个问题,冯纪忠先生曾经给出这样的解答:"其一,可以视之为一条知识线索,提供选择的丰富性;其二,需要发展地审视它所蕴有的内容;其三,也是核心之处,即需要融入感情。"②简而言之,设计需要"理性的分析和审美的激发"两条线并行,而这一并行所依靠的正是由"具体的形、象来组成意境"③。

而在 2001 年底的《时代建筑》增刊上,莫天伟和卢永毅教授也发表了一篇重要的文章,题为《由"Tectonic 在同济"引起的——关于建筑教学内容与教学方法、甚至建筑和建筑学本体的讨论》,对当时国内兴起的关于建筑本体的文化研究在理论和教学层面进行了广泛而深入的探讨。

莫天伟教授认为,从弗兰普顿的"构筑文化"对"后现代"批判的再思考而言,其实也不仅仅是一个形式主义批判的问题。对中国建筑和建筑教育来说,这段"后现代时期"更大的影响是把建筑(或者称为建筑文化)的概念无限地扩大到了建筑这个载体所不能包容的范围,甚至于任何一个与建筑有关的新名词、新学科均可形成一个新的某某建筑学。因此,他们认为,如果不对建筑本体进行更本质的思考,"用相对专业的方法,把建筑论题放回与它相应的学科背景中进行研究",那么建筑学就无法躲避那些外来新主义或新学科的"不断侵袭"④。事实上,弗兰普顿就此也借用了葡萄牙建筑师 A. 西扎(Aivaro Siza)的话,提出:"建筑包涵着如此多的元素、如此多的技术以及如此不同的问题,以至我们不可能掌

---

① 专访冯纪忠先生——关于建构[J]. A+D 建筑与设计,2002(1).
② 专访冯纪忠先生——关于建构[J]. A+D 建筑与设计,2002(1).
③ 刘小虎(本刊记者). 在理性与感性的双行线上——冯纪忠先生访谈[J]. 新建筑,2006(1).
④ 莫天伟,卢永毅. 由"Tectonic 在同济"引起的——关于建筑教学内容与教学方法、甚至建筑和建筑学本体的讨论[J]. 时代建筑,2001 增刊.

据所有必要的知识",并且"我们必须承认建筑实践主要是一种技艺,技艺是建筑的开始,从很多方面来看也是终点"①。据此,莫天伟教授认为建筑学本身虽然有着广阔的边界,学科外延也是不断发展,但"建筑教学因学制所限,不可能有如此大的'宽容度'",因此,建筑教学还是应该需要一点"形而下",并用孔子的"君子务本,本立而道生"②,对建筑本体和设计基础做出了强调。

莫天伟教授强调"构筑"这样一个动作的过程性。他将"构筑"理解为"形态操作的过程",而且是一种"必须在操作的过程中才能进行,必须在营造的过程中才能体验的文化形式"。在这里,"构筑"一词所传达的这样一种营造的"过程性"特征,不但可以精确定义建筑作为一种独立的"文化形态",与仅被看成一种文化符号表达而生成的建筑,在本质和本体上的区别;而且也建立了这种"构筑"的"文化形态"与建造和建筑教育的关联——即"认识建筑本体是'构筑之物'",将学会"技术之物和景象之物结合的过程"作为"建筑教学内容与教学方法的主要任务"③。而在这个方面,从20世纪40年代黄作燊在圣约翰建筑系施行的我国第一个系统的包豪斯式建筑教育方法、50年代罗维东在黄作燊、吴景祥、冯纪忠等鼓励下进行的现代建筑教学实践,到冯纪忠在建筑设计教学中经常向青年教师和学生提到的"把你的设计方案'抖抖散'"④,再到80年代赵秀恒和莫天伟教授先后主持的那次影响深远的"形态设计基础"教学改革⑤,一直到后来的"造字游戏"、"装置设计"等特色作业以及陶艺工作室等造型实验室……同济大学建筑教育的传统和环境使得这些方面的教学研究始终不断,并且成为教师们的一种自觉行动;这也充分体现了同济大学的建筑教学在强调营造过程中,对于形态操作和"构筑"设计训练这一传统上的历史渊源及前后承继。

因此,莫天伟教授认为就该时期的建筑教学而言,更重要的是"传授如何用形态体现和表达这些外延的方法",应该强调物质和形态的操作训练,应该"多留

① 肯尼斯·弗莱普顿. 千年七题:一个不适时的宣言——国际建协第20届大会主旨报告[J]. 建筑学报,1999(8).

② 莫天伟. 我们目前需要"形而下"之——对建筑教育的一点感想[J]. 新建筑,2000(1).

③ 莫天伟,卢永毅. 由"Tectonic在同济"引起的——关于建筑教学内容与教学方法、甚至建筑和建筑学本体的讨论[J]. 时代建筑,2001增刊.

④ 莫天伟教授认为这也是冯先生除了"花瓶式"教学和"空间原理"之外最重要的思想之一,此语"不仅仅是指方案设计中思维的方法而言,更重要的是具体指形态操作的过程","抖抖散"再构筑。参见:莫天伟,卢永毅. 由"Tectonic在同济"引起的——关于建筑教学内容与教学方法、甚至建筑和建筑学本体的讨论[J]. 时代建筑,2001增刊.

⑤ 当时同济大学建筑系就强调形态联结和形态操作过程的特点,并指出"形态联结部位是形态操作、形态设计的重点部位"。参见:莫天伟. 形象思维与形态构成——建筑创作思维特征刍议[J]. 建筑学报,1985(10).

出一些空间给学生去思考",并提出了三个努力的方向：一是在基础教学中继续进行形态设计教学的研究。基础设计训练是引导学生如何应用对形态进行操作的方法,因此这种"将思维元素联结为形象系统"的概念也更符合设计(design)这个词的原意。二是对技术层面问题的教学训练,应该注意强调其作为形态设计的一个方面。三是对于新兴的学问应该梳理。由于学制限制,对于建筑学科不断扩大的外延,不宜以一种"成熟知识"的形式对学生进行灌输,而应以讲座的形式对其本来学科的面目进行引论式的介绍,以保持一种"进行时态"[①]。

作为对这场关于文化和建筑本体思考的具体教学对策及成果,2001 年和2002 年同济大学建筑与城规学院的两次学生作品展览做出了最好的回应。

2001 年 5 月 25 日至 31 日,《同济大学建筑学生作业展》在上海美术馆展出,这是同济大学建筑与城规学院第一次向社会公开展示他们的教学成果,回国不久的冯纪忠教授为展览题词——"缜思畅想"。该展览选取了此前两年中从本科一年级到研究生二年级的近百件学生作业：既有建筑方案设计作业,也有空间、色彩等形态设计训练作业,还有模型、陶艺、扎染等偏重操作训练的作业,展现了学生在学习过程中所表现出来的创造能力、艺术追求和思维灵感,取得了极大的社会反响。这次展览其实也集中反映了该院教师们多年来对建筑教学内容与教学方法的探索以及对建筑本体的讨论和思考。

而发生于 2002 年的另一个重要的事件,就是作为"2002 上海双年展"的三大组成部分之一,由同济大学建筑与城规学院及上海美术馆联合承办了主题为"都市营造"的国际学生展[②]。该次国际学生展的参展作品汇聚了平面、模型、雕塑、装置、多媒体等多种表现形式,通过对都市空间的阅读、对都市生活的审视以及对都市未来的梦想,从多维角度探讨了当代复杂多样的都市文化新课题,并以丰富的艺术

图 7-1-1　同济学生在为双年展做准备

① 参见：莫天伟. 我们目前需要"形而下"之——对建筑教育的一点感想[J]. 新建筑,2000(1).
② 该展览由 2002 上海双年展组委会主办,同济大学建筑与城规学院及上海美术馆联合承办;另邀请了中央美术学院、中国美术学院、清华大学建筑学院、上海大学美术学院协办。除上述院校外,本次国际学生展还吸引了国内的其他七所院校及国外的九所院校参展。参见：吴长福,陆地,王一等. 都市营造——2002 上海双年展国际学生展评述[J]. 时代建筑,2003(1).

形式表达了建筑和艺术界的年轻学子们对于"都市营造"的敏感思维以及对未来都市营造的冲动、活力和梦想。这一事件对于同济大学还有一个更具意义的结果：正是由该年的国际学生展开始，形成了同济大学建筑与城规学院、清华大学建筑学院、中央美术学院和中国美术学院的"四校联盟"，这也成为以后同济大学"六校、八校……联合毕业设计的源起"①。

图 7-1-2　2002 双年展获奖作品及学生

7.2　文化重塑与设计思维能力培养下的同济大学建筑设计基础教学体系建设(2000—2004)

　　21 世纪初，伴随着同济大学建筑与城市规划学院整体发展而来的教学规模扩大，此时的建筑设计基础教学已经是一个面向建筑学、历史建筑保护工程、城市规划、风景园林等各专业共同开放的通用专业基础平台，学科专业的丰富性和完整性一方面对设计基础教学提供了强大的支持；另一方面，也对专业培养目标、教学结构、课程组织、预期效果以及围绕不同专业设置的课程设计题目等诸方面提出了更高要求。而该时期形成的一批青年骨干教师群，在各自不同的学缘背景支撑下，基于文化重塑和设计思维能力培养这两个方向，以前所未有的热情展开了针对教学目的、内容和方法的广泛而深入的研究，开始了同济大学建筑设计基础教学新架构的进一步拓展。

---

　　①　2010 年 9 月，笔者访谈莫天伟老师。

7.2.1　对文化重塑与设计思维能力培养的研究

到 20 世纪末,国内各主要建筑院校对于建筑设计基础教学的基本构架已经形成了普遍共识,即集中于三个相互关联的基本能力的训练和培养:一是掌握建筑创作的必备知识(包括对建筑的基本认知和建筑设计涉及的基本问题);二是掌握建筑表达的基本能力(包括建筑制图的基本方式、建筑表现的基本手段及技巧);三是形成全面的建筑设计思维(设计观)和初步的设计能力。传统的建筑设计基础教学所主要针对的是对应前两个方面的学习,致力于在学生头脑中建立起完整的建筑基本知识框架,而且在长期的教学实践中形成了一套成熟而卓有成效的模式体系。但是,对于更为重要且本质的能力培养,即如何培养学生的自主判断能力及主动思考能力,帮助他们建立正确的建筑设计观念,那种简单化的教学模式却明显力不从心。

对于传统建筑设计基础教学的这一尴尬境地,同济大学建筑系的赵巍岩老师认为,这主要是由于建筑学基础知识本身所具有的复杂性所致;他并指出建筑学从它的基础阶段开始就处于一个"典型的结构不良领域(Ⅲ—structured domain)"①。与那些结构良性的知识领域所追求的知识与图式再现相比,建筑学的这一特征使得人们无法穷尽其所涉及的所有领域,因而建筑设计基础教学的目标就必然呈现出相对开放的状态,学生既要掌握知识的复杂性,又要能够独立地将其运用到特殊的情境之中。

但是,从"学院式"教学对古典型式的尊崇,到强调功能至上或包豪斯形式语言法则的现代主义基础教学模式,再到后现代主义、解构主义、现象学与场所论,以及建构论,每一种思想都力图将自身的语言体系推向极致,并占据教学中的核心话语地位,从而导致新的僵化的学院式教学模式和判断标准。而这种文化上的"时尚化"倾向和"专制主义",正是同济大学建筑系所一贯拒绝的;甚至外界所谓的"同济风格",也正是因其没有风格。他们相信任何特定的风格和文化观念,都将剥夺特定规范外的创作与审美自由;建筑的意义不在任何预先设定的意义里,而只能产生于建造的具体情境之中。因而,在当代文化语境下所追求的多元

---

①　所谓的结构不良知识领域涉及两个基本特征:首先,知识应用的每一个例子或案例通常在涉及多个用途广泛的概念结构的同时也交互作用,而且每一个概念结构本身又是复杂的;其次,在名义上同类的案例之间,概念应用和交互作用的方式有着实质的不同。兰德·J·斯皮罗等著,高文等译,认知弹性、建构主义和超文本——支持结构不良领域高级知识获得的随机访问教学。转引自:赵巍岩. 必要的转变——建筑学基础知识的结构不良性及其教学活动研究. 见:同济大学建筑设计基础教学学科组编. 建筑设计基础[M].南京:江苏科学技术出版社,2004(10):8.

与丰富，才是同济大学建筑设计基础教学的根本。

该系的教师们认为，由于我国特殊的高考制度和狭窄的中小学教学知识体系构成，对于刚入门的一年级新生来说，不但对中、西方的历史文化缺乏完整而全面的了解，而且几乎不具备任何的建筑和艺术知识背景；同时，不同生源的文化、习俗甚至民族背景差异，更使得新生呈现出不同的现实认知。因此，必须首先对学生进行个人文化的重塑，以此拓展和夯实学生的人文艺术基础，为他们日后形成自身的价值判断建立起一个广泛而扎实的背景支撑，以求"居高临下"。同时，建筑又是有形物质（实体）的真实存在，而非抽象的纸上图画；建筑首先需要被建造，然后其本体才可被感知。因此，设计基础教学又必须通过融入整体基础教学的理论分析、技法训练、设计制作等手段来实现，并在此过程中致力于设计思维能力的培养。

对此，该学院建筑设计基础教学学科组负责人莫天伟教授就指出，建筑学归根结底是一门"关于理解生活的学问和把握营造的技能"；而所谓"设计基础"，便是"营造的基础和对生活的自信"①。

7.2.2　基于内在需要的同济建筑设计基础教学的四个突破

于是，自 2000 年起，同济大学建筑系的建筑设计基础教学从四个方向实行了必要的突破和转变②。

一是对于"形态构成教学"的重新审视和界限突破，赵巍岩老师将之称为"拓展概念的重访"。一方面，他们确认了"形态操作"对于建筑和设计基础的必要性及重要性；不管用何种绕口的词汇或者玄奥的意义来定义和解释建筑，"形态"依然是建筑这一特定物质存在的最终表达和表现形式。但是另一方面，对于大多数缺乏关于现代艺术文化和审美认知的大一新生，利用现代艺术的概念引导学生们的感知，并进而通过感知拓展概念的领域，从而使学生尽快进入一种对当代社会文化语境的体验当中也显得十分必要。在此思想指导下，该系设计基础团队第一教研小组开设了新的"构成作业"系列。他们从一个单纯的"立体构成"作业起步，让学生充分理解现代艺术关于原初的点、线、面操作所蕴含的形式感的基本概念，并由此领略一种纯粹的审美方式；这个构成训练的核心意义在于形式所包含的内在张力本身，而无关含义或结构评价。第二步的"平立转换"练习则

① 莫天伟.（同济大学建筑系）基础教学实验展 2005.前言,2005 年 4 月 20 日.
② 参见：赵巍岩. 必要的转变——建筑学基础知识的结构不良性及其教学活动研究. 见：同济大学建筑设计基础教学学科组编.建筑设计基础[M].南京：江苏科学技术出版社,2004(10)：8-11.

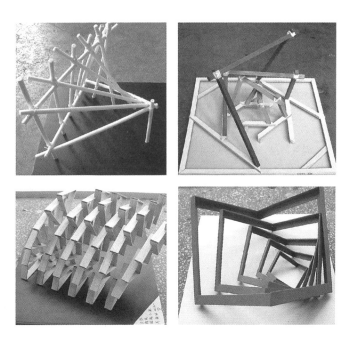

图 7 - 2 - 1　立体构成学生作业

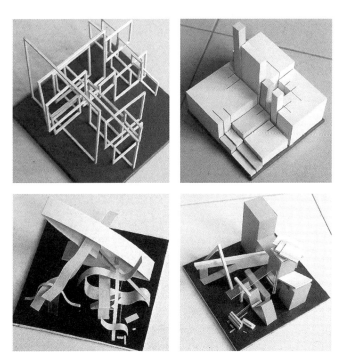

图 7 - 2 - 2　平立转换学生作业

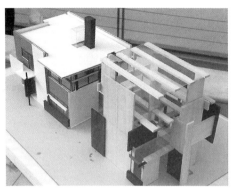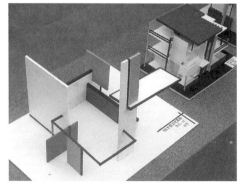

图 7-2-3　大师作品分析与重构学生作业

开始通过对大师作品的解读拓展这一概念,理解纯粹形式操作中的意义指向,从而引导学生在形式本身之外,认识这一审美方式产生的根源及其特定的文化背景。在最后的"建筑形态构成模型"中,点、线、面本身又被进一步赋予明确的功能意义,并结合空间概念、材料表现、建造技术以及具体的场所情境等的参与,鼓励学生打破简单的构成概念,通过"营造"这一过程来建构自己的意义,形成一个复杂的知识应用过程。

二是对权威与经典价值的批判和消解。在传统的建筑教学中,特别是在"学院式"模式里,各种经典建筑实例是作为示范并为学生提供设计参照的。但同济大学建筑系认为,对这种"权威与经典"的不加分析的简单化解读,不但忽视了大师设计实践的过程与结果的关系,甚至偶然性与机遇的促成等,更拒绝了进一步考察那些所谓经典范围之外的建筑设计和思想,这无疑将损害到学生对于自我知识的主动建构,并导致思考过程的缺失。因而在设计基础教学中慎重对待经典范例,努力克服权威话语给学生带来的压力与思考上的惰性就显得尤为重要。该时期的"平立转换"和"大师作品模型制作"作业都与大师经典有关,但是切入点和操作策略却不尽相同:"平立转换"中的大师作品需要学生在当代社会文化语境中对之进行重新诠释;而"大师作品模型制作"则一方面拓宽大师选择范围,让学生们免于陷入某一过于"纯粹"的体系,另一方面则收窄选材类型——集中于小住宅,从而使学生们体悟到在不同的情境和思想之下,关于同一个命题会产生如何丰富多彩的解答。

三是对实践和建造在设计基础教学中意义的再认识。随着知识更新速度的加快和理论的愈加时尚化,一个无法回避的事实是,学生早期所学习的知识理论往往在他离校时就已经"过时"了。从这个意义上来说,相较于在学生个体的头脑中储存知识和理论,大学教育更应该鼓励学生独立思考、学习获取知识的能力;同时,在建筑设计基础教育阶段,实践也可以有更多的含义。为此,同济大学建筑系从艺术实践、建造实践和现实考察等方面展开多向探索。其一,通过"装置艺术""陶艺"等真实的艺术实践激发学生对各类艺术形式、活动及思潮的敏感性和创作热情,并建立应有的审美坐标。其二,突破现实条件限制,通过"木质文具盒"、真实尺度的"家具""教室环境改造"等建造活动实践,让学生在这些没有预设条件和理论约束的建造或制作过程中,自觉寻找形式、功能、技术及经济的意义,并在具体的情境之中探索出满足多方面要求的解决之道,进而实现意义本身。其三是鼓励学生审视现实问题,提高社会意识。从最简单的校园建筑评价及改造设想,到对城市环境及社会现象的思考,鼓励学生提出自己的想法并与他人进行交流,从而"使学习成为社会活动本身,而不是社会活动的准备"[1]。

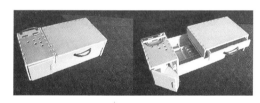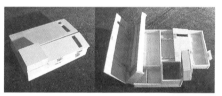

图 7 - 2 - 4 文具盒制作学生作业

四是对教师角色定位的再思考。在传统的"学院式"教学模式下,教师的职责就是向学生传授已有的知识体系,并通过手把手的方式对学生进行建筑表现和设计的训练。而在新的教学理念下,教师的角色应该是多重的,他们一方面需要清晰地了解相关的知识体系并能加以阐述,同时还必须是一个协调者、促进者和资源顾问。一个理想的教学活动不是依据预先设定的内容和目的,做出简单的是非判断;而应该是提供一个宽松的探索环境,鼓励学生在知识建构的过程中采取主动的姿态,努力保护学生们对一切相关领域的热情,并引导学生掌握多维的知识体系在具体情境中灵活运用的技能。正如英国建筑联盟学院所强调的那样,教师在一开始不应该给学生定下各种条条框框,而应该"使自己处在被询问的位置上,给学生过程中的建议,去当一个引导者而不是教父"[2]。

---

① 赵巍岩. 必要的转变——建筑学基础知识的结构不良性及其教学活动研究. 见:同济大学建筑设计基础教学学科组编. 建筑设计基础[M]. 南京:江苏科学技术出版社,2004(10):11.
② 东京大学工学部建筑学科/安藤忠雄研究室编. 王静,王建国,费移山译. 建筑师的 20 岁[M]. 北京:清华大学出版社,2005(12):185.

图 7 - 2 - 5　中外联合设计基础教学

7.2.3　同济大学建筑设计基础教学体系的新拓展

通过上述的这些研究和思考,同济大学基础教学学科组在原来教学体系的基础上,对该系的建筑设计基础教学体系进行了新的拓展。

首先,他们重新确立了该阶段的教学目标:(1)逻辑思维与形象思维的结合。建立基于功能逻辑的空间逻辑,用空间塑造拓展功能内涵。(2)理性创造与感性体验的结合。帮助学生建立如下的认知:理性设计可以造就建筑的可实现性,而感性体验则有助于创造一个更有文化情感的建筑。(3)树立价值观与明晰社会职责的结合。引导学生建立社会意识,关心设计师与公众的关系。包括:人道主义、社会公正公平、高效率的资源利用;尊重多元性,尊重不同的意识形态;保护自然资源,保护蕴藏在建筑环境中的社会文化多元遗产等。(4)社会交流与个性表现的结合。帮助学生准确地把握任何个体空间、群落空间乃至城市空间,在完成社会和谐的同时满足个性的张扬。

其次,他们又从三个方面建立了应对策略:即通过《建筑概论》让学生对建筑历史和艺术历史的重要坐标有一个清晰的掌握;通过《艺术史》(中、西方传统艺术)及《现代艺术概论》来建立学生对于艺术的起源、发展、衰落、变革的科学评价标准;通过"融入整体基础教学的理论分析、技法训练、设计制作等手段"使学生"对各专业的方向能有初步的判断能力",从而由"一个旁观者转变成为一个行动者"[①]。

由此,在同济大学建筑与城市规划学院的建筑学教学总纲与子纲的整体框

---

① 张建龙.文化重塑与设计思维能力培养.见:同济大学建筑设计基础教学学科组编.建筑设计基础[M].南京:江苏科学技术出版社,2004(10):4.

架下,结合新的思考和研究,该时期建筑设计基础课程的教学架构,在原先"建筑设计原理(设计概论)"、"设计表达(建筑表达)"和"设计与形态设计基础(设计基础)"三大内容体系基础上,又进一步拓展细化为五大训练模块(详见表7-1)。

表7-1　同济大学《建筑设计基础》五大模块构成(2004年)

序号	知识模块	具体内容	对应学时	学时比例
1	建筑表达	建筑制图与表达 环境认知与实录	28学时 16学时	12%
2	建造实践	材料分析于建造实践 建构基础训练	24学时 12学时	10%
3	艺术实践	艺术造型基础训练 色彩构成基础训练	12学时 32学时	12%
4	研究分析	桥构研究 空间研究 人体家具研究	28学时 49学时 21学时	26%
5	设　计	建筑小品设计 小型公共建筑设计 住宅建筑设计 社区公共建筑设计	12学时 21学时 49学时 70学时	40%

资料来源:同济大学建筑与城市规划学院官方网站 http://www.tongji-caup.org/jpkc/2006%B9%FA%BC%D2%C9%EA%B1%A8/fianl-mtw/second/Second.html.

　　而落实到具体的相关教学实践上,该系又经过不断的探索和实践,逐步形成了完整而具体的课程实施计划(详见表7-2)。他们将两年的建筑设计基础教学训练划分为两个阶段:一年级的中西方建筑、艺术历史学习及建筑表达训练阶段和二年级的现代建筑思维方式形成阶段。

表7-2　2004年同济大学建筑系建筑设计基础教学
课程实施计划(设计基础教研一组)

	建筑表达			建筑设计基础			建筑理论基础	
	基本技能	表现技能	建筑特性	设计基础	艺术实践	社会认识	建筑概论	建筑设计原理
一年级第一学期	仿宋字 徒手线条	钢笔画 模型基础						建筑表现技法Ⅰ
	工具线条 建筑抄绘 建筑测绘			平立转换			建筑概论 名师讲座	建筑制图

续　表

| | 建筑表达 | | | 建筑设计基础 | | | 建筑理论基础 | |
	基本技能	表现技能	建筑特性	设计基础	艺术实践	社会认识	建筑概论	建筑设计原理
一年级第一学期			受荷构件材料运用分析(墙)					力学与结构材料、建造与空间Ⅰ
				校园认知				城市与建筑Ⅰ(场所认知)
		建筑写生				上海历史建筑实录家乡村镇实录(寒假作业)		城市与建筑调查Ⅰ(上海历史建筑)
一年级第二学期		钢笔画建筑渲染模型制作		造型基础(形态操作)				造型基础
					陶艺、砖雕、木刻、纸雕、竹编制作			艺术理论与实践艺术造型基础
				立体构成			建筑概论名师讲座	形态构成
	色立体练习			面积对比色彩采集				色彩构成
				文具盒设计制作				建筑表现技法Ⅱ
						城市肌理采集		城市发展概述
二年级第一学期					装置设计(室内、庭院家具艺术)			艺术与生活
			步行桥					桥—结构与形象
				光与空间空间限定				光与空间

续　表

建筑表达			建筑设计基础			建筑理论基础	
基本技能	表现技能	建筑特性	设计基础	艺术实践	社会认识	建筑概论	建筑设计原理
			居和园概念设计				尺度、空间与建筑
	钢笔画模型制作			2004 中国国际建筑艺术双年展国际青年学生作品展—建筑与非建筑			建筑形态设计建筑美学思潮概述
		街廊设施设计制作候车亭服务亭书报亭电话亭	建构模型—阁的建构				材料、建造与空间Ⅱ
					上海历史街区调查		城市与建筑调查Ⅱ
			经典案例分析				经典案例分析
钢笔淡彩临摹	钢笔淡彩表现		小设计				材料、建造与空间Ⅲ
							阅读与思考Ⅰ(寒假作业)
	钢笔画—资料收集模型制作		小住宅建筑方案设计				居住建筑设计原理
			单元空间设计				单元空间设计原理
水粉临摹	水粉表现		小型公共建筑方案设计会所、服务中心学生公寓汽车旅馆幼儿园敬老院构成模型制作				公共建筑设计原理功能、空间与形态建筑室内、外环境设计原理场地设计原理
							阅读与思考Ⅱ(文献综述)
			快题设计				快题设计

(二年级第一学期 / 二年级第二学期 为左侧纵列标题)

资料来源:同济大学建筑系教学计划,张建龙提供,笔者重新整理。

从该教学计划可以看出，其一年级的基础课程除了安排基本的建筑制图训练之外，主要强化对中、西方建筑及艺术背景的认知。他们相信，现代建筑思想的改变和现代艺术发展的表达具有内在的关联性，强化学生的现代艺术认知和训练，有助于他们加深对现代建筑思维方式与设计方法的理解。从基本色彩训练到自然色彩采集及糅合了现代平面构成的创意再现；从基于对蒙德里安、马列维奇、康定斯基等大师平面作品的理解到学生自我的立体诠释；从城市历史、形态脉络的寻访到相关建构设计制作。该学期的一系列作业都始终贯彻着文化的体验与重塑，并潜移默化地帮助学生为形成现代建筑设计的思维方式打下基础。而二年级阶段则在文化艺术积淀和体验的基础之上，在批判中进行形态设计运用于空间环境塑造的训练，并进而引导学生在开放的当代建筑思想下，初步掌握系统的建筑设计方法。他们首先在历史与现代的比较过程中对空间与形态、建筑与环境关系进行探讨，让学生了解结构、材料及建构方式对于特定情态下环境营造的意义，进而通过小型公共建筑、主题住宅、幼儿园、敬老院与学生公寓等课程方案设计，让学生从个体幻想、家庭体验、社会关注到对自然环境、文化历史的思考，层层递进，逐步建立独立思考下的自我设计方式。该阶段强调帮助学生把富有灵感的想象集中于对建筑本体的认识。

图 7‑2‑6　钢笔画学生作业

图 7 - 2 - 7　色彩采集与重构学生作业

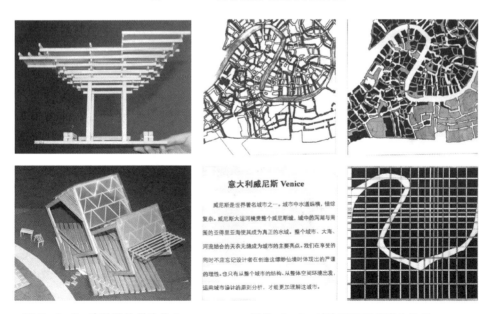

图 7 - 2 - 8　亭的建构学生作业　　　图 7 - 2 - 9　城市肌理采集学生作业

图 7‑2‑10　受荷杆件练习学生作业

图 7‑2‑11　墙的构筑学生作业

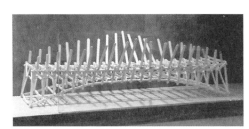

图 7‑2‑12　桥的建构学生作业

图 7‑2‑13　阁的建构学生作业　　　　图 7‑2‑14　居和园学生作业

图7‐2‐15　幼儿园构成模型学生作业　　图7‐2‐16　幼儿园方案设计学生作业

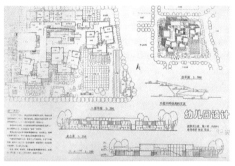
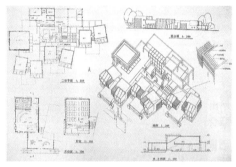

图7‐2‐17　幼儿园方案设计学生作业

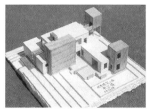

图7‐2‐18　小住宅设计学生作业

　　有必要指出的是,同济大学建筑系一、二年级四个学期建筑设计基础教学的分阶段训练,并不是完全割裂的阶段划分,而是一个各阶段互有侧重、逐步叠加、相互连贯的完整过程,每一个后续训练都是在延续前一阶段训练基础上的拓展。

它以设计原理的理论教学贯穿始终,以设计的过程与方法训练作为教学主干,以建筑表达手段的训练作为教学支撑,建立了一个完整的设计基础教学体系。同时,一系列关于营造基础的制作课程,不但延续了同济大学注重动手能力的传统,而且对学生了解基本材料的物理性能、结构特点、建构可能等特征,把握其与建筑元素之间的关系以及对空间、环境与形态的理解等方面,做出了更深入的拓展。同时增加的城市与建筑调查等练习,也使学生确立了基于体验(而不是书本知识)的价值观和社会职责,并建立起对生活的自信;这也改变了对于建筑思维方式与设计方法的教学重点,进一步激发了学生创造性的释放。该阶段同济大学建筑设计基础教学多元化的教学方式和措施,促进了学生与教师全方位的思维互动。

2005年4月,同济大学建筑与城市规划学院建筑设计基础教学学科组举办了一次题为"基础教学实验展2005"的学生作品展览,这也是该学院建筑形态设计基础教学思想新拓展和相应成果的一次集中展示。

7.2.4 师资队伍、教材及教学条件的建设

这一阶段同济大学建筑设计基础教学面貌的改变,也已经并不仅仅是教学内容和方法的创新,更有包括师资队伍、教材和教学条件等各方面的整体建设。

一方面,同济大学通过学科组和教学小组不同层级上的新老搭配,加强了教师的梯队建设;建立了主讲教授和青年教师间的互相听课制度,鼓励中青年教师参加各种学术会议和论文撰写、承担教学改革与建设项目,以此带动学科组的教学和理论研究氛围;同时,还积极选派青年教师出国访问进修和组织各类国际联合教学,使得教师们不但接触到当今最前沿的建筑设计基础教学理念和方法,并成为课程建设和教学工作的骨干力量。在建筑理论基础及训练题目的研究和实验中,又将具体的课题与每位老师的专长进行对位,这样的教学研究体系不仅使每位老师明确了研究和实验课题在整体教学体系中的地位,而且丰富、深化和夯实了院系的整体本科专业建设。更为突出的一点是,在同济大学建筑系建筑设计基础教学团队的师资组成中,具有非本校毕业背景的教师占到接近50%之多,这在国内兄弟建筑院校中是绝无仅有的,此举不但是同济大学海纳百川的生动写照,更保证了学术的多样性和自由性。

与此同时,在学科组全体教师的努力下,同济大学建筑系还进一步抓紧了教材建设,完成了十余本教材与专著的编写出版,包括全国高等建筑学专业指导委员会推荐教材《建筑概论》和建设部推荐教材《建筑形态设计基础》(1995年获得

第三届全国优秀教材二等奖)两部自编主干教材,《现代建筑美学观》《都市的文化空间与品质》《建筑细部设计》《建筑设计基础》《经典别墅空间建构》五部自编辅导教材,《世界建筑经典图鉴》《视觉形态设计基础》《建筑思维的草图表达》《荷兰建筑名家细部设计》四部翻译教材①。

在加强教材建设的同时,同济大学建筑设计基础教学的教学条件也得到了进一步的完善。依靠学校和院系的支持,该阶段集中建设了包括模型、多媒体、木工、雕塑、家具、扎染等多样教学手段和内容的教学实验基地和实验室,具备了国内建筑学院中最好的实验条件,为学生得到真正可操作的造型实验训练环境提供了技术保证。

至此,同济大学建筑系不但完成了跨学科、跨专业的"设计基础教学平台"建设,建立了一套以引导学生自主学习为主,重视学生个性发展和创新能力培养,以"形态营造和设计方法"为核心内容的建筑设计基础教学体系;而且形成了课内与课外结合、理论与实践结合,并集课堂教学、营造制作、体验实践和计算机网络辅助教学为一体的立体教学模式。2004 年 10 月,由莫天伟教授主持的同济大学建筑系《建筑设计基础》课程被上海市教育委员会评为"上海高等学校教学质量与教学改革工程'市级精品课程'"。

7.2.5　该阶段的两个特色课程建设

在这一阶段,同济大学建筑设计基础教学还形成了两个特色课程单元:"艺术造型训练课程"和"设计的创造性思维训练教程"。

7.2.5.1　艺术造型训练课程在设计基础教学中的启动和发展

面对入学初始阶段理工科大学新生对于人文艺术方面熏染的普遍缺失,如何在短时间内让学生建立起该方面的认知架构,是设计基础阶段急需解决的一个问题,艺术造型训练课程的设置正是基于这样的需求。自 2000 年起,张建龙

---

① 沈福煦、郑孝正等,建筑概论[M],中国建筑工业出版社,2006 年。莫天伟主编,建筑形态设计基础[M],中国建筑工业出版社,2001 年,1995 年,1990 年。赵巍岩,现代建筑美学观[M],东南大学出版社,2002 年。郑孝正,都市的文化空间与品质[M],华夏出版社,2002 年。陈镌 莫天伟,建筑细部设计[M],同济大学出版社,2003 年。莫天伟、张建龙、赵巍岩等编,建筑设计基础[M],江苏省科技出版社出版,2005 年。李振宇、孙彤宇、俞泳编,经典别墅空间建构[M],中国建筑工业出版社,2005 年。陈镌 莫天伟 王方戟等编译,世界建筑经典图鉴[M],上海人民美术出版社,2003 年。[英]莫里斯·德·索斯马兹著,莫天伟译,视觉形态设计基础[M],上海人民美术出版社 2004 年。[德]普林斯[德]迈那波肯著,赵巍岩译,建筑思维的草图表达[M],上海人民美术出版社,2005 年。[荷]米利特编著,陈镌 莫天伟译,荷兰建筑名家细部设计[M],福建科学技术出版社,2005 年。

老师所在的设计基础第一教研小组率先和当时美术教研室的阴佳老师(2002年之后美术教研室在体制上也归属 A1 团队,但是真正和设计基础教学密切合作的是阴佳老师一人)共同探索,在建筑设计基础阶段建立了一个课内 2 周,课外 3 周的艺术造型训练课程,并使之成为同济建筑设计基础教学的一个特色单元。

该课程单元一方面通过艺术大师对文化、艺术的讲座来拓宽学生视野;一方面通过一系列实践性的练习,让学生接触到具体的艺术创作。同时,该课程提倡向民间艺术家学习,让学生到徽州、宜兴、松江等地直面民间艺术家和工艺师,看到活生生的艺术造型能力的呈现。更为重要的是,建筑设计基础课的专业老师也参与到艺术造型训练课程的教学中,从建筑的角度去探讨造型、材料以及技术,避免了该课程陷于泛艺术操作而导致的对专业特征的忽略①。

2000 年最初发起的艺术拓展实践就只有陶艺一门课程,因而早期的艺术课程也曾被称为"陶艺工厂"。后来随着教学的拓展,学生的可选择性也越来越多样化;教学的空间也再不仅限于教室课堂,而是以建筑城规学院为基础,在社会空间上进行了拓展,以此建立起了一个广义的艺术联盟②。

"徽州印象"就是以此为主题展开的一个木雕和砖雕艺术与版画艺术结合的拓展课题。他们首先带领学生深入到安徽歙县的古砖厂,去看黏土怎么被挖出来,然后围绕捣裂、成型、烧制等一整个系列过程进行展开;同时邀请民间艺人到现场讲授砖雕木雕的具体手法,每晚还有一个"徽州夜话",老师、学生、艺人共同讨论感兴趣的问题;再通过对建筑的参观考察,研究砖雕、木雕与建筑之间的关系,然后回到学校进行自由创作。在此基础上,教师们又借鉴了版画艺术的概念,利用学生的木雕和砖雕成果制作成版,拓印成全新风格的版画,并成为"同济的一个独特品牌"。这些建筑系的新生并不具备扎实的美术和造型功底,很多人甚至从来没有接触过版画艺术,但是通过对材料本身的探索,加上独特的视角和

---

① 该课程的师资是由建筑设计基础教学团队中具有建筑背景的教师和美术教师共同参与教学,其中俞泳老师负责陶艺,赵巍岩老师负责砖雕、木雕,戚广平老师负责琉璃艺术,陈伟老师负责木刻。同时也邀请兄弟院校教授或专家共同拓展教学资源,如请中国美院著名的编织专家讲授编织艺术及创作,请上海大学王继英等教授介绍版画艺术。除此之外,活跃于当代艺术界的前卫艺术家,甚至具有丰富实际经验的民间艺人,都是邀请的对象。

② 2000 年之后,同济大学先后在宜兴建立了陶艺基地;在安徽歙县建立了砖雕与木雕基地;在上海松江与当地文化馆联手进行编织、剪纸创作,然后再与上海最大的雕塑工厂合作,提供切割、焊接、锻铸的场所,创造性地将剪纸艺术转化成钢板城市雕塑艺术;当时还计划在宣城附近增设一个纸雕艺术基地。

准确的出发点,使得完成的作品超乎想象地令人惊喜。对此,阴佳老师认为"大师没有思维的约束和框框,我们的学生也是如此。在这一点上,学生和大师有着同类的品质,而这也正是这个课程期望达到的目标"①。更为重要的是,通过这样的训练,学生们每个人都找到了对于创造的自信。

同样地,在琉璃艺术课程中,学生要自己动手用陶造型,用高温耐火材料去翻模,然后送到上海美院去烧制,最后环节的玻璃选调,还需要有自己的判断进行配料。而纸雕艺术课程,也需要学生自己去做纸浆,去菜市场捡竹壳、香蕉皮等,尝试用不同的原料提炼不同粗细和肌理感觉的纤维,再和纸浆融在一起来浇注。在另一个题为"剪纸和城市空间"艺术拓展课程中,则通过和上海剪纸之乡——松江文化馆的合作,由当地艺术家和民间艺人讲授基本技巧和概念,同时结合专业特点,将纯粹手工技艺和城市空间结合起来,将平面艺术转化为立体构成,最终通过与雕塑工厂的合作,物化成由彩色钢板构筑的城市环境艺术,从而完成了艺术的转译和再创造。

图 7 - 2 - 19　学生作业:1. 陶艺　2. 纸雕　3. 装置艺术
4. 绘瓷　5. 砖雕、木刻

---

① 2009 年 5 月,笔者访谈阴佳老师。

图 7‑2‑20　学生在接受民间艺术家指导

图 7‑2‑21　赠送给普罗迪的
学生绘瓷作品

学生们在拓展课程中创作的这些艺术作品，不但精致漂亮而且富于创意，更包含了特殊的象征含义。因此，2007 年同济大学百年校庆时，学生们的一些作品被校部作为赠送贵宾的特别礼物，并且广受欢迎和赞誉。此后，更有一件学生的绘瓷作品，被赠送给了来访的意大利总理普罗迪[①]。

通过这一单元的训练，同济建筑系的教师们希望让学生不仅按照设计线索去探讨形态、材料的问题，而且从成熟的艺术造型中找到更多可以借鉴的东西，包括砖雕、木雕、纸雕、琉璃、陶艺、剪纸、钩编、版画，甚至利用计算机控制的机器来做木雕。学生在自由的艺术创作中接触到更广泛的知识和来自文化的感悟。这也为后面的专业训练打下了基础：第一是很重要的地域文化概念的培育，因为任何一个艺术造型具

---

① 2009 年 5 月，笔者访谈阴佳老师。

有自身的文化背景;第二个则是培养设计从材料和技术入手的观念,让学生形成专业的认知,学会自主的探索。

7.2.5.2　设计的创造性思维训练教程

在 1999 年昆明召开的全国高等学校建筑学专业指导委员会暨第二届建筑系系主任会议上,同济大学建筑系的李兴无老师就曾代表该系建筑设计基础教研二室,提出了关于"设计创造性思维训练"的总体设想。其实,当时论文所述及的很多课题尚在构思阶段,真正引入设计基础教学实践是在 2000 年之后。

我国高考制度下培养出来的大学新生普遍对建筑学这一学科知之甚少,这当然需要专业的启蒙;然而,更需要首先得到启蒙的则是他们的个性、情感与创造潜能。受制于应试教育,造成他们的思维定势普遍倾向于求同思维和收敛性思维;将学生从僵化的思维习惯中解放出来,积极发掘他们潜在的创造力,是当时建筑教育界的共识。但是如何采用适当的手段、选择适当的课题进入,当时却尚未有系统而切实有效的措施。

郑孝正老师和他的设计基础第二教研小组正是针对基础教学中的这一困境,以"艺术创作"为切入点,探索了一套具有可操作性的创造性思维训练课程。他们在一年级设计基础(1)这一建筑教学的启蒙阶段中,除了线条练习、建筑的抄测绘、建筑的演染与临摹等基本的技能训练外,编写了一套完整的《设计的创造性思维训练教程》(简称《教程》),希望通过一系列类似艺术创作的作业,来对学生进行创造性思维的训练。

首先,针对应试教育影响下学生个性、情感的正常发展受到压抑、普遍缺乏想象力与创造力的现象,他们希望通过这个系列作业复苏学生的个性和艺术自信,突破求同思维的惯性,练习运用发散思维与求异思维来扩展自己的想象力,增强创造能力。其次,相对于建筑设计来说,艺术创作具有更多的自由度,学生的想象力和创造激情能够在作业过程中得到最大限度的发挥。第三,他们相信,建筑师与艺术家的创造性思维在创作前期是类似的,采用艺术创作型作业来进行创造性思维训练具有较强的针对性。当然从一个完整的全过程来看,建筑设计除了需要形象思维还需要逻辑思维;但是在建筑设计的初期,尤其是在概念构思阶段,还是需要运用发散性思维与求异思维进行创造性想象,对各种表象或观念中的符号元素,以创造性的方式打碎并加以构建①。此时,建筑师与艺术家的

---

① 这其实与冯纪忠先生所提出的"抖抖散再构筑"是一脉相承的。

思维可以说是相似的。

这个《教程》由"我的符号,我的文字,我的故事""我书故我在""如是我闻,如是我画""意大利广场变奏曲""城市印象""生命的空间"和"纪念生命"等七个系列作业组成(详见附录 3:创造性思维训练教程的作业任务书与说明),涵盖了概念转译、线条练习、平面构成、立体构成、色彩构成、空间组织、城市体验和构筑设计等基本的建筑初步训练内容,其最普遍、最主要的特点是强调个性,即尊重生命的个体,重视个人的直觉与情感;《教程》中的每一个作业都强调亲身体验,有感而发。同时,和普通的艺术创作不同,当建筑师开始进行创造性想象时,启动或进入想象的不一定是已有的建筑形象,却往往是其他类的东西,这也正是促成建筑创新的重要因素。因此,《教程》中的作业采用了"变甲为乙""种豆得瓜"的方法来训练学生的转换创新能力。这也是作业的另一个特点。作业的第三个特点是鼓励学生把创作素材(这里指引发情感的物品)打碎、提炼或创造新的符号,以此激发创新潜力。

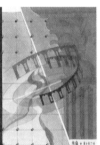

图 7‑2‑22　学生作业从左到右为"我的符号,我的文字,我的故事"
"我书故我在""如是我闻,如是我画""意大利广场变奏曲"

图 7‑2‑23　学生作业从左到右为"城市印象"
"生命的空间""纪念生命"

《设计的创造性思维训练教程》从 2000 年起陆续进入教学实践,并取得了非常积极的教学效果。这是他们在设计基础教学中的一种探索方案,其中有教学实践的经验,但更多的是新的构思,这当然也需要时间与实践来检验。

7.3　空间体验和建筑生成下的建筑设计基础教学体系创新发展(2005—2007)

2005 年,在经过反复的酝酿之后,同济大学建筑与城市规划学院正式推出了学院精神:"缜思审美的理性学风,畅想进取的创新传统,博采众长的全球视野,造福社会的宗旨认同。"同年,又通过了同济大学"建筑与城市规划学院学科组建设大纲";并在 2006 年经过几轮推进,终于完成了学科建构的总结构,形成 16 个学科梯队,其中原先的设计基础学科组由 A1 更名为 A7,继续由莫天伟老师担任 A 岗教授。同时,新建立的学院教学质量保证体系也从 2006—2007 学年第一学期开始试行①。

自此时起,以郑孝正和张建龙老师分别担任 B 岗教授具体负责的"设计基础"一、二两个学科教研小组,又在总体教学大纲和教学要求的基础上,分别就空间体验和建筑生成两个方向展开了新的教学探索和创新发展。

7.3.1　基于空间体验的建筑设计基础教学新探索

在 1999 年以后的教学实践中,郑孝正老师的设计基础教研团队一方面充实、完善着"创造性思维训练教程";另一方面,也在继续探索着新的课题和可能。自 2005 年开始,他们尝试将建筑和空间的"体验"引入建筑设计基础教学。

7.3.1.1　对当前建筑设计基础教育的再反思和对空间体验的再认识

自 20 世纪 80 年代以来,国内各大建筑院校都对建筑设计基础教学改革作出了积极的探索,并在各自领域取得了相当的成果。但是毋庸讳言,结果还远非令人满意。

---

① 参见:董鉴泓、钱锋、干靓等整理.附录一:建筑与城市规划学院(原建筑系)大事记.同济大学建筑与城市规划学院编.同济大学建筑与城市规划学院教学文集 1:历史与精神[M].北京:中国建筑工业出版社,2007(5).

如果建筑院校的教学目标就是培养"能做建筑设计的毕业生",那么,设计好一套固定的程序,然后按部就班地分阶段实施、分局部教授,让学生逐步学会表现表达技能、掌握知识点、最终达到目标——能做设计,就显得无可厚非;其实这样的教学模式也正是长期接受应试教育的学生所熟悉和擅长的。但是这样的结果,却往往是培养了一批"能"做设计的建筑匠,而不是"会"做设计的建筑师。另一方面,应试教育培养下的学生普遍缺乏自主探索和研究的兴趣,而当今物质的丰富性和信息的多样性也带来了意想之外的困扰,即人们被大量片断无序和不断重复的信息所充斥,而许多原初、真实的信息却遭到覆盖。在这样的现实下,学生显然无法建立自己独立的研究和判断体系。但就个体而言,当代大学生却又极具潜质,关键则在于如何引导。

因此,他们坚持认为,建筑设计基础教学的核心不应只是知识的传递,更应该培养学生养成自醒整体的设计思维模式,关注学生自我价值体系的建立。这就又一次回到了对建筑最本源的追索。建筑究竟该如何定义?哪些问题是建筑最基本的问题?这一直是学界争论的一个命题,其实也是不断发展的一个命题。自维特鲁威时代以来,曾经受到历史关注的建筑学关键词汇,如形式(风格)、功能、空间,结构、材料、技术,文脉、建构和场所……,所有这些单一的词汇似乎都无法完美解释;在当今多元的语境之下,建筑学无疑是一个丰富而综合的概念。

但是有理由相信,作为物质存在的固有形式,"空间"是建筑的一个关键特质,正是这一特质将建筑与绘画、雕塑艺术区分开来。然而长期以来,建筑界也普遍倾向于把空间看成是一个"柏拉图"式的数学概念,一个被动的背景和恒定的场域;大部分的建筑院校也一直把"空间"作为一个独立的要素来加以讨论和训练。空间被赋予了功能和几何特征而变得容易被"操作",功能和形态成为建筑空间的两大支柱,而界面则成为实现的手段。事实上,空间所蕴涵的意义却远非仅此而已,影响空间的因素也不单只于界面和功能。

近年来关于现象学的讨论对当代建筑理论产生了深刻的影响,许多哲学家对空间的解释也推动了建筑师对空间的再认识。如今,建筑从关注形式转向关注自身的逻辑以及更普遍的本体论,更进一步关注人与建筑的关系。在《艺术与空间》一文中,海德格尔(Martin Heidegger)把这种抽象的物理——数学空间(即牛顿—笛卡尔空间)称为"技术物理空间",并质疑了它的统治地位,重新探讨了艺术空间的存在[①]。在海德格尔的现象学中,"空间"始终是和"存在"并行

---

① 孙周兴编.海德格尔选集(上卷)[M].上海:上海三联书店,1996:483.

的,而"存在"是空间与人构成的某种关系,是具体的"空间"体验。由此,空间是一个复杂的概念,它并不只是由物质材料限定的单纯"物理—数学"空间,还有很多的要素,影响着人对于空间的体验和感受。正如丹尼尔·里伯斯金所强调的,建筑空间不仅与"什么可以在某处"的实现有重要的关联,而且与"什么不在某处"的信念也同样有很大的关系①。这样就引出了另一个关键词——体验。建筑现象学不仅研究建筑如何成形,如何产生作用,也重新关注"体验"的层面。

而在中国传统的哲学和美学体系里,也是非常强调体验对于认识事物本源的重要性。《诗品》云:"大用外腓,真体内充……超以象外,得其环中"②,迹象为用,而其体却超乎迹象之外而存在;要真正体悟"美"之本体,必须透过物象外在形态声色的影响,才能把握其中之"道"。

由此可见,体验首先是从个体出发的一种感受,它通过多种知觉器官的综合对身体(审美主体)与环境之间的关系进行探索。同时,体验又强调整体的把握,它和记忆与情景有关,包括事件与场所、人与环境、意识与现象、心境与物景(境)、身体与知觉、记忆与时间、视像与空间……。体验是通过直觉的体悟,对其对象进行原初的理解,同时加以想象和联想,建立自己独立的见解。它不单纯是"我在",而是"我在且我思"。因此,体验强调个体及个性,强调独立解读及自主创新。

7.3.1.2　"空间体验"下的建筑设计基础课程教学

正是基于这样的理论基础,他们相信教学不应单纯从比例、尺度、色彩、形式等细节开始,也不应仅限于本专业的知识节点,而应强调个体的体验环节和过程,并进一步通过感性的体验上升到理性的认识,从而在根本上夯实学生的专业认知基础。因此,他们以开发学生的创新能力为目的,从现代个体生命的思维特点和传统思维模式出发,开始尝试探索新的"空间体验"的建筑设计基础教学模式。郑孝正老师认为,空间体验的方式是交叉重叠的——真实性的或想象性的,因此可以透过真实与现场,借助经验和分析来进行想象与抽象,从而建立完整的空间体验。据此,他们试图从"真实性的空间体验"和"想象性的空间体验"两个

---

① 丹尼尔·里伯斯金.建筑空间,见:弗兰克斯·彭茨等编.马光亭等译.空间——剑桥年度主题讲座[M].北京:华夏出版社,2006:42.
② 司空图著.郭绍虞集解.诗品集解[M].北京:人民文学出版社,2005.

方向①，营造一种"在场性"的空间体验教学模式。

从2005学年开始，他们在教程设计中逐步加强空间体验的课程训练，鼓励学生对生活进行直接的切身体验和真正的理性思考，引导学生重新审视设计、审视生活。他们在教学过程中不给学生提供现成的公式或者手段，而是期待学生能够通过身临其境的亲身体验，自觉地进行主、客体功能角色的设定，进而建立自己的价值判断。在这里，过程是重要的，这一过程实际上就是学生自己思考问题，形成研究方法的过程，这也就改变了学生以往只是被动地根据设计任务书进行建筑设计基础训练的模式。最终，他们希望通过一系列的空间体验课程和作业的设置，在三个学期的建筑设计基础教学阶段，达成以下的教学目标：

（1）使学生对建筑专业有一个全景视野的总体认识，打破专业界限，确立整体观念，培养全局眼光。

（2）培养研究型的学习方法，充分发挥学生的积极性和创造性，使学生自觉养成主动发现问题并解决问题的学习和工作习惯。

（3）学习"体验"的设计思维，以多重角色的身份进入自己的方案空间，设身处地、推己及人地进行空间体验，达到最佳的"建筑意"。

（4）保持教学的开放度，分组作业以培养学生的团队合作精神，相互学习、共同提高。

（5）通过作业答辩和大班交流，提高学生的口头表达能力。

为此，在不过分突破学院既定教学大纲和培养要求的前提下，他们将建筑设计基础阶段前三学期的课程安排作了适当调整：在保证基本理论知识和技巧培养的同时，加强了关于空间和建筑体验的环节，并在此期间通过不断的实践尝试，总结经验教训以完善教学计划。

表7-3　同济大学"空间体验"设计基础教学大纲（2007年）

知识技能	内　　容	创新能力
识图表达	一年级（上）空间体验——从线出发	解读体验
认知人居环境	一年级（下）空间体验——从人文出发	思考生命所处精神家园
理性分析	二年级（上）体验空间——解读大师	诗意体验
综合空间设计	二年级（下）体验空间——回到空间	创新体验

资料来源：同济大学建筑系教学计划，笔者参与制定。

——————————

① 真实性的空间体验是指个体进入真实的空间或模拟仿真的场景进行体验。而想象性的空间体验是指通过对真实的空间影像（如图纸、图片，甚至记忆等）或者模型等给予加工抽象进而创作空间来进行体验。

表 7 - 4　同济大学"空间体验"设计基础教学实施计划(2007 年)

时段		知 识 技 能	教 学 内 容	创 新 能 力
一年级第一学期	空间体验——从点、线、面到形式、空间的表达与营造	徒手绘图	1. 徒手线条	线的情态
		工具绘图	2. 工具线条(格罗庇乌斯住宅抄绘)	图的情态
		模型制作	3. 德国馆抄绘及制作	体的情态
		从图纸到建筑	4. 工会俱乐部抄绘及参观	建筑空间体验
		比例与尺度研究	5. 自宅体验的再现	生活空间回忆与体验
		空间构成	6. 空间的产生	空间本质的体验
		从建筑到图纸	7. 历史建筑立面测绘渲染	历史建筑体验
		木构节点制作	8. 从结构联结到组织链接	营造的体验
一年级第二学期	空间体验——从人文出发	行为与尺度	9. 行为、场景体验	人·人行为空间体验
		总体布局与人居环境	10. 人居环境体验	人·环境·自然空间体验
		人文景观与自然环境	11. 传统园林空间体验	人·环境·文化空间体验
		功能与空间序列	12. 空间限定体验(展览空间)	人·空间·时间体验
		情境与空间构成	13. 诗空间体验	非物质空间的物质表现
二年级第一学期	体验空间——解读大师	材料与空间表达 光、色、声、味与空间表达	14. 感官与空间	获取通感
		大师主要建筑思想学习 大师经典案例剖析,归纳 大师经典案例空间重构	15. 大师作品体验与重构	与大师"对话" 建筑设计中模仿突破与创新
		城市空间理性分析 城市生活的切身体验	16. 城市空间体验	与城市"对话" 建筑外部空间的体验和解读
		建筑设计步骤,练习	17. 综合练习(一)——休闲空间设计	建筑单体与所处环境的协调

时段		知识技能	教学内容	创新能力
二年级第二学期	体验空间——回到空间	研究居家生活方式 学习住宅空间组合满足功能要求 运用实例调整方法	18. 综合练习(二)——独立式小住宅设计	对生命所处的认识与体验 对精神家园的理想营造
		了解幼儿心理空间特点 学习重复空间构成 学习构造设计及相关建筑设计规范	19. 综合练习(三)——6班幼儿园设计	对人的问题的深入思考 使用者的体验与创作体验

资料来源：同济大学建筑系教学计划，笔者参与制定。

　　从课程计划来看，该阶段一年级第一学期的作业名称似乎并无大的变化，但是作业内容和所关注的内核已悄然改变。线条练习已不再是纯粹的徒手或工具绘画训练，而是加入了对线条之间的平面空间的关注；而建筑抄测绘则在读图、识图的基础上对空间展开想象性的体验，同时通过实地参观和测绘进行身临其境的真实性体验，进而在理解的基础上完成图纸绘制。德国馆的流动空间模型制作则是进入虚拟的模型实景的体验，体现了对空间的哲理性思考；限定空间与展览空间设计则是在初步空间要素认知基础上的一种创造性的体验。

图 7-3-1　人体空间体验
　　　　　学生作业

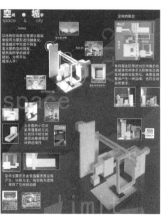

图 7-3-2　空间的物质体验
　　　　　学生作业

图 7-3-3　诗空间体验
　　　　　学生作业

一年级第二学期是课程设置变化最大的一个学期,主要从三个方面入手:其一,近取诸身,从空间的游戏开始,进入城市、自然村落、传统园林,进行身临其境的真实性体验,使学生对规划、景观和建筑学专业建立总体理解,体验空间由小到大的尺度变化。其二,通过对诗歌(文学、戏剧、音乐、绘画等艺术)空间意境的想象性体验,进而引导学生关注内心体验,从而拓宽思路、激发创新思维。其三,通过对光、色、声响等影响空间特质的要素体验,培养学生对于空间细部体验的关注。

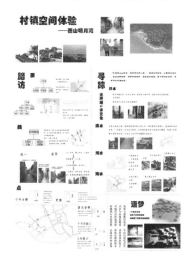

图 7-3-4　自然村落空间
体验学生作业

图 7-3-5　江南园林空间
体验学生作业

二年级第一学期则是以大师作品和真实可接触的建筑及城市空间为载体,引导学生由对大师作品自内部空间到外部空间的文本阅读和体验解析、模型再现和重构,再到真实街区组团,最后到城市空间的序列变化,完成对作品的想象性空间体验到城市空间的真实体验,并以此为基础开始进入设计创作。二年级第二学期安排的两个完整的课程设计,则是对空间体验训练的一个综合梳理和实际运用检验,并以此向三年级的专业教学衔接。

2007 年 10 月,以郑孝正为项目负责人,李兴无、徐甘、周芃、王志军、朱晓明等教师共同参与的"体验空间——以设计基础教育为背景的'体验'教育体系创新研究"获得同济大学教学改革研究与建设项目正式立项,开始了为期二年的教学研究和实践(该项目已于 2009 年 10 月完成结题)。

7.3.2　基于建筑生成的建筑设计基础教学新探索

就在郑孝正老师的教研团队进行"空间体验"教学研究和实践的同时,张建龙老师所领导的设计基础第一教研小组则将目光转向了"建筑生成"。

7.3.2.1 关于"建筑生成"教学研究的启动

同济大学建筑系的教师们普遍认为,在设计基础教学中,除了让学生掌握关于建筑设计最为基本的包括形态、空间、结构及建造方面的系统知识之外,更为重要的是帮助学生建立起自觉的设计思维和方法。为此,自2004年9月的新学年起,该系设计基础学科组第一教研小组的同事们,开始尝试就建筑的基本问题建立了一个被后来称为"建筑生成基础"的课程。尽管当时的教学内容本身并不是全新的,但是在新的教学理念和方法的支撑下,该课程在广度和深度上都进行了拓展,最终到2008学年建设成了一门新的系统课程。

两个方面的原因直接触发了该系这一次的教学研究和改革①。首先,随着建筑学科的发展,越来越多元和丰富的建筑现象、理论和实践已远非形态设计所能囊括。其次,包括同济大学在内的国内很多建筑院校,该时期采用的主要训练模式常常被称为"建筑形态设计(构成)"。然而,从语义上理解,"设计(构成)"通常指是"用抽象的思维去进行形象的表达",在这个过程中人和人的思维(形象的和抽象的、感性的和逻辑的)居于主体的地位;而建筑则是"被设计(构成)"的对象,是客体,或者说是一种结果,因此这也就容易造成在训练中过分关注方式和技巧。

为此,他们提出了"建筑生成"的概念。"生成",则意味着建筑本身及其产生的过程成为主体,它有着自身生成的客观规律和内在的逻辑过程;人和人的思维的作用则表现在如何认识和利用这些规律。与"设计(构成)"所蕴含的"自上而下"的意识及过程相反,"生成"所体现的途径则更多地提倡"自下而上",鼓励学生从建筑自身的规律里面找寻出"生成"的逻辑和方式,从而避免传统的建筑设计基础教学中常常把形态作为第一考量的现象,转而强调建筑的功能、环境、结构等各种相关因素的相互作用,并且主张这些要素和建筑的形态同样重要,建筑形态应该是综合各种因素以后逻辑生成的产物。同时,他们把这些相关因素分成客观的物质、技术知识和人的思维、观念知识两大类。其中,对人的思维和观念的认知又涉及诸多方面,如东西方之间,传统和现代直至当代建筑观念之间对于建筑形态和空间概念的不同理解;人在不同的阶段对知觉空间、抽象空间、具体空间的不同认识等。而对这些因素的解析又包括文本分析、亲身体验和社会

---

① 2010年9月,笔者访谈张建龙老师。

调查三个过程；在所有这些过程中的综合环节则是最值得强调的部分，其最终目的正是为了取得一个理性的选择结果。

建筑生成基础教学的另一个重点，是鼓励学生对于建筑生成的方式和过程建立自我支撑，即学生必须能在自己设计中概念的产生、过程的发展和最终的成果之间建立起内在的逻辑关系。从由老师单方面的传授知识，转化到以学生为主体来构建自身的知识核心，这一点其实和郑孝正老师团队当时所进行的教学探索有着异曲同工之处。

初时，关于"形态生成"的理论支撑主要来自三个方面：一是关于形态学，包括形态与几何、形态与力以及材料建构；二是关于形态生成的基本原理；三是关于形态生成的基本方式。他们认为，形态的生成是具有过程特征的；至于这一点，2004 年德国 Darmstadt 大学 Moritz Hauschild 教授所带来的一份"网络渐变"作业无疑成为启动这一生成理念的契机，并影响到同济大学此后形态生成教学的设置①。他们同时也认为，形态的生成既和建筑的内部空间有关，又和外部环境有关；因此，基地的真实性和可达性以及课题功能与学生生活的关联性成为这一阶段设计题目设置中必须考察的要素。

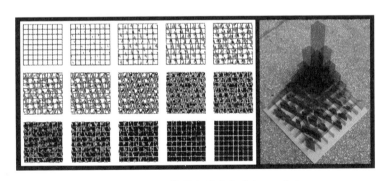

图 7 - 3 - 6　网络渐变学生作业(2005 年)

7.3.2.2　"建筑生成"下的建筑设计基础课程教学

基于上述的思考和研究，同济大学设计基础第一教研小组的教师们在一年

---

①　2004 年 2 月，德国 Darmstadt 大学的 Moritz Hauschild 教授来到同济大学访问教学，在他主持的"建筑空间设计"课程系列中带来了一份"网格渐变"的练习。该作业要求学生自己设定一个公式，经过 15 个步骤，实现一个从白到黑或者从黑到白的空间转变过程。这样一个新形态诞生的过程不是单纯依靠灵感的触发，而是要求在某种逻辑框架之下，运用理性的方式，经过适当的过程而生成的一个理性结果。而这个公式的设定，如果落实到真实的环境中，就隐喻有环境的要素。由此而论，这个作业其实可以拓展为一个关于形态、结构和空间的综合命题。2010 年 6 月，笔者访谈张建龙老师。

级教学计划中建立了一个包括建筑的形态生成、空间生成和结构生成三个阶段的课程训练体系,而相互综合的过程则被安排在二年级第二学期的综合设计训练之中。该阶段的"建筑生成"设计基础教学处于一个新体系的探索建立过程之中,该课题对于教师来说也是一个新的挑战,因此"变化"是其主要特征。在原有的教学计划和课程体系下,他们一方面不断尝试新的课题,另一方面也通过对教学效果的自我评估,在教学的过程中逐步发现问题,并且找寻恰当合适的方法加以解决,不断进行调整和完善。

在一年级第一学期的"建筑表达"阶段,此时已经基本放弃了渲染练习,而是尝试将原有的建筑制图、建筑表现及模型制作组合在一起,并新增加了影像制作等课程,形成一个完整的独立单元。

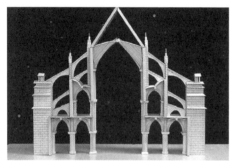

图7-3-7 经典历史建筑案例结构分析学生作业

图7-3-8 纸筒桥建造

一年级第二学期"建筑表现"阶段,在平面构成、立体构成、色彩设计、空间限定依然得以保留的状况下,进一步拓展了艺术造型训练和建造实验的内容。特别是让学生通过对"建造"这一动作的实际感受,建立对建筑最本质的一些要素的理解。比如"受荷构件"的制作,意在为学生建立一个初步的力学模型的概念;而"经典历史建筑案例",则是透过对建筑材料与建造方式的分析,来让学生获得对建筑最基本要素的理解;"纸筒桥"建造,又使学生可以切身体验未来的建筑结构及跨度之间的逻辑关系。这类题目极大地提升了学生的参与热情和创造力。同时,在调研成果的要求中除了原先的照片和纸质报告之外,DV影像等手段也被引入。

图 7‑3‑9　空间生成"事件立方"学生作业

一年级相应的理论课程为每周 2 个学时的建筑概论。在原先教学内容基础上,除了对相应建筑历史背景的了解,还邀请学院和国内知名专家教授及艺术家开设关于建筑理论、现代艺术及文学、文化方面的讲座,以此为他们未来建立带有批判性的自身判断提供一个更为宽厚的人文艺术背景和基本认知。

二年级第一学期则增加了一系列的建筑生成课题训练,其中,"空间生成"是希望通过学生的分析来呈现出空间的逻辑,如"苏州园林的空间采集"①。而"结构生成"训练也已经并不单纯是传统意义上的梁板柱、网架等的结构,而是希望学生建立一种关于结构呈现和逻辑建构的能力;他们认为,作为一个未来建筑师的培养,可以对自己所设计的形态做出结构上的理性判定,对于建立他在形态构筑和发展方面的信心是非常重要的。因此,这也是当时整个"建筑生成"教学环节中新增课时最多的部分,邀请了该校土木工程学院结构系的多位教师前来讲课和参与设计成果评判。"环境形态生成"则是一个比较综合性的设计,希望在空间生成的同时结构也相应生成,最后它的形态也就自然得以呈现;而这个形态的生成,同时又基于具有一定文脉背景的特定基地。

二年级第二学期仍然为建筑设计。包括两个分别为时八周的学生公寓设计和区域文化中心设计以及一周的周末花市快题设计。两个综合题目都特别强调环境的真实性。在以往给学生的设计题目中,除了基地周边道路和建筑等有限

---

① 该题以江南园林空间作为案例,通过文本阅读和实地体验,了解中国古代文人的空间认识方法;同时考量江南园林中的生活状态;再结合园林构成中日积月累的时间要素,对江南园林的空间与实体关系进行全面的解读。然后,再排除园林里的生活状态,采用西方的空间概念,采用形底互换的原理,转而研究空间的构成方式和具体的操作手法,还原西方人眼中的中国园林空间,从而引入一种现代的设计方法。通过对同一空间对象的两种彼此分裂的解读和对比、评价,让学生认识到人的思想或者说观念在空间认知和设计中的重要性。

的条件,学生很难获得更多有效信息来引发和推进设计。而选择真实的环境,可以方便学生实地考察和亲身体验,在第一感觉中建立有关场地和周边环境的关联信息,帮助他们对环境建立一个真实的理解和获得,对于设计的启动和发展有更多的帮助。

7.3.2.3 同济大学"24 小时建造节"

2007 年 5 月,同济大学设计基础第一教研小组还首次设置了一个真实的建造课题——纸板屋建造。该练习要求学生以安全、环保、可循环利用的瓦楞纸板

作为指定材料,通过对材料特性的分析、对结构方案的构思、对连接方式及构造节点的处理、对防风防雨的应对、对建筑造型的设计等各个方面综合判断和考虑,由每组 10 个左右学生在 12 个小时内,于室外场地搭建一个真实的 1∶1 的纸构建筑,并且要求学生在所建构筑物内度过 12 个小时。由于大家选择了同样的材料,因此对材料特性的理解深度、广度以及合理巧妙利

图 7－3－10 "24 小时建造节"

用的想象能力就显得尤为重要。这一课题首次展出就在系里引起了轰动;次年 5 月 12 日,四川汶川发生大地震,该课程又结合这一事件将主题定为简易抗震棚建造,并推广到全系的设计基础教学之中,取得了良好的教学效果和社会影响。2009 年之后,这一练习最终演变成了全系学生的一个狂欢节日,定于每年 6 月 1 日左右进行,并邀请了该校土木学院和上海大学建筑系学生共同参与;2010 年的建造节还有东南大学建筑学院和浙江大学建筑系等兄弟院校派队参加。

"24 小时建造节"的出现和建立,将同济大学建筑系一贯注重动手操作、追求"脑手合一"的教学宗旨推向了一个新的高度,充分展现了该系强调"营造"的教学特征。在此期间,伴随着学院十大创新基地的建设,该系的艺术造型训练课程也得到了进一步发展和完善,建立了完整的教学体系和方法。

7.4　同期国内主要建筑院校动态

7.4.1　清华大学建筑学院

自 1999 年起,在"创建世界一流的研究性大学,培养高素质、高层次、多样化、创造性的人才"的目标下,清华大学建筑学院对专业主干课进行了系统的改革,并于 2000 年自该年招收的本科新生起,率先实施了本、硕连读的六年新学制和新教学计划①。调整后的主干"设计系列课"按培养目标的深化,以年级划分为三级教学平台:即 1-2 年级为基础平台,3-4 年级为专业平台,5-6 年级为提高平台。

新的学制给建筑设计基础教学带来了新的挑战。在"4+2"的学制下,之前5 年的本科教学被压缩到了 4 年,以致"原先二年级第一学期的设计课程被提前到一年级第二学期"②。因此,从 2000 年起开始,清华大学对建筑设计基础教学开始了新一轮的课程改革和探索。新的一、二年级基础平台课程体系总体上包括三大板块:"基础知识"、"基本技法"③和"初步能力"④。在具体实施中,一年级以建筑专业基本功和设计构思训练为主,结合小型建筑设计训练,初步掌握概念设计的基本方法;二年级则通过 4 个单元的建筑设计课程训练,使学生掌握基本的设计方法和技巧,初步树立正确的建筑观和创新意识,达到在建筑方案设计能力上的入门,为下一步的专业学习打下基础。

具体而言,在作为起步阶段的一年级建筑设计基础课程中,传统的以技法为重点的"单一"训练模式被以小设计为主干,集"基础知识"、"基本技法"和"初步能力"为一体的"综合"训练模式所替代,并推行了"多题选择"、"混编辅导"等新的教学方法。作为一项重要的变革,传统的渲染练习自该时起被正式调出建筑设计基础教学的主体序列,而是在一年级的暑假课程中安排了两周时间集中训练,并且以钢笔淡彩为主;而形态构成也被作为一种加强艺术修养的手段,在课时上得到压缩。

同时,在二年级的建筑设计入门阶段,他们进一步弱化了按建筑类型学习的

---

① 目前约 40%的学生可以进入该学制,其余本科出口的学生仍为五年制。
② 2010 年 7 月 20 日,笔者访谈清华大学郭逊副教授。
③ 也称为扩展的技法,当时清华大学已不再进行独立的渲染、制图等技法训练,而是将其结合到了设计课程之中。2010 年 7 月 20 日,笔者访谈清华大学郭逊副教授。
④ 包括基本的造型能力、空间组织能力、初步的环境应对能力和功能应对能力。参见:设计系列课一年级设计课程. 清华大学建筑学院编. 清华专辑/本科篇,建筑教育(总第一辑)[M]. 北京:中国电力出版社,2008(4):29.

模式,转而注重专业基本功和设计构思的训练,使学生逐步树立功能意识、空间意识和环境意识,在了解建筑设计基本原理和程序的基础上,强化了"从外到内,内外结合"这一基本建筑设计方法的教学。在此过程中,工作模型的运用在清华得到明显的鼓励,并且对"计算机辅助设计"也持更加开放的态度;但是他们也并未放弃多年形成的严谨教学传统,此阶段虽然允许学生用计算机模型推敲空间和形体,但课程设计的"最终成果仍然坚持要求手绘,以保障建筑师必要的手头基本功训练"①。最为引人注目的是,清华大学建筑学院改变了以往全年级学生同做一项设计的传统模式,实行了"设计菜单化"。根据该模式,学生可根据各自的兴趣选择题目和地段,以此产生多种题型的组合,然后通过在设计过程中增加学生交流和集体评图的环节,使学生在有限的时间内接触到更多的建筑类型,并通过相互间的借鉴学习,进而提高分析、比较和判断能力,使训练内容能够拓展和多样化。

表 7 - 5 清华大学建筑系一年级课程内容组织形式
及其训练重点(2000—2006 年)

学期	单元名称	知识要点	技法重点	设计题目			学时
				选择 1	选择 2	选择 3	
第一学期	基本空间	内部空间 人体尺度	模型制作 工具铅笔	单人房间 布置设计	博导办公 布置设计	建筑沙龙 布置设计	27
	空间实验	外部空间 分析方法	徒手钢笔	庭院空间	街道空间	广场空间	15
	平面构成	抽象造型 平面部分	平涂或拼 贴色块	线形构成	面形构成	线面结合	18
	立体构成	抽象造型 立体部分	模型制作	线材构成	面材构成	块材构成	18
第二学期	建筑小品	设计入门	工具墨线	食品亭 设计	码头设计	棋友活动 站设计	30
	概念设计	立意构思	草模、草图	遮蔽物 设计	过渡空间 设计	连接方式 设计	18
	小型建筑	设计入门	模型制作 工具墨线	诊所设计	工作室 设计	事务所 设计	42

资料来源:设计系列课一年级设计课程.清华专辑/本科篇,建筑教育(总第一辑)[M].中国电力出版社,2008(4):30。

① 周燕珉,邓雪娴,沈三陵等编著.清华大学建筑学院设计系列课教案与学生作业选(二年级)[M].北京:清华大学出版社,2006:前言.

表 7-6　清华大学建筑系二年级课程体系表(2000—2006 年)

学期	序号	设计名称	设计可选类型			教　学　目　标	学时
			一	二	三		
第一学期	1	餐饮类建筑	咖啡厅	茶艺馆	书吧网吧	培养空间感知和空间设计能力,认知室内设计的要素和程序	8 周
	2	度假别墅	溪边别墅	山地别墅	海滨别墅	树立建筑与环境有机结合的观念,掌握"从外到内、从内到外"的理性设计方法,学习平面与空间、形体互动的三维的设计方法,创造美好的人居环境	8 周
第二学期	3	单元组合式建筑	幼儿园	老人之家		培养单元组合式建筑的总体设计能力,掌握公共建筑的功能布局、人流动线的组织,通过关注特殊人群的使用要求,树立以人为本的设计理念	8 周
	4	教学楼	建筑系馆	美术系馆		运用多层框架结构设计中型公关建筑,解决较为复杂的空间与体型组合关系,训练对艺术类建筑的公关空间及环境设计的把握能力	8 周

资料来源:设计系列课二年级设计课程.清华专辑/本科篇,建筑教育(总第一辑)[M].中国电力出版社,2008(4):32。

但是毋庸讳言,传统教学的惯性影响依然存在。比如在别墅设计任务书中,列出了"学习用形式美的构图规律进行立面设计与体型设计,创造有个性特色的建筑造型";并要求在立面设计时,"考虑建筑体形组合,确定屋顶形状、建筑材料,推敲门窗大小、位置、形状及墙面的虚实对比关系"[1]。建筑的形式,包括屋顶形状、门窗设计都以形式美为基本出发点,反映了学院式思维的深刻烙印,而建筑作为一个复杂综合体系的生成逻辑在此被有意无意地忽略。同时,清华建筑学院在该阶段具体的授课方式"仍然以'手把手'的辅导为主"[2],体现出明显的"师徒制"传统的影响,这一点和同济大学及东南大学建筑系在该时期注重和强调问题式、理性设计教学的方式有着显著差异。

2007 年以来,清华大学"基础平台"的一年级课程改革又进一步转向课程内容的"整合"探索,从小而全的"类型设计"教学走向更为基本的"要素设计"教学,

---

① 周燕珉,邓雪娴,沈三陵等编著.清华大学建筑学院设计系列课教案与学生作业选(二年级)[M].北京:清华大学出版社,2006:38-39.
② 清华大学建筑学专业本科教学总述.清华大学建筑学院编.清华专辑/本科篇,建筑教育(总第一辑)[M].北京:中国电力出版社,2008(4):28.

并突出强调以体验、分析和理念为引导的设计思维过程的训练。2000—2006 年间，清华大学建筑学院一年级的建筑设计基础教学是以一个"基本空间"的设计课题形式引入；而到 2006 年之后，则开始改为由为时 7 周的关于线、面、体的"造型设计基础训练"引入，这一变化显示了清华建筑学院对于专业启蒙阶段起点设置的思考。

表 7‐7　清华大学建筑系一年级教学改革一览表（2000—2007 年）

	2000 年前	2000—2006 年	2006 年后
课程重点	知识＋技法＋能力 技法为重点	知识＋技法＋能力 小设计为重点	知识＋技法＋能力 要素设计为重点
组织方式	单一训练	综合训练	整合训练
设计侧重	设计手法	设计手法	设计思路
设计起点	零起点	非零起点	非零起点＋分析铺垫
题目设置	制定	多选	
辅导方式	分题辅导	混编辅导	
地段限定		真实地段	

资料来源：设计系列课一年级设计课程. 清华专辑/本科篇，建筑教育（总第一辑）[M]. 中国电力出版社，2008(4)：30。

值得一提的是，和同济大学建筑与城规学院不同，清华大学的一、二年级虽然都属于基础平台，但是课程教学分别由一年级和二年级两个不同的教学小组承担。在这一点上，他们和东南大学、天津大学是一致的。

7.4.2　东南大学建筑学院

东南大学建筑学院是国内较早开展低年级设计课程理性化教案改革与实施的建筑院系。进入 21 世纪后，该系在以建筑设计教学为主干的思路指导下，打破学科的壁垒，将原有的各个设计教研室组织成为一个整体，下设一、二、三年级三个教学小组和若干教授工作室，称之为"3＋2"模式①，而其中的"3"，指的就是 3 年的基础平台阶段。在教学组织结构调整后，东南大学建筑学院一至三年级的建筑基础教学平台以设计和技术为两大主题；同时，除了教学负责人相对稳定外，作为教学主体的中、青年教师被分年级横向切开，并可在各年级间相互流动，

---

①　参见：龚恺. 东大建筑设计教育实验[C]. 南京国际建筑教育论坛，2003.

这样既保证了各年级教学具有一定的稳定性,有助于青年教师经验的逐步积累和自身教学研究的不断充实;又可以使学生接触到不同的教师,达到教学内容本身的开放性要求。

在新的"3+2"建筑教学培养计划下,东南大学建筑学院的一年级建筑入门教学注重从感知入手,从认知到设计,逐步展开建筑设计的概貌;二年级则以理性的教学方法为主,以建筑的三个基本问题——环境、空间、建构为线索,由浅入深地设置了四个设计练习;在此基础上,三年级突出对文脉、功能、建构等各种问题分析能力的训练和最终整体综合能力的培养,以此形成一、二、三年级相对成熟和稳定的建筑设计基础教学框架和体系①。具体来说,一年级的教学目标是训练学生对建筑的基本认知和帮助学生设计观念的建立。因此,该阶段不再片面地强调手绘基本功的训练,而是通过增加视觉设计等课程,同时引入一些初步的技术概念,从建筑和设计的认知入手,引导学生逐步理解建筑、培养设计观念,并从中找到乐趣。二年级的教学目标则是建筑设计的入门,教学中重视设计与技术、环境的结合,让学生通过接触各种设计以获得不同的解决问题的经验,从而培养理性的设计思维方式。教学过程从侧重于空间手法训练的单一空间和单元空间课题,逐渐过渡到综合空间设计,使学生在对空间本身以及空间的组合方式建立基本了解的基础上,进一步强调各种功能、类型和规模空间的组合,并解决城市环境以及结构形式对空间的影响,引导学生运用所学知识来真正解决建筑设计中的问题。

东南大学建筑学院在该阶段也同步加强了建筑理论教学。除了开设"建筑设计基础理论""建筑赏析""空间论"和"建构论"等多门理论课程之外,CAD 课程也在此时被作为基础教学的一门重点课程,全面介入到一、二年级的建筑基础教学之中;而美术和建筑技术等课程则在服从建筑设计教学要求的前提下,根据自身教学规律作出了相应的介入方式和时间的调整。

自 2004—2005 学年起,东南大学建筑学院还推动了学期评图制,邀请来自设计单位或其他高校的校外评委参加每一位学生的答辩,从教与学双方面带来了积极的促动。由此,东南大学建筑学院在实践中逐步形成了"大班授课、小组讨论、个别辅导、年级答辩、师生座谈"这样一个完整的建筑设计基础教学及反馈机制。此外,东南大学建筑系还与加拿大多伦多大学建筑系和香港中文大学建筑系举行各种形式的联合教学,并和国内兄弟院校展开多方面的合作交流。

---

① 参见:东南大学建筑学院编.东南大学建筑学院建筑系二年级设计教学研究:空间的操作[M].北京:中国建筑工业出版社,2007(10):26.

值得指出的是,东南大学的"3+2"模式是本科教学的两个阶段划分,即前3年的基础平台阶段和后2年的专业深化拓展阶段,并以此与将来可能实施的本、硕连读和硕士生培养相衔接。而根据1999年的《博洛尼亚宣言》①,欧洲几乎所有的建筑院校也都在很短的时间内调整了它们的课程设置,采用了同样称之为"3+2"的课程模式,但是这两种模式却有着本质的区别。首先,欧洲的"3+2"学制的出口是硕士(即3年取得学士学位,2年取得硕士学位),而东南大学的"3+2"学制的出口是学士;同时,《博洛尼亚宣言》所追求的是学生能够在3年的基础学习之后轻松地转换学校,即最后2年可以在欧盟的各建筑院校之间自由流动,以此促成一种新的欧洲建筑教育院校分布态势,促进各个院校专业特长的此消彼长。因此,欧洲的"3+2"模式更接近于清华大学建筑学院本、硕连读的"4+2"六年学制,只是在学校间的流动性和开放性上比清华大学更具优势;当然这不是单一学校的责任,需要更高层面和更广范围的战略协调。

7.4.3 天津大学建筑学院

历史悠久的天津大学建筑学院在建筑设计基础教学改革方面起步较晚,但是正因为如此,它的改革也是该时期幅度较大的一个。

1999年,天津大学建筑学院一年级的教学改革先行启动;此后在2000年,伴随着该校国家重大教学改革项目"建筑教育全方位开放式教学体系改革的研究与实践"的正式立项,他们又在一年级教改的基础上开始了二至五年级的教学改革。天津大学建筑学院的这次教学体系改革是"全方位、开放式"的,它主要体现在"开放的教学组合、开放的教学方法、开放的教学环境、开放的技术知识支撑体系等诸多方面"②。

在教学方法上面,这次改革的框架性指导思想主要有三点:以学生"求知"为主代替教师"传道"为主的"以学为主"的思想;以调动学生的学习兴趣和求知

---

① 1999年6月19日,欧洲29个国家在意大利博洛尼亚(Bologna)共同签署了一项旨在到2010年建立"欧洲高等教育区(EHEA)"的宣言,即《博洛尼亚宣言(Bologna Declaration)》,从此启动了欧洲高等教育一体化进程。根据该宣言,到2010年,欧洲签约国中任何一个国家大学毕业生的毕业证书和成绩,都将获得其他签约国家的承认。截至2005年,欧洲有45个国家签署了《博洛尼亚宣言》。《博洛尼亚宣言》的主旨为以下五点:建立容易理解以及可以比较的学位体系;致力于建立一个以两阶段模式(本、硕连读)为基础的高等教育体系;建立欧洲学分转换体系(EUROPEAN CREDIT TRANSFER SYSTEM,简称ECTS);促进师生和学术人员流动,克服学分转换的障碍;保证欧洲高等教育的质量,促进欧洲范围内的高等教育合作。参见:[挪威]佩尔·奥拉夫·菲耶尔著.王晓京译.建筑教育2007[J].建筑学报,2008(2).
② 参见:宋昆.建筑教育全方位开放式教学体系改革的研究与实践[C].南京国际建筑教育论坛,2003.

欲为目标的因材施教的"个性教育"思想以及充分培养、激发学生的独立思考和创新精神,培养学生动手能力、综合运用能力和集体协作能力的"能力培养"的思想。而在教学内容方面,天津大学建筑学院则遵循了开放式的命题、渐进式的实施步骤和互动式的教学模式相结合的原则。

在过去的几十年间,天津大学建筑学院的建筑设计基础课程一向以严格、严谨的建筑表现基本功的技法训练模式为主,强调手头功夫;自 20 世纪 90 年代开始,他们逐渐增加了设计构思能力与空间概念的培养,经历了一个从模仿到半模仿的学习过程。自 1999 年起,他们在向专业教师、各年级学生及毕业校友进行访谈调研的基础上,终于对该校的建筑设计基础教学进行了较为彻底的改革。而这次改革的重点则是将传统基本功训练和创造性思维能力的关系重新定位,"明确基本功对创造性的从属关系"[①]。

对于有着悠久历史传统的天津大学建筑学院来说,这样的改革在初期所受到的阻力是显而易见的,同样的情况在 20 世纪 80 年代中期东南大学的教学改革中也曾出现过;但是变革在这样一个时代又是一种必然。因此作为一种妥协,或者说现实的选择,当时天大建筑学院的做法就是在尊重传统的基础上精简和压缩原有课程中过多的重复性训练内容,"将传统的美术字、线条、识图、渲染等训练压缩在 20%—30% 的课程内完成"[②],并将基本功训练融入以创造性设计为主线的建筑启蒙教学中,使之成为服务于创造性目的的手段;同时,重点突出对快速徒手草图、模型制作能力及空间概念的训练。此外,从 1999 年开始,天津大学也开始在设计基础教学中推行模型教学,每个课程设计都要求通过模型完整地表达空间设计意图。

为了更好地推动教学改革,天津大学建筑学院的教师们还从整体出发,针对激发学生的创造能力、培养创造习惯、提高创造兴趣和保护创造热情四个方面,更新教学思想,建立了逻辑化的教学环节、系统化的教学内容和特色化的教学方法。由此,到 2000 年左右,天津大学建筑学院在建筑教育思想取得了较大的突破,基本改变了以往"从平面到空间的思维方式",转而"从空间开始思考再用图面表现";建筑设计基础教学也从传统的"以'画建筑''描建筑'为主",发展到"以'做建筑(模型)''想建筑'为主,实行'做''想''画'的结合",反映了重过程、重体

---

①　许蓁,袁逸倩、李伟. 激发创造活力 寻求特色教育——试谈教育心理学在建筑设计基础教学中的应用[J]. 时代建筑,2001 年增刊.

②　栗达. 朝花朝拾——天津大学建筑学院建筑教学体系改革的研究[D]. 天津:天津大学硕士论文,2004(6):54.

验、重能力培养的教育的新思维、新观念。在此思想指导下,当时天津大学建筑学院的建筑设计基础教学在具体课程内容上主要分为三大部分:平面基础训练、空间造型训练以及小型设计训练[①]。

此后,天津大学在坚持以空间教学为主导的原则下,又对建筑设计基础教学进行了不断的探索和完善,建立了一整套包括"空间组织""空间整合"和"空间延展"在内的设计基础教学新体系[②]。根据该课程体系,他们首先从过去的"重视图纸表现"转化为"以模型作为设计的起点和终点",引导学生从"二维平面的思维方式"转化为"三维空间的思维模式",从而进行全面的空间思维建构;其次,在教学中去除了以往过多的重复性训练,转而增加了表现自我个性的创造性设计内容,将思维训练融入其中,实现了从"知识累加"到"思维建构"的教学方法的转变,建立起了以培养感知力、观察力、分析力、理解力、想象力、表达力等六大思维能力培养为主的知识内容体系和框架;同时,对于学生作业也从过去的"最终图纸评价"转化为了"过程多元评价",对设计作品进行公开讲评,将以往封闭的评定过程变为生动的互动式教学。2008年,天津大学的"建筑设计基础"课程获得天津市精品课程称号。

表 7 - 8　天津大学一年级建筑设计基础教学学时安排(2009 年)

模　块	名　　称	学　时
模块一	建筑感知训练	128 学时
1	"我心目中的建筑"——字体与构图	28 学时
2	建筑观察与抄绘	24 学时
3	"场景拼贴"——重构空间体验	36 学时
4	大师作品分析	40 学时
模块二	空间认知训练	128 学时

---

①　平面基础训练包括字体、线条、渲染的基本技法练习,其中将字体练习纳入以"我心中的建筑"为主题的排版、构图练习中加以表现;线条练习则和建筑抄绘相结合,通过实地参观对照,加深对实体与图纸对应关系的了解;然后通过观察阳光下的建筑立面做出立面渲染图。空间造型训练内容包括空间限定、立体贺卡及人体支撑物制作。为连接上下学期的过渡,寒假作业布置测绘自己家的单元平面,并选一间进行设计后做出室内模型。第二学期的小型设计训练则本着从外至内的原则,安排室外英语角环境设计、快速空间组合分割设计及网吧、唱片店、时装店建筑设计三个作业,使学生逐步进入建筑设计这样一个角色。参见:许蓁,袁逸情,李伟. 激发创造活力 寻求特色教育——试谈教育心理学在建筑设计基础教学中的应用[J]. 时代建筑,2001 年增刊.
②　参见:天津大学官方网站,建筑设计基础—精品课程,http://course.tju.edu.cn/jzsj/artd.php?ty=3&tp=3.

续　表

模　块	名　　称	学　时
1	空间分割	32 学时
2	空间组合	32 学时
3	空间整合	32 学时
4	空间延展	32 学时

资料来源：天津大学官方网站,建筑设计基础—精品课程,http：//course. tju. edu. cn/jzsj/artd. php?ty=6&tp=5.

7.4.4　艺术院校中的建筑设计基础教学新探索

2003 年 9 月,我国教育部首批核准中央美术学院①、四川美术学院、中国美术学院②及上海大学美术学院四所艺术院校设立正规的建筑学专业,从而改变了此前我国建筑学人才均出自理工院校的单一局面,为建筑学专业教育发展开辟了一个新的时代。

其实早在 1945 年,作为中央美院前身之一的北平国立艺专就曾设有建筑营造专业,为当时的 6 个艺术系科之一③;而中国美术学院在历史上也曾设有建筑类专业④。

2003 年 10 月 28 日,中央美术学院通过与北京市建筑设计研究院的合作办学,将建筑设计和环境艺术设计两专业从设计学院分离出来,单独成立了建筑学院。当时由马国馨院士任名誉院长,吕品晶教授(1990 年毕业于同济大学建筑

---

① 中央美术学院是教育部直属的唯一一所高等美术学校,于 1950 年 4 月由国立北平艺术专科学校与华北大学三部美术系合并成立。而北平艺术专科学校的历史可以上溯到 1918 年由蔡元培先生倡导下成立的国立北京美术学校,这也是中国历史上第一所国立美术教育学府,首任院长徐悲鸿。参见：中央美术学院官方网站,http：//www. cafa. edu. cn/channel. asp? id=9&aid=40&c=53&f=0.

② 中国美术学院的前身是 1928 年由蔡元培先生创立的我国第一所综合性国立高等艺术学府——国立艺术院。后几易其名,从国立艺术院、国立杭州艺术专科学校、国立艺术专科学校、中央美术学院华东分院、浙江美术学院到如今的中国美术学院。参见：中国美术学院官方网站,http：//www. chinaacademyofart. com/yxsz/jzysxy/default. html.

③ 1928 年的北平大学艺术学院曾设有建筑系,为 6 个艺术系科之一。1945 年,作为中央美术学院前身的北平艺专设立了建筑营造专业,1950 年改名中央美术学院时设立了实用美术系,1956 年实用美术系迁出独立成立中央工艺美院。1993 年中央美术学院在壁画系恢复设立建筑与环境艺术设计专业,学制五年。2002 年申请设立建筑学(工学)专业获教育部批准。参见：中央美术学院官方网站,http：//www. cafa. edu. cn/channel. asp? id=2&aid=26&c=6&f=1.

④ 国立艺术院在 1928 年创建之初就设有建筑学科,1952 年全国高校院系调整时,建筑专业被并入同济大学建筑系。2007 年 4 月重又成立建筑艺术学院。参见：中国美术学院官方网站,http：//www. chinaacademyofart. com/xygk/xxjs/default. html.

—251—

与城市规划学院,获硕士学位)任副院长并主持工作,由此成为我国高等美术教育系统中的第一所建筑学院①。该学院目前设有建筑学、景观设计和室内设计三个专业,它们共同以造型艺术与审美训练、历史与人文素质训练、建筑学基本功训练与必备技术知识的传授为基础,强调专业间的交融互补与学术渗透,构成三位一体、共同发展、相互促进的建筑艺术教育体系。

和传统的设于理工大学内的建筑学院所不同,身处艺术大学的建筑学院必然会受到学校特征的影响。因此,中央美术学院建筑学院致力于培养"具有较高艺术素质与原创艺术精神的"创造性设计英才,"具有广泛艺术修养的并具备超前意识的创意建筑师"以及"超越建筑的建筑师"②,并试图以此改变当前我国建筑设计界与艺术界和文化界相对疏离的现状。

同时,艺术大学的人文底蕴和艺术氛围及基础也必然决定了此类建筑学院在设计基础教学中更多地注重学生艺术性和创造性的培养,并且在"教"和"学"两个方面都更加突出个性的张扬。因而相对于这一时期东南大学建筑学院所提倡的注重理性设计的教学特征来说,中央美院建筑学院则更依赖于教师这一个体角色所产生的作用。他们更倾向于鼓励教师不断地制定、修正课程计划和大纲,反复地在教学中通过选择和判断来进行课程的创造,从而使得课程编制也成为一种"设计",以此实现从"课程"向"教师"的过渡。

中央美院建筑学院的建筑设计基础教学为期两年,课程设置由基础教研室负责。在基础教学阶段,他们强调构思与创意、空间和形体、材料与细部三个层面的学习,力求培养学生具备扎实的基本功和开放的设计创新能力,确保学生具有初步的设计和审美能力并顺利进入下一阶段的专业学习。为此,设计基础课程被分为造型、设计、建造及技术、表现、理论五个教学单元,各单元的系列课程循序渐进,并将阶段性的目标细化到每个学期。

具体来说,中央美院建筑学院的一年级教学"以空间塑造能力的培养、专业表现技法的训练、造型能力的提高及一定审美素质的确立为核心展开"③。其中,上学期的专业教学主题是"建筑的认识";下学期的专业教学主题是"建筑的体验",并开始引入结构和材料的技术课程,同时组织学生进行车间认识实习与

---

① 参见:中央美术学院官方网站,http://www.cafa.edu.cn/channel.asp? id=2&aid=26&c=6&f=1.
② 周怡宁.对中国建筑教育发展状况的研究与探讨[D].北京:北京建筑工程学院硕士论文,2004(12):59.
③ 参见:中央美术学院官方网站,http://www.cafa.edu.cn/channel.asp? id=2&aid=26&c=6&f=1.

参观。二年级教学则"以初步设计能力的培养为主,穿插对一些建筑基本问题的初步认识,同时交替进行的理论课和建造技术课程丰富了学生的专业知识,使之具备一定的学习研究能力"①。其中,上学期的专业教学主题是"建筑的开始",对建筑的本质、建筑设计的基本方法和初步程序等建立从纸上建筑到建筑真实全过程的初步认识,建筑概论作为理论课程也在该阶段设置,同时组织学生进行体会建筑的参观活动;下学期的专业教学主题是"建筑的延展",开始强调建筑教学和其他专业教学之间的结合与互动关系,把建筑室内、外环境作为有机的一个综合体来对待的同时,把视觉传达系统、展示设计、空间设计和其他材料的运用结合到一个课题中,该阶段的理论课程有大师作品分析,同时组织学生进行教学考察。

作为建筑入门学习中非常重要的一部分,对于造型基础和审美意识的特别关注,是艺术类院校中建筑教学的一个显著特征。在中央美院建筑学院的教学中,他们致力于将传统的渲染、绘画等艺术和表现训练转变为一种审美训练,强调学生艺术审美能力的培养。同时,中央美院建筑学院还利用整体学科资源优势,设置了丰富多样的选修课程,包括当代西方建筑美学及建筑思潮、中国传统建筑文化概论、当代哲学现象、社会心理学、水墨构成、效果图技法、数码媒体设计、民间艺术以及雕塑、书法、绘画等。

此外,为了弥补艺术院校中建筑专业的技术短缺,中央美院建筑学院充分利用与北京市建筑设计研究院合作办学的有利条件,让学生从二年级就开始和经验丰富的职业建筑师建立"一对一"的新型"师徒"关系,从而能更深入地了解建筑师的工作状态,尽早体会建筑师的职业特点。

7.5　本章小结

自 2000 年前后,更多的国内建筑院校展开了与国际接轨的现代建筑设计基础教学改革,其中就有"老四校"之一的天津大学建筑学院。同时,出现在艺术院校建筑系中的建筑设计基础教育新探索,也为我们提供了新的视野和思考。

21 世纪以来,同济大学建筑与城规学院不满足于既有成绩,也不固步自封,

---

① 参见:中央美术学院官方网站,http://www.cafa.edu.cn/channel.asp?id=2&aid=26&c=6&f=1.

先后在文化重塑与设计思维能力培养等方面,对建筑形态设计基础教学体系进行了进一步的充实和完善;同时通过加强教材建设和师资队伍培养、完善教学条件、拓展国际交流等多项努力,最终保证了该课程在全国领先的地位,并达到了与国际一流院校相近的平台。2004年,该院建筑系的《建筑设计基础》课程被上海市教育委员会评为"上海高等学校教学质量与教学改革工程'市级精品课程'"。特别是自2005年之后,在设计基础学科组负责人莫天伟老师的支持下,以郑孝正和张建龙等为代表的一批骨干教师,在坚持"营造"这一基本专业特征的基础上,更进一步开始了基于"空间体验"和"建筑生成"的设计基础教学新探索,并在不断地创新研究和实践尝试中反复检讨和审视,为2008年该系"建筑生成"设计基础新体系的初步建立作出了不懈努力。

第8章

总结与展望

8.1 同济大学建筑设计基础教学体系发展总结

　　纵观我国自 20 世纪 20 年代初建立正规的院校建筑专业教育制度以来,近 90 年的建筑设计基础教学沿革历程,大致可以划分为三个大的历史发展阶段。

　　第一个阶段是 20 世纪 20 年代初到 1952 年。我国该阶段的建筑设计基础教学,除了在 40 年代黄作燊领导的圣约翰大学建筑系和 40 年代末梁思成主导下的清华大学建筑系等少数院校采用了具有现代建筑思想和教育特征的基础教学体系之外,整体上都是以法国和美国传统"学院式"教学注重因袭模仿的"渲染"模式为主;同时,由于该时期起主导作用的是各院校和学科创建者或关键教师的教育背景,因而伴随着他们对待艺术和技术方面侧重点的各不相同,当时的建筑设计基础教学体系和实践又呈现出相对丰富而多元化的格局。第二个阶段是 1952 年到 1977 年。这一阶段的我国建筑设计基础教学主要体现为全面学习苏联模式下的趋同性,教学内容以"建筑制图＋建筑表现"为主体,教学手段则以"师徒相授"为核心,传统的"学院式"教学体系更趋强势;即使在同济大学建筑系间断性的现代建筑教学探索中,对于传统模式的渲染体系在总体上也从未真正放弃过。同时,由于特殊的社会、政治运动影响和政策主导,从 1952 年到 1958 年的全盘"苏联化",到 1958 年至 1960 年"大跃进"和"教育革命"运动下对实践的重视,再到 1960 年代初"百花齐放"中出现的对现代建筑教学实践的局部而短暂的探索,最终由于 1966 年"文化大革命"爆发所带来的历时 10 年之久的极度破坏和摧残,该时期的建筑设计基础教学又呈现出一条极其曲折的发展轨迹。第三个阶段是 1978 年至今,该阶段是我国建筑院校快速扩张的时期,也是建筑教育和建筑设计基础教学朝向现代模式全面改革和拓展的时期。该时期起主导作用的既有国外各种现代理论的影响和相应的本土化策略,也有基于各院校自身现实的深刻思考和探索。由于教学改革的起步时间、原有的历史渊源以及所采用的参照系各不相同,加上1992年起高校建筑学专业教育评估制度的实施对于特色教育和多样性的鼓励,国内各建筑院校在此现代化历程中再一次呈现出了多元化的气象;但是与此同时,信息时代和全球一体化又使这种教学实践倾向于某种程度的相对趋同。

处于这一大背景下的同济大学建筑与城市规划学院,自1952年建系至今,历经近60年的沧桑变化和薪火相传,在几代教师的不懈努力下,不但奠定了具有同济特色的建筑设计基础教学的坚实基础,并且在此过程中尊重传统、积极创新,勇于不断自我扬弃和发展,使该学院的建筑设计基础教学在国内建筑院校中始终保持着最前沿的领先地位。总结同济大学建筑设计基础教学55年来的发展演进历程,则又可以划分为四个主要的发展阶段。

第一阶段:1952—1977年

从1952年建系至1977年"文化大革命"结束的这一阶段,同济大学建筑系在全国普遍实行苏联"学院式"教学体系的局面下,加上课程主导教师所受的教育背景和职业经验影响,总体上也采用了传统的学院式设计基础教学模式。但是作为一个具有深刻现代建筑思想渊源的院系,同济大学建筑系也一直致力于对现代建筑设计基础教学模式的不懈探索,这种追求虽因时代的局限而时起时伏,但始终没有间断。在广大教师的共同努力下,同济建筑系通过理论与教学实践的结合,以创新思想为基础发展出了一套独具特色的系统的建筑初步教学方法:在"建筑识图、制图＋建筑表现"的整体基础上,弱化渲染等注重因袭模仿的教学内容和方式,通过二维构图鼓励创造性思维的培养,通过测绘等作业强调动手能力培养,并更好地认识建筑的本体。这样的教育思想在当时是具有突破意义的,它不但奠定了同济大学富有特色的建筑设计基础课程的坚实基础,更使同济大学建筑系在中国的这一特殊历史时期起到了传承和发展现代建筑教育思想的重要作用。

第二阶段:1978—1986年

自20世纪70年代末起,同济大学建筑系着重进行了"建筑设计基础教学新体系"的研究和改革,不但前瞻性地提出了"设计思维"这一概念,将"建筑设计能力"培养作为建筑设计初步的主要教学目的;而且率先在国内将形态构成、空间限定等原理及教学方法借鉴和引进到建筑设计基础教学内,对原有的建筑初步教学体系进行了大规模的改革。在精简了原有建筑初步教学中"建筑识图、制图和表现"内容的基础上,他们一方面通过对形态的抽象分析和理性创造,帮助学生在建筑造形方面建立起一套较为科学的处理方法;另一方面也通过动手操作这一方式,引导学生体会"脑、手合一"在形体塑造中的互动和统一关系。同时,关于设计原理的讲授也在此期间进入了建筑初步的教学序列。经过多年的教学实践,该系初步得出了一套针对建筑设计的形态基础训练方法,形成了较有特色的"建筑原理+建筑制图及表现+形态构成"这样一个设计基础教学体系的雏形。这一阶段是同济大学建筑设计基础教学体系由整体传统的"学院式"体系,朝向现代意义上的形态设计基础教学体系转进的一个重要时间节点和转型时期,当时同济大学建筑设计基础教研室的教师们所进行的建筑形态设计基础教学的课程改革,在国内建筑院校间产生了较大的影响。

第三阶段:1986—1999 年

1986 年,同济大学建筑与城市规划学院成立。此后到 1999 年,该院建筑系在继承前期教学思想和传统经验的基础上,适应建筑教学发展的新动向,以教学研究带动教学改革,在教学内容、教学方法上进行改良和发展。当时所进行的研究方向重点是建筑创作思维与形态设计,主张在建筑教育中重视开发学生的智力以及形象思维和形态操作的能力。新的课程体系完全扬弃了"建筑初步"的概念,建立和完善了以两年为系统的"建筑形态设计基础"体系。从而扩大了教学空间,形成了由"理论教学(包括建筑概论及建筑设计原理)、建筑表现(包括建筑表达及表现,特别注重了模型和工具使用等'制作'的训练)、形态设计训练(包括二年级下学期的设计训练)"三个部分有机组成的"建筑设计基础"训练系统;同时,他们突出了以教学中的问题点来串联教学计划,完成了一、二年级由启蒙到设计入门——一个初步而完整的学习循环。这个教学思想的三个部分有机组合的概念向后继专业课程延伸,适应了学院建筑学教学各门课程的整体改革总纲和子纲体系的要求,促进和最终完成了同济大学建筑学专业训练多年来不断研究完善的"两个阶段循环前进"的整体的教学计划和大纲的思想。此外,模型作为一种建筑表现手段和设计方法,此时也全面进入了同济大学建筑系的设计基础教学过程,不但突出了该系注重实践、强调动手能力的传统特征,而且意味着一种新的突破二维思考的设计思维。

1990 年建筑形态设计基础教学新体系的基本成型以及此后 10 年的不断自我更新和完善,显示了同济大学建筑系及其设计基础教研团队那种永远的开放和开拓精神。在这些师生的共同努力下,同济大学建筑系的"建筑设计基础"教学体系在当年处于全国领先地位,并在 2000 年成为全国高等建筑学专业教学指导委员会推行的标准课程,对我国建筑设计基础教学产生了巨大的推动作用。

第四阶段:2000—2007 年

21 世纪以来,同济大学建筑与城规学院不满足于既有成绩,也不固步自封,先后在文化重塑与设计思维能力培养等方面,对建筑形态设计基础教学体系进行了进一步的充实和完善;同时通过加强教材建设和师资队伍培养、完善教学条件、拓展国际交流等多项努力,最终保证了该课程在全国领先的地位,并达到了与国际一流院校相近的平台。2004 年,该院建筑系的《建筑设计基础》课程被上海市教育委员会评为"上海高等学校教学质量与教学改革工程'市级精品课程'"。特别是自 2005 年之后,在设计基础学科组负责人莫天伟老师的支持下,以郑孝正和张建龙等为代表的一批骨干教师,在坚持"营造"这一基本专业特征的基础上,更进一步开始了基于"空间体验"和"建筑生成"的设计基础教学新探索,并在不断地创新研究和实践尝试中反复检讨和审视,为 2008 年该系"建筑生成"设计基础新体系的初步建立作出了不懈努力。

纵观同济大学建筑设计基础教学发展的这四个阶段,每个时期都有其明显的特征,却又似乎无法整理出确切稳定的教学体系。其实,这也正是同济大学建筑与城规学院迥异于其他兄弟院校的一个基本特征。和清华大学、天津大学、东南大学等一贯严谨、有组织的建筑设计基础教学不同,同济大学建筑与城规学院可以说是相对自由的;曾经在该院攻读博士学位并担任过两年设计基础教学的王澍(现为中国美院建筑学院院长)甚至形容这样一种状态为"支离破碎"[①]。虽然该系在每个阶段也都有明确的教学大纲,但是在具体执行中几乎似乎从来没有被静止、僵化地实施过,具体课程作业也一直处于持续的变化之中;如果纯粹从官方的教学大纲等档案资料去解读同济大学建筑设计基础教学的发展,则必然会陷于偏差。换句话说,该系几乎一直处在致力于探索和构建一种教学方式的过程之中。自 1982 年留校后一直担任该系建筑设计基础教学的郑孝正教授曾就此现象做过这样的描述:"同济大学的建筑设计基础教学体系就像人体的气脉一样,现实存在,但在解剖学上却无法呈现。"[②]

之所以形成这种现象,有一个较为重要的原因就在于:不同于清华大学、天津大学和东南大学具有长期稳定的学术权威和设计基础教学主持人;同济大学

---

① "我在同济呆过五年,但是同济于我却只是一堆支离破碎的印象,形不成一个整体……回头细想,支离破碎,或许就是同济建筑系的基本特征,不是从一个整体摔到支离破碎,而是它一向如此"。参见:王澍.同济记变[J].时代建筑,2004(6)特刊:同济建筑之路.
② 2009 年 10 月,笔者访谈郑孝正老师。

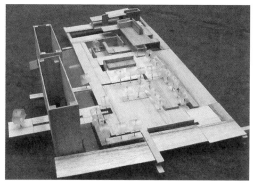

图 8‐1‐1　胡滨老师在设计基础学科第二小组的教学实验(从左到右依次为
等候室设计、威尼斯城市印象、上海董家渡码头建筑设计学生作业)

建筑系则一向是群雄并立,影响和主持设计基础教学的教师也变化最多。而且,自 1986 年起,同济大学建筑系就有两个相对独立的建筑设计基础教研室;2002 年以后成立的设计基础学科组也一直维持着两个相对独立的教研小组,在总体大纲下各自进行着不同方向和侧重的教学探索;即使在单一的建筑设计基础教研小组内部,个别教师的自由探索也可以得到允许①。其实这样的情形也正是同济大学建筑系的特征:时代在变、外部环境和内在机制在变、学生在变,因此教学也必须随之而变。

　　然而事实上,正是同济大学建筑学科的不断发展,专业培养目标、教学组织机制的历经变化,教师们对建筑教育的持续思考,才真正影响和促成了同济大学建筑设计基础教学这样一个充满生命力的开放体系。以专业培养目标为例,在同济大学 1959 年的教学计划大纲里,其建筑学专业的培养目标仅是:"完成建筑师的基本训练,在专业知识方面应具有较深广的建筑理论基础及一定的建筑设计能力"②;在 2000 年《建筑学专业培养计划》中,培养目标为:"获得建筑师基本训练的高级工程技术人才";而到 2004 年,则已改为"基础扎实、知识面广、综合素质高,具备建筑师职业素养,并富于创新精神的国际化专门人才及专业领导者"③。从"完成建筑师的基本训练"到"高级工程技术人才"再到"国际化专门人才及专业领导者",培养目标的递进,必然带来教学内容和方式的提高。但是在

---

　　①　2004 年进入同济大学建筑系设计基础学科组第二教研小组的胡滨老师(美国佛罗里达大学博士),就曾被允许脱离该教研组的课程计划,在他所带教的小组中进行建筑概念生成和相关操作手段之间的逻辑关联的实验,并在 2009 年扩大到整个第二教研组二年级第一学期的教学试验。
　　②　1959‐JX1312‐1,同济大学教学大纲(1959),同济大学建筑系档案。
　　③　同济大学建筑学专业培养计划汇编,同济大学教务处:2000 年,2004 年。

这种不断变化的开放体系之下,却又有着明确的宗旨,那就是对基本设计方法和相关教学模式的不断探索及研究、对加强学生"脑、手合一"的教学要求的一贯提倡、对基于生活体验的自由创新精神的大胆鼓励和对建筑"营造"特征的长期坚持,这一切也正体现了同济大学建筑系对于现代建筑思想和建筑教育方式的永恒追求。

对于同济大学建筑系的这样一种现象,业内的很多学者也常习惯于把它称为"包豪斯风格"的一种延续。但事实上,无论"包豪斯"还是"风格",都无法确切描述同济大学的建筑教育和建筑设计基础教学。首先,正是包豪斯的创始人格罗皮乌斯曾经说过,"把包豪斯说成一种'风格'是自认失败,是恰恰回到我要攻击的那种停滞不前、窒息生命的惰性"。因此,对于同济大学建筑系,它在半个多世纪的发展过程中所表现出来的,更多是那种自由的精神、平等的精神、批判的精神和创新的精神,而非某种特定的"风格"。其次,正如同济大学常青教授曾经提出的,"将同济的建筑学比作'中国的包豪斯',也只有某种相对的意义……何况 20 世纪后期以来,国际现代建筑的飞速发展,早已从内涵和外延上大大超出了'包豪斯'的初始语境"①。因此,仅仅相对于其他兄弟院校昔日的"学院式"建筑设计基础教学主流体系而言,将同济大学在此期间对建筑教育和设计基础教学在现代方向上的不断探索冠以"包豪斯"精神,也许可以算是一种比较恰当的表述;而其真正的精神核心,应该还是那种学术思想上的自由创新,那种海纳百川的兼容性和开放性,那种敢为天下先、永远自我超越的进取。这才是同济大学建筑与城规学院真正的精神和灵魂。

8.2 关于建筑设计基础教学几个关键问题的反思

同济大学建筑设计基础教学近 60 年的沿革历程,虽然不能完整呈现和代表该体系在我国自 20 世纪 20 年代初以来的发展全貌,但是提供了一个可供剖析的标本。以此作为线索和支点,不但有助于梳理我们建筑设计基础教学沿革的轨迹和隐藏在现象背后的内在动因,更可以为以后的进一步发展提供理论和实践支撑。

---

① 常青.同济建筑学教育的改革动向[J].时代建筑,2004(6)特刊:同济建筑之路.

笔者认为,就建筑设计基础教学在新时代的发展而言,对于几个关键问题的反思尤为重要。

首先,作为建筑职业(或称建筑学科专业)教育的重要一环,属于启蒙阶段的建筑设计基础教学需要解决的主要问题是什么? 或者说该阶段的教学目标和内容是什么? 其次,作为保证教学目标实现的教学方式和评价体系又有哪些? 第三是师资队伍的建设和管理策略。第四,在愈发全球化和信息化的今天,同济大学和我国的建筑设计基础教学该如何应对这一新的机遇和挑战?

8.2.1　建筑设计基础教学阶段需要解决的主要问题

对于建筑设计基础教学阶段需要解决的主要问题,就目前国内各建筑院校所形成的基本共识来看,主要集中于三个相互关联的基本能力的训练和培养:一是建立对建筑的基本认知和掌握建筑设计的必备知识;二是掌握基本的建筑表达和表现能力;三是帮助学生培养科学的建筑设计思维和形成初步的设计能力。但是,在具体的目标制定和内容选择上,各个学校有着不同的理解和执行。

其实,要科学而准确地定义建筑设计基础教学阶段的教学目标和内容,首先必须厘清建筑设计基础教学与后续建筑专业教学及职业教育的关系和界面划分以及对建筑和建筑设计的基本问题的理解和界定。

8.2.1.1　建筑设计基础教学与后续建筑专业教学及职业教育的关系和界面划分

总体而言,我国当今的建筑职业教育是一个有机综合的系统教育。以同济大学为例,它包括作为启蒙的建筑设计基础教学(一、二年级)、专业深化教学(三、四年级)和专业综合运用教学(五年级)的本科教育阶段,以及专业学科提高的研究生教育阶段或整个延续至整个职业生涯的实践提升教育阶段。作为一门涉及越来越多领域的综合专业学科,建筑教育在它的每个阶段所需要学习和解决的主要问题都有所侧重和不同。

在我国的正规院校建筑教育中,建筑设计基础教学与后续建筑专业教学的界面划分主要经历了两个阶段。一是 1986 年之前的"建筑(设计)初步"阶段,根据学制差异历时一般在 2 - 3 个学期。这一阶段建筑设计基础教学的主要特征可以归纳为"识图+制图+表现",其主要内容包括对建筑的基本认知(建筑概论)以及建筑设计的基本表达和表现(建筑初步)。除了在课程结束前安排有一个功能比较简单的小型建筑方案设计外,该阶段的建筑初步教学几乎不涉及专业的课程设计内容,因而也由此造成在向后续"建筑专业教学"阶段衔接时的脱节现象。二是1986年之后的由同济大学建筑系率先开始的"建筑设计基础"阶段,教学时段被拓展到一、二年级两个学年。在原先"建筑(设计)初步"关于"识图、制图、表现"基础训练的教学内容基础上,减少了建筑制图和表现的比重,转而增加了建筑形态设计基础的内容,鼓励创造性潜力的挖掘;同时新增了一个学期的小型建筑课程设计作为设计的入门教学,以此培养基本的设计思维和意识,并更有效地和三年级以后的"建筑专业教学"阶段衔接。而在东南大学建筑系始于2000年实行的"3+2"体系中,这一基础平台阶段甚至长达3年。

不管是原先的建筑(设计)初步,还是现在的建筑设计基础教学,其定位都是建筑设计专业教学的入门和启蒙,而不是解决关于建筑设计专业学习的所有问题。因此,在不同的历史阶段对于什么是建筑的基本问题以及什么是建筑设计的基本能力的不同理解,就构成了不同的建筑设计基础教学目标和内容。

8.2.1.2 对建筑和建筑设计的基本问题在建筑设计基础教学中的理解和界定

建筑学科发展的日新月异,使建筑所蕴涵的内容及意义也日益丰富,并导致建筑逐渐趋向时尚化和明星化,各种口号和主义泛滥。但是透过这些纷繁芜杂的表象,建筑仍然有其最基本的本质属性,诸如形式(风格)、功能、空间、建构、文脉等。然而,并非所有的建筑基本问题都适合作为设计基础教学阶段的主要命题,我们应该追问的是,在建筑启蒙教育中到底什么是真正的基础?

同样,有关建筑设计的基本问题也有很多,建立对建筑的基本认知、掌握建筑表达和表现的基本技巧无疑是基础;关于建筑的形态和空间建构能力培养是基础;设计思维和设计能力培养也是基础;而创造性思维的培养更几乎是所有学科的基础。

因此,如果我们想要定义建筑设计基础教学阶段关于建筑和建筑设计的基本问题,则首先有必要梳理一下曾经出现过的几种主要倾向和形式。

(1) 建筑与型式之一——渲染教学

在今天再来讨论"渲染教学"似乎已经不合时宜,但是作为曾经一个占据我国建筑设计基础教学主导地位近60年的传统模式,厘清这一模式表象背后所潜藏的真实意义,笔者认为仍有其必要性。

在现代建筑运动发端之前,传统建筑的类型较少,建筑功能和涉及的技术相对简单,建筑所包含的命题也相对单一,因此,"型式"或者说"风格",必然成为建筑最为重要的特征。在"学院式"的教学模式中,型式对于建筑的意义远比其内容重要得多。而潜藏在建筑设计基础训练中强调二维表现能力,并将渲染技法作为主要表现手段这一现象背后的实质,正是这种对待建筑设计的形式主义造形观。在"建筑美术化"的原则下,"学院式"建筑教学的设计基础和专业教学划分,主要就是对基本表现能力和综合运用能力的双阶段培养和训练。具体而言,建筑设计基础阶段解决的主要问题是对古典型式和构图原则的熟练掌握,其主要内容是各种传统的经典范例,而主要手段则是渲染教学这一模式,通过反复精确而细致的临摹,达到潜移默化;后续的专业教学阶段则是熟练运用这些原则,在教师的言传身教和学生的自我体悟下学会不同类型的建筑设计。就该点而言,"学院式"的建筑设计基础教学体系无疑是一种卓有成效的模式。

从整体上来看,传统"学院式"建筑设计教学的本质就是对艺术和形式主义的绝对尊崇,它所传授的实质是一种设计模式。根据这一模式,学生可以熟练地运用已有的范例和准则进行建筑设计,而非建筑创作。因此,这更多体现出一种技能的传递,而不是思维的方法。基于这样的教学理念,建筑设计基础阶段对于传统经典和表现技巧的熟练掌握就显得自然而有理由,它可以为后续建筑专业教学阶段对于这些范例的融会贯通和熟练运用及表达打下基础。然而,这种纯粹的渲染模式的弱点也不言而喻:它一方面导致了形式主义的滥觞,另一方面更使得"模仿"成为学生们在日后设计时的必然手段,"成功的造形似乎取决于在恰当的书本里选择了恰当的例子,并把它套用在恰当的位置上"[1];与此同时,学生在造形的手段研究及原理方面却表现得十分浅薄。因而,自 20 世纪 80 年代初开始,渲染教学这一模式就开始在国内受到普遍责难和诟病。

(2)建筑与形式之——构成教学

1980 年代初,我国开始质疑"学院式"的教学体系,对建筑初步教学中"渲染模式"的批判首当其冲。事实上,当时人们真正质疑的主要集中于两点:一是这种教学手段的耗时过巨和大量重复;二是这种以因袭模仿来获得形式的方法及其形式主义观念所带来的创造力的僵化。而建筑作为一种实体存在,其"形式"特征依然是无可回避的一个基本问题。美国哥伦比亚大学建筑系教授林恩(Greg Lynn)就曾说过:"(在建筑设计中)形式不总是第一位的问题,但不得不是最终的问题。"[2]虽然我们相信建筑产生的最初原因并不是直接源于"视觉"的需要,但是无论从建筑设计的生成过程,还是从建成后的物质存在来看,"视觉"

① 顾大庆.论我国建筑设计基础教学观念的演变[J].新建筑,1992(1):34.
② 转引自:褚冬竹.开始设计[J].北京:机械工业出版社,2006(10):190.

特征毫无疑问是建筑最为基本的要素之一。恰在此时,我国内地艺术设计院校对"构成"教学的引进,为建筑设计基础教学在形式命题方面弱化"渲染"教学提供了契机和手段。

20世纪80年代初从香港传入内地的"构成"教学源于日本的艺术和工业设计教学领域,甚至更可上溯至20年代的包豪斯和呼捷玛斯。从传统"学院式"的模仿和因袭,发展为现代艺术思想下的重构和创新,对于释放学生的创造潜能,无疑具有巨大的进步性;但是必须指出,这一广义的设计基础教学方法,必然无法与建筑这一专门学科所具有的自身特征简单匹配,这一点从1930年密斯·凡·德·罗接手包豪斯并致力于将其打造成一所"真正的建筑学校"之后所采取的课程改革中已经可见一斑。可是在1980年代初期,国内许多建筑院校却几乎不加修改地将其引入到建筑设计基础教学之中,甚至在不少建筑学校担任该课程教学的都是美院或工艺美院毕业的年轻教师。

如果说以因袭经典样式和传承名家境界为原则的传统学院式"渲染"教学模式是趋同性的,那么,以"要素+组织"为核心内容的"构成"教学则是发散性的、创造性的。但是,就建筑设计基础教学的特定前提而言,不管是传统"学院式"设计方法所追求的"对称均衡",还是"构成"教学所倡导的创造性释放,都集中在建筑形式的传统与创新这一焦点,它与当代建筑自身所涉及的众多命题,诸如功能、空间、建构等,依然难以取得关联。

不可否认,在特定的历史时期,"构成"教学对于我国建筑设计基础教学从传统的"学院式"体系转向现代思想下的教学模式起到过非常积极甚至关键的促进作用。但是,在建筑及建筑设计的意义越发复杂的今天,纯粹"构成"化的建筑设计基础教学模式的局限和尴尬也有目共睹。事实上,当年在不少建筑院校被作为设计基础主要训练方式的"构成"教学,很容易导致人与对象关系的分离,学生被独立于研究对象之外,以致很多学生把建筑当作雕塑来认识。然而真实的建筑除了被"观察"和"操作"之外,更是一个需要被人亲身"体验"的对象,而这些正是"构成"教学所缺失的。

而同济大学该阶段的"形态构成"教学正是为了突破这一局限,他们从建筑创作的形象思维出发,将设计看作"是对一个'造形计划'进行的综合思维活动过程"①,并将平面构成、立体构成、色彩肌理和空间限定等方法统合起来,致力于将形象思维和逻辑思维等"各项思维元素联结成新的形象系统"的综合能力训

---

① 莫天伟.形象思维与形态构成——建筑创作思维特征刍议[J].建筑学报,1985(10).

练,以此探求形态构成和建筑创作思维的规律,最终达到"目的构成",即建筑设计本身。

(3) 建筑与空间——形态与空间教学

几乎和"构成"教学同步,同济大学建筑系在 20 世纪 80 年代初就开始了对建筑除了"形式"之外的另一基本属性——空间的关注①,并在此后十余年的教学实践中逐渐将形式和空间问题整合为一个系统的建筑形态教学体系。继同济大学之后,自 90 年代起,东南大学的一批年轻教师也将目光转向了"空间"教学这一领域,把他们的"瑞士经验"首先反馈到一年级的设计基础教学改革中,从空间教育和建构教育两个核心展开,提出了一种迥异于传统"学院式"强调外观形象的造型主张。对于建筑空间的重视突破了外在形式界限,使建筑设计基础教学得以进入到一个新的维度,并成为一个足以和"学院式"形式主义相对抗的新的教学立足点。

但是,即使是这样一个具有革命性的教学模式,依然有其局限性。和前两种模式不同,它扬弃对了建筑外在形式的极端追求,转而关注更为本质的空间问题。但是从本质上来说,这样的模式依然基于以下基础:建筑,无论从形式还是空间而言,或者是从艺术和使用角度,都是可以被操作的。在这样的思想下,建筑设计基础教学的训练方式就自然是一种单向的操作。即使是对于"空间"这一建筑中极其重要的概念,在某些学校或某个阶段的一些课程训练中,也是一个游离于"体验"和"尺度"概念之外的抽象构成练习。同时,随着今天建筑学科外延的不断扩大,相较于形式与空间产生和形成的过程,形式甚至空间本身似乎也已经越来越不再是建筑学最首要和基本的关注。

于是,我们似乎陷入了一个两难的境地:如果仅仅以抽象的形态创造作为建筑设计基础教学的主体,必将损害到完整的建筑思维和建造观的形成;同样,如果在基础教学中完全放弃形态教学,则无疑又造成了对建筑物质存在方式的忽视。

对此,同济大学莫天伟老师提出了"我们需要一点形而下"的思想,提倡以对生活的亲身感悟,体现建筑教学和设计思维的原生形态。他首先肯定了在建筑设计基础教学中继续进行形态设计教学研究的必要性,认为引导学生学会"应用对形态进行操作的方法,将思维元素联结为形象系统,更符合设计(design)这个词的原意",事实上也就是通过形态训练培养基本的设计意识;同时提出在技术

---

① 此处所涉的"空间"是指以空间形态设计和塑造为主要关注点的一种设计方法,而对空间作为建筑的一种普遍属性,更早的关注则有同济大学冯纪忠先生在 1960 年代初提出的"空间原理"。

层面问题的教学训练中,也应该强调其在形态操作层面上的意义,而对于新兴理论则应该在梳理后建立认知"框架",保持"进行时态"①。目前,同济大学的这一改革还在继续向前推进,并致力于"建筑生成"与材料、构筑和建筑空间的真实体验和操作训练之间的更好衔接。

(4) 建筑与美术之一——关于美术、艺术修养和设计思维

无可否认,古典建筑与绘画在某种程度上有着直接的关联。在建筑历史上,不但如帕拉蒂奥等很多重要的古典建筑大师本身就是著名的画家和艺术家;蒙特里安也曾以绘画和建筑"抽象性的表现"揭示过两者之间那种"本质的同一性";而且许多现代建筑大师也都具备极高的艺术素养和审美趣味。勒·柯布西耶就曾说过:"我的建筑是通过绘画的运河达到的"②;我们也可以从海杜克的"钻石之家(Diamond House,1966)"室内空间分布的原始网格和蒙特里安的绘画中找到潜在关联③;而密斯·凡·德·罗的晚期杰作——柏林美术馆新馆(1968),更是和俄罗斯至上主义绘画创始人卡西米尔·马列维奇(Malevich Karimir Severinovich,1878—1935)的绘画《黑色正方形》(1923)有着直接的渊源④。

 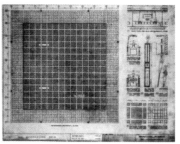 

图 8-2-1　柏林新国家　　图 8-2-2　新国家美术馆　　图 8-2-3　马列维奇《黑
　　　　　美术馆　　　　　　　　　　平面图　　　　　　　　　　色正方形》

因此,作为艺术素养培育和建筑设计的一种表现手段,美术绘画一向与建筑设计有着不解之缘;在建筑设计基础教学阶段的基本功培养问题上,尽管对于扎

---

① 莫天伟.我们目前需要"形而下"——对建筑教育的一点感想[J].新建筑,2000(1).
② 转引自:方振宁.绘画和建筑在何处相逢.世界建筑[J],2008(3).
③ 在海杜克的《美杜莎的面具》(Mask of Medusa,1993)一书中,记录了他从1963—1967年的5年间,把蒙特里安平面抽象绘画的语言运用到建筑空间中,从而将对正方形的研究开始转向将正方形旋转45°的棱形研究,其中最著名的实验作品就是"钻石之家"。参见:方振宁.绘画和建筑在何处相逢[J].世界建筑,2008(3).
④ 方振宁.崇高建筑论——路德维希·密斯·凡·德·罗与北方浪漫主义邂逅[J].建筑技术及设计,2003(7).

实的美术功底和优秀的设计能力之间的关系一直有着不同的理解,但是无论如何,建筑的图像思维表达始终是引人注目的一个焦点。

在我国传统的建筑设计基础教学中,除了基本的"渲染"模式,对美术技能的训练也一直相当重视,扎实的美术基础一向被认为是学习建筑设计的必备条件:不但渲染和徒手绘画训练是重中之重,而且素描、水彩等纯美术课程所占课时比例也非常之大;我国建筑院校甚至一度普遍实行报考建筑学专业加试素描的规定①。这一现象自 20 世纪 80 年代起就受到广泛的质疑,国内许多建筑院校纷纷开始相关改革,普遍采用减少与美术有关的课程比重和要求,将美术技能训练转化成审美能力训练,增加启发创造力培养的训练等。

对于此项改革,还有一种更为激进的观点,即在建筑设计基础教学中根本排除美术类课程。持这样观点的就有曾经主持北京大学建筑学研究中心、现任美国麻省理工学院建筑系主任的张永和教授②。他认为这种强调建筑表现的思想容易导致学生过于专注形态,而忽略空间的建筑艺术特性、建造活动自身的规律与逻辑以及人与建筑的相互关系,忽略对建筑本体的研究,从而导致画面质量凌驾于建筑质量之上的本末倒置的现象;同时在工具的掌握上,绘图类表现手段也局限了学生对材料、结构和建造方法的研究;而"美术建筑"对于建筑艺术和建筑师的片面定义,更使空间、使用、建造等基本属性被排除在外,以致建筑师成为"画建筑图的绘图员和画家,而不是盖房子的建造家"。因此,张永和认为必须在建筑设计基础教学中重新定义建筑学的基础。他进而主张将美术教学与建筑教学彻底脱离,把传统的美术和基础形式课程纳入选修课程,取而代之的则是对基本设计技能和思维的学习掌握③。

此方案无疑具有强烈的批判和反思精神,但是全面放弃建筑设计基础教学

① 　同济大学建筑系的新生曾经在入学前必须经过美术加试,那些毫无基础的学生会被委婉地建议转系学习。即使现在,在同济大学每年一次的全校换系环节里,美术功底的高低仍是能否顺利转入建筑系学习的必要考察指标之一。

② 　早在 2000 年前后,张永和就指出当前中国的建筑教育其实是"美术教育",而其根基则在于传统"学院式"所倡导的"美术建筑"情结。同时,他还分析了国内建筑设计基础教学中"建筑"与"美术"在三个层面的关联:第一,建筑教育的基本训练是传统的美术训练,即绘画;第二,美术思维方式,尤其是西方古典审美价值系统,在建筑创作及评价过程中发挥作用;第三,美术训练即平面构成和立体构成是建筑教育基本训练的一部分。参见:张永和. 对建筑教育三个问题的思考[J]. 时代建筑,2001 年增刊:40.

③ 　张永和所提倡的"基本设计技能和思维能力"是指"分析、综合、组织建造、基地、空间、使用诸方面条件和可能性的能力",包括"确定材料、结构、建造及形式的关系;确定房屋与基地(包括地形、环境、城市)的关系;确定使用的方式(包括人的时空经验与文化经验)的关系"等。其实,这一主张也并未完全拒绝形式的艺术性,上述几组关系中都包含着形式的问题,在研究过程中也能逐步探讨形式与潜藏其中的艺术性。参见:张永和. 对建筑教育三个问题的思考[J]. 时代建筑,2001 年增刊:41.

中的绘画类美术教学,也必将严重削弱艺术在建筑学中的重要性——其实即便是张永和先生本人,也具有很高的美术和艺术造诣。因此,在培养学生的目标上我们应该清醒地看到,建筑学院应该培养的也不仅仅是"盖房子的建造家",而是优秀的建筑设计师。所以,艺术类的美术基础课程仍然应该是建筑设计基础教育中不可摒弃的一部分,但是如何平衡技艺之间的关系,则需要非常的智慧。

(5)建筑与美术之二——关于绘画能力与设计能力

建筑系的学生到底是否需要掌握绘画技巧?或者说需要掌握何种程度的绘画技巧?我们似乎又重新回到了这样一个古老的命题,也是一个最具争议的命题——尤其是在当前计算机辅助设计手段日益丰富而强大的情形之下。

事实上,当今建筑的多义性、复杂性和综合性,使得单纯的绘画技巧已不再是学习建筑的唯一基础;而且,我们也有必要在建筑设计基础教学中将建筑绘画与常规意义的美术绘画加以区别。作为一门艺术的美术绘画,其基本特征在于绘画技法支撑下的主题选择和"自我表达";而与建筑设计有关的绘画则主要有三种:一是作为资料收集和建筑思维表达的草图;二是包括平、立、剖面等建筑表达的制图;三是作为建筑表现的绘图。对于建筑系的学生来说,其中最重要的就是关于草图的训练。2004年美国出版的《餐巾纸上的草图》一书①,曾形象地展示了那些满载思想火花的草图对于设计发展所带来的有力推动。

对于建筑师而言,设计中的手绘草图又涉及两个不可分割的基本词汇——"图形"与"思考";但是,在原先的设计基础教学中,我们却有意无意地鼓励着对于娴熟的技巧与方法的追求和关注,而忘却或忽视了"思考"的含义。其实,对于"草图(sketches)"这一形式,"精准熟练的技巧并不重要,更重要的是线条背后所表达的设计思想和创作灵感"②;可见,"图形"和"技巧"只是草图的载体,而"思考"才是其中的灵魂。另一方面,草图也正因为它的不够准确,才给设计方案带来发展的多种可能。因此,对于一个当代建筑师来说,绘画能力的提高其实应该伴随着设计能力的提高共同进行,而且其能力的核心是"设计建筑"而非"描绘建筑"。但是,这也并不意味着我们可以抛弃绘画基础。正如张永和在《坠入空间——寻找不可画的建筑》一文中所述:"许多中国空间有待于进一步地分析和研究,研究工具之一仍然是绘画。问题是如何使用工具而不被它以及其背后的思想方法所局限。"因此,建筑师真正需要超越的并非绘画,而是绘画所定义的

① Winfried Nerdinger. Dinner for Architects: a collection of napikn sketches[J]. NEW York: NY: W. W. Norton,2004.

② Lorraine Farrelly. The Fundamentals of Architecture[J]. AVA Publication SA,2007: 91.

建筑。

由此看来,我们今天似乎还不具备充分的理由在今后的建筑教育中完全取消美术教育。事实上,优秀的手绘能力尽管未必一定能造就优秀的设计能力,但它对于提高设计能力的帮助也是无可否认的。除了作为设计表达必需的手绘能力,我们更有理由将美术教育看成是一种艺术修养和鉴赏教育,对于目前执行的使学生掌握绘画表现技能的教学目标而言,致力于提高学生的观察力和将内心意向物化为图像的能力,特别是注重艺术创造性思维的培养和训练,无疑更加重要。对于目前普遍实行的"素描＋水彩＋水粉＋暑期写生"这样一个学时过多的美术教学来说,完全取消显然不足可取,但是进一步改革的必要性却也是毋庸置疑的。

其中的一个方向就是鼓励模型制作在设计中的运用。模型在这里不仅仅是替代绘画效果图的一种表现技巧和成果表达,也不仅仅锻炼学生的动手能力,而更体现了一种设计思想和态度。在利用模型推进设计的过程中,制作本身也成为一种设计:如何认知材料、选择材料、表现材料以及相应的建构方式等。因此,张永和先生就认为我国当前的建筑设计基础教学过分注重艺术,而缺乏工程的态度,"一、二年级应该带学生去工地,让学生从一开始就知道自己设计的是什么",而且,"模型不是一个设计的结果,而是一种工作的方法"①。这样的观点显然值得我们深思。

(6) 建筑设计——思维和操作方式教学

在很长的一段历史时期里,建筑的设计过程都被认为是"只可意会、不可言传"的,在东西方传统的"师徒相授"的建筑教育模式下,型制、做法、规则等约定俗成的东西和前辈的范例就无可避免地成为传授的主体。但是,现代建筑教育思想却要求对设计过程进行清晰的描述和传达,并有效地教会学生如何进行设计。

事实上,就一个"建筑设计"的完整过程而言②,"建筑创作"一词显然不能完全替代"建筑设计"所包含的全部内容。但是,现在很多低年级学生所理解的"建筑设计"却往往只是在纸上勾画草图、制作形式优美和空间丰富的模型这样一个浪漫的单一过程。诚然,完整的建筑专业教育不可能在短短两年的设计基础教学阶段完成,但是,帮助学生树立正确的"建筑设计思维",却是建筑设计基础教

① 2007 年 2 月,笔者于麻省理工学院访谈张永和先生及其夫人鲁力佳女士。
② 一个完整的建筑设计过程应该包含从接受业主委托到进行概念生成、完成图纸设计(包括其间的各个相关专业协调和经济控制)、再到现场施工配合及设计调整,最终到项目建成并获得使用反馈。

学无法回避的话题。

人们也曾经将"设计思维"简单地等同于"创造性思维"。毫无疑问,富于想象力的创造性思维是设计思维中最可宝贵的一部分;但是设计思维更是一种具有强烈目的性的思维方式,它同时需要通过理性的专业判断,将思维引向预设的目标和最终的结论,并与诸如"逻辑""概念生成""问题—解答(problem-solving)"等建筑设计思维模式有着直接的关联。因此,将感性的"创造性思维"与理性的"逻辑思维"结合起来,才能形成专业的"设计思维"。

这种基于建筑学自身发展的关于设计观念的讨论以及相应的建筑设计基础教学的研究,最初开始于二次大战以后的美国。当时,由于格罗皮乌斯和密斯等大批欧洲优秀现代建筑师的进入,使得美国的现代建筑事业得以蓬勃发展,并迅速成为世界现代建筑教育的中心,"设计观念"的提出也正是在这一时期。之后,20世纪50—60年代"德州骑警"、库柏联盟建筑学院和苏黎世联邦高工等学校在建筑教学体系和方法方面的探索和实验,进一步将设计过程和方法的研究与设计教学实践结合,并努力使建筑设计成为"可教授",开创了理性的现代建筑教育的新局面,在世界范围内产生了广泛的影响。而在国内,最早关注这一命题的则可见于1979年同济大学赵秀恒老师所提出的"设计思维"概念;该系并于1986年之后,在这一观念的指导下建立了完整的建筑形态设计基础教学体系,从而由建筑学专业自身的命题出发,将建筑设计基础教学的着眼点从单纯的形态塑造能力培养,转向基于建筑思维特征和设计能力培养的教学新观念,从而为建筑设计基础教学建立了一个新的支点(详见6.1.2)。

设计的观念,其本质就是一种对待造形的理性和客观的态度,它主张从建筑问题自身出发去寻找造形的源泉。或者说,"建筑形式只能在解决具体的建筑任务、技术手段和环境条件等问题的过程中产生,并且是设计诸因素综合的逻辑结果"[1]。如今,观念、原则和方法的教育不但已经成为建筑设计基础教学的基本出发点,同时也是现代建筑教学的核心。

当然,关于建筑和建筑设计的基本问题远不止于形式、空间、建构和设计思维,然而这几个问题却是建筑设计基础教学阶段必须解决的问题,它们对于学生建立正确的建筑观和设计意识具有重要的意义。研究这些基本问题以及相应的教学手段,也正是为了建筑设计基础教学本身。事实上,建筑还有另一个本质的关联对象,那就是社会意识——只有把握建筑与社会这样一个更为庞大的背景

---

① 顾大庆. 论我国建筑设计基础教学观念的演变[J]. 新建筑,1992(1): 35.

的关系，才能真正把握建筑教育的实质。

(7) 关于计算机辅助建筑设计

近年来，电脑、数码相机和互联网的迅速普及以及计算机辅助建筑设计相关软件和技术的日益多样和成熟，为建筑设计基础教学提供了新的训练方法和手段；甚至可以说，正是建筑电脑效果图技术的出现和成熟，为"渲染"教学在我国建筑设计基础教学中的全面退出提供了一个外在动因①。但与此同时，它也带来了越来越多的挑战。

对于建筑设计来说，计算机辅助设计是一柄双刃剑：一方面它可以辅助建筑师完成精彩的创意，甚至在当代有一些建筑设计的完成几乎完全有赖于新兴的计算机辅助技术(比如弗兰克·盖里和扎哈·哈迪德等建筑师的许多设计作品)；另一方面，无可否认的，在某种程度上计算机也使得建筑师越来越懒于思考。一个明显的事实是，在今天的建筑设计实践中，设计成果的表达和输出几乎已经全面电脑化；而在建筑教学中，利用电脑科技参与教学和设计也越来越普及并日益低年级化。如今，对于在本科教学中是否需要掌握计算机辅助设计的技巧和能力显然已经是一个无需争论的话题；但是，在低年级的建筑设计基础教学阶段如何看待计算机辅助设计的作用和负面影响，也正越来越多地受到关注和讨论。

首先，它对于低年级学生养成正确的设计思维方式带来了困扰。从技术上看，计算机绘图从一开始就要求细部的绝对精确，这与基本设计程序的逐步深入、不断评估和调整之间错位，很容易使得初入门的学生混淆设计过程和绘图过程的区别，从而导致学生忽视利用草图和实物模型思考问题、推进设计的方式，而这将极大地削弱设计过程中构思能力和动手能力的培养。其次，计算初辅助设计以及数码技术，也为建筑创作中的"模仿"提供了极大的方便，从而使建筑设计基础教学极易落入另一个因袭的陷阱。已经有现象表明，利用便捷的网络资源和计算机技术，部分学生开始沉迷于对那些"优秀"作品的改造拼凑，或是纯粹追求视觉刺激而忽视了建筑的本质意义，从而导致一种急功近利的浮夸。

美国建筑理论家肯尼斯·弗兰普顿就曾指出，训练建筑设计包括三个方面的练习：首先，反复地用徒手草图表达原创的概念；然后不断地制作各种比例的模型来检查设想的概念；最后使用计算机进行辅助设计、建模，并与另外两种形

---

① 就"渲染"教学日渐式微的内在机制来说，主要还是出于对纯粹形式主义和由此造成的因袭模仿的批评。

式相结合。并且,"在产生和发展一个设计方案时",必须"不断地在三种形式之间反复深入"①。事实上,这个方面也可以理解为不同阶段的设计表达方式。显然,这里所提到的"表达",并不仅指最终成果的呈现,而是整个设计过程中运用不同媒介所进行的思维和信息的传递。从单一的二维图面到三维模型,再到四维动画及虚拟现实,这种表达方式的多元化,已经使得当今的信息传达系统日益完备。但是,我们同时也应该清醒地认识到,设计表达的目的是传递信息,而绝非令人眼花缭乱的技巧展示。

我们应该充分肯定和利用计算机辅助设计的高效和快捷,并大力开发它的潜能。但是,在具体的建筑教学中,选择什么时段、以何种方式介入,是一个更值得思考的问题。特别是在建筑设计基础教学阶段,利用电脑科技丰富、加强和优化教学手段的同时,对于学生独立思考、怀疑精神、批判意识以及综合分析能力的培养显得更为紧迫和重要。

(8) 小结

在近一百年来的现代建筑学科发展过程中,建筑学越来越独立,同时也越来越综合,任何一个学科都不再是建筑学的唯一基础,传统的学院式建筑美学评判体系也早已式微。如今,建筑学已不断扩展成为一门涉及"人文科学、自然科学、工艺学、创造艺术"(UIA,《建筑教育宪章》,1996)等诸多方面的综合性科学,它和各个领域的学科发生着关联,并使之在建筑语境内产生新的含义。1999 年的《建筑教育宪章》也曾指出:"我们,建筑师,关心迅速发展的世界中的建筑学的前途,相信凡是与建筑环境的形成、使用、改善、美化及维护相关的一切,均属于建筑师活动的领域"②。因此,以培养建筑设计师为目标的传统建筑教育,必然让位于培养具有艺术、人文、技术和社会责任等多功能建筑人才为目的的开放式建筑教育。而与此对应的建筑设计基础教学,也必然应该是一个更加开放的体系。

因此,建筑学是一门综合学科,建筑教育更应该是终生教育。即便在大学五年的本科教学阶段,其培养目标也是划分成若干个教学阶段来逐步完成,每个阶段各有侧重。而具体到实际的建筑设计基础教学中,笔者认为,对于学生四个基本能力的培养仍然是必须坚持的,它们主要包括:

---

① 参见:肯尼斯·弗莱普顿.千年七题:一个不适时的宣言——国际建协第 20 届大会主旨报告[J].建筑学报,1999(8).
② 仲德崑,陈薇.向学习化社会迈进——21 世纪的建筑教育和青年建筑师.见:第二十届国际建协 UIA 北京大会科学委员会编委会.面向 21 世纪的建筑学——北京宪章·分题报告·部分论文.1999:65-69.

① 必要的艺术素养和表现、表达能力。对于一个优秀的职业建筑师来说，一定水准的艺术鉴赏能力在今天依然是必需的；而美术类课程除了提升艺术素养、建立审美基准，其重点应更多转向徒手草图能力培养，以求达成快速准确地表达设计构思和沟通交流的需要。此外，模型作为一种建筑表现和表达的手段，更多应关注的是作为一种设计手段在构思推进过程中的意义。

② 必要的形态与空间的理解和创造能力。无论怎样定义建筑和建筑设计，建筑的物质性都是不可回避的一个基本属性。因此，形态和空间要素也必然成为建筑设计基础教学的重点内容；加强学生在形态与空间的认知、理解能力以及研究、创造能力方面的培养同样无可回避。同时，这里的形态和空间要素不单局限于视觉意义，更是建筑意义上的。在设计基础教学阶段强调物质和形态的操作训练、引导学生掌握用形态体现和表达不断扩展的建筑外延的方法，建立将思维元素联结为形象系统的能力，这也更符合莫天伟老师所主张的基本设计（basic design）的初衷。

③ 建立正确的设计观念和思维方法。从传统师徒相授的"经验教学"到当下以设计方法为基础的"理性教学"，在设计基础教学阶段，以设计思维能力培养为核心、致力于帮助学生逐渐形成自主思考和创造性地分析、解决问题的研究能力应该是题中之意。而对于不断发展的建筑学科外延，则应该保持一种自觉的"进行时态"。

④ 必要的整体意识和综合创新能力。今天的建筑学和建筑设计越来越趋向多元和复杂，因此，帮助学生建立对于该命题的开放态度和整体意识，将建筑的各组成要素作为一个有机整体进行考虑和平衡；同时，积极鼓励学生的创新能力和个性发挥，已经成为目前同济大学建筑设计基础课程的一个重要特征。此外，整体意识还有另一方面的意义，即建筑设计教学整体结构的建立。建筑设计基础教学必须纳入五年本科教学的整体结构之中，以此保证教学体系的完整性和连贯性。

8.2.2　关于建筑设计基础的教学方式和评价体系

8.2.2.1　建筑设计基础的教学方式

上一节主要讨论了建筑设计基础教学阶段所涉及的关于建筑和建筑设计的几个基本问题，然而对于教学来说，讨论问题本身并不是目的，关键是在于寻求对于这些问题的相应的教学方式与手段。其实，在问题的讨论过程中也已经涉及相关问题的一些具体的教学方法和手段，比如对应"建筑型式问题"的以"摹仿"为特征的"渲染"教学手段和以"变形、创新"为特征的"构成"教学手段,对应"建筑设计思维问题"的以"设计素质培养"为特征的"设计方法训练"教学手段等。这些具体手段都是应对特定问题的一种表现,作为更加原则性的关于建筑设计基础教学的教学方式,则还有以下几个方面可供探讨。

(1) 所谓"师徒制"与"方法制"

传统学院式的"师徒制"教学方式,早可追溯至19世纪以前英国的"学徒制"建筑师培养模式,这也是我国近现代之前匠人传授中采用的主要方式。从本质上说,这样一种教学方式的本质是基于师傅(或教师)个人经验的言传身教,它更多是将建筑设计定位于一种技艺的传承。当时,学习建筑和建筑设计的最佳途径就唯有通过对有经验建筑师的悉心观察和反复模仿,然后再依靠学生自己的悟性来仔细体会。就连著名建筑师 C. 柯里亚也曾经说过:"建筑是无法教授的(we can not teach architecture)。"①

在"学院式"建筑设计基础教学体系中,"师徒制"教学主要体现为教师和学生之间面对面的单独辅导,它是以教师个体为基础的一种经验传授,这也就常常使得教师在有意无意之间把自己的设计意识强加给学生,使学生处于单向被动接受的状态,从而严重损害到学生对于事物主动探求的兴趣以及创作思想和自主意识的养成。"师徒制"方式中的这种教学的经验性、随意性和不确定性所导致的倚重大师、忽视方法的现象,与现代大学教育的基本精神无疑是不相符合的。另一方面,随着1977年恢复高考后出现的师资匮乏和学生数量剧增的矛盾,"师徒制"也愈发显出其局限性。在所有这些因素的共同作用下,终于使得国内建筑院校开始重新审视"师徒制"这一传统的建筑教学模式。

于是,自20世纪80年代初起,国内首先在建筑设计基础教学领域提出了"理性教学"的概念②,并逐渐开始用以大纲为基础的"理性教学"取代了传统的"师徒制"教学。其出发点就是要以"方法"取代"经验",在教学中引导学生形成探究问题的意识,培养发现问题、分析问题、解决问题的能力,在师生间建立双向

---

① 柯里亚的本意也许是希望学生能从更多方面感悟和理解建筑,"走进"建筑。但是作为业内曾长期存在的这一"建筑不可教"论,柯里亚的这句话也许可以成为"师徒制"教学得以长期存在的一个注解。转引自:莫天伟,卢永毅. 由"Tectonic 在同济"引起的——关于建筑教学内容与教学方法、甚至建筑和建筑学本体的讨论[J]. 时代建筑,2001 增刊: 79.

② 参见:王文卿、吴家骅. 谈建筑设计基础教育[J]. 建筑学报,1984(7)。国内在建筑设计基础教学领域提出"理性教学"的概念,并开始尝试建立全面系统而切实的教学体系,可以从南京工学院1980年代初的那次教学改革算起;但是事实上,作为对"师徒制"教学的抵抗,1950年代中期开始的"德州骑警"的教学实验和同济大学冯纪忠先生1960年代初的《空间原理》都已经在该方向进行过方法论上的探索并取得了各自的成就。

的信息传递和反馈的互动关系,并通过现代的专业教学法的研究和发展来保证整体的教学质量。约翰·海杜克曾在被问及他是如何"教建筑"时这样说过:"我从不为学生画什么东西,也不在他们的作业上画什么,我从不告诉他们该干什么。实际上,我试图将他们拉出来(draw them out),换句话说,就是把他们内在的某些东西拽出来,仅仅碰下某个关键点,然后,他们就能展开他们的想法。我反对那种说教式的教育法。你总是被明确地告诫该干什么,年轻点的学生还可以这样,或许第一年可以这样",他并同时指出应该"把问题交给学生,然后就只需要让他坚持在其中工作就行了。这就是方法!!!(That's method !!!)"①。

其实,所谓理性的方法教学具有两层含义:一是使得教学过程具有"可教(teachable)"的理性特征;二是所教授的内容集中于设计思维和操作的"方法"而非简单的设计和表现技巧以及对固定范式的因袭。当时,这种理性的教学方式对于长期沉浸于经验传统之中的我国建筑教育来说还是比较陌生的。如果再回到建筑学的是否"可教授"的问题,假设建筑学是可教的,那么关键还在于如何构建一套可以持续发展、更新、验证的语言系统。东南大学建筑系在1990年前后就此展开过广泛的研究,并指出现代建筑设计基础教学"至少可以从三个方面获得源泉":首先,现代心理学及行为科学等方面的研究成果使得设计作为一种技能不但可以传授,而且可以采取更为符合能力发展规律的方法进行教学;其次,建筑设计方法学为培养学生解决问题的能力提供了诸如设计程序和方法,建筑问题的分析、综合与评价等多方面的系统性知识;再次,就造形能力开发这一基础教学的核心而言,现代建筑设计的理论和实践为造形训练提供了诸如形式语言、造形观念与方法等多方面的知识②。因此,如何从这些源泉中获取支持,并有效开展基于"方法"培育的建筑设计基础教学研究和实践,就成为一个摆在我们面前的现实任务。

(2) 关于过程教学③(步骤式教学)与建筑的整体意识培养

在当前建筑设计基础教学二年级课程设计的计划和组织中,有两种不同的教学理念,一种倾向于强调设计过程的步骤式教学,认为可以针对建筑设计的一系列基本问题分别展开训练,然后再行合成;另一种则倾向于以建筑设计的整体

① 约翰·海杜克,大卫·夏皮罗著.胡恒编译.约翰·海杜克,或画天使的建筑师[J].建筑师,2007(8).
② 参见:顾大庆.论我国建筑设计基础教学观念的演变[J].新建筑,1992(1):33-35.
③ 过程教学有两个方面的含义:一个是针对之前"学院式"教学注重设计成果表达的特征而言的,它更关心得到成果途径、方式和方法,其实就是更注重设计思维和操作方法的培养,对于这一点,目前在业内已经成达成普遍共识。第二个含义是一种设计教学上的步骤式手段,本节讨论就是针对第二个方面展开。

意识培养作为主要方向,坚持每个设计中所思考问题的综合性。

自1989年起,东南大学建筑系就开始在"理性化"教学新模式的探索中强调过程教学。他们针对学生在初始阶段尚不具备综合解决问题的思维和能力的情形,将建筑设计过程及所涉及的复杂问题拆分成不同教学过程的若干相对单一的阶段性问题,通过对这些分解步骤的分别研究和求解,最后将结果进行综合与深化,从而将设计进程和目标明确化,使学生能够比较清楚地认识到设计发展各阶段的主要问题,在逐渐深入的阶段化过程中掌握理性的设计方法,并增强了教案的可操作性。这种方式目标明确,思路清晰,但是由此引发的一个困扰就在于,建筑和建筑设计是各项因素复合影响和作用下的一个综合结果,过程教学(步骤式教学)所实行的课题分拆容易使学生陷入各个阶段问题的简单叠加,由此损害到学生对于科学整体的设计思维和意识的形成。东南大学建筑系显然也意识到了这一局限,但是他们认为,实际的建筑工程设计和教学中的课程设计有着本质差别,而"分阶段展示建筑设计过程正是课程设计的特点",他们并将此方式比喻为优美连贯的体操表演"在训练时却是个分解动作的单项练习一样"①。而且,他们也提出了相应的对策,比如在每一个练习中都安排一个综合化的过程来巩固和应用前面所涉及的学习成果,以此帮助学生充分领会和掌握理性的设计思维和方法,适时反省自己的设计。同时,这一方法也对教师和课程题目的设计提出了更高的要求,教师必须妥善把握前后课题之间的顺序和衔接,才能科学地设置设计阶段、限定设计问题,并达到有计划训练的目的;教学过程的设置也必须灵活机动,以密切关注学生在设计发展各阶段出现的状况。

这种阶段性、步骤化的教学模式具有较好的可操作性,对于初入门的学生较易进入设计状态,因而已被国内建筑院校广泛采用。这种模式的思维基础,在于将建筑设计设想成一个线形发展的过程,相信可以将一个综合事物的各方面分阶段、分命题地独立解决,最后的成果则是各分阶段和分命题成果的叠加;但是,这也同时使得建筑创作活动本身所具有的复杂性、不可预见性和持续完整性遭到了淡化。因而这样的方式极易错过许多看似不相干的问题及其相互关联,而建筑设计过程中的这些方面,对于富于复杂性的"结构不良"知识领域的建筑学来说,恰恰又是必不可少并应贯穿设计始终的。显而易见的是,设计行为远比"体操"复杂得多,分解动作可以合成一套优美的体操,分解设计

① 丁沃沃.建筑设计教学的新模式——二年级教学改革初探[J].时代建筑,1992(4):16.

却未必能形成完整的设计过程。因此,这一方式最大的难点在于课题本身必须对潜在的整体性目标和线索以及前后各个阶段课程设计分课题的内在逻辑做到清晰可控。

而目前课程设计的另一种教学理念则更倾向于建筑设计整体意识的培养,主张在每一个设计课题中都让学生建立起对设计本身所具有的复杂性、不可预见性和持续整体性的认识,以不断地发现问题、分析问题,进而找到综合解决问题的途径和方法。建筑学知识本身"结构不良"的特性,决定了它无法以现成、孤立的方式加以传授,作为认知者的学生不仅需要掌握这种复杂知识系统的各个方面,同时还必须认识到,"最终通过学习所获得的不仅是知识的内容,更是思维的技能"[①]。就建筑本体的复杂性和建筑设计活动的多元性来说,这无疑是更符合科学的设计思维特征的一种教学模式。但是难点依然存在:综合性的课题设置过于庞大,而低年级的学生尚缺乏整体的把握能力和思维基础,在实际操作中也容易造成顾此失彼、面面俱到却又无从深入的现象。针对教学中的这一困境,同济大学建筑系近年展开的"建筑体验"和"建筑生成"教学实践,从不同方向对此问题作出了探索和努力。

(3) 关于建筑设计基础的针对性教学

针对性教学并不是一个新的话题,所谓"因材施教"是我国古已有之的一种教学方式。本节所讨论的关于建筑设计基础课程的针对性教学主要基于以下两个现实:一是当前大学建筑院系划分所导致的人文背景缺失,二是我国目前高考制度下中学教育片面化所带来的生源特征。

在近代学科划分上,建筑学一直在自然科学和人文科学之间摇摆不定。根据中国大百科全书的词条解释,建筑学(architecture)是研究满足人的不同行为需求的建筑空间与建筑环境设计理论和方法的学科,是"旨在总结人类建筑活动的经验,以指导建筑创作,创造某种体形环境"[②]的学科,兼有自然科学和人文科学属性。

因此,除了自然科学和物质属性之外,建筑的社会属性和艺术人文属性也一直是极其重要的指标。国外很多著名建筑院校都身处艺术文科或综合性大学之中,我国 20 世纪 20 年代的早期四所建筑院校也是如此。而自 1952 年全国高等院校合并以后,国内建筑院校就被划入理工科大学;此后持续实行的严格文理分

① 赵巍岩. 必要的转变——建筑学基础知识的结构不良性及其教学活动研究. 见: 同济大学建筑设计基础教学学科组编. 建筑设计基础[M]. 南京: 江苏科学技术出版社, 2004(10): 9.
② 王建国撰. 中国大百科全书第二版《建筑·园林·城市规划》学科, 城市设计词条, 2009.

科高考制度，更使得绝大多数的建筑院校都是面向理工科招生①，这样的院系划分制度必然导致学校大环境的某种人文背景缺失。另一方面，我国的大部分新生进入建筑学专业并非出于一种长期志向，或是基于对自身特长、兴趣的了解前提下的理性选择，更多是出于对将来就业前景的判断或其他因素，因而普遍缺乏职业意识。同时，尽管一直倡导素质教育，但是在以高考成绩作为进入大学唯一标杆的今天，我国事实上实行的依然是严格的应试教育模式，中学生所接受的都是严谨而狭隘的数理化知识教育，因而大部分建筑类专业新生都具有共同的理工科生源特征：在艺术人文等方面的视野往往较为狭窄；逻辑思维能力普遍强于形象思维能力；思维习惯呈现求同和线性特征。与此相反，建筑专业的学科特点则要求学生具备较高的艺术鉴赏素养和社会文化底蕴，具有针对不同问题的综合思考能力和针对同一问题的多方向解决能力。两者间存在的上述矛盾在建筑设计基础教学中表现得更加突出——那些刚刚步入大学的理工科新生，在设计基础教学这样一个特殊的教学阶段，面对与中学时期截然不同的学习要求和方式，普遍具有一种陌生、犹豫、抵抗和矛盾的复杂心理特征，并表现得无所适从。

对于建筑院系划分这样一个历史遗留问题所导致的困境，短期内无法得以彻底解决，而且这也是一个涉及更高层级的政策问题。所幸随着始于21世纪初的大学合并浪潮，国内许多原有的理工科大学已经向综合性方向发展，大学本身学科的扩张和丰富，为建筑学科的进一步拓展提供了基础。

而鉴于建筑学科的专业特点和理工科生源背景的具体情况，实行有针对性的建筑设计基础教学，则是建筑院校和教师可以有所作为的领域。作为一个切实有效的教学机制，从受教育者的实际情况和教学目标及内容的设定两方面展开具有针对性的教学模式研究无疑是必要的。首先，在课题设置和教学组织上应注重逻辑性、循序渐进，以适应理工科学生的学习习惯，在理性与感性之间寻找到合适的平衡点。其次，按照建筑设计专业的具体要求，鼓励学生在入学初期突破既有惯性、积极开拓思维、建立视野更为广阔的人文基础。另外，通过增加鼓励创造性、想象力的训练课程，来加强他们对感性思维、形象思维和发散性思维的能力培养，致力发展学生发现问题、分析问题、解决问题的能力，也是一种行之有效的方式。

---

① 2003年9月，教育部首批核准中央美术学院、四川美术学院、中国美术学院及上海大学美术学院四所艺术院校设立正规的建筑学专业，从而改变了我国建筑学人才均出自理工院校的单一局面。

8.2.2.2　建筑设计基础教学的评价体系

关于建筑设计基础教学的评价体系应该包括两部分的内容：学生成果的评价和教学效果的评价。

(1) 学生成果的评价(评图标准和评判方式)

作为建筑设计基础教学体系的一个重要节点，对学生课程作业和设计成果的评估在教学中有着举足轻重的意义。

这一方式可以一直追溯到 19 世纪巴黎美术学院的工作室(atelier)评图时期，当时一个学生的成绩优劣基本由最终的渲染图纸所决定。20 世纪初，评图体系(jury system)传到美国，并逐渐由封闭转向开放——教师、评委与学生得以直接见面和充分交流：学生可以对方案进行自我陈述，同时其他学生也可以随意旁听。这种评图方式使得学生可以完整系统地阐述自己的设计构想，训练富有逻辑的陈述能力，同时也使学生可以得到较大范围的反馈信息，通过评委意见和对组内其他方案的评判，建立自我评估的能力。彼得·埃森曼(Peter Eisenman)也因此将这种设计评图称作"是建筑院校独特的教学工具，同时也是一种强有力的工具"，认为在"某种程度上这已成为建筑学院的标识之一"①。

作为对学生的设计作业成果及知识构成的综合评判和检验，这样的一个评图环节已经被认为是建筑学习的一种重要途径和有效方式，逐渐在大多数建筑院校得到广泛的肯定和采用。在这一过程中，学生不仅仅是被动的应答者，而指导教师所扮演的角色则在于如何保证真正实现这样的学习过程，特别是需要确保引导学生在已有的个人理解与新的信息之间建立一种联系，并得到提升。

在我们国内，就建筑设计基础教学的评图标准而言，之前普遍是以设计水平和表现能力两者结合作为衡量一个学生作业优劣的主要标准。传统的评判依据主要是学生最终方案成果的图面所呈现的状态，一般就是通过总图及平、立、剖面的内容来判定学生的表达能力、设计能力和作业的整体完成度，由效果图和版面布置来判定其表现能力。而且通常是在集体收取作业后，由单个教师对自己所辅导学生的作业成果，结合平时的课堂改图情况进行评判，或者以班级为单位，由 2-3 位带课教师集体打分，有时还需要平衡各个教师所辅导的设计小组分数的分布情况。这样一种作业成果的评判方式基本还是封闭和单向的，并往往因教师的个人经验而使评价结果表现为某种程度的不确定性。同时，在传统

---

① Kathryn H. Anthony. Design Juries on Trial. New York，Van Nostrand Reinhold，1991. 转引自：褚冬竹. 开始设计[M]. 北京：机械工业出版社，2006(10)：169.

的教学环节中很少有公开的评图小结,多数仅是针对学生作业图纸上绘图环节的错误和不当进行概略的批注;课后即使有作业点评,也基本上是"老师说,学生听"。

2000 年前后,同济大学建筑系对这种传统的作业评判模式进行了突破性的改革。开始重视评图环节所包含的对设计过程进行总结的价值。首先,他们改变了以往只用图纸表达和表现设计的二维模式,鼓励学生使用模型推进和表现设计。其次,在每次评图前允许学生对自己的作业从构思到发展进行自我阐述,以便教师更好地理解其设计成果,建立一种图纸、模型、解说三位一体的综合表达。第三,在每个作业评分完成后,采用集体公开讲评的方式,从总体上分析归纳所反映的问题并进行点评,让学生从中建立自己对设计的评价坐标。这些措施的实行改变了之前封闭单向评判模式,充分保证了学生与教师在评图环节的全方位思维互动。

针对这一环节,东南大学建筑系也建立了一套多元化的评价体系,对应于该系实施的"阶段化"过程教学,将设计评价划分为"过程评价"和"成果评价"两种模式。该模式更多地注重对学生思维过程的指导,"过程评价"不但训练口头表达能力,而且通过学生之间的讨论与聆听来相互启发;而所有过程中教师的多角度多方面指导和评判,甚至有时相左的意见或争论,也给学生创造了一个培养独立思考、建立多元概念的环境。同时,该系也不以最终图面为唯一评判依据,而是要求学生将设计过程的所有草图装订成册,使设计过程中思维脉络和变化线索有迹可循,实现设计结果的可追溯性。此举在一定程度上杜绝了简单抄袭的弊病,也有效避免了突击出图以及过分依赖突发灵感而造成的设计概念的无序转换。自 2004—2005 学年起,东南大学建筑学院还开始实行了"学期评图制",邀请来自其他年级的教师,甚至设计单位或其他高校的校外评委参加学生答辩,以另一种视野来评价学生的设计成果和教学内容,不但加强了学术交流,提高了学生兴趣,而且加强了教学与实践、学校与社会的联络。

(2)教学效果的评价

在建筑设计基础教学的评价体系中,另一个重要的但却常被忽视的环节就是对教学效果的评价。除了每四年一次由教育部和建筑专业委员会组织的教学评估,各个建筑院校普遍缺乏自主而有约束力的制度化自我评估体系。在这一环节中,目前常见的方式是学生作业成果的展览和结集出版,却很少以教学目标为依据,从教师、学生和教学效果的综合角度,建立起一个对课程系列或教学大纲的整体评判和自我总结机制。

　　教学评价是建筑设计基础教学中一个至关重要的问题,而评价标准又是整个教学评价过程中最为核心的部分。评价标准的飘忽不定必然会影响到教学评价的顺利进行,而一成不变和过于僵化的标准也同样不利于教学评价作用的充分发挥。由于评价过程实质上是确定课程和教学计划与所制定的教学目标之间达成程度的一个过程,目的是通过教学评价不断地搜集有关信息,以利于及时地改进和完善课程,因而,教学目标的完成度就成为教学评价的一个关键标准。

　　目前,根据教育心理学和行为学的研究成果,教学评价的一般逻辑过程可以下图所示①:

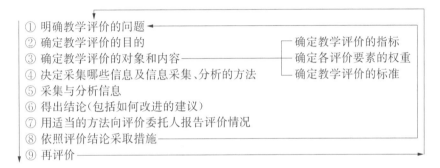

　　这一评价模式可以看成"泰勒模式"②的发展。被称为"当代教育评价之父"的泰勒(Ralph W. Tyler),从行为理论的角度出发提出了行为目标的评价模式,它强调以教育计划的目标为中心,通过学生具体的行为成果来判断预期教学目标的实现程度,并以此作为控制教学活动、评价教学效果的主要依据③。

　　针对建筑设计基础教学这一特定的学科,顾大庆先生则将教学评价总结为"提出假说,构思教学大纲,设计设计练习,组织设计教学,总结分析教学成果,修正教学大纲,如此循环往复,逐渐形成一套可描述,具有可操作性及可以通过学生的成果来验证的设计理论和方法体系"④。学生在这个过程中既是实验的对

――――――――――

　　①　资料来源:沈玉顺. 现代教育评价[M]. 上海:华东师范大学出版社,2002:25.

　　②　在 1949 年出版的《课程与教学的基本原理》(Basic Principles of Curriculum and Instruction)一书中,泰勒提出了教学评价的程序:(1)确定教育方案的目标;(2)根据行为和内容对目标进行定义;(3)确定应用目标的情境;(4)确定满足客观性、可靠性和有效性诸方面的测量方法;(5)运用这些方法检查行为变化;(6)根据结果对活动、方案作出判断,并说明原因;(7)修改方案,重复循环过程。参见:[美]Ralph W. Tyler 著. 罗康,张阅译. 课程与教学的基本原理[M]. 北京:中国轻工业出版社,2008.3.

　　③　也有许多人对泰勒的"目标模式"提出了质疑和批评,认为现实中的具体教学评价活动会由于所解决的具体问题不同、评价目的和对象不同而呈现出不同的形态。但是从本质上说,所有的教学评价活动都有相似的进行程序,只是在具体的实施过程和环节上,所采用的操作方式有所差异。

　　④　顾大庆. 建筑设计教学的学术性及其评价问题[J]. 建筑师,1999(10):77－83.

象,也是教学的具体成果。以此超越个别学校和个人的局限,而使设计教学具有广泛传播的可能性。

在建筑设计基础的教学评价中,还有一个常见的争论就在于"课程"与"教学"的关系问题。对此,当代教育界广泛达成的基本共识是:课程与教学是既有关联又各不相同的两个研究领域①。其中,"课程"强调每一个学生及其学习的范围(知识或活动或经验),而"教学"则强调教师的行为(教授或对话);课程与教学之间存在相互依存的交叉关系,它们既可以进行独立研究与分析,同时又不可能在相互独立的情形下各自运作。在"课程—教学"这样一个系统里,那些物质性或文本化的东西(如具体的设计题目)只是一个载体,而非教学的终极目的。正如同济大学建筑与城规学院的建造节这一特色题目,其目的也并非单纯地让学生用纸板搭建一所房屋,而在于对建筑基本功能和形式的认知以及如何认识和运用材料的特殊属性进行空间形态塑造和建构。

人们曾经误以为只要掌握新的内容即可达到新的水平,从而造成了不断变化设计题目而忽视了系统教学大纲的建构和教学目标的确立;与此同时,积淀深厚的教学传统又从深层意义上约束了人本化的自主建构,使得所谓的课程改革沦为了仅仅是"知识更新"意义上的进展。因此,建立良性有序又切实可行的教学评估,对于建筑设计基础的学科发展,具有非常积极的意义。

8.2.3　关于建筑设计基础教学师资队伍的建设和管理策略

8.2.3.1　教师和关键教师的角色及意义

纵观我国建筑设计基础教学90年的演进历程,每一次关键的转折和重要的改革,除了社会的整体变革和新兴理论思潮的影响之外,都有关键教师的推动,而一个学校的整体教学质量更是和教师密切相关。因此,教师尤其是关键教师的作用显而易见。可以毫不夸张地说,没有柳士英、刘敦桢,就没有1923年的苏州工专建筑科;没有刘福泰、梁思成、沈理源、林克明等教师,就没有中国早期四所综合大学建筑系;没有杨廷宝、童寯、谭垣等教师,也就没有中央大学1930年以后的发展;而没有黄作燊,就更不会有圣约翰大学建筑系20世纪40年代的现代主义探索。至于1949年建国以后,梁思成、吴良镛之于清华大学建筑系,杨廷宝、童寯、齐康之于南京工学院(现东南大学)建筑系,冯纪忠之于同济大学建筑

---

①　1960年代初,美国就曾发生过关于课程与教学、课程理论与教学理论关系的讨论,其最终的结论认为"课程"与"教学"是两个相互独立而有关联的领域。

系、徐中、彭一刚之于天津大学建筑系……，这些关键教师对于相关建筑院校教育方针和教学方式的确定、学术思想的影响，都是举足轻重甚至是决定性的。这样一种情形也就自然造成了我们曾经的大师崇拜情结，顾大庆甚至指出，"中国建筑教育在 20 世纪 80 年代前的历史基本上就是以梁思成、杨廷宝、童寯和刘敦桢为代表的一代大师的历史"[①]。即使将视野收缩到 1952 年之后的我国建筑设计基础教学领域，以同济大学为例，初时"学院式"体系的采用就和来自之江大学的吴一清先生有着莫大的关联，而此后冯纪忠、黄作燊、罗维东、戴复东、赵秀恒、卢济威、莫天伟等教师在该校建筑设计基础教学转型及发展过程各个关键节点中所起的作用更是举足轻重。而东南大学建筑系的王文卿先生和贺镇东、单踊、顾大庆、丁沃沃、龚恺等教师对于该系自 1984 年以后从学院式的渲染体系转向以设计为核心的理性的空间教学模式也作出了重要贡献。事实证明，教师，特别是关键教师，对于一所大学建筑系的教学方向和质量在某种程度上来说具有决定性的意义。

如果说，在以"师徒制"教学为特征的传统"学院式"体系下，追求名师效应是理所当然的话，那么，在普遍实行理性化方法教学的今天，是否就意味着可以否定教师这一角色作为个体所具有的特点的重要性呢？答案显然是否定的。

首先，再理性的知识和方法也需要特定的教师来传递，在建筑设计基础教学中，"如何教"是和"教什么"同样重要的一个命题，特别是在"教什么"发生了重大更新的情形下，"如何教"就更显得尤为重要；同时，由于每个教师所受教育的背景、专业素养及职业习惯的不同而具有不同的设计态度和方法，他们各具特点和风采的个人特质，对于学生职业态度和专业基础的建立所具有的影响永远是无可替代和抹杀的。对于一个建筑系的学生来说，教师在教学过程中所采取的态度和体现的才能，也许远比学习知识本身更受关切。这也是为什么在采用了理性方法教学模式的今天，优秀而富有魅力的教师资源依然是一个建筑院校最宝贵财富的原因。

8.2.3.2　关于师资队伍建设和配备

正由于教师对于一所学校学科建设和教学的重要性，因此，师资队伍建设是整个教学体系建设中最核心的环节之一，也是高校教育质量和学术水平提高的一个决定性因素。一支稳定而高素质的、具备多样化和专门化研究方向的师资

---

① 顾大庆.作为研究的设计教学及其对我国建筑教育发展的意义[J].时代建筑,2007(3):18.

队伍,是建筑设计基础教学质量的必要保证。

教育者必先受教育。在传统的"学院式"建筑教学体系下,教师的培养更多体现为新、老教师之间的"传、帮、带"培养模式。作为学院式建筑教学基本特征之一的"师徒制"教学模式,它所体现的不仅是一种师生关系,同时"也是年轻教师和他们的导师之间的关系"①,这造就了"学院式"体系训练年轻教师的一种独特方法。在此模式下,年轻教师的培养一般也正是从建筑初步教学的"备课"开始,其主要工作就是在老先生的督导下预先绘制各种"范图"以供学生参考临摹,甚至在指导学生完成渲染作业时直接在课堂上动笔示范,这一方式也很好地保证了设计知识和方法的传承。但是自 1977 年以后,绝大多数老一辈教育家和一大批中年教师都已基本退出本科,特别是设计基础的具体教学,及至 20 世纪 80年代中末期,文革后的毕业生已经成为建筑设计基础教学的主体。于是,随着新的教学内容和方式的实施,传统的"师徒式"年轻教师培养模式终于逐渐被学术资历竞争机制所取代。

然而,对于一个合格的教师而言,学术资历所代表的教师自身扎实的理论和实践水平是基本要求,但显然不是全部要求。良好的师德、广阔的视野、开放的态度和优秀的表达及沟通能力也是必备的条件。所有这些,除了期望教师基于职业道德和责任感、荣誉感之上的自我实现之外,一个健全而有效的师资队伍建设机制是最终的保障。

国内各建筑院校也据此提出了一系列措施,以加强教师队伍的素质培养和建设。但是,问题依然存在,特别是教师配备的不合理对于建筑设计基础教学质量和课程改革进程实施的影响早露端倪。以同济大学建筑与城市规划学院为例,2006 年全院教职工中具有高等教育教师资格、专门从事教学工作的教师有185 人,并成立了 18 个配备 A 岗教授的院士学科组和教学科研团队②;其中,设计基础学科组(A7)下设 2 个相对独立的教研组,总体师资配备 19 人,包括 A 岗责任教授 1 名,B 岗主讲教授 2 名,主讲教师 4 名,骨干教师 5 名,教师 7 名。与

---

① 顾大庆.中国的"鲍扎"建筑教育之历史沿革——移植、本土化和抵抗[J].建筑师,第 126 期.
② 自 2003 年起,同济大学建筑与城市规划学院建构了"建筑与城市空间学科组"(郑时龄院士)和"建筑与高新技术学科组"(戴复东院士)两个院士学科组以及以"人居环境学"为引领的、包括"城市发展理论"、"中国传统建筑"、"外国建筑史"、"遗产保护与利用"、"建筑设计方法"、"建筑技术"、"设计基础"、"艺术设计"、"公共建筑及其环境设计"、"住区设计与住区发展"、"城市设计理论与方法"、"城市更新与设计"、"建筑集群设计"、"景观规划设计"、"生态城市环境"、"城市与区域规划理论与方法"等 16 个学科方向的教学科研团队。资料来源:2006 年全国高等学校建筑学专业本科(五年制)教育评估——同济大学建筑与城市规划学院自评报告[R],2006。

此相对应的是，设计基础学科组承担了五年制本科教学中一、二年级专业课程的主要教学任务，每年培养学生（课程跨两个年级）约 400 名（师生比为 1：10）①。作为教师人数最多、教学量最大的一个教学科研团队，配备的 A、B 岗教授数量却和一些仅有 4、5 名教师、承担极少教学任务的团队一样。这种现象不但造成了设计基础团队教师工作强度的繁重，而且事实上降低了对设计基础教学的必要重视；这也导致在教师数量不足的情形下，A7 学科组不得不常年借用其他学科组教师参与设计基础教学。一支缺乏稳定性和应有地位的教学科研团队，对于有效组织教学和课程改革，无疑是有着先天的缺陷。

8.2.3.3　关于教学与研究

20 世纪以来，伴随着大学体制日益向研究型大学的转变，建筑学这个传统意义上以实践为基础的学科也因此而变得愈来愈加学术化。在当前的国内主要建筑院校，包括同济大学建筑系，都形成了这样一种局面：不但博士学位（不管其研究方向是什么）成为留校任教的必要前提，教师的职称评定和学术地位也更多取决于他的研究成果，而且这种研究成果主要表为科研项目的申请、学术会议的参与和论文的发表这样一种更接近理科学科的模式。此举必然导致许多教师对于建筑教学和建筑学学科本身以外的学科表现出更大的兴趣和关切，并造成所谓设计教师和研究人员之间的两极分化。特别是对于从事建筑设计基础教学的一线教师，其主要工作究竟是教学还是研究？在现今的体制下，已经成为一个两难的选择。这一现象正引起业内越来越多的关切和忧虑。

在大学的发展过程中，欧洲的古典大学（尤其以英国为典型）一向是作为一个纯粹的教学机构而存在的；到 19 世纪末，德国开始把大学作为一种学术研究机构，其功能转向以发展知识为重点，以引领学科发展为主要目标，这一概念和模式最终影响到世界各地的现代大学体制发展②。现代"研究型大学模式"的盛行所导致的"重研究、轻教学"现象，对建筑学带来的冲击集中体现于英国剑桥大学建筑学系在 2004 年的那场"关闭风波"。这一事件所造成的一个直接后果，就

---

①　除了 19 名设计基础学科组的在编教师之外，在实际的课程教学中，每学年还邀请 2 位院士、14 位其他学科组责任教授组织专题系列讲座，组织 6－8 名其他学科组教师参与教学辅导，并有 4－6 名博士和 8－12 名硕士担任助教。

②　美国的大学则一方面兼容德国和英国的模式，另一方面又强调研究为社会服务，学术与市场结合。参见：金耀基.大学之理念[M].香港：牛津大学出版社，2000：1－23.

是此后该校的建筑设计教学全由不属于大学学术编制的专职设计教师担任①。剑桥大学建筑系的这一事件反映了当今研究型大学中建筑教育所面临的普遍问题。东南大学的顾大庆曾就此指出,"如果发展研究必须以放弃建筑教育的根本任务为代价","如果研究并不能推进建筑教育的发展",那么,这种研究对于建筑学的学科建设和发展无疑是"毫无意义和本末倒置的行为"②。

　　建筑学学术活动的一个重要的特点在于它的学术类型和方法的多样性,一个健康的建筑学系的学术环境应该有利于各种不同类型学术活动的进行,而作为设计教师学术表达主要方式的设计教学研究,则更需要给予特别的强调。顾大庆曾将建筑系教师做学问的方式归纳为四种:写作文化(建筑史和理论)、实验文化(建筑技术)、设计文化(设计实践)和教学文化(设计教学),并以"德州骑警"在20世纪50年代关于现代主义建筑设计方法的那场教学实验(特别是赫斯里后来在苏黎世联邦高工发展出的一套关于空间教育的建筑设计入门训练方法)以及同济大学冯纪忠先生1960年代初的"空间原理"为例,指出研究和关注建筑设计最基本问题的"设计基础教学"才是"建筑设计教学中核心之核心"③。这种研究性的设计教学的主要目的在于通过教学的手段来发展新的设计知识和方法,在这个过程中教学和研究是紧密联系在一起的,教学既是手段也是目的。这种在建筑设计教学中"教学即研究"的特点,超越了研究型大学教学和研究相分离的固有观念,是发展符合建筑教育自身规律的研究方向的关键。对此,同济大学莫天伟老师也一贯坚持对于设计(方法)的研究才是设计基础教学的真正核心,并用冯纪忠先生的"把设计初稿方案抖抖散,重新来组合"一段话,对此观点进行了注解④。

---

　　① 受政府资助的英国大学普遍实行每四年一次的研究评估考核(RAE),而其主要依据就是合约研究经费的多寡和所发表论文的数量及质量(名次排列由1到5,5 * 为特高)。剑桥建筑系在1996年的考核中得5分,但是与该校其他学科普遍得5 * 的结果比较,建筑系的国内领先地位在剑桥大学内反而成为最没有地位的少数,此种"不良"表现直接导致在2004年底传出剑桥大学董事会欲关闭建筑系的消息。最终,建筑系保留了建筑学专业教育前三年的Part I(相当于非专业本科学位),而相当于专业硕士学位的Part II则被关闭;同时,该系明确以可持续性设计作为研究的主要方向,并通过师资重组来充实研究队伍。参见:顾大庆.作为研究的设计教学及其对我国建筑教育发展的意义[J].时代建筑,2007(3).
　　② 顾大庆.作为研究的设计教学及其对我国建筑教育发展的意义[J].时代建筑,2007(3).
　　③ 顾大庆.作为研究的设计教学及其对我国建筑教育发展的意义[J].时代建筑,2007(3).
　　④ 2002年,在当时给学科团队命名时,莫天伟老师曾希望A1学科组冠名为"形态设计与建筑设计方法研究",以此突出在设计基础教学中不仅关注形态、同时也注重基本设计方法的理念。但是由于当时学院项秉仁教授的团队也希望以"设计方法"命名,而此时莫天伟老师正担任建筑系主任一职,反而不宜过分坚持了。从这一小插曲中,作为唯一一个自1982年起至今,全过程参与并在后期主导了同济大学建筑设计基础教学改革发展的重要教师,莫天伟教授的这一观点,也反映了该系建筑设计基础教学的一个基本特征。2010年9月,笔者书面访谈莫天伟老师。

　　1990 年前后,东南大学建筑系的一批青年教师在设计教学研究方面做了大量工作,走在了国内前列。然而就总体而言,我国各个建筑院校对设计教学研究本身的认识还很不充分,特别是对设计教学研究作为建筑学研究的一个重要手段依然缺乏足够的认识。

　　在当今的大学体制下,"研究和教学"作为现代大学的两大基本功能已经被广泛接受,即"通过学术研究来发展知识和推进学科的发展",同时又"通过教学来传授知识"。因此,建筑教育所面对的也已经不是要不要做研究的问题,而是做什么研究以及如何做研究的问题。但是无论如何,作为一个大学教师,除了学科发展之外,首先他要做的还是教学,研究也正是为更好更有效地为教学服务,教学成果才是一个建筑设计基础教师最好、最有说服力的研究表现。

8.2.4　全球化背景和视野下的建筑设计基础教学本土化特征

　　全球化是当今世界发展的一个大趋势,这一进程对国内建筑教育和建筑设计基础教学带来的影响也与日俱增。特别是本世纪以来,随着国门的开放、资讯的畅通和学校自身建设而带来的国际影响力的提高,使得广泛的国际学术联系成为可能,国内许多建筑院校也都提出了"国际化办学"的目标,并纷纷与国际知名大学的相关学院建立了多层次的合作与交流关系,在人员交流,教学、科研合作上形成了全面的合作网络。近年来,同济大学建筑与城规学院在加强与国内兄弟院校的交流与合作、实施了"8+3"战略的基础上,进一步确立了"10+13"战略[①],并提出了国际化发展的整体目标:追踪国际一流建筑规划院校发展步伐,参与国际重要学术组织机构和重大学术活动,跻身国际知名建筑规划学院行列,并形成自身发展特色,知己知彼,开展合作与竞争,确立国内全面引领地位。

　　就国内院校建筑设计基础教学的国际化而言,目前常见的方式主要是教师的"送出去"和"请进来"(除了有少量留学生之外,诸如国际联合教学这样主要针对学生间交流的模式对于低年级尚很少采用)。在这样的模式下,更多的就是表现为国内教师对国外教学内容和方式的单向学习。在我国建筑设计基础教学还远远落后于国际先进教学理念的 20 世纪 80 年代,此举无疑具有重要的积极意

---

　　① "8+3"战略是同济大学提出的加强与清华大学、天津大学、东南大学、哈尔滨建筑大学、西安建筑大学、重庆建筑大学、华南理工大学等"老 8 所"(含同济大学)学科领域内传统学校以及北京大学、南京大学和香港大学 3 所学科领域内新兴学校之间的联系的学院战略。"10+13"战略是指在学院推动下,以 A 岗学科团队和学术俱乐部相结合,实现与国外 10 所院校全面合作、13 所院校单项密切合作。资料来源:2006 年全国高等学校建筑学专业本科(五年制)教育评估——同济大学建筑与城市规划学院自评报告[R],2006。

义,其中最为突出的当属东南大学建筑系。与瑞士苏黎世高工始于 1986 年的学术交流,对该系自 1984 年以后的设计基础教学改革作出过重要贡献;甚至可以说,没有瑞士交流,东大建筑系的教学改革也许就是另一番景象①。同样,当年贝歇尔教授带来的那些设计课题(详见 5.2.2.1)、Juergen Bredow 教授带来的"展览空间"设计(详见 6.1.3)、托马斯教授所带来的"网络渐变"作业(详见 7.3.2.1)以及近年大批出国访问进修的教师,包括引进的取得了国外学历的教师(如胡滨老师),也都对同济大学建筑系的设计基础教学发展和课程改革起到了相当重要的作用。

无可置疑,全球化战略对国内建筑教育更快地和国际先进的教学思想和模式靠近和接轨具有重要的意义。然而,值得注意的一点是,在日益高涨的追求国际化的热情下,我们必须警惕国内建筑院校原有和应有的多样化及本土化特征的逐渐消失;同时,在越来越趋同的教学模式下,一些国内新兴建筑院校跳跃式发展,也使那些原有名校,包括同济大学建筑与城市规划学院,面临传统优势丧失的危机。由此也就引发了新的思考:在这样一种全球化背景和视野下,我国建筑教育和建筑设计基础教学应该如何保持自身特征和优势,既不妄自菲薄又紧追世界先进潮流,并力争超越和引领。

我们应该认识到,全球化并不是单一化。全球化与多元化、同质化与异质化的辩证统一是文化全球化的基本特征。如果考察建筑自身的属性,就其物质性而言,建筑具有世界意义上的普遍性,但是就其社会性、文化性和哲学性而言,建筑又无疑具有民族性和地域性。同样,如果考察建筑教育的特征,从教育心理学和行为学来看,也许具有世界意义上的某种普遍性,但是在教学制度和文化、教学主客体、教学目标、教学思想、教学方法和手段方面,又都具有各国甚至各地区的特殊性。不可否认,随着国家和学校之间交流的日益开放和便捷,使得各建筑院校之间的教学方法和内容更加相近,建筑教育也以一种更加综合的姿态进行。但由于各个国家独特的地理、文化和经济条件,加上学校之间的竞争,各个建筑院校在互相之间又必须保持鲜明的独立特征。事实上,全球化道路对于今天世界建筑的影响比我们所预想的更加微妙和敏感,建筑对文化和地区多样性的影

---

① 尽管东南大学建筑系 1980 年代设计基础教学改革的发端原因主要是来自内部,是"源于一批青年教师对传统教学方法的反思和批判"。但是,从该系自 1986 年开始先后有三十多位青年教师赴瑞士学习,并且绝大部分均在克莱默教授的设计基础教研室学习工作,此后归国的青年教师大多数都先后不同程度地参与了基础教学的改革这一事实来看,这波交流对该系教学改革的推动作用也是无可置疑的。参见:东南大学建筑学院编.东南大学建筑学院建筑系一年级设计教学研究:设计的启蒙[M].北京:中国建筑工业出版社,2007(10):17-18.

响也正在减少。因而在帮助复苏建筑的内涵并重塑其文化地位方面,对本土语言和地域特征的坚持无疑具有积极的效果。当然,在此过程中,回避交流、固步自封也显然不是一个有效的战略。

因此,在全球化背景和视野下,如何保持建筑设计基础教学的本土化特征,是一个值得重视和探讨的命题。相对今天的现实而言,本土化甚至比国际化更加难能可贵。只有把丰富的本土文化融入世界文化的大背景中,才能展示其不同于他人的文化特色和文化精髓,体现其不可忽略的核心影响力。越是本土化的才越是国际化的,也才越能在不迷失自我的状态下进行平等的对话和交流。对此,同济大学的王伯伟教授在 2001 年就提出,以“加强研究领域本土化的导向”作为主要的介入方式,以“教学内容本土化的强化”作为主要的介入渠道,来实现建筑教育的本土化核心建设;同时,关注现代化的技术手段,特别是信息技术革命给学科发展带来的革命性变化[①]。

我国的建筑设计基础教学一直都面临着传承与转型的压力,未来的中国也需要建立紧跟时代的建筑设计基础教学体系。但是值得指出的是,在国际化的视野下,仍然必须结合本国的实际情况,探索各具特色的多样化的建筑设计基础教学模式,统一的建筑教育和设计基础教学体系终将一去不返。

8.3　同济大学建筑设计基础 教学体系发展展望

从 2008 学年开始,同济大学建筑设计基础教学的课程名称开始调整,分别称为“设计基础”(一年级第一学期)、“建筑设计基础”(一年级第二学期)、“建筑生成设计”(二年级第一学期)和“建筑设计”(二年级第二学期)。同时,一年级的设计基础课时也从以前的每周 6 学时,调整为每周 10 学时[②]。这样就明确了每个学期的具体课程特征,形成了设计基础—建筑设计基础—建筑生成设计—建筑设计的完整教学序列,并且初步建立了新的“建筑生成”设计基础教学体系。

---

① 王伯伟.加强学科建设:提升核心影响力——面向未来的同济建筑教育[J]. 时代建筑,2001增刊.

② 包括每周 2 个学时的建筑概论和 8 个学时的专业课程。2010 年学年起又取消了专门的建筑概论,调整为总体每周 8 个学时。

表 8 - 1 　 2008 年同济大学建筑学专业五年制教学
安排一览表(一、二年级专业课部分)

课程性质	课程编号	课程名称	考试学期	学分	学时	上机时数	实验时数	各学期周学时分配			
								一	二	三	四
					二、学科基础课程						
C1	021180	设计概论	查	2	34			2			
C1	021085	建筑概论	查	2	34				2		
C1	021181	建筑生成原理	查	1	17					1	
C1	021051	建筑设计原理	查	1	17						1
C1	021182	设计基础	查	3	51(136)			3(8)			
C1	021183	建筑设计基础	查	3	51(136)				3(8)		
C1	021284	建筑生成	查	3	51(119)					3(7)	
C1	021285	建筑设计	查	3	51(119)						3(7)
应选学分		C1＝26，C2＝0，C3＝2，D1＝0，D2＝0，D3＝2									

注：C 表示学科基础课程内学院或专业大类平台课程(C1 必修)；特别需要指出，括号内学时数为实际专业课堂教学时数。资料来源：同济大学建筑学专业培养计划(2008 年)，同济大学教务处，笔者重新编辑。

表 8 - 2 　 2008 年同济大学建筑系实践环节安排表(一、二年级部分)

序号	课程号	名　　称	学分	学期	周数	上机时数	备注
1	021033	建筑认识实习	1	2	1		
4	021304	设计周 1	1	4	1		

资料来源：同济大学建筑学专业培养计划(2008 年)，同济大学教务处。

表 8 - 3 　 2009 年同济大学建筑与城市规划学院建筑生成设计基础教学计划

时段	课程名称	教学内容	作业名称	作业要求及完成方式	学时
一年级第一学期	设计概论			介绍关于传统、现代和当代的各种艺术及设计的基本思想,为学生未来建立带有批判性的自身判断提供一个宽厚的人文艺术背景和基本认知。通过人与环境的体验,让学生建立一种全新开放的观察事物的方式和方法。	每周2学时

时段	课程名称	教学内容	作业名称	作业要求及完成方式	学时
一年级第一学期	设计基础	表达基础训练	认知思维徒手表达：非常（5＋2）—钢笔画及工程字体	图像日记：每天 1 张 A4，周一至周五共 5 张，每天记录，以图像为主，每周一班级交流。包括自然环境、生活用品、生活空间和生活情绪等。临摹分析：每周 2 张 A4，其中 1 张钢笔建筑画临摹，1 张字体及钢笔画透视、细部分析。	贯通整个学期
			观察记录	环境写生（三好坞、ABC 广场）	0.5 周
			图像记录与转译	1. 统一观察校园某一经典建筑细部，摄影并绘图记录：A4 纸，文字描述要求精准。2. 文字描述互换，图像生成：理解并快速图像表达。3. 并列展览：比较表达技法，了解信息转译中媒介的局限性以及信息传递的不对称性。	1 周
		平面构成与色彩构成	线条练习	个人（墨线制图/课桌测绘）	1 周
			色立体练习	3 人组（蒙赛尔色系练习/水粉）	1 周
			色彩采集	个人（色彩分析、平面构成、情态再现、图像生成/水粉）	2 周
			色彩设计	个人（摄影图像记录、色彩设计/ Adobe Photoshop）	1 周
		形态生成基础	构成基础	3 人组（网格图底渐变）	2 周
			平立转换	个人（立体构成、轴测图表达）	0.5 周
			形态生成	个人（材料、空间结构、光影、平面）	1.5 周
		艺术造型	艺术造型创作	个人（木刻、陶艺、琉璃、砖雕、木雕、编织、剪纸雕、蚀刻、机刻、锻铸）	2 周
		人与环境	建筑实录	个人（外滩历史建筑实录/徒手墨线表达）	2 周
			城市印象	3 人组（生活地图影像综合表达＋版面设计—A2/水粉表达/ Ulead Video Studio 制作）	2 周
寒假作业		发现城市	从街区到建筑	个人（家乡城镇经典街区实录—图纸表达，5 张 A4）	
			大年三十—城市生活单元调查、记录、表达	（3 分钟音乐影像综合表达）大年三十 16:00—17:00 同一时间、固定地点事件记录，每隔 1 分钟 1 张实景照片记录，共 60 张	
			软件学习	Adobe Indesign、Adobe Photoshop、Adobe Premiere	

续　表

时段	课程名称	教学内容	作业名称	作业要求及完成方式	学时
一年级第二学期	建筑设计基础	建筑概论		介绍中、西方建筑历史沿革，并通过涉及建筑技术、公共建筑、建筑评论等诸多领域的专题讲座，帮助学生建立一个全景式的建筑历史概念。	每周2学时
		建筑表达	线条练习	个人（建筑制图训练）	1周
			建筑抄测绘	3人组（文远楼）	1周
			文远楼版面表达、模型综合表达	平面、立面、剖面、透视综合表达/个人；模型表达/6人组	2周
		建造基础	纸桥设计	3人组（马粪纸受荷构件：2公斤沙袋；30秒钟）（平面、立面、剖面墨线制图表达；A2）	1周
			建构分析	个人	1周
			纸筒桥设计与建造	12—14人组（纸筒＋金属节点；4 m跨度；2人同时桥上行走）（平面、立面、剖面墨线制图表达；A2）	2周
		建造实践	超级家具设计	3人组（人体尺度与建筑室内空间）	2周
			边缘城市调查	6人组（影像报告/使用 Adobe Premiere 专业软件表达）	1周
			纸建筑设计建造（建造节）	12—14人组（我们的寄居空间/3.6 m×3.6 m，含坐、卧具；建造时间：5月份16—17日/星期六、星期日）（平面、立面、剖面、轴测图墨线制图表达；A2）	1周
			城市生存建筑设计	个人（城市边缘群落自建住宅/建筑功能/楼梯，60 m²、砖混结构、2层）（平面、立面、剖面、透视墨线制图及渲染综合表达；A1）	5周
暑假作业		阅读报告			
		软件学习		CAD、3D MAX、Rhino 犀牛	

时段	课程名称	教学内容	作业名称	作业要求及完成方式	学时
二年级第一学期	建筑生成	建筑生成原理		从空间生成、结构生成和建筑形态生成出发,介绍关于建筑生成的基本原理。	每周1学时
		空间生成	江南园林分析-1	6 人组	1.5 周
			江南园林分析-2	6 人组(建筑空间的逻辑性)	1.5 周
			园林空间设计	个人组(厚板结构)	3 周
		结构生成	结构分析	6 人组(木结构、现代木结构等)	2 周
			校园展览空间结构设计	个人(结构构造大剖面、节点轴测图;200 m²)(现代木结构)	3 周
		建筑形态生成	形式生成分析	个人	1.5 周
			环境生成分析	个人	1.5 周
			校园艺术工坊设计	个人(工作＋展示＋交流;400 m²)(钢筋混凝土框架结构、钢结构)	3 周
寒假作业			阅读报告		
			软件学习	(CAD、3D-MAX、Rhino-犀牛)	
二年级第二学期（适用建筑学及历史建筑保护工程专业）	建筑设计	建筑设计原理		结合课程设计讲述建筑设计的基本原理和方法。	每周1学时
		社区公共建筑设计	社区公共建筑案例分析	3 人组	1 周
			社区公共建筑设计	个人(32 间学生公寓建筑设计、6 班幼儿园建筑设计、32 间老年公寓建筑设计;1 600 m²)(厚板结构、钢筋混凝土框架结构、钢结构)	7 周
		场地设计	城市花卉市场场地设计	个人(某城市席勒广场的周末花卉市场展车交通流线、顾客流线设计,展销空间组织;60 辆面包车停泊)	1 周

时段	课程名称	教学内容	作业名称	作业要求及完成方式	学时
二年级第二学期	建筑设计（适用建筑学及历史建筑保护工程专业）	城市公共建筑设计	城市公共服务设施建筑案例分析	3人组	1周
			城市公共服务设施建筑设计	个人（文化中心建筑设计、体育休闲中心建筑设计）（建筑内有一600 ㎡大跨空间，总面积2 000 ㎡/钢筋混凝土框架结构＋钢结构）	7周
		设计周—设计建造	设计周	班级组（二年级/第3学期—建筑学、历史建筑保护工程专业）设计与建造—国际学生联合设计 或 上海双年展国际学生展	1周
	建筑设计（适用城市规划及景观学专业）	类型建筑规划设计-1	集合住宅案例分析	个人	1周
			集合住宅设计	个人（建筑位于城市soho区，临街，建筑层数小于6层；共10户；其中：120 ㎡3户；90 ㎡以下7户。总建筑面积不超过1 000 ㎡/钢筋混凝土框架结构）	3周
		类型建筑规划设计-2	幼儿园建筑案例分析	个人	1周
			幼儿园建筑设计	个人（6班幼儿园；1 600 ㎡/钢筋混凝土框架结构）	3周
		场地设计	城市花卉市场场地设计	个人	1周
		类型建筑规划设计-3	社区会所案例分析	个人	1周
			社区会所建筑设计	个人（2 000 ㎡/钢筋混凝土框架结构＋局部钢结构）	3周
		类型建筑规划设计-4	汽车旅馆案例分析	个人	1周
			汽车旅馆建筑设计	个人（48间；24停车泊位；2 400 ㎡/钢筋混凝土框架结构＋局部钢结构）	3周

时段	课程名称	教学内容	作业名称	作业要求及完成方式	学时
二年级第二学期	建筑设计（适用城市规划及景观学专业）	备注		类型即一类事物的普遍形式（或者理想形式），其普遍性源于类特征，类特征使类型取得普遍意义。作为一个恒量或者说一个常数，类型可以在建筑中呈现和被辨认出来。 纵向：抽掉历史之维的"历史主义"。横向：扩充到城市，建筑与城市是同构甚至同一的。 类型—模型、原型、形式、图形、风格（传统建筑"功能类型"与"形式类型"相统一；现代建筑不分"功能类型"与"形式类型"）	

资料来源：同济大学建筑与城市规划学院设计基础学科组教学计划，张建龙提供，笔者重新编辑。

　　一年级第一学期的设计基础课程没有"建筑"这一修饰语，其教学目的主要是让学生建立一种全新开放的观察事物的方式和方法；以此相对应的理论课程——设计概论，则为学生未来建立带有批判性的自身判断提供一个宽厚的人文艺术背景和基本认知。一年级第二学期是建筑设计基础，包括建筑表达、建造基础和建造实践三大单元；与该阶段相对应的理论课程为建筑概论。建造基础和实践是该阶段建筑设计基础教学的主体内容，它让学生通过对"建造"这一动作的实际感受，建立对建筑最本质的一些要素的理解。而其中的"城市生存建筑设计"是在对某个真实环境进行研究、调查基础上的一个小型课程设计；它的主要目的是让学生能进入到真实环境中，深入了解当地住民的真实生活状态，然后自己拟定任务书并进行课程设计①。和原先传统经典的独立式小住宅设计比较，此时的学生被鼓励去挖掘使用者最根本的生存和生活需求，然后获取能满足该需求的空间状态和品质。对于建筑概论，其中一半的时间由卢永毅和伍江老师讲授中、西方建筑历史的沿革，让学生建立一个全景式的历史概念。另外一半则由学院不同方向教研梯队的 A 岗教授进行专题讲座，内容涉及中、西方建筑史、建筑技术、公共建筑、建筑评论等诸多领域。

　　二年级第一学期为建筑生成设计，由空间的生成、结构的生成以及建筑形态生成三大单元组成，主要训练概念生成、过程发展和结果之间逻辑线索的获取；与此相对应的，同时开设了建筑生成原理。二年级第二学期为建筑设计，相对应的理论课为建筑设计原理。该学期也是课程变革最大的一个阶段。在同济大学原有的建筑设计基础教学体系中，建筑系、城市规划系和景观学院都是完全统一

① 值得一提的是，该课程有意识地推崇一种社会责任意识和平民精神，而这也正是近年来同济建筑基础教学中一直在思考的问题。

的平台,而自 2008 年起则有所改变。由于各专业对建筑设计基础的要求不同,学制也有差异(建筑和城市规划是五年制,而景观学为四年制),对于规划和景观学的学生,到三、四年级都不再安排专业的建筑设计课程,因此需要在基础阶段加强类型学(主要是功能类型)上的系统设计训练①。于是,在二年级的第二学期,他们结合城市规划特点配置建筑类型,安排了包括集合住宅(4 周)、幼儿园(4 周)、社区会所(4 周)、汽车旅馆(4 周)以及场地设计(1 周快题)在内的 5 个课程设计,希望以此训练学生在限定的时间内,通过准确的判断进行快速的方案设计。该学期对于建筑系的学生则仍然采用原有的教学计划。

在近年同济大学建筑设计基础教学基于"空间体验"和"建筑生成"两个方向的教学探索中,我们看到了教师们对于教学的深刻思考,但是依然有许多问题等待研究和解答。

基于"空间体验"的建筑设计基础教学模式,是通过空间体验训练,鼓励学生对生活进行直接的切身体验和真正的理性思考,引导学生重新审视设计、审视生活,对专业形成"合而为一"的总体认识,并在"过程"中建立自己的研究方法,培养团队合作精神。这也是一个更加接近中国传统文化和哲学思维的相对感性的设计基础教学模式。在此过程中,体验并不是目的,而仅仅是一个手段,或者说介质。但是问题也由此产生:如何让此类体验转化为学生建立专业基础的一种自觉? 在看似玄妙的体验和紧接而来的实际课程设计如何建立专业的关联? 类似的疑问显然需要进一步的解答。

而在"设计基础—建筑设计基础—建筑生成—建筑设计"这样一个完整的教学序列中,针对核心的"建筑生成"环节,其初衷是希望用"生成"来把空间、形态、材料、结构、建造等建筑的基本问题整合一起,而事实上在现阶段的课程体系里,它们依然呈现相对离散的状态。特别是"空间的生成"和"结构的生成"仍然是两个相对独立的课程训练,目前尚缺乏一个内在的整体性措施。同时,建筑语境中的"空间"一词,反映到具体的图纸和设计中,其内涵和外延都相当复杂,诸如如何找到空间生成的原点和切入点? 生成的到底是什么? 其间的逻辑关系是怎样的? 其过程又是如何被呈现的……? 目前的教学这些方面还缺乏必要和具体的手段。同时,过分执着于生成"自下而上"的逻辑性,对于建筑设计中人的情感和创造的能动性以及在设计过程中的灵感和不可预测的启发,甚至包括建筑无可

① 规划系和景观系曾希望将整个二年级阶段的设计基础教学都改为各类型建筑的课程设计训练,但是 A7 团队坚持认为,三个学期的设计基础教学必须得到保证,这样才能建立完整的设计思维基础。

否认的艺术性,都会带来有意无意的损害。在"建筑生成"中,有一个词汇的转换,就是把和"功能"相对应的实施,用从下而上的"生成"取代了从上而下的"造型"这个词汇。其实,相对于"功能(function)",还有一个同样也是从下而上的词汇——"perform"。澳大利亚新南威尔士大学的建筑历史教授冯士达认为,我们以往分析中国的江南园林,往往会不自觉地陷入对园林平面的形状和功能之间的对应,实际也是对于以西方功能主题的一个预先设定,然而"perform"的概念却"更让我们把注意力转移到体验中来"①。这就给了我们一个新的启示,如果把"空间体验"和"建筑生成"结合起来,事实上就成为东方的身心体验和感性与西方的物质实证和理性的结合,差异性的文化背景和哲学思考的切入也许会给我们的建筑设计基础教学带来新的突破。

　　曾经在很长的一段历史时期里,大家都不敢或不愿意放弃既有的教学模式;即使在改革的过程中,传统的影响和羁绊也无处不在。这一方面是因为思想和习惯的惰性及惯性所致;另一方面,传统的教学模式历经数十年的沿革,也确实形成了一套成熟的完整体系,并且在某些建筑基本技能的训练上行之有效。可喜的是,同济大学建筑系经过几代师生的不懈努力,已经在多个方向有所突破。特别是在不断创新的教学思想指导下,许多传统的课题和手段已经得到更新:以往的作业模式和设置跟它所处的时代具有密切的关联,特别是对于形式的理解,都具有一个历史性的过程;而在当代的教学模式探索中,很多类型的题目已经不仅仅是对原有课题的局部改良,而是对作业模式和规范的一种革命性的脱离。同时,关于学生自身的探讨也得到了进一步的激发,作业不再片面强调规范性,而是呈现出一种创造的活力,令学生在一个令人兴奋的环境中不断受到熏陶,得以成长。无可讳言,教学上的这种改革,不管对于教师还是学生都是新奇而陌生的,有很多东西也还是尝试性的,有时甚至连出题的老师都无法确切把握课题的进程,或者有些课题可能还未结束就面临改变。从这点上理解,改革是永恒的。而对于同济大学建筑与城规学院设计基础学科组的教师们来说,他们的目标正是试图在有关建筑和设计的基本问题之间能够建立某种关联,并且完整地连贯起来,使建筑设计基础教育得以持续的科学发展。

　　今天,我们展望同济大学建筑设计基础教学体系未来的发展,应该可以看到以下的努力:建立"建构教学"与生态可持续发展、历史建筑保护、城市问题研究等议题相结合的设计基础教学核心;以"建筑设计基础"课程的教学研究带动学科建设,

---

① 冯士达,2009 年 4 月,同济大学建筑系建筑设计基础教学座谈会。

敏锐反映建筑理论和学科思想的最新发展,妥善配合、协调与整体的建筑专业教学之间的脉络关系,使建筑设计基础教学步入一个持续良性循环的状态;在总体教学大纲下组织教学内容、设计教学节点,使教学内容、课程体系、教学形式和教学组织体现开放性和灵活性;建立完善的教学质量保证体系,合理配备师资队伍结构;保证教材建设和教学条件,进一步完善教学评价模式,并进行有效督导。

回顾同济大学建筑设计基础教学体系近60年的发展历程,从"抵抗型"的学院式教学体系,到建筑形态设计基础教学体系,再到基于"空间体验"和"建筑生成"方向的设计基础教学体系新探索,同济走过了一条坎坷但坚定的道路,取得的成就有目共睹,但探索也远未到终点。

在同济大学建筑与城市规划学院,这样的一种努力也一定会继续下去。

8.4 结 语

2010年4月,由郑时龄院士担任课程建设总顾问、莫天伟教授主持的同济大学建筑系《建筑设计基础》课程被评为"国家级精品课程"。

就在本书行将结稿之际,2010年9月,同济大学建筑与城市规划学院D楼完成改造投入使用,6 500平方米的五层大楼,搬入的不仅是学院一、二年级的学生和整个的设计基础教学学科组(A7),还有模型加工作坊、陶艺工厂和剪纸工作室等艺术造型实验基地(包括新建的两个琉璃窑和一个陶窑)、数字生成实验室和计算机中心。同济大学不但第一次真正拥有了完善的手工制作场地,也在国内第一个拥有了独立专用的建筑设计基础教学大楼,在硬件配套上远远走在了国内兄弟院校前列,即使在国际建筑学校中也屈指可数。

与此同时,也是自2010学年起,同济大学建筑与城规学院开始实行新的建筑学专业教学机制——"4+2"本、硕贯通制[1],从而对该院的设计基础教学提供了新的机遇,也提出了新的挑战。

这,应该是又一个令人期待的开始吧!

---

① 原先同济大学建筑学专业实行的是5年制本科教学和2.5年制硕士研究生教学。按照新的"4+2"本、硕贯通制,实际上是4年本科教学加2.5年硕士研究生教学,其具体特征包括:(1)学制缩短;(2)多出口设置:共分为4年工学学士、5年建筑学学士、6年工学硕士以及7年国际双学位硕士等多个出口,其中60%学生可达到研究生出口;(3)本、硕课程学习一体化:本、硕课程可以互选;(4)国际化特征:每年计划有100个左右学生可取得国际双学位;(5)更加重视实践环节:学生在本科阶段和研究生阶段将分别有半年和1年时间,在指定的建筑设计研究院进行签约实习。2010年9月,笔者访谈黄一如老师。

附　录

附录1　同济大学建筑设计基础教学
发展简谱(1938—2010)

1938 年

在陈植、王华彬等筹划下,之江大学在土木工程系中成立建筑系。

1939 年

以中央大学建筑系课程为蓝本的建筑系全国大学统一课表颁布实施。

之江大学建筑系采用了传统学院式的教学体系。

1941 年

之江大学内迁至云南,建筑系被特许留在上海的慈淑大楼(今南京东路 353 号东海大楼)内继续教学。

1942 年

应圣约翰大学杨宽麟教授邀请,刚从哈佛大学设计研究生院毕业的黄作燊在土木工程系成立了建筑组,之后成为独立的建筑系。

在借鉴包豪斯和哈佛大学建筑教学特点的基础上,圣约翰大学建筑系的基础课程体系为"初级理论课"+"建筑画"+低年级的"建筑设计"。

1945 年

之江大学迁回杭州,一、二年级基础阶段的学习在位于杭州钱塘江畔的主校区完成,高年级继续留在上海慈淑大楼。

1946 年

谭垣和吴一清加入之江大学,并由吴一清主要负责一、二年级的初级图案和美术课程。该阶段之江大学建筑系的设计基础课程体系为"建筑初则及建筑画"＋"初级图案"。

冯纪忠从奥地利维也纳留学回国。

1947 年

冯纪忠被聘为同济大学土木系兼职教授。

傅信祁毕业留校担任冯纪忠助教。

1948 年

冯纪忠被聘为同济大学土木系专任教授,为高年级学生增设了建筑设计、城市规划等方面课程,并与金经昌一起在土木系中成立了市政组。当时冯纪忠主要负责建筑教学,金经昌负责城市规划教学。

冯纪忠请来陈盛铎担任素描和水彩教学,以加强学生的艺术修养。同济大学土木系当时并没有专门的建筑初步类课程,也没有渲染练习,仅在设计作业的成果表达中提倡尽量使用色彩表现。

1949 年

新中国成立。

汪定曾加入之江大学,开始提倡采用模型进行设计辅助,并具有了更为明显的现代建筑教学特征。

圣约翰大学增聘周方白、陈从周、陆谦受等教师,还先后动员了李德华、王吉螽、白德懋、罗小未、樊书培、翁致祥等本校毕业生留校参与教学工作。圣约翰建筑系建筑初步类课程得到延续和完善,又增设了新的"工艺研习"课程,其中有"陶器制作"和"垒砖实验"。

1951 年

以清华大学"建筑系课程草案"为蓝本的全国统一课程表颁发。

大同大学及光华大学土木系并入同济大学土木系市政组,随之加入的有唐瑛、徐福泉、朱永年和丁昌国老师。市政组开始在二年级增设"建筑美术",由冯纪忠主讲。

1952 年

9月,在全国高等院校调整合并的浪潮下,新的同济大学建筑系成立。新建筑系由原之江大学建筑系、原圣约翰大学建筑系、原同济大学土木系市政组(先期已并入大同、大厦及光华大学土木系)部分教师,及交大、复旦、上海工专等校部分教师及美院建筑组学生组成。还有从南京工学院毕业后分配来的戴复东、吴庐生、陈宗晖和徐馨祖四位教师。当年招收了第一届新生,学制四年。首任副系主任为原圣约翰大学建筑系的黄作燊(正系主任暂缺)。

建筑系设建筑学(初名房屋建筑)及城市建设与经营(初名都市计划与经营)两个专业,另有建筑设备及建筑施工两门专修科(只有一届),并设立建筑设计、建筑构造、城市规划、美术、建筑历史、画法几何与工程画、建筑设备、建筑施工等教研室和组。罗邦杰为构造教研室主任。

当时的建筑设计初步课程教学由建筑构造教研室的吴一清老师负责,同时任课的老师还有唐瑛、王吉螽、吴庐生等。

当年的"建筑初步"课程被安排在一年级的两个学期内完成,每周课内 6 学时,共 210 个学时,初时并无专门的建筑概论和原理课程。

1954 年

吴景祥任系主任,黄作燊续任副系主任。建筑学专业由四年制改为五年制。

建筑设计初步课程延长到 3 个学期(每周 8 学时),在一年级第二学期增设了"建筑构图原理"(每周 2 节课)课程。主要课程内容则基本沿袭了原之江大学的教学模式,以古典建筑构件的渲染表现和古典美学原理的学习为主,包括字体及线条练习、色块水墨渲染、罗马柱式水墨渲染、建筑立面渲染等。

下半年,罗维东到系中执教,并主持建筑设计初步教学,在原有的建筑初步课程中带来了一些现代主义的新理念及手法:减少了古典建筑渲染课程训练,并新增加了绘图桌测绘、建筑测绘、色块抽象构图、招贴海报设计等内容,其中最有代表性的是具有构成特点的"组合画"练习;同时,在建筑初步课程结尾增加小型建筑设计,题目为"校门设计"和"公园阅览室"设计。

1955 年

建筑学专业由五年制改为六年制。建筑系申报正式成立城市规划专业。

1956 年

中央提出"百家争鸣、百花齐放"的"双百方针"。

冯纪忠任建筑系主任,副主任为黄作燊。冯纪忠提出"花瓶式"教学模式。

同济大学建筑系扩展到建筑学和城市规划两个专业四个小班。建筑初步课程的任课老师除了罗维东、吴一清之外,还有赵汉光、郑肖成、陈渭、陈光贤、张家骥(1957)等教师。

建筑初步课程缩短到两个学期,罗维东继续进行现代建筑设计基础教学实验,建立了较为完整的糅合了传统的渲染练习和现代思想下的创造性思维训练课程的建筑初步课程体系;并在"建筑构图原理"课程中增加了设计原理内容,讲述现代建筑思想和理论,介绍现代建筑大师及其作品,以此开拓学生视野。

新生入学开始加试素描。

1957 年

全国展开"整党、整风、大鸣大放"运动，不久开展反右派斗争。

新生入学取消素描加试。

年底罗维东离开同济大学前往香港，建筑设计原理即告停顿。

1958 年

全国开展"总路线""大跃进""人民公社"运动。

同济大学撤销建筑系，建筑学专业并入建筑工程系。同济大学建筑设计院成立。

原有制度化、正规化的大学教育遭到彻底改变，一、二、三年级的学生们常常被重新混合编组，由专业老师带领到不同的乡镇去搞"人民公社"规划。

1959 年

继续大跃进。

建筑初步恢复为三个学期（每周 6 学时，另安排课外 8 学时），同时在一年级第二学期开设"建筑原理及理论"（每周 2 学时，另安排课外 1 学时）。但是大量的实践性教学和公益劳动打乱了正常的教学秩序，低年级学生除了零星断续的进行一些基本的绘画制图训练，更多的时间则是和高年级一起奔赴生产实践第一线，直接在实际的工程设计中进行现场教学。

安怀起、龙永龄进入同济大学建筑系担任教师。

1960 年

冯纪忠提出"空间原理"讲授提纲（此提纲 1956 年开始酝酿，1961—1966 年进行了教学实践）。

在全国建筑院校普遍恢复传统"学院式"建筑初步教学模式的背景下，同济大学建筑系也开始重视学生对于"渲染"等建筑表现基本功的训练培养。

卢济威老师（南京工学院毕业）到同济大学参加建筑初步教学，带来了南京工学院的一套"中古"渲染及构图系列练习，并取得了良好的教学效果。

1961 年

贾瑞云、余敏飞、张为诚本科毕业后留校担任教师。

1962 年

建筑学专业由建筑工程系分出，归入重新恢复的建筑系，冯纪忠任系主任，黄作燊、李德华任副系主任。建筑系扩展成为民用建筑教研室、工业建筑教研室、建筑构造教研室、建筑历史教研室和美术教研室。建筑设计初步的教学由建筑历史教研室的吴一清老师负责，其他任课的老师还有安怀起、卢济威、张为诚等。

　　为配合"空间原理"教学体系的有效实施,一年级的建筑初步教学主要从两个方面进行探索:其一,结合古典园林建筑立面组合构图的水墨渲染作业,探索其中的空间关系,培养空间意识;其二,进一步加强了对最后一个小型建筑设计课程的重视。当时建筑初步教学内容主要包括:字体练习、线条练习、建筑抄绘、建筑测绘、色块水墨渲染、人民大会堂建筑立面水墨渲染、中国古典园林建筑立面组合构图水墨渲染、小建筑设计等。

　　赵秀恒、郑有扬本科毕业后留校担任教师,参与建筑初步教学。

1963 年

城市规划专业由城市建设系调出,回归建筑系。

沈福熙本科毕业后留校担任教师。

1964 年

黄仁进入同济大学建筑系担任教师。

1966 年

"文化大革命"开始,学生停课闹革命,整个教学停顿。

1968 年

建筑工程系、建筑系等部分师生被划入新成立的"五七公社"。

1971、1972 年

同济大学招收了两批免试保送的工农兵学员,在当时隶属建工系的"五七公社"学习,以工民建为主,但课程中有房屋建筑学。同济建筑系的部分老师被调派到建工系,负责房屋建筑学的课程教学,教学形式是完全与工地结合的"三结合"教学。

1973 年

成立建筑学专业筹备组,关天瑞为组长。在卢济威、阮仪三等老师的共同筹办下,重新恢复了建筑学专业。

建筑学招收第一班工农兵学员免试入学,三年制(1973—1976 年建筑学专业连续招收四届工农兵学员)。

除了结合实际工程的设计课程之外,包括建筑设计初步在内的其他大部分课程在该阶段逐步有所恢复。建筑设计初步仍然由吴一清老师负责,其他还有卢济威、王秉全、张为诚等老师。教学内容包括字体和线条练习,画法几何,小型建筑抄、测绘,构造与结构知识以及钢笔画临摹和水彩渲染等。

1975 年

黄作燊教授因患脑溢血逝世。

1976 年

阴佳(上海大学美术学院油画系毕业)进入同济大学建筑系担任美术教师。

1977 年

全国高等院校恢复统一公开招生,正常教学开始恢复。

同济大学建筑系恢复招生,学制四年。冯纪忠、李德华恢复正副系主任。

建筑设计初步教学被安排在一年级两个学期,每周课内 4 学时、课外 6 学时,由民用教研室承担。

第一次出现了"建筑设计基础"的称谓,这也是国内第一个正式的"建筑设计基础"课程名称。教学内容基本上延续了文化大革命之前的课程设置,除了建筑基础理论,字体与线条,渲染基本技法,色彩基本知识,光影明暗分析,建筑表现及技法,建筑抄、测绘和小设计等传统课程外,还增加了"文具盒设计与制作"和"标题构图——《科学的春天》"两个新作业,极大地激发了学生们的创作积极性。冯纪忠先生亲自讲授了第一节的"建筑基础理论"课,戴复东先生为学生上了第一节的幻灯课。

1978 年

随着第二届学生的招收和年级的增多,形成了以年级教学为主的教学小组。当时担任建筑设计基础课程教学的"一年级教学小组"的任课老师有:赵秀恒、刘佐鸿、王良振、王曾纬、贾瑞云、刘利生、陈忠华等。

建筑初步课程除了原有的传统练习,又陆续增加了书籍封面设计、唱片套设计、海报设计等多种内容的训练。

1979 年

赵秀恒老师在《同济大学学报》第四期发表了题为"建筑·建筑设计——《建筑设计基础》课的探讨"的文章,不但首次提出了"建筑设计基础"的概念,同时将"建筑设计能力"作为建筑设计初步的主要教学目的和手段,奠定了此后新体系建立的基础。

1980 年

贝聿铭教授来建筑系讲学,并受聘为名誉教授。

建筑设计基础教学的指导思想确定为"两个认识"和"一个能力"的培养:对建筑有一个符合客观历史发展的认识;对建筑设计有一个比较理性的认识;获取一定的建筑设计的能力。

1981 年

罗小未赴美讲学访问,开创了教师出国交流的大门。

德国达姆斯达特大学的贝歇尔教授夫妇来访,带来了一组建筑设计基础课题作业,其共同的特点是设计成果必须以模型表达。以"制作"来强调学生动手能力的培养,这也成为此后同济大学建筑系最主要的特点之一。

莫天伟(清华大学建筑系硕士研究生毕业)进入同济大学建筑系,参与建筑初步教学。

1982 年

建筑初步教研室成立,专门负责一年级的建筑设计初步教学。首任教研室主任为赵秀恒老师;最初的老师还有王曾纬、贾瑞云、刘利生、陈忠华、郑孝正、何义芳、李岳荣等;之后又有沈福煦、王绍周、刘双喜等任课老师加入。

赵秀恒老师在《建筑师》第 12 期翻译发表了《空间的限定》一文。

郑孝正本科毕业留系担任教师,参与建筑初步教学。

1983 年

恢复"建筑设计初步"的课程名称,并将课时由之前的每周 4 学时,扩大到每周 7 个学时。

在建筑设计基础教学中率先借鉴和引进了"形态构成"(包括平面构成、立体构成、色彩设计和空间限定)等新的教学方法和教学内容,增设了关于形态构成系统原理和实践的教学环节,通过对形态、色彩和空间的抽象分析和训练,更好地帮助学生提高塑造形态的能力、把思维元素联结成形象系统的能力以及开发创造性思维和扩散思维的能力。

1984 年

正式开设"建筑概论"课程(此前赵秀恒老师曾在设计初步课程中讲授现代建筑知识和基本构成原理,但并无专门的建筑概论课程),主要由赵秀恒老师和刘佐鸿老师(后调往同济大学建筑设计研究院任院长)主讲。

1985 年

由"建筑原理＋建筑制图及表现＋形态构成"为整体构架,初步建构了一套涵盖了一年级两个学期的完整的建筑形态设计基础教学体系的雏形。

"繁荣建筑创作学术座谈会"在广州召开,莫天伟老师作了题为《形象思维与形态构成——建筑创作思维特征刍议》的大会发言,这既是当时大会上唯一一个高校系统的发言,也是唯一一个关于建筑教学内容的发言。

李兴无、廖强、郑士寿硕士研究生毕业留系担任教师,参与建筑初步教学。

1986 年

同济大学建筑与城市规划学院成立,下设两系一所,分别为建筑系、城市规划系和城市规划与建筑研究所;首任院长为李德华任教授,戴复东教授任建筑系主任。

戴复东提出了建立"建筑设计基础"教学平台的设想,希望通过两个学年连续的建筑设计基础教学,突破以往一年制的建筑初步教学的局限,构建完整的建筑设计基础教学体系。

建筑设计基础教研室成立。明确了以一、二两个学年为完整阶段的学院公共基础平台的建设计划,并确立了"建筑设计基础"这一课程名称。

新成立的建筑设计基础教研室由原先担任一年级教学的建筑初步教研室和担任二年级专业教学的民用建筑教研室部分教师合并重组而成,并分设了两个独立的设计基础教研室。其中建筑设计基础教研一室由莫天伟任教研室主任,黄仁任副主任,其他教师还有童勤华、庄荣、沈福煦、贾瑞云、龙永龄、来增祥、郑士寿、廖强等;建筑设计基础教研二室由余敏飞任教研室主任,郑孝正任副主任,其他教师还有胡庆庆、吕典雅、陈宗晖、刘利生、郑友扬、李兴无等。

赵秀恒老师赴日本访问学习,建筑设计基础教学由莫天伟和余敏飞两位老师共同负责,《建筑概论》由沈福煦老师统一讲授。

达姆斯达特大学的 Juergen Bredow 教授到同济建筑系进行为期一个月的讲学,带来一个"展览空间"的作业。

1987 年

建筑学专业改为五年制。

郑孝正老师从德国留学归校,《建筑概论》由沈福煦和郑孝正两位老师分别代表各自教研室独立授课。

"展览空间"作业正式被纳入同济大学建筑设计基础教育体系,一直延续至今。

1988 年

张建龙、徐樑、乐星、俞文斌毕业留系担任教师,参与建筑初步教学。

1989 年

建筑学专业调整教学计划。根据该计划,建筑系的五年制建筑学本科教学分为三个阶段:一至二年级的建筑设计基础阶段,三至四年级的建筑设计深入、扩大阶段和五年级的建筑设计综合阶段。而建筑设计基础教学体系则由建筑概论,建筑认知、建筑表达及表现以及形态设计基础(包括了二年级下学期的建筑设计入门训练)三大板块综合而成。

莫天伟老师出版《基本设计:视觉形态动力学》(翻译于 1988 年)一书。

由戴复东、莫天伟、余敏飞等主持的同济大学《建筑设计基础教学改革》获得上海市级优秀教学成果奖。

李振宇(硕士)、戴烈(本科)、马卫东(本科)毕业留系担任教师,参与建筑初步教学。

1990 年

形成了由"理论教学(一年级的建筑概论及二年级的建筑设计原理)＋建筑表达及表现＋形态设计训练(包括二年级下学期的建筑设计入门训练)"三个部分有机组成的"建筑设计基础"训练系统。

卢济威教授提出"以环境观形成建筑设计教学新体系"的设想。

1991 年

由莫天伟老师执笔主编、赵秀恒审稿的《建筑形态设计基础》一书作为教育部推荐教材由中国建筑工业出版社正式出版,随后获得第三届全国高等院校优秀教材奖。该书的出版发行,标志着同济大学建筑系新的建筑形态设计基础教学体系的确立。

建筑系建立了为教学服务的模型实验室,向学生提供材料、工具和定型的地形模型,并组织示范教学。

1992 年

全国高等学校建筑学专业教育评估委员会成立,通过对清华大学、同济大学、东南大学和天津大学的本科建筑学专业进行首次试点评估,并正式开始实行建筑学专业学位制度。

建筑设计课程更加注重模型教学环节,强调模型与绘图并重,并且要求从一、二年级就开始学习模型制作的基本方法,使每个学生都具有模型表现的基本能力。

黄一如(博士)、孙彤宇(硕士)毕业留系担任教师,参与建筑初步教学。

1993 年

由卢济威、朱谋隆、余敏飞、沈福煦、王伯伟等教师主持的"以'环境观'建立建筑设计教学新体系"获得国家级优秀教学成果奖二等奖和上海市一等奖。

庄宇(硕士)、徐甘(硕士)、周芃(硕士)毕业留系担任教师,参与建筑初步教学。

1994 年

8月,由沈福煦执笔编著的《建筑概论》正式成书出版。

戴松茁(华中理工大学本科、同济大学硕士)、丁平乐(同济大学硕士)进入建筑系任教,参与建筑初步教学。

1995 年

章明(硕士)毕业留系担任教师,参与建筑初步教学。

1996 年

上海城建学院建筑系和上海建材学院室内设计与装饰专业并入学院建筑系。

我国注册建筑师制度正式建立。

赵秀恒老师开始酝酿和制定《建筑学专业教学总纲》,并在此基础上修订各门课程的教学大纲,建立更加具体深入的《教学子纲》(此项工作一直延续至1999 年)。

戚广平(西南交通大学本科、同济大学硕士)、李麟学(硕士)毕业留系担任教师,参与建筑初步教学;关平(大连理工大学本科、同济大学硕士,原上海城建学院建筑系老师)、施中才、汤众(原上海建材学院老师)进入建筑系任教,参与建筑初步教学。

1997 年

学院陶艺研究室成立(由建筑设计基础教研一室和美术教研室的阴佳老师共同负责),为设计基础教学中的艺术造型训练提供了条件。

根据新的《建筑学专业教学总纲》和《综合类教学子纲》的要求,学院对原有的教学计划进行了整体调整。从一年级到二年级第一学期(共三个学期)为"启蒙与初步"阶段,二年级第二学期到四年级为"建筑设计入门"阶段,其中建筑设计基础教研室承担的教学任务仍为一、二两个年级共四个学期。

1998 年

进一步完善了以两年为系统的"建筑形态设计基础"教学体系,形成了由"理论教学(包括建筑概论及建筑设计原理)+建筑表现(包括建筑表达及表现,并特别注重了模型和工具使用等'制作'的训练)+形态设计训练(包括二年级下学期的设计训练)"三个部分有机组成的"建筑设计基础"训练系统;完成了一、二年级由启蒙到设计入门——一个初步而完整的学习循环;促进和最终完成了"两个阶段循环前进"的整体教学计划和大纲的思想。

1999 年

6 月 22 日,国际建协第 20 届世界建筑师大会在北京召开。

6 月 15 日,中共中央、国务院在北京召开改革开放以来的第三次全国教育工作会议,发布了《中共中央、国务院关于深化教育改革,全面推进素质教育的决定》。

全国高等学校建筑学专业指导委员会年会暨第二届建筑系(院)主任会议在昆明召开。

汤朔宁(硕士)、俞泳(硕士)毕业留系担任教师,参与建筑初步教学。

2000 年

上海铁道大学建筑学专业和装饰艺术专业并入同济建筑系。

同济大学建筑系的"建筑设计基础"体系成为全国高等建筑学专业教学指导委员会推行的标准课程。

郑孝正老师和他的设计基础第二教研小组编写了《设计的创造性思维训练教程》。

12 月,冯纪忠先生向学院师生作题为"门外谈"的学术讲座。

该年起,张建龙老师所在的设计基础第一教研小组和美术教研室的阴佳老师共同探索,建立了一个课内 2 周,课外 3 周的艺术造型训练课程,在早期曾被称为"陶艺工厂"。

2001 年

时任同济大学建筑与城规学院院长的王伯伟教授提出了"加强学科建设,提升核心影响力"的目标。

5 月 25—31 日,《同济大学建筑学生作业展》在上海美术馆展出,冯纪忠教授为展览题词:"缜思畅想。"

莫天伟和卢永毅教授在《时代建筑》增刊上发表《由"Tectonic 在同济"引起的——关于建筑教学内容与教学方法、甚至建筑和建筑学本体的讨论》一文。

建筑设计基础教学开始在文化重塑与设计思维能力培养方向展开拓展和深化。一方面将两年的建筑设计基础教学训练划分为两个阶段:一年级的中西方建筑、艺术历史学习及建筑表达训练阶段,二年级的现代建筑思维方式形成阶段;另一方面,教学架构在原先三大内容体系基础上,又进一步拓展细化为"建筑表达＋建造实践＋艺术实践＋研究分析＋设计"五大训练模块。

2002 年

学院作为同济大学新一轮岗位聘任工作的试点单位,撤销了原有的以任务安排为主的固定组织机构——教研室,建立了由 12 名受聘的 A 岗责任教授及其领导下的 31 名 B 岗人员,124 名 C、D 岗人员组成的新一轮岗位聘任的学科团队。其中,A1 团队作为"设计基础"教研团队,由莫天伟领衔担任 A 岗教授,并分别由郑孝正和张建龙担任 B 岗教授,成为该学院人数最多的一个教学科研团队。

作为"2002上海双年展"的三大组成部分之一,由建筑与城规学院及上海美术馆联合承办了主题为"都市营造"的国际学生展。由此开始形成同济大学建筑与城规学院、清华大学建筑学院、中央美术学院和中国美术学院的"四校联盟"。

2003 年

学院正式提出"固本、内聚、外拓"三大发展战略。

莫天伟老师获上海教育委员会第一届上海高等学校教学名师奖。

德国 Darmstadt 大学 Moritz Hauschild 教授来学院联合教学(建筑空间设计)。

德国造型艺术家 Ulf Ludzuweit 来学院联合教学(艺术造型创作)。

陈泳(博士)毕业留系担任教师,参与建筑初步教学。

2004 年

学院确定"在国际上成为中国建筑规划设计的旗帜,在国内成为国际学术动态先导"的办学目标。

5 月 28 日,学院教学创新基地成立,共有设计基础形态训练基地、传统建筑测绘实践能力培养基地、艺术教学基地等 10 个分基地。

莫天伟教授主持的同济大学建筑系《建筑设计基础》课程被上海市教育委员会评为"上海高等学校教学质量与教学改革工程'市级精品课程'"。

设计基础学科组第一教研小组开始尝试建立"建筑生成基础"课程教学。在一年级教学计划中建立了一个包括建筑的形态生成、空间生成和结构生成三个阶段的课程训练体系,而相互综合的过程则被安排在二年级第二学期的综合设计训练之中。

德国 Wuppertal 大学 Norbert Thomas 教授来学院联合教学(艺术造型基础),带来了一份"网络渐变"作业。

美国 Hawaii 大学缪朴教授来学院联合教学(庭院家具设计)。

岑伟(博士)毕业留系担任教师,参与建筑初步教学。

胡滨(东南大学本科、美国佛罗里达大学博士)进入同济大学建筑系担任教师,参与建筑初步教学。

2005 年

经过反复酝酿,学院正式推出学院精神:"缜思审美的理性学风,畅想进取的创新传统,博采众长的全球视野,造福社会的宗旨认同",并通过了同济大学"建筑与城市规划学院学科组建设大纲"。

4月,建筑设计基础教学学科组举办题为"基础教学实验展2005"的学生作品展览。

设计基础学科组第二教研小组开始尝试建立"空间体验"设计基础教学。

澳大利亚皇家艺术家协会孙勇教授来学院联合教学(纸雕设计创作)。

中国上海大学王颉英教授来学院联合教学(木刻设计创作)。

李立(东南大学博士)进入同济大学建筑系担任教师,参与建筑初步教学。

2006 年

经过几轮推进,学院终于完成了学科建构的总结构,形成16个学科梯队:A0人居环境、A1城市发展理论、A2中国传统建筑、A3外国建筑史论、A4遗产保护与利用、A5建筑设计方法、A6建筑技术、A7设计基础、A8艺术设计、A9公共建筑及环境设计、A10住宅设计与住宅发展、A11城市设计理论与方法、A12城市更新与设计、A13建筑集群设计、A14景观规划与设计、A15生态城市环境、A16城市与区域规划理论与方法;两个院士团队:AD建筑与高新技术、AZ建筑与城市空间。其中,A7设计基础学科组继续由莫天伟老师担任A岗教授,郑孝正和张建龙老师分别担任B岗教授,具体负责"设计基础"一、二两个学科教研小组。

学院教学质量保证体系从2006-2007学年第一学期开始试行。

伴随着学院十大创新基地的建设,艺术造型训练课程得到了进一步发展和完善,建立了完整的教学体系和方法。内容包括砖雕、木雕、纸雕、琉璃、陶艺、剪纸、钩编、版画,甚至利用计算机控制的机器来做木雕等。2007年同济大学百年校庆时,一些学生作品被校部作为赠送贵宾的特别礼物,其中一件绘瓷作品被赠送给了来访的意大利总理普罗迪。

2007 年

以郑孝正为项目负责人,李兴无、徐甘、周芃、王志军、朱晓明等教师共同参与的"体验空间——以设计基础教育为背景的'体验'教育体系创新研究"以及以张建龙为项目负责人,赵巍岩、孙彤宇、戚广平、俞泳等教师共同参与的"设计基础教学中的形态构成训练方法",获得同济大学教学改革研究与建设项目正式立项,开始了为期两年的教学研究和实践(两个项目均于2009年10月完成结题)。

5月,设计基础第一教研小组首次设置了一个真实的建造课题——纸板屋建造。

德国 Stuttgart 大学 Siegfrid Irion 建筑师、法国 Jeremy Cheval 建筑师来学院联合教学（住宅设计），法国蒙彼利埃国立建筑学院国际事务部主席 Christine Esteves 参与住宅设计评图。

澳大利亚皇家艺术家协会孙勇教授来学院联合教学（纸雕设计创作）。

亚洲基金会 Ryan Danforth Dick 来学院联合教学。

2008 年

建筑设计基础教学的课程名称开始调整，一年级第一学期称为"设计基础"、第二学期称为"建筑设计基础"，二年级第一学期称为"建筑生成设计"、第二学期称为"建筑设计"。同时一年级的设计基础课时也从以前的每周 6 学时调整为每周 10 学时，形成了设计基础—建筑设计基础—建筑生成设计—建筑设计的完整教学序列，并且初步建立了新的"建筑生成"设计基础教学体系。

"纸板屋建造"推广到全院的设计基础教学，并命名为"24 小时建造节"，定于每年 6 月 1 日左右进行。

德国 Stuttgart 大学 Siegfrid Irion 建筑师来学院联合教学（学生公寓设计）。

法国 Jeremy Cheval 建筑师来学院联合教学（住区会所、汽车旅馆设计）。

德国柏林工业大学 Peter Berten 教授来学院联合教学（文化中心设计）。

2010 年

4 月，由郑时龄院士担任课程建设总顾问、莫天伟教授主持的同济大学建筑系《建筑设计基础》课程被评为"国家级精品课程"。

9 月，学院 D 楼完成改造投入使用，专供设计基础教学使用。同时迁入模型加工作坊、陶艺工厂和剪纸工作室等艺术造型实验基地（包括新建的两个琉璃窑和一个陶窑）。

建筑与城规学院开始实行新的建筑学专业教学机制——"4＋2"本、硕贯通制。

设计基础课时调整为每周 8 学时。

注：作为历史研究，本附录力求真实全面地再现历史场景和线索。但是由于曾经参与过同济大学建筑初步和建筑设计基础教学的教员人数众多且一度变动频繁，加之笔者资料收集的局限，难免仍有部分教师和事件未能详尽录入，笔者将在后续的研究中进一步补充完善。

附录 2　同济大学建筑系教学大纲、
课程设置及教学计划

附表 2‑1　1950—1951 年教育部颁发建筑系建筑设计组统一课程草案

课程分类	课 程 明 处	授　课　内　容
政治、社会、文化背景课程	*政治课	社会发展史及新民主主义论
	*西方建筑史	西方建筑系统的演变过程,包括史前、埃及、西亚、罗马、初期基督教罗蔓、高直、文艺复兴及近代建筑
	*东方建筑史	东方(中国、印度、日本)建筑发展的概略
	西方绘塑史	介绍西方各时代绘画雕塑的风格及作为一个建筑师对绘画雕塑应有的介绍
	中国绘塑史	介绍中国各时代绘画雕塑的风格演变及作为一个中国人民的建筑师对本国绘画雕刻应有的认识
自然科学及工程课程	*工厂劳作	木工练习
	*微积分简程	讲授有关工程学科上应用的微分和积分
	*静力学及图解力学	静力学中之图解问题
	*材料力学	分析材料内部的应力应变的关系,各种静定不静定梁的变形与内力,柱的理论等
	*房屋结构学	有关房屋结构应力与分析原理,包括力学之复习,静定及超静定结构之解法结构之变位机空间结构等
	*房屋结构设计	各种房架设计及钣梁设计的练习绘制总图及大样等,并包括计算
	*钢筋混凝土的结构	各种梁接板柱及受力柱基脚挡土墙等理论及细节
	钢筋混凝土设计	挡土墙房屋钣梁等
	*房屋应用科学	房屋声学电焰学
	*房屋建造学	房屋建造的材料和施工方法,包括基础工程、泥水工程、木作工程、钢筋混凝土工程和钢铁工程
	房屋机械设备学	暖气通风水电的装置及设计
	*简单测量	测量仪器的构造,简单测量工作的原理和方法

续　表

课程分类	课程明处	授　课　内　容
自然科学及工程课程	* 施工图说	施工图，施工说明书
	业务及估价	建筑师的业务范围和执行方法，并包括组织及管理、建筑法规工程文件、估价方法、施工程序等
表现技术课程	* 素描	训练学生观察能力，并能精确的徒手绘画
	* 建筑画	包括 1. 建筑制图绘图仪器之使用 2. 画法几何（空间中点线面立体之各种形象及关系） 3. 阴影画法（点线面各种立体，建筑部分及阴影求绘法） 4. 透视画法（一点、两点、三点透视法，室内透视图，鸟瞰图等）
	* 绘画	铅笔画、钢笔画、水彩画、摄影
	* 雕塑及模型制作	建筑模型及装饰雕塑
综合研究课程	* 建筑设计概论	建筑设计的一般理论，如建筑之定义原理，建筑的形式结构、装饰，建筑的单位、种类，建筑物与人的关系……
	* 市镇计划理论	人民的基本生活需要，研究城市的功能，城乡体型，我国城市问题及发展趋势，城市设计理论思潮
	工艺美术概论	介绍我国及西方的工艺美术
	* 专题演讲及讨论	
	* 造园学	庭园设计理论与技术
	* 建筑设计（一—六）	
	建筑设计（七—八）	
	工艺美术及室内设计	室内设计及家具等物的全部设计
	* 论文	
	校外实际工作实习	校外实际工作上的实习是辅助校内教学的不足，这一段实习最恰当的安排，是在四年级下学期，即从寒假开始到暑假结束为止，一个完整的工程季节，包括设计绘图、结构计算、招标、订约、请照，全部施工，直到完工的完整过程，予以整个的认识和观摩

注：带"*"为全系各组必修课（全系选修课程未列入）。资料来源：之江大学建筑系档案。

附表 2－2　1952 年同济大学本科房屋建筑学专业教学计划

顺序	科程	学期分配			时　数					学年及学期科程时数分配							
		考试	考察	设计和论文	总计	时间分配				I 学年		II 学年		III 学年		IV 学年	
						讲授	实验	讨论及自习	设计及论文								
1	新民主主义论	2	1		105	105				3	3						
2	马列主义基础	4	3		152	152						4	5				
3	政治经济学	6	5		146	146								5	4		
4	俄文		1—6		338			338		4	4	3	3	3	3		
5	高等数学	1,2	1,2		140	80		60		4	4						
6	投影几何	1	2,3		212	106		106		4	4	4					
7	普通测量学	1	1		72	36	36			4							
8	理论力学	2	2		68	40		28			4						
9	材料力学	3	3		90	54		36				5					
10	结构力学	4	4		64	40		24						4			
11	建筑材料	5	5,6		100	50	30	20						4	2		
12	建筑业务	8			21	21											3
13	建筑机械	8			42	28	14										6
14	建筑构造	1,3	1—3	2,3	265	124	20	21	100	5	5	6					
15	建筑施工及组织	7,8	7,8	8	74	50		10	14								2
16	木结构	4	4	4	48	20		8	20					3			
17	钢结构	5	5	5	90	36			54					5			
18	钢筋混凝土结构	6	6,7	6,7	180	90			90							6	6
19	土壤力学及基础工程	7	7		48	32		16								3	
20	给水排水		7		32	24		8								2	
21	建筑设备		5	5	72	36			36					4			

顺序	科　程	学期分配			时　数				学年及学期科程时数分配							
		考试	考察	设计和论文	总计	时间分配				I 学年		II 学年		III 学年		IV 学年	
						讲授	实验	讨论及自习	设计及论文								
22	建筑应用光学	5	5		54	30		24						3			
23	建筑应用声学	6	6		42	30		16							3		
24	暖房通风	7	7		48	32		16								3	
25	素描		1,2		140	35		105		4	4						
26	水彩		3,4		102	34		68				3	3				
27	中国建筑史	3,4			68	68						2	2				
28	西洋建筑史	3,4			68	68						2	2				
29	现代建筑概论	8			14	14											3
30	城市计划	6			56	56									4		
31	造园学	6			28	28									2		
32	建筑初步		1,2	1,2	210	70		35	105	6	6						
33	居住建筑设计		3—6	3—6	300	54		34	212			6	4	4	4		
34	公共建筑设计		4—7	4—7	384	96		64	224				6	6	6	6	
35	工业建筑设计		7,8	7,8	106	24		24	58							4	6
36	城市建筑设计		7	7	96	32			64							6	
37	体育		1—4		138			138		2	2	2	2				

实　习	学　期	周　数
1. 测量实习	2	3
2. 第一次生产实习	4	4
3. 第二次生产实习	6	8
4. 毕业实习	8	5
合计周数		20

资料来源：同济大学建筑系教学档案。

附表 2-3　同济大学建筑设计基础教研二室一年级
课程计划(1995—1996 学年)

时段	教学目的	作业题目	课程内容及要求	课 程 目 的	学时
一年级第一学期	选择较有影响的建筑作为学生练习的内容,使学生对建筑有初步的认识。重点是基本表现能力的训练。并加强模型制作的表现,加深学生对建筑的具体的理解。	1. 线条练习	工具线条(直线、曲线粗细线)的绘制	熟悉工具机绘图基本技能。	2 周
		2. 建筑抄绘(一)	密斯·凡·德·罗的德国馆抄绘及模型制作	进一步熟悉建筑制图,了解建筑图与形态的关联。	图纸2 周,模型4 周
		3. 渲染练习	色块渲染——李斯特头像渲染	加强色彩,明暗训练了解渲染技法。	2 周
		4. 建筑渲染	文远楼或南北楼局部渲染	掌握渲染技法。	2 周
		5. 建筑抄绘(二)	同济大学工会俱乐部抄绘	进一步掌握建筑制图知识,并通过实地参观,深刻体验。	2 周
		6. 色彩练习	色相环及色彩设计	建筑图纸与实际建成状态的关系,了解色彩知识,通过重构,训练创造性思维。	2 周
		7. 绘图桌测绘	似建筑测绘	通过测绘,从实体到图纸建立关联,并认识材料。构造对于建造的意义。	3 周
		8. 环境表现、字体练习、徒手画			课外作业
一年级第二学期	1. 开发学生的潜在的创造能力,在对建筑理解的基础上引导学生进入建筑设计。	钢笔水彩建筑画临摹	表现一独立式住宅及其环境的透视图	徒手线条表现建筑及建筑环境(草地、树、人、交通工具)及其前后空间关系;用多色水彩表现天空、建筑、环境及注意色彩在空间关系中的变化。	2 周
		色彩练习——意大利广场变奏曲	依据查尔斯·摩尔的意大利广场(照片)重新构图,并用对比色来表现。	训练学生的创意与构图,加强对对比色表现力的理解。	2 周

时段	教学目的	作业题目	课程内容及要求	课　程　目　的	学时
一年级第二学期	2. 训练培养学生的表现能力(工具的使用、徒手画、模型制作)。3. 综合能力的培养训练(具体落实在期末的建筑设计上)。	平立转换	草图和工作模型交替,确定方案后,制作正式模型作为作业最后成果。	培养学生一种设计思维。让学生明白,建筑设计并非是先确立了平面后再进行立面及空间设计的;建筑设计实际上是一种全息的整体的设计。让学生明白,对应于同一个平面的有许多不同的立体形态。设计过程中也常常因为整体的需要而改动平面,平面和立体形态常需要不断的转换。	2周
		空间限定	用草图、工作模型来体验空间,反复推敲,最后确定方案,作业成果是模型。作业成果上还要体现:材料与空间之间形式上的变化统一。	使学生进入建筑的空间构思中,让学生理解和掌握限定空间的几种手法。	2周
		建筑测绘	增加了文远楼门厅的二层平面,目的是让学生在楼梯平面表达上较完整一些。	通过测绘,对建筑本身以及建筑的具体表达上更进一步地理解。	2周
		建筑设计——休闲空间设计	1. 要求学生用描图纸画各平立剖,复印后制作文本,加上手写仿宋体设计说明,封面用水彩透视渲染并加设计。2. 作业要求设计二层。	本作业是一年级教学的总结,是学生综合能力的体现。让学生熟悉垂直交通设计,学生尝试各种工具与纸张的使用。	7周

续　表

时段	教学目的	作业题目	课程内容及要求	课程目的	学时
一年级第二学期	课外实践性环节	建筑测绘	安排一组学生与胡庆庆老师带领去北京路测绘一将要拆除的教堂。		
		建筑设计	参观"松江方塔园"、"何陋轩"具体安排在5.18(周六)		
		其他参观	五月上旬让学生去参观广电大厦,教师落实大厦内画廊的参观券,学生利用休息日自己去。		
		徒手画			

资料来源:同济大学建筑系设计基础学科组教学资料。

附表 2 - 4　同济大学建筑设计基础教研二室 1996 一年级各作业教学目的的关系表

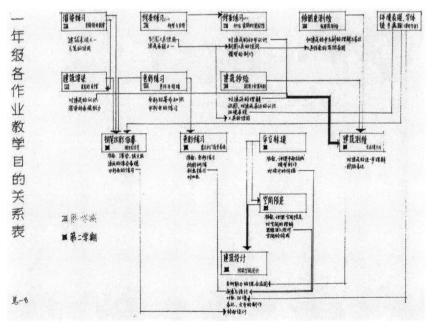

资料来源:同济大学建筑系设计基础学科组教学资料(郑孝正提供)。

附表 2-5 同济大学建筑系建筑学专业教学总纲

学习阶段	学年	学期	教学要求	理论系统 原理	理论系统 历史	设计系统	表现系统	技术系统	计算机系统	实践环节
启蒙与初步	一年级	上(1)	设计: 1. 了解什么是建筑、建筑设计的目的与意义; 2. 了解建筑设计的一般课程; 3. 了解建筑环境与单体之间的一般关系; 表现: 4. 学习并初步掌握建筑表现的基本技能; 相关知识:	建筑理论: • 什么是建筑 • 建筑的物质性 • 建筑的社会性 • 建筑的艺术性			素描 建筑表现(A) • 工具线条 • 徒手画			
		下(2)	5. 了解中外建筑历史发展的过程及基本史实; 技术: 6. 了解结构中外力、内力的一般规律与知识; 7. 了解建筑构造的一般做法和节点; 实践:	建筑设计原理(1): • 建筑初步设计 • 建筑表达的基本方法	建筑历史: • 中国古代建筑 • 中国近现代建筑 • 外国古代建筑 • 外国近现代建筑		素描 建筑表现(B) • 抄绘、测绘 • 调色练习 • 渲染	建筑力学		
		小	8. 通过建筑认识实习,增强对建筑类型、建筑实例、建筑生产过程的了解; 外国语: 9. 初步具有一般外语的听、说、写的能力;							建筑认识实习 素描实习

续 表

学习阶段	学年	学期	教学要求	理论系统		设计系统	表现系统	技术系统	计算机系统	实践环节
				原理	历史					
启蒙与初步	二年级	上(3)	设计: 10. 掌握建筑设计的目的与意义;掌握建筑设计必须满足人们对建筑的物质和精神方面的不同需求的原则; 11. 掌握环境、经济、技术、美观,适用诸因素对建筑的决定作用及它们之间的辩证关系; 12. 了解建筑设计从前期准备到施工图绘制及实施等各阶段的工作要求、内容及其相互关系;	建筑设计原理(2) • 形态与设计 • 空间的认知 • 形态的基本要素		建筑设计——建筑设计基础(1) • 建筑形态设计与环境 • 立体构成,空间限定 • 建筑室内布置、室外环境设计 • 上海建筑布置 • 采风,小型建筑设计	色彩: • 单色表现 • 钢笔淡彩 • 构成模型	建筑力学 建筑结构 建筑构造		
建筑设计入门		下(4)	13. 有能力从事建筑方案的设计; 14. 了解城市规划与设计对建筑个体和群体设计所提出的要求、了解建筑个体、群体与整体建筑协调配合的重要性; 15. 掌握各种建筑群体及个体的空间布局原理,使建筑满足物的安全与形式可靠性等一般要求,并	建筑设计原理(3) • 功能与设计 • 建筑设计的内容与过程 • 建筑空间的塑造		建筑设计——建筑设计基础(2) • 独立式小住宅设计 • 汽车旅馆、公路汽车服务站,幼儿园、敬老院设计	色彩: • 水彩表现 • 彩色色快速表现	建筑结构 建筑构造	计算机文化	
		小				建筑设计表现				色彩实习

续 表

学习阶段	学年	学期	教学要求	理论系统		设计系统	表现系统	技术系统	计算机系统	实践环节
				原理	历史					
建筑设计入门	三年级	上(5)	能借助人们的体验和联想赋予特定的含义；了解建筑物造成后其建筑空间与形式对地段周围环境的影响； 16. 了解CAD的基本知识，了解用专业软件进行建筑设计和绘制施工图的基本知识，初步具有操作计算机的基本技能； 相关知识： 17. 了解过去及现在城市和建筑的风格是怎样发展形成的； 18. 了解人们对其所处环境心理及生理反应； 19. 掌握人们行为与物质环境的相互关系，对环境是否适合于人的行为有一定的辨别和判断能力； 20. 了解与建筑有关的经济知识； 技术： 21. 了解结构体系在保证建筑物的安全性、可靠性、经济性、技术	建筑设计原理(4)；室内设计原理		建筑设计(3) · 小型公共建筑设计：社区会馆、图书馆、文化馆等 · 建筑与人文环境：民俗博物馆等		建筑设备(水、暖)；建筑设备(电)；特殊建筑构造	建筑CAD(1)	

续 表

学习阶段	学年	学期	教学要求	理论系统		设计系统	表现系统	技术系统	计算机系统	实践环节
				原 理	历 史					
建筑设计入门	三年级	下(6)	22. 适应性以及建筑造型美观等方面的重要意义,了解结构体系与建筑形式间的相互关系; 掌握几种常用结构体系在各种作用力影响下的受力状况的主要结构构造要求; 23. 了解有关物理环境控制的基本原理,以及在建筑设计中环境控制对满足一定功能要求的重要意义; 24. 了解建筑中节约能源的措施及其在建筑设计中的意义; 25. 掌握一般常用的建筑材料的性质、性能,常用的建筑工程做法和节点构造做法的原理; 外国语 26. 初步具有阅读、翻译专业外文书刊的能力,初步具有听、说、写的能力;	建筑设计原理(5) 城市规划设计原理		建筑设计(4) ·建筑与自然环境:山地俱乐部等 ·建筑群体设计:商业综合体、学校等		建筑物理(声) 建筑物理(光) 建筑物理(热)	建筑CAD(2)	
		小				设计周				建筑测绘实习

323

续表

学习阶段	学年	学期	教学要求	理论系统		设计系统	表现系统	技术系统	计算机系统	实践环节
				原理	历史					
深化与分化	四年级	上(7)	设计： 27. 有能力在建筑设计中应用建筑设计原理； 28. 认识联系实际、调查研究、群众参与的重要性，有能力运用科学方法收集资料、调查研究； 29. 掌握城市规划与群体设计对建筑个体与群体设计所提出的要求，掌握建筑个体、群体与环境整体协调配合的重要性； 30. 了解结构及设备等各专业的要求，具有综合和协调能力； 31. 有能力采用多种手段如徒手画、图表、图解、平立剖投影图、透视图、轴测图、模型等表达设计的基本意图； 相关知识： 32. 了解当代中外各主要建筑学派的理论与主张，了解研究建筑的方法，包括综合观察和思考，辩证比较与分析；	建筑设计原理(6) ·环境论(上) 园林设计原理	建筑理论历史(1) ·古代建筑文化 ·中外建筑关系 ·历史建筑保护	建筑设计(5) ·居住小区规划设计 ·高层建筑设计：高层旅馆、高层办公楼等		工程经济学 建筑防灾	建筑CAD(3)	

续　表

学习阶段	学年	学期	教学要求	理论系统		设计系统	表现系统	技术系统	计算机系统	实践环节
				原　理	历　史					
深化与分化	四年级	下(8)	33. 掌握各种自然环境、生态环境、文化形态、社会、技术和经济因素对建筑发展的影响，掌握建筑发展的规律和趋势； 34. 有能力把从历史到现实理论的知识运用于研究和考察建筑，并用于建筑设计； 35. 有能力进行调查与观察，收集并分析有关人们需求和人类行为的资料，并体现在建筑设计中； 36. 了解城市规划、城市设计和景观设计的理论； 37. 了解与建筑有关的法规和技术； 38. 有能力在建筑设计中进行合理的结构选型； 39. 了解在整个设计过程中和结构专业进行密切合作的重要意义，有能力利用简化方法对常用结构构件进行估算，以满足方案和初设设计的要求；	建筑设计原理(7) 建筑评论	建筑理论历史(2) ·古典建筑及影响 ·基督教建筑及影响 ·伊斯兰建筑及影响 ·现代建筑运动及影响 ·后现代时期的建筑	建筑设计(6) ·建筑设计专门化：城市设计、观演类建筑、医疗类建筑、交通建筑、居住建筑、或建筑改建或室内外环境设计等 ·设计课题：教师自由命题，学生自由选题。		建筑师职业教育 建筑法		

续　表

学习阶段	学年	学期	教　学　要　求	理论系统		设计系统	表现系统	技术系统	计算机系统	实践环节
				原理	历史					
深化与分化	五年级	小	40. 了解环境控制方面有关的法规、规则，标准及其应用； 41. 了解新材料与新的施工技术及有关构造做法及其应用； 42. 掌握建筑师对建筑安全性所负有的法律和道义上的责任； 实践：			设计周				
		上(9)	43. 了解履行建筑工程设计程序与审批制度、了解与工程设计有关的组织机构的体制及管理制度； 44. 了解有关建筑工程设计、收费标准、概算的粗略方法、了解有关法律条例及款及行业间的职业道德规范； 45. 了解施工现场组织与布置的基本原则、了解施工技术、有能力在建筑师指导下完成施工图，设计所需的文件（包括施工图，设计说明书等）；			建筑设计院实习				建筑设计院实习

续　表

学习阶段	学年	学期	教　学　要　求	理论系统			设计系统	表现系统	技术系统	计算机系统	实践环节
				原理	历史						
综合阶段	五年级	下(10)	设计： 46. 掌握在设计的全过程里各有关工种的重要性，能在实际工作中虚心听取各方面的不同意见，并进行客观的综合分析； 47. 有能力因时、因地，因事制宜，并考虑到今后的发展，确定总体布局的构思； 48. 在掌握城市规划与设计对个体建筑限定的前提下，在全面考虑环境、经济、技术、美观，适用等诸因素的基础上，有能力全面分析并进行调查，取舍，判断比较诸方案的优劣并作出正确决策； 49. 掌握结构及设备等各专业的要求，初步具有综合和协调能力； 50. 有能力根据设计过程的不同阶段的要求选用恰当的表达方式和手段； 51. 有能力用书面和口头的方式清晰而准确地表达设计意图与各项建议； 相关知识： 52. 了解建筑场地的选择分析和开			毕业设计				毕业设计

续表

学习阶段	学年	学期	教学要求	理论系统		设计系统	表现系统	技术系统	计算机系统	实践环节
				原理	历史					
综合阶段	五年级	下(10)	发原则,掌握建筑设计与物质环境和人文环境的关系;掌握现行的有关建筑设计规范与标准; 技术: 54.了解环境控制中自然采光,太阳能利用,给排水系统,供热通风与空调系统,照明与动力等系统,噪声与厅堂音质控制系统等基本知识,并在整个设计过程中与其他有关专业进行密切的协调配合; 55.有能力合理地选择使用建筑材料,有能力设计或选用建筑构造做法和节点详图,并了解其施工方法和施工技术; 56.了解人们对建筑的安全性要求,如防火,抗震以及其他有关的安全问题以及安全疏散而设置的警报,喷淋系统等; 57.了解进行有关建筑工程设计的各项工作,了解签订合同的手续,合同的格式,掌握建筑师履行合同的责任。			毕业设计				毕业设计

资料来源:同济大学建筑与城市规划学院教学资料。同济大学建筑学专业学教学总纲与子纲是该系1996年开始的教学计划调整过程中制定和实施的,该表格最早出现在赵秀恒老师发表于《挑战与突破》(沈祖英主编,同济大学出版社,2000年)的"总纲与子纲"一文。

附表 2－6　同济大学建筑学专业建筑设计类课程教学子纲

学习阶段	学年	学期	教学内容	教学目的	作业题库	作业类型	表现方式	教学关键点	创造性热点	适用教材	关连课目
启蒙与初步	一年级	上	建筑概论	初步了解什么是建筑;建筑的发展与演变;什么是建筑设计;建筑设计所涉及的各方面问题							建筑力学 画法几何 素描
			建筑表达1	通过讲课及课外反复的作业练习,基本掌握仿宋字的书写规律以及徒手线画的能力	仿宋字练习	技能型					
					徒手线条练习	技能型					
				掌握平面线条制图的基本能力	线条练习、建筑抄绘	技能型	工具线条	绘图工具 国家制图标准	线造型		
				掌握明暗色单色渲染的基本技能	渲染练习 建筑立面渲染	技能型	单色渲染	光影分析 渲染技法	光影刻划		
		下	建筑表达2	建立以平面表达三维空间的思维观念	正投影图的表达 建筑测绘 二维建筑写生	理性型 建筑型	徒手线条 工具线条	实物与图纸 平立剖面的表达	线条的运用		建筑力学 建筑历史 素描
				了解三维形体组合需要三维的穿插结组的操作	空间构成 立体几何	感性型 方法型	工作模型	分割与集聚	立体形态的表现力		
				掌握简单模型制作的基本能力	模型制作 空间限定	技能型 建筑型	表现模型	空间限定的方式	空间造型与模型制作		
				了解力的传递规律,力与结构	受力结构构成	创作型	工作模型	跨越 塔檐覆盖	最佳结构的寻求		

续表

学习阶段	学年	学期	教学内容	教学目的	作业题库	作业类型	表现方式	教学关键点	创造性热点	适用教材	关连课目
启蒙与初步	一年级	小	建筑认识实习								素描实习
	一年级	上	建筑设计基础1	了解色彩的基础知识	色彩练习 平面构成 色彩采集	理性型 创造型	彩色表现	色彩三要素	调色的准确性		
				掌握色彩调配的基本能力	色彩构成 封面设计	技能型 创作型 转换型	彩色表现	色彩组合	主题的表现		
				掌握色彩表现图的基本技能	彩色表现图临摹	技能型 感性型 理性型	彩色表现 钢笔淡彩 快速表现	复色表现技法	真实性与艺术性		
	二年级		建筑设计原理1	了解基本单元空间的构成	单间公寓设计	理性型 感性型 创作型	表现模型	人体尺度 活动空间	模型设计与制作		
				学习建筑设计的基本原理和方法	公园茶室设计	创作型 建筑型 方法型	彩色表现 工具线条	建筑要素及其组织 形态要素及其组合	室内外空间的组织与变化		
				了解常用建筑构造的基本原理	屋面结构构造设计	理性型 方法型	工具线条	建筑形体的物质构成	屋面结构的布置设计		建筑结构 建筑构造 艺术欣赏 色彩 法律基础

续表

学习阶段	学年	学期	教学内容	教学目的	作业题库	作业类型	表现方式	教学关键点	创造性热点	适用教材	关连课目
设计入门	二年级	下	建筑设计基础2 建筑设计原理2	学习小型公共建筑基本创作原理 初步掌握建筑功能和流线的组织方法	大学生俱乐部设计 小区文化馆设计	理性型 方法型	调查报告 发表表 线条 钢笔淡彩 工具	设计阶段与工作步骤 功能调查 楼梯设计	调查方法的设计		建筑结构 建筑构造 园林设计原理 色彩 计算机应用初步
				学习室外空间环境设计的基本原理	景园设计 中学总平面设计	理性型 感性型 创作型	模型设计表 现模型 线条 钢笔淡彩 菜场地模型 工具	场地设计与环境景观 停车流转 线径 竖向弯半径设计			
				学习功能与形式,空间与技术本的关系	寄宿制中学设计 幼儿园设计	理性型 方法型	方案宣讲 文本说明 线条 彩色表现 文本制作	由内到外由外到内的方法	功能的扩展与方案的发散		
		小	建筑设计表现						平面组合 立面形象		色彩实习
	三年级	上	建筑设计3 建筑设计原理3	学习建筑设计与自然环境关系问题	山地俱乐部设计 山地旅游旅馆设计	方法型 创作型	徒手线条 设计概念模型	建筑与景观 标高处理	形态生产与自然环境		室内设计原理 建筑设备 建筑水电暖 特殊构造 计算机应用1 人文经济管理选修
				学习建筑设计与人文环境关系问题	民俗博物馆设计	方法型 创作型	工具线条 环境调查报告	地域性与时代性	文脉的编织与再创		
				掌握室内设计的基本原理和方法	咖啡馆装修设计 专卖店装修设计	方法型 创作型	工具线条 彩色表现	个性与风格	界面形态的创造		

续表

学习阶段	学年	学期	教学内容	教学目的	作业题库	作业类型	表现方式	教学关键点	创造性热点	适用教材	关连课目
设计入门	三年级	下	建筑设计基础4 建筑设计原理4	学习建筑群体设计的基本原理和方法 了解建筑群体与城市的关系 培养调查研究和评议方案的能力 掌握纪念性建筑设计的基本原理和方法 了解快题设计的特点 了解和掌握建筑设计竞赛的特点 培养综合性构思的能力	商业中心建筑设计 城市综合体建筑设计 纪念性建筑设计(快题) 全国大学生建筑设计竞赛	理性型 方法型 方法型 创作型 理性型 创作型	工具线条 彩色表现 调查报告 快速表现 按竞赛要求	室内外空间 形态 多重流线组织 思维表达 创造性地处理各类问题 创造性地表达设计	建筑形象与功能效益 建筑的思想性 设计的独创性合理性		
		小	设计周	学习成果模型制作方法			成果模型			建筑测绘实习	
深化与分化	四年级	上	建筑设计1	学习高层建筑设计的基本原理和方法 学习高层建筑形态组合方法 了解一般高层类型设计特点	高层宾馆设计 高层办公楼设计	理性型 创作型	工具线条 工具模型 计算机作图	高层建筑消防 高层结构选型 垂直交通核	建筑形态与城市景观		建筑理论 历史1 工程经济学

续表

学习阶段	学年	学期	教学内容	教学目的	作业题库	作业类型	表现方式	教学关键点	创造性热点	适用教材	关连课目
深化与分化	四年级	上	居住区规划设计	学习居住小区规划的基本原理和方法	居住小区规划设计	理性型 方法型		规划结构（道路系统 绿化系统 空间组合）	环境质量		建筑防灾 计算机应用3 人文社科 经济管理选修 其它类选修
				了解建筑与人的生活行为关系			工具线条 计算机作图	建筑的经济性（用地面积 结构 材料）			
				掌握住宅设计的基本原理和方法	城市住宅设计	理性型 方法型			地方性与时代性		
				了解大量性民用建筑的社会经济问题							
				掌握无障碍建筑设计的基本方法	无障碍设计（快题）	理性型	工具线条	合理运用规范			
			建筑设计2	学习观演类建筑设计的基本原理和方法	影剧院设计 体育场馆设计（观众厅室内设计）	理性型 方法型	计算机作图 工作模型	大跨度结构 造型 视线 灯光 声响 人流集散	建筑设计与技术		
				学习综合处理各类建筑技术问题							建筑理论 历史2 建筑评论 建筑师职业教育 建筑法 其它类选修
		下	建筑设计3	掌握城市设计的基本原理与方法	新城区开发 城市设计	理性型 方法型	计算机作图 工作模型	设计目标的确定 设计结果的表达	城市整体意识		
				了解城市空间设计与城市规划建筑设计之间的关系	城市历史文化地段的保护与开发（室馆内设计）						
				学习实地调研、协作设计的工作方法							

续 表

学习阶段	学年级	学期	教学内容	教学目的	作业题库	作业类型	表现方式	教学关键点	创造性热点	适用教材	关连课目
深化与分化	四年级	小	设计周	建筑设计快题强化训练	中小型建筑设计（快题）	方法型 表现型		快速把握设计			
综合训练	五年级	上	建筑设计院实习	完整了解建筑工程设计过程和工作方法 熟悉各设计阶段的工作环节及设计要求	建筑设计院实习 室内设计公司实习	技能型 方法型	工程设计的现实性	社会适应性			
		下	毕业设计	培养和提高建筑设计的综合能力	毕业设计课题	综合型	完整的设计文件（调查报告 设计图 文字说明 成果模型）	综合设计能力 独立工作能力	设计的创造性、完整性		

资料来源：同济大学建筑与城规学院建筑系 2000.5（第四稿）。

附录3 创造性思维训练教程的
作业任务书与说明

《教程》由七个作业组成,每个作业先说任务书再作说明。想改一改作业任务书的公告式面孔,所以试用第二人称来说,七个作业在一个学期里做完。最后一个作业"纪念生命",实际上是纪念性建筑设计。

作业一:"我的符号,我的文字,我的故事"

读书识字始。你一个大学生读了那么多的书,识了那么多的字,用字又写了那么多的文章。可你想过没有。造几个字玩玩?你说,不敢想,写错了一个字就挨批,就罚抄,还敢造字?都是实话,你真老实,所以可教矣。今天,在做第一个作业前请你先记住老师的一句话:创新造字起。

作业一的第一个练习是造字。先把汉字拆散,仔细想想汉字各部位的单独的意思,然后按照你的意思,组合几个有意义的新字,你会发现这不难,你的字别人竟也能理解,这无愧于十数年的寒窗呀。接着,你做第二个练习:用你造的新字,试写一篇文章,你马上会感到,真难。那好吧,我们不写文章,只是用你的符号(新字)。每个符号必须是象形或能表意的,来编排一个故事情节的或一个场景。比如你可以用符号人和水组成人在雨中的场景,可以是一个人,两个人,可以有情节。也可用人和其他符号组成一个表示某人在做某事的新的符号。这些符号就可编排出许多人分别在干什么事或在做同一件事,而且是在雨中。如果已有符号表示是人,是草和树,有牛和羊,还有飞的鸟,你就能编排一个独幕剧,可以是牧歌,可以是狩猎。

你可以研究一下象形文字,去看看岩画或参考一下汉代的画像砖。还可看一个瑞典人著的书,书名是《汉字王国》。

[说明]古人归纳出来的造字法有六种:称为"六书",名为象形、指事、会意、形声、转注、假借。一般认为前四种为造字法,后两种为用字法。我们的祖先从自然界中的天文地貌、植物与动物的形象上,抽象简化为象形的图(字)。再以象形字作符号(部首),重新用指事、会意法组成新字。这种从具体自然物与自然现象中概括抽象为符号,再用符号组成新的形象(字、符号)的过程,也正如创造性想象的心理过程一样,人通过直观感觉和初步概括后形成了表象,创造性想象以

表象或经验为基础,经过分析与综合加工后,创造出新的形象。作业想使学生学会从具体事物中抽象出符号,再用符号来思考并创造新形象的发法。许多卓有成效的建筑师,正是从历史的或现代的建筑中或其他领域中寻找到自己的语言与符号,然后用这些自己的语言符号和自己独特的方法来创作,因此,他们的作品有个性,有新意,有风格。一般的设计师无自己的语言,只能人云亦云,只能模仿而已。在用自己的新字或符号编排一个情节或一个场景时,学生就如一个自编自导的艺术家,他必须考虑到诸多方面并进行协调,这正是一个建筑师所必须具备的综合能力。

秦始皇统一了中国,统一了文字,这文字将永远统一中国,文字的力量不可估量。

作业二:"我书故我在"

你肯定还记得,尚未认字时,大人已教你背"白日依山尽……"、"……红掌拨清波"。每当你背完一首诗时所获得的掌声与赞美词使你至今未忘。现在你也许已不知道,不太久远的曾祖叫什么名字,但那么遥远的李白与杜甫却仿佛是儿时的伙伴。说不定明天,李清照的帘卷的西风吹得你怎一个愁字了得!

作业二先要求你去阅读我国的古典诗词,不信你会无动于衷,老师相信你能拒绝金钱、地位、权力的诱惑,但你拒绝不了古典诗词。你肯定会被感动,你想低泣,你欲高歌,都无妨,但你必须手握一管笔,你最好用毛笔、生宣纸,不要写字,用似草书的线条通过浓淡干湿的变化、疏密有致的构图,把你对诗词意境的理解表现出来。你书故你在。

[说明] 文字的书法是中国特有的艺术,除了文字所表达的意义之外。线条的粗细、疏密、枯湿,书法家行笔的流畅、滞塞、缓急综合体现了书法艺术的魅力。书法家通过书法这一看似抽象的形式却能形象地表现情感。正如古文大家韩愈所说,张旭"喜怒苍穷,忧悲愉快,怨恨思慕、酣醉无聊,不平有动于心,必草书焉发之"。

作业二,不要求学生写字形,而仅用线条,用似书法的形式来表现,主要是考虑文字的内容会影响情感的非文字的直接表现。

作业三:"如是我闻,如是我画"

经常看到你,戴着耳机,听得很入神,还不时地从嘴里哼出几句。大声地叫你,你拿下耳机问:"老师您好,有事?",我故意问:在听外语? 你不好意思地说:

"不,在听音乐。"我知道你在听流行音乐,不过我想叫你换一下盒带,听一听《阳关三叠》和《苏武牧羊》、《二泉映月》与《十面埋伏》……或者是贝多芬、肖邦、莫扎特与施特劳斯……但要你停下手中的活,用耳、用眼更要用心静静地去听,渐渐地进入佳境,在里边多呆一会,然后出来,用色彩重写你的贝多芬、你的肖邦、你的《二泉映月》……。

[说明] 钱钟书在《通感》中说:"在日常经验里,视觉、听觉、触觉、嗅觉、味觉往往可以彼此打通或交通,眼、耳、舌、鼻、身各个官能的领域可以不分界线。颜色似乎会有形象,冷热似乎会有重量,气味似乎会有体质。"又说:"用心理学或语言学的术语来说,这是'通感'(synaesthesia)或'感觉挪移'的例子(《钱钟书论学文选》第六卷第 92 页,花城出版社,1990)。"了解通感的奥秘可有利于创作,这个作业让学生有意识地去听音乐,去寻找和感觉音乐的色彩。通感的利用关键还在于人的自觉性。有了自觉性,我们就会感到"音乐的声调摇曳和光芒在水面荡漾完全相同"(培根),这样的感觉多了,想象力就丰富,创造力就增强。

作业四:"意大利广场变奏曲"

给你这个题目,不是要你创作一首乐曲,而是要你用色彩画出你的感觉。我给你的仅是一张照片,这是查理斯·摩尔在新奥尔良设计的一个意大利广场,这并不是真正的意大利广场,经过摩尔的创作,已是摩尔的意大利广场了,色彩夺目给人以强烈刺激。你应该像摩尔设计意大利广场一样,从原型那里看到原型之外的东西,不要被形状所迷惑。你可以试着把形象打碎,形象没有了,感觉还在,再试着拼装碎片,瓶装你感觉的碎片,用画笔谱写变奏曲,那不是摩尔的了,而是你的意大利广场变奏曲。摩尔会回来听的。尽管他在另一个世界,却也在你的画里。

作业五:"城市印象"

如果说你已经进入了意大利广场,那么请回来,回到这个城市来。上海不大,像个被翻乱了的仓储式城市,东西部不在其位,你看,两个地球仪不知道滚到哪里去了,你不必管这些,老师要求你去走走看看,你曾经去看过留存的棚户区,感慨万千;你曾经挤过公共汽车,可现在没有证券公司挤;下雨了,你在校园里蹚着水,无法欣赏自己在水里的倒影;起雾了,陆家嘴仿佛是海市蜃楼;走远一点看看,莘庄外环线立交像包扎礼品的彩带打成的蝴蝶结,浦东新机场的候机楼还是太小,因为长江是上海飞向世界的跑道,从外滩到里弄,从东方明珠塔到西郊动物园,从菜场到商场,从书亭到书城,从高架到隧道,你都该去看看,不管累不累;你还得做作业。先静下心来,整理一下复杂的感受,找一些能达意的细节或符号,用平面的图或是立体的模型来表现对城市的印象,都可以,由君自定。

作业六:"生命的空间"

我想带你们去上海博物馆,真不巧,我得上产院,医生说马上替我动手术,否则小孩比你们都大。你们都是大学生了,自己去吧。但我想说几句,因为时间的关系,你们就别看明清的书画了,单单看看陶瓷与青铜器。上海博物馆内的陶瓷与青铜器距我们都十分遥远,但能使我们激动不已。每次我在看青铜器时,我腹中的胎儿就动得厉害,仿佛他想和青铜器对话。我想,这除了它们作为历史文化载体的原因外,这些展品造型完美,形体各部分之间围合着空间,表现出一种生命的张力,是真正打动我的原因。陶瓷与青铜器都有空间,也许正是这些空间,才使土与铜的材料具有生命力——我们也应该这样来看我们的建筑。为什么非要强调建筑是人为的物,而不是把它看作如同婴儿一样是个有生命力的个体呢?你们参观回来后,每人用泥土,捏一个有空间的陶艺品,你们应该把自己的情感与自信捏进去,捏出另一个自己。一个连自己也没有的人,还会有创造性吗?

作业七:"纪念生命"

我给你们说一则旧闻:80年代在浦东陆家嘴渡口,因为雾锁浦江,因为要上班上学,因为大家害怕迟到,所以都挤着要向前,于是就挤死了人,有工人有学生,都是普通百姓。仅仅是因为要迟到! ——还是自己看看那时的报道吧,你们谁无动于衷? 都没有,好! 我们一块去江边看看,时过境迁,可黄浦江仍流着……风吹过来,你们的黑发都飘起来,真美。让我相你们,两代人一起合作,在江边设计一个纪念碑吧,来纪念生命。

这是《教程》的最后一个作业。你们尽可能把已学到的如绘图、渲染、平面构成、立体构成、彩色构成、空间限定与形态构成等本领发挥出来,做好这个作业。但更重要的是。你们想过没有,作为一个城市的规划师与建筑师对这样的事件,该负什么责任? 当你在博物馆参观时,你曾感到先人生命的辉煌,那么在了解这个事件后,你是否感到生命竟是如此的脆弱? 我们现在该做些什么? 将来又该做些什么? 因为我们是规划师,我们是建筑师。

资料来源:同济大学建筑系设计基础学科组教学资料,笔者参与制定。

参考文献

■ **发表文章或专题资料**

［1］ 董鉴泓. 同济建筑系的源与流［J］. 时代建筑，1993(2).

［2］ 罗小未，李德华. 原圣约翰大学的建筑工程系：1942—1952［J］. 时代建筑，2004(6).

［3］ 王吉螽，李德华. 同济大学教工俱乐部［J］. 建筑学报，1958(6).

［4］ 冯纪忠. "空间原理"(建筑空间组合原理)述要［J］. 同济大学学报，1978(2).

［5］ 冯纪忠. 门外谈［J］. 时代建筑，2001(3).

［6］ 冯纪忠，童勤华. 意在笔先［J］. 建筑学报，1984(2).

［7］ 冯纪忠. 屈原 楚辞 自然［J］. 时代建筑，1997(3).

［8］ 专访冯纪忠先生：关于建构［J］. A＋D 建筑与设计，2002(1).

［9］ 刘小虎. 在理性与感性的双行线上：冯纪忠先生访谈［J］. 新建筑，2006(1).

［10］ 赵秀恒. 建筑·建筑设计：《建筑设计基础》课的探讨［J］. 同济大学学报，1979 年第四期(建筑版).

［11］ 岩木芳雄，崛越洋，桐原武志，等. 赵秀恒，译. 空间的限定［J］. 建筑师，第 12 期.

［12］ 赵秀恒. 同济大学《建筑设计基础》教学的发展沿革(初稿，未发表)［J］. 2007.2.22.

［13］ 卢济威. 以"环境观"建立建筑设计教学新体系［J］. 时代建筑，1992(4).

［14］ 卢济威. "空间原理"改变我们的建筑思想［J］. 世界建筑导报，2008(3).

［15］ 莫天伟. 形象思维与形态构成：建筑创作思维特征刍议［J］. 建筑学报，1985(10).

［16］ 莫天伟. 建筑教学中的形态构成训练［J］. 建筑学报，1986(6).

［17］ 莫天伟. 我们目前需要"形而下"之：对建筑教育的一点感想［J］. 新建筑，2000(1).

［18］ 莫天伟，卢永毅. 由"Tectonic 在同济"引起的：关于建筑教学内容与教学方法甚至建筑和建筑学本体的讨论［J］. 时代建筑，2001 增刊.

［19］ 王伯伟. 加强学科建设：提升核心影响力：面向未来的同济建筑教育［J］. 时代建筑，2001 增刊.

［20］ 伍江. 兼容并蓄，博采众长；锐意创新，开拓进取：简论同济建筑之路［J］. 时代建筑，

2004(6 特刊).

[21] 吴长福,陆地,王一,等. 都市营造：2002 上海双年展国际学生展评述[J]. 时代建筑, 2003(1).

[22] 常青. 同济建筑学教育的改革动向[J]. 时代建筑,2004(6)特刊.

[23] 戴念慈. 阙里宾舍的设计介绍[J]. 建筑学报,1986(1).

[24] 曾昭奋. 沟边志杂(十一)：给徐千里,支文军的信[J]. 新建筑,2000(2).

[25] 窦以德. 历千流百转 走必由之路：新中国 50 年建筑艺术发展概述(中)[N]. 中国建设报,2003-03-24.

[26] 秦佑国. 中国建筑学专业学位教育和评估[J]. 时代建筑,2007(3).

[27] 张永和. 对建筑教育三个问题的思考[J]. 时代建筑,2001 年增刊.

[28] 王文卿,吴家骅. 谈建筑设计基础教育[J]. 建筑学报,1984(7).

[29] 丁沃沃. 建筑设计教学的新模式：二年级教学改革初探[J]. 时代建筑,1992(4).

[30] 东南大学建筑系. 东南大学建筑教育发展思路新探[J]. 时代建筑,2001 增刊.

[31] 顾大庆. 论我国建筑设计基础教学观念的演变[J]. 新建筑,1992(1).

[32] 顾大庆. 中国的"鲍扎"建筑教育之历史沿革：移植、本土化和抵抗[J]. 建筑师,第126 期.

[33] 顾大庆.《空间原理》的学术及历史意义[J]. 世界建筑导报,2008(3).

[34] 顾大庆. 建筑设计教学的学术性及其评价问题[J]. 建筑师,1999(10).

[35] 顾大庆. 作为研究的设计教学及其对我国建筑教育发展的意义[J]. 时代建筑, 2007(3).

[36] 顾大庆. 建筑设计教师的学术素质及其发展策略[J]. 建筑学报,2001(2).

[37] 顾大庆. 图房、工作坊和设计实验室：设计工作室制度以及设计教学法的沿革[J]. 建筑师,2001(98).

[38] 张海鹏. 中国近代史的分期问题[N]. 光明日报,1998-2-3.

[39] 周畅. 建筑学专业教育评估与国际互认[J]. 建筑学报,2007(7).

[40] 戴路,陈健. 布萨建筑教育的阳光和阴影[J]. 新建筑,2006(3).

[41] 顾文波. 包豪斯在美国的两个继承者：北卡罗莱那黑山学院和芝加哥包豪斯设计学校[J]. 设计教育研究,2005(3).

[42] 韩林飞. 呼捷玛斯：前苏联高等艺术与技术创作工作室：被扼杀的现代建筑思想先驱[J]. 世界建筑,2005(6).

[43] 韩林飞. 莫斯科建筑学院建筑学教育与启示[J]. 世界建筑导报,2008(3).

[44] 韩林飞. 从写实性描写艺术到客观的抽象与立体：现代造型艺术的新生[J]. 中国建筑装饰装修,2003(2).

[45] B·A·普利什肯著. 韩林飞,译. 莫斯科建筑学院模型教学[J]. 世界建筑导报,2008(3).

[46] 鲍家声. 新要求,新导向,新希望：99 全国高校建筑学专业指导委员会暨第二届系主任

会议综述[J].建筑学报,2000(2).

[47] 胡德元.广东省立勷勤大学建筑系创始经过[J].南方建筑,1984(4).

[48] 李华,沈慷.过程设计的教育:英国 AA 学校建筑作业展一瞥[J].室内设计,2002(3).

[49] 王天锡.香山饭店设计对中国建筑创作民族化的探讨[J].建筑学报,1981(6).

[50] 王伟鹏,谭宇翔,陈芳.密斯在包豪斯的建筑教育实践[J].建筑师,总第 141 期.2009(10).

[51] 朱晓东.巴黎维尔曼建筑学院教学体系评述[J].新建筑,2001(4).

[52] 朱欢.在德国留学札记[J].世界建筑,1999(10).

[53] 汪正章.重在过程:考察美国建筑教育的启示[J].建筑学报,1999(1).

[54] 邵郁,邹广天.国外建筑设计创新教育及其启示[J].建筑学报,2008(10).

[55] 许蓁,袁逸倩,李伟.激发创造活力 寻求特色教育:试谈教育心理学在建筑设计基础教学中的应用[J].时代建筑,2001 年增刊.

[56] 朱雷.德州骑警与"九宫格"练习的发展[J].建筑师,2007(8).

[57] 胡恒.建筑师约翰·海杜克索引[J].建筑师,2004(5).

[58] 约翰·海杜克,大卫·夏皮罗著.胡恒编,译.约翰·海杜克,或画天使的建筑师[J].建筑师,2007(8).

[59] 方振宁.绘画和建筑在何处相逢[J].世界建筑,2008(3).

[60] 方振宁.崇高建筑论:路德维希·密斯·凡·德·罗与北方浪漫主义邂逅[J].建筑技术及设计,2003(7).

[61] 王澍.同济记变[J].时代建筑,2004(6)特刊.

[62] 周卜颐.格罗庇乌斯:新建筑的倡导者,工艺和建筑教育家[J].建筑学报,1957(7,8).

[63] 伍时堂.让建筑研究真正在研究建筑:肯尼思·弗兰普顿新著构造文化研究[J].世界建筑,1996(4).

[64] 肯尼斯·弗莱普顿.千年七题:一个不适时的宣言:国际建协第 20 届大会主旨报告[J].建筑学报,1999(8).

[65] [挪威]佩尔·奥拉夫·菲耶尔著.王晓京,译.建筑教育 2007[J].建筑学报,2008(2).

■ 出版书目

[1] 童寯.童寯文集(第一、二卷)[J].北京:中国建筑工业出版社,2000(12).

[2] 梁思成.梁思成全集(第五卷)[J].北京:中国建筑工业出版社,2001(4).

[3] 杨东平主撰.艰难的日出:中国现代教育的 20 世纪[J].上海:文汇出版社,2003(8).

[4] 王受之.世界现代建筑史[M].北京:中国建筑工业出版社,1990.

[5] 张镈.我的建筑创作道路[M].北京:中国建筑工业出版社,1997.

[6] 杨永生编.建筑百家言[M].北京:中国建筑工业出版社,2000(12).

[7] 杨永生编.中国四代建筑师[M].北京:中国建筑工业出版社,2002(1).

[8] 汪国瑜.汪国瑜文集[M].北京:清华大学出版社,2003(9).

［9］ 梁思成.梁思成全集(第五卷)［M］.北京：中国建筑工业出版社,2001(4).

［10］ 沈祖英主编.挑战与突破［M］.上海：同济大学出版社,2000.

［11］ 同济大学建筑与城市规划学院编.建筑人生：冯纪忠访谈录［M］.上海：上海科学技术出版社,2003.

［12］ 同济大学建筑与城市规划学院编.建筑弦柱：冯纪忠论稿［M］.上海：上海科学技术出版社,2003.

［13］ 同济大学建筑系建筑设计基础教研室编(莫天伟主编).建筑形态设计基础［M］.北京：中国建筑工业出版社,1991(11),1995,2001.

［14］ 同济大学建筑设计基础教学学科组编.建筑设计基础［M］.南京：江苏科学技术出版社,2004(10).

［15］ 沈福熙编著.建筑概论［M］.上海：同济大学出版社,1994(8).

［16］ 沈福煦,郑孝正,等编.建筑概论［M］.北京：中国建筑工业出版社,2006.

［17］ 彭一刚.建筑空间组合论［M］.北京：中国建筑工业出版社,1983.9,第1版(1998.10,第2版).

［18］ 田学哲主编.建筑初步［M］.北京：中国建筑工业出版社,1982.7,第1版(1999.12,第2版).

［19］ 清华大学建筑学院编."清华专辑/本科篇",建筑教育(总第一辑)［M］.北京：中国电力出版社,2008(4).

［20］ 栗德祥编.(清华大学)学生建筑设计作业集(1946—1996)［M］.北京：中国建筑工业出版社,1996(9).

［21］ 周燕珉,邓雪娴,沈三陵,等编著.清华大学建筑学院设计系列课教案与学生作业选(二年级)［M］.北京：清华大学出版社,2006.

［22］ 天津大学建筑系.天津大学建筑系历届(1953—1985)学生作品选［M］.天津：天津大学出版社,1986(6).

［23］ 东南大学建筑学院.东南大学建筑学院建筑系一年级设计教学研究：设计的启蒙［M］.北京：中国建筑工业出版社,2007(10).

［24］ 东南大学建筑学院.东南大学建筑学院建筑系二年级设计教学研究：空间的操作［M］.北京：中国建筑工业出版社,2007(10).

［25］ 孙周兴.海德格尔选集(上卷)［M］.上海：上海三联书店,1996.

［26］ 司空图.郭绍虞集解.诗品集解［M］.北京：人民文学出版社,2005.

［27］ 沈玉顺.现代教育评价［M］.上海：华东师范大学出版社,2002.

［28］ 林洙.建筑师梁思成［M］.天津：天津科学技术出版社,1996(7).

［29］ 张复合主编.中国近代建筑研究与保护(一)、(二)［M］.北京：清华大学出版社,2004.

［30］ 褚冬竹.开始设计［M］.北京：机械工业出版社,2006(10).

［31］ 金耀基.大学之理念［M］.香港：牛津大学出版社,2000.

[32] ［英］莫里斯·德·索斯马兹著.莫天伟,译.视觉形态设计基础［M］.上海：上海人民美术出版社,1989(6)(该书后来在 2003 年再版时更名为《视觉形态设计基础》).

[33] ［美］Ralph W. Tyler 著.罗康,张阅,译.课程与教学的基本原理［M］.北京：中国轻工业出版社,2008(3).

[34] ［加拿大］V·Hubel,D·Lussow 著.张建成,译.基本设计概论［M］.台北：六合出版社,1994.

[35] ［意］L·本奈沃洛著.邹德侬,巴竹师,高军,译.西方现代建筑史［M］.天津：天津科学技术出版社,1996(9).

[36] ［英］肯尼思·弗兰姆普顿著.原山,等译.现代建筑：一部批判的历史［M］.北京：中国建筑工业出版社,1988(8).

[37] ［英］惠特福德著.林鹤,译.包豪斯［M］.北京：生活·读书·新知三联书店,2001(12).

[38] ［英］查尔斯·詹克斯著.李大厦,译.后现代建筑语言［M］.北京：中国建筑工业出版社,1986.

[39] ［日］朝仓直巳著.吕清夫,译.艺术·设计的平面构成［M］.上海：上海人民美术出版社,1987.

[40] ［美］阿瑟·艾夫兰著.邢莉,常宁生,译.西方艺术教育史［M］.成都：四川人民出版社,2000(1).

[41] ［英］尼古拉斯·佩夫斯纳,等编著.邓敬,等译.反理性主义者与理性主义者［M］.北京：中国建筑工业出版社,2003(12).

[42] ［美］John Hejduk 主编.林伊星,薛浩东,译.库柏联盟：建筑师的教育［M］.台北：圣文书局,1998.

[43] 东京大学工学部建筑学科/安藤忠雄研究室编.王静,王建国,费移山,译.建筑师的 20 岁［M］.北京：清华大学出版社,2005(12).

[44] 弗兰克斯·彭茨,等编.马光亭,等译.空间：剑桥年度主题讲座［M］.北京：华夏出版社,2006.

■ 档案文献

[1] 之江大学编.之江校刊,1946、1949 年.

[2] 之江大学建筑系教学档案,1940—1952 年.

[3] 圣约翰大学建筑系档案,1941—1952 年.

[4] 同济大学建筑系档案,1950—2010 年.

[5] 2006 年全国高等学校建筑学专业本科(五年制)教育评估：同济大学建筑与城市规划学院自评报告［R］,2006.

■ 文集、丛书及互联网资料

[1] 龚恺.东大建筑设计教育实验［R］.南京国际建筑教育论坛,2003.

［2］ 宋昆.建筑教育全方位开放式教学体系改革的研究与实践［R］.南京国际建筑教育论坛，2003.

［3］ 王其明，茹竞华.从建筑系说起：看梁思成先生的建筑观及教育思想.纪念梁思成诞辰一百周年［M］.北京：清华大学出版社，2001.

［4］ 温玉清.桃李不言 下自成蹊：天津工商学院建筑系及其教学体系述评（1937—1952）［R］.2002 年中国近代建筑史国际研讨会论文集.

［5］ 同济大学建筑与城市规划学院编.同济大学建筑与城市规划学院教学文集 1：历史与精神［M］.北京：中国建筑工业出版社，2007(5).

［6］ 同济大学建筑与城市规划学院编.同济大学建筑与城市规划学院教学文集 2：传承与探索［M］.北京：中国建筑工业出版社，2007(5).

［7］ 同济大学建筑与城市规划学院编.同济大学建筑与城市规划学院教学文集 3：开拓与建构［M］.北京：中国建筑工业出版社，2007(5).

［8］ 潘谷西主编.东南大学建筑系成立七十周年纪念专集［M］.北京：中国建筑工业出版社，1997(10).

［9］ 第二十届国际建协 UIA 北京大会科学委员会编委会.面向 21 世纪的建筑学：北京宪章·分题报告·部分论文 R. 1999.

［10］ 李新.人生是可以雕塑的：刘开渠. 2009 年 4 月 15 日，http：//www. zjda. gov. cn/archive/platformData/infoplat/pub/archivesi_12/docs/200904/d_132573. html.

［11］ 周祖奭.天津大学建筑学院(系)发展史.天津大学建筑学院官方网站. http：//www2. tju. edu. cn/colleges/architecture/？t＝c&sid＝91&aid＝565，2007 年 1 月 10 日.

［12］ 天津大学官方网站，建筑设计基础—精品课程，http：//course. tju. cn/jzsj/artd. php？ty＝3&tp＝1.

［13］ 中央美术学院官方网站，http：//www. cafa. edu. cn/channel. asp？id＝9&aid＝40&c＝53&f＝0.

［14］ 中国美术学院官方网站，http：//www. chinaacademyofart. com/yxsz/jzysxy/default. html.

［15］ 中央美术学院官方网站，http：//www. cafa. edu. cn/channel. asp？id＝2&aid＝26&c＝6&f＝1.

［16］ AA 学校官方网站 http：//www. aaschool. ac. uk/STUDY/UNDERGRADUATE/foundation. php.

［17］ 同济大学建筑与城市规划学院官方网站 http：//www. tongji-caup. org/jpkc/2006％B9％FA％BC％D2％C9％EA％B1％A8/fianl-mtw/second/Second. html.

［18］ 李立新，"突异的过程：'三大构成'与中国设计基础教学"，http：//www. arting365. com/vision/discourse/2007－12－11/content. 1197358608d181142. html.

■ 英文文献

［1］ John Harbeson. The Study of Architectural Design［M］. New York：The Pencil Points Press，Inc. 1926.

［2］ Michael J. Crosbie. I. I. T：Tradition and Methodology ［J］. Architecture，August/1984.

［3］ Michael J. Crosbie. Cooper Union：A Haven for Debate ［J］. Architecture，August/1984.

［4］ Frampton K，Latour A. History of American's Architectural Education［J］. Lotus International，1980.

［5］ Kenneth Frampton. Studies in Tectonic Culture：The Poetics of Construction in Nineteenth and Twentieth Century Architecture［M］. the MIT Press，1996.

［6］ Winfried Nerdinger. Dinner for Architects：a collection of napikn sketches［J］. New York：W. W. Norton，2004.

［7］ Lorraine Farrelly. The Fundamentals of Architecture［M］. AVA Publication SA，2007：91.

［8］ Bauhaus-archiv. Magdalena droste. Bauhaus（1919－1933）. the Bauhaus-Archiv Museum für Gestaltung［M］. Klingelhö ferstr，1993.

［9］ Lee W. Waldrep. Becoming an Architect：a guide to careers in design［M］. John Wiley & Sons，Inc.，2006.

［10］ Thomas A. Dutton. Voices in Architectural education［M］. Bergin & Garvey.

［11］ Ulrich Franzen，Alberto Perzz-Gomez，Kim Shkapich. Education of an architect：a point of view，the Cooper Union School of Art & Architecture［M］. The Monacelli Press，Inc.，1999.

■ 参考学位论文

［1］ 徐苏斌. 比较·交往·启示：中日近现代建筑史之研究：［D］. 天津：天津大学博士论文，1991.

［2］ 赖德霖. 中国近代建筑史研究［D］. 北京：清华大学博士论文，1992(5).

［3］ 魏秋芳. 徐中先生的建筑教育思想与天津大学建筑学系［D］. 天津：天津大学硕士论文，2000(6).

［4］ 刘京华. 建筑学初步教育观念与方法研究［D］. 西安：西安建筑科技大学硕士论文，2002.

［5］ 沈振森. 中国近代建筑的先驱者：建筑师沈理源研究［D］. 天津：天津大学硕士论文，2002.

［6］　栗达.朝花朝拾：天津大学建筑学院建筑教学体系改革的研究［D］.天津：天津大学硕士论文,2004(6).

［7］　周怡宁.对中国建筑教育发展状况的研究与探讨［D］.北京：北京建筑工程学院硕士论文,2004(12).

［8］　钱锋.现代建筑教育在中国［D］.同济大学博士论文,2005.

［9］　徐赟.包豪斯设计基础教育的启示：包豪斯与中国现代设计基础教育的比较分析［D］.上海：同济大学硕士论文,2006.3.

［10］　朱丹.建筑专业艺术设计基础课程的研究［D］.南京：南京艺术学院硕士论文,2006(5).

［11］　刘宓.之江大学建筑教育历史研究［D］.上海：同济大学硕士论文,2008(3).

［12］　Marian Scott Moffett. The Teaching of Design：A Comparative Study of Beginning class in Architecture and Mechanical Engineering，Master of Architecture in Advanced Studies，M. I. T.，1973.

■ 访谈、通信记录

2007 年 2 月,笔者于 MIT 访谈张永和先生及其夫人鲁力佳女士。

2008 年 7 月 26 日,笔者访谈余敏飞老师。

2009 年 5 月 20 日,2010 年 9 月,笔者访谈赵秀恒老师。

2009 年 5 月,笔者访谈阴佳老师。

2009 年 10 月,2010 年 8 月、9 月,笔者访谈郑孝正老师。

2010 年 1 月 28 日,笔者访谈卢济威老师。

2010 年 2 月 22 日,笔者访谈莫天伟老师;2010 年 9 月,笔者书面访谈莫天伟老师。

2010 年 4 月 27 日,笔者访谈傅信祁先生。

2010 年 5 月 26 日,笔者访谈颜宏亮老师。

2010 年 7 月 20 日,笔者访谈清华大学郭逊副教授。

2010 年 7 月 21 日,笔者访谈天津大学袁逸倩副教授。

2010 年 9 月,笔者电话访谈沈福煦老师。

2009 年 4 月,罗维东先生于同济大学讲座。

2009 年 4 月,同济大学建筑系建筑设计基础教学座谈会(参加者：冯士达、卢永毅、张建龙、李兴无、阴佳、戚广平、孙彤宇、徐甘、俞泳等)。

图片索引

图2-1-1 巴黎美术学院时期的建筑表达作品

转引自：褚冬竹.开始设计[M].北京：机械工业出版社,2006(10).145.

图2-2-1 W.格罗皮乌斯

图2-2-2 约翰·伊顿

图2-2-3 基础课程作业 1920—1921 年

图2-2-4 基础课程作业 1923 年

图2-2-5 基础课程作业 1928 年

转引自：Bauhaus-archiv. Magdalena droste. Bauhaus（1919 - 1933）. the Bauhaus-Archiv
　　Museum für Gestaltung[M]. Klingelhö ferstr,1993. P245、246、28、60、143.

图2-3-1 塔特林,第三国际纪念塔模型

转引自：[英]肯尼思·弗兰姆普顿著.原山,等译.现代建筑：一部批判的历史[M].北京：中
　　国建筑工业出版社,1988(8)：204.

图2-3-2 呼捷玛斯学生作品

转引自：韩林飞.从写实性描写艺术到客观的抽象与立体——现代造型艺术的新生[J].中国
　　建筑装饰装修,2003(2).

图3-1-1 柳士英

图3-1-2 刘敦桢

转引自：杨永生编.中国四代建筑师[M].北京：中国建筑工业出版社,2002(1).

图3-2-1 梁思成与林徽因

转引自：林洙.建筑师梁思成[M].天津：天津科学技术出版社,1996(7).

图 3-2-2　童寯

转引自：潘谷西主编.东南大学建筑系成立七十周年纪念专集[M].北京：中国建筑工业出版社,1997(10).

图 3-2-3　东北大学构图渲染作业

图 3-2-4　学生构图渲染作业 1

图 3-2-5　学生构图渲染作业 2

转引自：钱锋.现代建筑教育在中国[D].同济大学博士论文,2005：52-53.

图 3-2-6　谭垣

图 3-2-7　杨廷宝

转引自：钱锋.现代建筑教育在中国[D].同济大学博士论文,2005：59.

图 3-2-8—9　中央大学建筑系字体练习及渲染练习 1950—1952

图 3-2-10—11　中央大学建筑系灯塔设计及游船码头设计 1950—1952

转引自：东南大学建筑学院编.东南大学建筑学院建筑系一年级设计教学研究：设计的启蒙[M].北京：中国建筑工业出版社,2007(10)：4-7.

图 3-2-12　渲染练习(五○届)

图 3-2-13　校门设计(五三届)

转引自：栗德祥编.(清华大学)学生建筑设计作业集(1946—1996)[M].北京：中国建筑工业出版社,1996(9)：3,6.

图 3-3-1　陈植

转引自：杨永生编.中国四代建筑师[M].北京：中国建筑工业出版社,2002(1).

图 3-3-2　之江大学建筑系构图渲染作业 1939—1940

转引自：钱锋.现代建筑教育在中国[D].同济大学博士论文,2005：67.

图 3-3-3　吴一清

图 3-3-4　汪定曾

图 3-3-5　杨宽麟

图 3-3-6　黄作燊

同济大学建筑与城市规划学院教师档案资料

版社,1996(9):188,174.

图4-2-17　南京工学院构图渲染练习
转引自:东南大学建筑学院编.东南大学建筑学院建筑系一年级设计教学研究:设计的启蒙
　　[M].北京:中国建筑工业出版社,2007(10):6.

图4-2-18　古建筑测绘练习 1954
图4-2-19　托儿所设计 1953
转引自:天津大学建筑系编.天津大学建筑系历届(1953—1985)学生作品选[M].天津:天津
　　大学出版社,1986(6):167,9.

图4-3-1　卢济威
同济大学建筑与城市规划学院教师档案资料

图4-3-2　渲染作业 1962
图4-3-3　渲染作业 1963
图4-3-4　渲染作业 1963
图4-3-5　建筑渲染学生作业 1963—1965
图4-3-6　建筑渲染学生作业 1963—1965
图4-3-7　线条练习学生作业 1963—1965
图4-3-8　建筑测绘建筑学生作业 1963
图4-3-9　公园茶室设计学生作业 1965
图4-3-10　候站房学生作业
图4-3-11　小学校设计学生作业 1963—1965
图4-3-12　幼儿园设计学生作业 1963—1965
同济大学建筑与城市规划学院留系学生作业档案

图4-3-13—14　清华大学渲染作业
图4-3-15　清华大学茶亭设计学生作业
转引自:栗德祥编.(清华大学)学生建筑设计作业集(1946—1996)[M].北京:中国建筑工业
　　出版社,1996(9):119.

图4-3-16　南京工学院建筑系学生作业
转引自:东南大学建筑学院编.东南大学建筑学院建筑系一年级设计教学研究:设计的启蒙
　　[M].北京:中国建筑工业出版社,2007(10):8.

图5-2-3　负荷构件设计
同济大学建筑系设计基础教研二室保留教学资料

图5-2-4　线条练习学生作业
图5-2-5　钢笔画学生作业
图5-2-6　渲染练习学生作业
图5-2-7　建筑构造学生作业
图5-2-8　建筑测绘学生作业
同济大学建筑与城市规划学院留系学生作业档案

图5-2-9　宿舍室内设计及模型制作
同济大学建筑系(19)86建四某学生摄,笔者收集

图5-2-10　平面构成学生作业1986
图5-2-11　空间构成及立体构成学生作业1986
图5-2-12　空间限定学生作业1986
图5-2-13　公园展览厅设计学生作业1981
图5-2-14　公园阅览室设计学生作业1982
图5-2-15　小住宅设计学生作业1984
图5-2-16　幼儿园设计学生作业1984
同济大学建筑与城市规划学院留系学生作业档案

图5-3-1　清华大学建筑系构成训练学生作业1978—1980
转引自:钱锋.现代建筑教育在中国[D].同济大学博士论文,2005:165.

图5-3-2　别墅设计学生作业(八四级)
转引自:栗德祥编.(清华大学)学生建筑设计作业集(1946—1996).北京:中国建筑工业出版
　　社,1996.9.P44.

图5-3-3　线条练习1977—1985
图5-3-4　建筑抄绘1977—1985
图5-3-5—6　小建筑设计1977—1985
转引自:天津大学建筑系编.天津大学建筑系历届(1953—1985)学生作品选[M].天津:天津
　　大学出版社,1986(6):60,61,84,85.

图6-2-3 松江方塔园何陋轩
笔者自摄

图6-2-4 休闲茶室设计模型学生作业
图6-2-5 小诊所设计学生作业 1991
图6-2-6 幼儿园设计学生作业 1995
图6-3-1 渲染练习学生作业 1996
图6-3-2 亭子设计的模型制作学生作业 1998
图6-3-3 平面及色彩构成学生作业 1996—1999
图6-3-4 德国馆模型制作学生作业
图6-3-5 立体构成学生作业
图6-3-6 平立转换学生作业
图6-3-7 空间限定学生作业
同济大学建筑与城市规划学院留系学生作业档案及设计基础教学资料

图6-4-1 清华大学平面构成学生作业 1991
图6-4-2 清华大学立体构成学生作业 1994—1995
图6-4-3 商亭设计学生作业(九四级)
转引自：栗德祥编.(清华大学)学生建筑设计作业集(1946—1996)[M].北京：中国建筑工业
    出版社,1996(9)：21,23,24,26.

图6-4-4 线条练习 1986—1990
图6-4-5 立方体空间设计 1986—1990
图6-4-6 立方体设计 1990—1996
图6-4-7 小商店设计 1997—1999
转引自：东南大学建筑学院编.东南大学建筑学院建筑系一年级设计教学研究：设计的启蒙
    [M].北京：中国建筑工业出版社,2007(10)：78,96,121.

图7-0-1 郑孝正
图7-0-2 张建龙
同济大学建筑与城市规划学院教师档案资料

图7-1-1 同济学生在为双年展做准备
笔者自摄

图 7-3-5　江南园林空间体验学生作业

图 7-3-6　网络渐变学生作业 2005

图 7-3-7　经典历史建筑案例结构分析学生作业

同济大学建筑与城市规划学院留系学生作业档案及设计基础教学资料

图 7-3-8　纸筒桥建造

笔者自摄

图 7-3-9　空间生成"事件立方"学生作业

同济大学建筑与城市规划学院留系学生作业档案及设计基础教学资料

图 7-3-10　"24 小时建造节"

笔者自摄

图 8-1-1　胡滨老师在设计基础学科第二小组的教学实验(从左到右依次为等候室设计、威
　　　　　尼斯城市印象、上海董家渡码头建筑设计学生作业)

同济大学建筑与城市规划学院设计基础教学资料

图 8-2-1　柏林新国家美术馆

图 8-2-2　新国家美术馆平面图

图 8-2-3　马列维奇《黑色正方形》

转引自:方振宁.崇高建筑论——路德维希·密斯·凡·德·罗与北方浪漫主义邂逅[J].建
　　　　筑技术及设计,2003(7).

后 记

"不识庐山真面目,只缘身在此山中"。笔者自1986年进入同济大学建筑系求学,到1993年取得硕士学位并留系任教至今,已近24年。同济大学之于笔者,早已融入了生命之中。这样一份深厚的情感,在字里行间不可避免地会有自然流露。但是,笔者也一直努力避免这种情绪影响到论点的公正客观和论据的历史真实,从而成为研究的障碍。这也是笔者时刻提醒自己的一点。

在对这段历史的挖掘、整理过程中,系中前辈教师对于同济大学建筑教育和建筑设计基础教学体系的建立和发展所付出的努力、作出的贡献以及新一代教师对设计教学的执着研究和创新热情,不但深深地感动着我,也激发了更多的相关思考。这些收获都将永远是我人生一笔宝贵的财富。

首先要感谢我的导师郑时龄院士。他以厚积薄发的专业学识在立论观点和研究方法方面给本书的写作作出了关键性的引导,郑先生严谨、真实、客观和独立的治学态度,让我终身受益。

其次,我要特别感谢郑孝正教授。他为我的研究方向和写作整体框架作出了指引并提出宝贵建议,在写作过程中提供了大量史料支持。

我也非常感谢同济大学建筑系诸多教师对写作的帮助,尤其感谢赵秀恒老师和莫天伟老师提供了重要史料,并在关键论点上提出了宝贵意见;也要感谢李振宇老师在我研究起步阶段所做的启发;感谢黄一如老师的关心和鼓励;另外还要感谢很多现在或曾经在同济大学建筑系进行过教学工作的老师:卢济威、俞敏飞、付信祁、沈福煦、颜宏亮、周芃、李兴无、张建龙、阴佳、钱锋(女)等为我提供了大量珍贵的访谈基础资料;朱晓明老师对写作提出了宝贵意见。还有我的教研组的同仁们,与他们的交流和讨论引发了我更多的思考,而共同的教学实践更为本研究建立了基础。

我的调研工作还有幸得到了清华大学的郭逊老师、天津大学的袁逸倩老师等的帮助。他们所提供的资料使我能够深入了解各个学校的设计基础教学发展历程,在此谨表示对他们的感谢。

最后我要感谢家人对我研究和写作的理解和帮助。特别是我的爱人,对本书资料的收集和整理以及排版校对,做了大量烦琐而重要的工作。

经年的努力化成这薄薄的尺牍,如果说有所成果,那么真地该感谢所有这些在本书成稿过程中给予过帮助的人!

徐　甘